U0959129

高等学校应用型本科规划教材

Tuzhixue Yu Tulixue

土质学与土力学

主　编　赵明阶
副主编　冯忠居

人民交通出版社

内 容 提 要

本书根据高等学校土木工程、道路桥梁与渡河工程及其相关专业应用型本科层次的教学要求而编写，系统地介绍了土质学与土力学的基本原理和分析计算方法，内容包括绪论、土的物理性质及工程分类、土中水及其渗透性、地基土中的应力计算、地基变形计算、土的抗剪强度、土压力计算、土坡稳定计算、地基承载力以及土的动力特性等共十章，每章均附有典型例题分析以及思考题和习题 。

本书主要作为应用型本科院校学生、继续教育学院本专科学生和高职高专院校专升本学生的教材，也可供工程技术人员参考。

图书在版编目（CIP）数据

土质学与土力学/赵明阶主编．—北京：人民交通出版社，2006.12

ISBN 978-7-114-06263-6

I. 土… II. 赵… III. ①土质学－高等学校－教材②土力学－高等学校－教材 IV. ①p642.1②TU43

中国版本图书馆 CIP 数据核字（2006）第 137370 号

高等学校应用型本科规划教材

书　　名：土质学与土力学
著 作 者：赵明阶　冯忠居
责任编辑：毛　鹏
出版发行：人民交通出版社
地　　址：(100011)北京市朝阳区安定门外外馆斜街 3 号
网　　址：http://www.ccpress.com.cn
销售电话：(010)59757973
总 经 销：人民交通出版社发行部
经　　销：各地新华书店
印　　刷：北京盈盛恒通印刷有限公司
开　　本：787 × 1092　1/16
印　　张：18.25
字　　数：451 千
版　　次：2007 年 1 月　第 1 版
印　　次：2016 年 6 月　第 8 次印刷
书　　号：ISBN 978 - 7 - 114 - 06263 - 6
定　　价：30.00 元
（有印刷、装订质量问题的图书由本社负责调换）

21世纪交通版
高等学校应用型本科规划教材
编　委　会

主任委员： 张起森

副主任委员： （按姓氏笔画序）

万德臣　马鹤龄　王　彤　刘培文
伍必庆　李香菊　张维全　杨少伟
杨渡军　赵丕友　赵永平　章剑青
倪宏革

编写委员： （按姓氏笔画序）

于吉太　于少春　王丽荣　王保群
朱　霞　张永清　陈道军　赵志蒙
查旭东　高清莹　曹晓岩　葛建民
韩雪峰　蔡　瑛

主要参编院校：

长沙理工大学　长安大学
重庆交通大学　东南大学
华中科技大学　山东交通学院
黑龙江工程学院　内蒙古大学
北京交通干部管理学院　辽宁交通高等专科学校
鲁东大学

秘书组： 毛　鹏　岑　瑜（人民交通出版社）

前　　言

本书是根据2005年11月在北京召开的"21世纪交通版·高等学校应用型本科规划教材编写研讨会"的会议精神和编写要求编写而成，主要适用于土木工程、道路桥梁与渡河工程及其相关专业。在编写过程中为了使本教材能更好地满足应用型本科学生、成人教育本科层次学生的教学要求，吸取了近年来部分院校《土质学与土力学》教材的优点，并参考了国内外近年来出版的比较成熟的教科书及有关文献资料和工程资料。

本教材由重庆交通大学赵明阶教授担任主编，由长安大学冯忠居教授担任副主编，长安大学魏晋以及重庆交通大学的吴文雪、林军志、李洁等都参与了编写工作。各章节编写的分工如下：

赵明阶　　第一、二、十章

魏　晋　　第三、五章

李　洁　　第四章

吴文雪　　第六章

林军志　　第七章

冯忠居　　第八、九章

土质学与土力学是一门理论性和实践性都很强的课程，考虑到应用型本科的特点，本书在编写过程中注意理论性内容简明扼要，理论与实际相结合，并加强了对应用性内容的阐述，希望有助于提高学生解决实际工程问题的能力。对于部分较难的理论推导过程均以小贴示的方式在书中给出，可供部分希望加强理论基础的学生深入学习。

为便于自学，每章中都给出了必要的典型例题分析、习题和思考题，习题均附有答案。最后还给出了必要的参考文献，可供教师备课和学生深入学习时参考。

限于编者的水平，书中缺点和谬误之处在所难免，恳请读者批评指正。

编　者

2006年9月于重庆交通大学

目　　录

第一章 绪 论

本章知识点

1. 土质学与土力学的定义；
2. 土质学与土力学的关系；
3. 土质学与土力学的发展简史；
4. 土力学的研究内容和研究方法。

第一节 土质学与土力学

土是地壳表层岩体经强烈风化（包括物力、化学及生物风化作用）、搬运、沉积等地质作用的产物，是各种矿物颗粒的集合体，颗粒间的联结强度远比颗粒本身小。一般情况下，颗粒间有空隙，空隙中有水和气体。因此，土是一种由矿物颗粒、液体水和空气组成的孔隙松散介质体 。

由于人类活动大多在地球表层，故土与工程建设有着密切的关系（图 1-1）。在土木工程中遇到的各种与土有关的问题，归纳起来可以分为三类：

（1）作为建筑物的地基，如修建房屋、桥梁、道路、水工结构等时，可用土作为地基；

（2）作为建筑材料，如可用土来填筑路基、堤坝以及其他土工构筑物；

（3）作为建筑物周围介质或环境，如在修建运河、渠道、隧道、挡土墙、地下建筑、地下管线等构筑物物时，土可被用来作建筑物的周围介质或保护层。

由于土是孔隙松散介质体，具有可压缩性大、强度低等特性，因此不管哪一类情况，研究弄清土的这些力学性质对于保证建筑物的安全运行是非常重要的，直接关系到工程的经济合理和安全使用。

土质学是地质科学的一个分科，是研究土的物质组成、物理—化学性质、物理—力学性质，以及它们之间的相互关系，并进一步探讨在自然或人为的因素下，土的成分与性质的变化趋势以及如何利用这种趋势。土质学在发展过程中形成了普通土质学、区域土质学和土质改良学三个分支，其中普通土质学研究广泛分布的各种典型土类的成因、成分、结构、构造及其工程性质的形成规律，是整个土质学的理论基础。本教材主要介绍普通土质学的内容。

土力学是利用力学知识和土工试验技术来研究土的特性及其受力后强度和体积变化规律的一门学科。换句话讲，它是以力学为基础，研究土的渗流、变形和强度特性，并据此进行土体的变形和稳定计算的学科。一般认为土力学是力学的一个分支，但是由于土力学研究的对象——土，是由矿物颗粒组成的松散体，具有特殊的力学特性，与一般的弹性体、塑性体、弹塑性体、流体有较大区别，因此把一般连续介质力学的规律运用到土力学时，还要结合土体本身的特殊性，运用专门的土工试验技术来研究土的物理力学特性，以及土的强度、变形和渗透等特殊的力学特性。在与生产实践的结合过程中，土力学又产生了不同的分支学科，如冻土力学、海洋土力学、环境土力学、土动力学、月球土力学等，对区域性土和特殊类土（例如湿陷性黄土、红粘土、胀缩土、软土、盐碱土、污染土、工业废料等）的研究也不断深入。

土质学与土力学是关系密切的两门学科，都是学习“基础工程”、“地基处理”等专业课程的理论基础，是为地基基础工程的正确实践服务的。准确划分土类、评价与改善土的性状是两门学科的共同任务。土木工程的发展对两个学科不断提出新的要求，并促使理论的发展和完善、研究方法和手段更精确先进，而土木工程实践又是检验这些理论方法正确性的唯一标准。在发展过程中两个学科相互渗透，相互促进，土质学的研究成果为土力学研究土的物理力学性质提供了解释和指导，土力学研究中的现代测试技术和方法也推动了土质学的发展。

小贴士

著名的比萨斜塔　砂土地基液化引起建筑物倾斜

桥基沉陷引起桥面断裂　基坑开挖与地下连续墙

图 1-1　土与人类工程活动的关系

第二节 土质学与土力学的发展简史及现状

土力学是一门古老而又年轻的科学。为了生活的需要和生产的发展，人类很早就懂得利用地壳表层的风化产物——土，作为建筑物的地基和建筑材料。古代许多伟大的建筑，如公元前2世纪修建的万里长城，随后的南、北大运河，黄河大堤以及宏伟的宫殿、寺院、宝塔都有坚固的地基和基础，并长时期经历地震、强风化的考验保存至今。隋朝所建赵州石拱桥把桥台砌筑在密实的粗砂层上，基底压力约为500～600kN/m^2，至今沉降很小。公元989年建造开封开宝寺木塔时，预见到塔基会出现不均匀沉降，施工时特意做成斜塔，沉降稳定后塔身自动复正。世界上著名的建筑物如比萨斜塔、金字塔等的修建，也都说明了当时人们在工程实践中积累了丰富的有关土的知识的经验。但与其他科学一样受到当时生产规模和科学水平的限制，人们对于土的特性的认识还停留在经验积累的感性认识阶段。

18世纪产业革命后，城市、道路、水利建设的发展总结了不少成功的经验，也提出了大量与土力学有关的问题，特别是一些工程事故的教训，迫使人们在经验积累的基础上寻求理论解释。如17世纪末叶欧洲各国大修城堡推动了建筑学的发展，其中城墙背后土压力问题引起了人们的关注。许多工程技术人员发表了计算土压力的公式，这为法国科学家库仑(Coulomb，1773）提出著名的土压力理论公式和土的抗剪强度公式打下了基础。1856法国工程师达西（Darcy）根据对两种均匀砂土渗透试验结果提出了渗透定律。1857美国学者朗金（Rankine）借助土的极限平衡分析建立了朗金土压力理论，该理论与库仑土压力理论共同形成了古典土压力理论。1885法国学者布辛奈斯克（Boussinesq）提出的表面竖向集中力在弹性半无限体内部应力和变形的理论解答，目前已经成为地基应力计算的主要方法。总之欧洲工业革命开启了土力学的理论研究，这一时期人们对某些个别问题作了理论探讨。但都是局部性的单独突破，没有形成统一的理论和独立的学科，因此该时期属于经验积累基础上的理论提高阶段。

20世纪初期以来，随着生产建设深度和广度的不断增大，建筑物的规模更大，所遇到的工程地质条件更复杂，迫使人们对土的性质作全面、系统的理论和实践研究。特别是20世纪初出现的一些重大的工程事故，如德国的桩基码头大滑坡、瑞典的铁路坍方、美国的地基承载力问题等，进一步激发了土力学研究的热潮。世界不少国家纷纷成立专门的土工研究机构，对若干具有普遍性的事故做了重点调查勘探和试验，对土的性质、地基基础设计施工进行了深入的研究，发表了许多有关的理论著作。普朗德尔（Prandtl，1920）发表了地基滑动面的数学公式，彼德森（Peterson，1915）提出，以后又由费伦纽斯（Fellenius，1936)、泰勒（Taylor，1937）等发展了的计算边坡稳定性的圆弧滑动法等，就是这一时期的重要成果。尤其是美国土力学家太沙基（Terzaghi，1925年）发表第一本《土力学》著作，标志着土力学作为一门独立的学科问世了。1932年前苏联学者崔托维奇出版了《普通土力学》教程，对土力学作了系统叙述。太沙基把当时零散的有关定律、原理、理论等按土的特性加以系统化，从而形成一门独立的学科。他指出土具有粘性、弹性和渗透性，按物理性质把土分成粘土和砂土，并探讨了它们的强度机理，提出了一维固结理论，建立了有效应力原理。有效应力原理真实地反映了土的力学性质的本质，使土力学确立了自己的特色，成为土力学学科的一个重要指导原理，极大地推动了土力学的发展。

自土力学作为一门独立学科以来，大致可以分为两个发展阶段。第一阶段从20世纪20年代到60年代，称古典土力学阶段。这一阶段的特点是在不同的课题中分别把土看作线弹性体或刚塑性体，又根据课题需要把土视为连续介质或分散体。这一阶段的土力学研究主要在太沙基理论基础上，形成以有效应力原理、渗透固结理论、极限平衡理论为基础的土力学理论体系，研究土的强度与变形特性，解决地基承载力和变形、挡土墙土压力、土坡稳定等与工程密切相关的土力学课题。这一阶段的重要成果有关于粘性土抗剪强度、饱和土性状、有效应力法和总应力法、软粘土性状、孔隙压力系数等方面的研究，以及钻探取不扰动土样、室内试验（尤其三轴试验）技术和一些原位测试技术的发展，对弹塑性力学的应用也有了一定认识。第二发展阶段从20世纪60年代开始，称为现代土力学阶段。其最重要的特点是把土的应力、应变、强度、稳定等受力变化过程统一用一个本构关系加以研究，改变了古典土力学中把各受力阶段人为割裂开来的情况，从而更符合土的真实性。这一阶段的出现依赖于数学力学的发展和计算机技术的突飞猛进。较为著名的本构关系有邓肯的非线性弹性模型和剑桥大学的弹塑性模型。国内学者在这方面也做了不少工作，例如南京水利科学研究院所提出的弹塑性模型。由于本构关系对计算参数的种类和精度要求更高，因此也推动了测试和取样技术的发展。虽然这种方法目前还未广泛在工程中应用，也无法替代简化的和经验的传统方法，但它代表土工研究的发展趋势，促使土力学发生重大变革，使土工设计和研究达到新的水平。

从土木工程的发展和相关学科的进步考虑，国内外学者认为21世纪的土力学的发展趋势是：

（1）进一步汲取现代数学、现代力学的成果和充分利用计算机技术，深入研究土的非线性、各向异性、流变等特性，建立新的更符合土的真实特性的本构模型以及将该模型用于解决实际问题的计算方法。

（2）充分考虑土和土工问题的不确定性，进行风险分析和优化决策，岩土工程的定值设计方法逐步向可靠度设计转化。这需要大量的工程统计资料。概率论、模糊数学、灰色理论等也将在岩土工程中起更大的作用。

（3）对非饱和土的深入研究，充分揭示土粒、水、气三相界面的表面现象对非饱和土力学特性的影响，建立非饱和土强度变形的理论框架。

（4）土工测试设备和测试技术将得到新的发展。高应力、粗粒径、大应变、多因素和复杂应力组合的试验设备和方法得到发展，原位测试、土工离心试验等得到更大应用，计算机仿真成为特殊的土工试验手段，声波法、γ射线法、CT识别法等也将列入土工试验方法的行列。

（5）环境土力学得到极大的重视。炉渣、粉煤灰、尾矿石的利用和处理，污染土和污染水的性质和治理，固体废料深埋处置方法中废料、周围土介质和地下水的相互作用以及污染物的扩散规律等研究将大大加强。由开矿、抽水、各种岩土工程活动造成的地面沉降和对周围环境的影响及防治继续受到重视。此外，沙漠化、盐碱化、区域性滑坡、洪水、潮汐、泥石流、地震等大环境问题也将进入土力学研究的范畴。

（6）土质学的研究进一步深入，用微观和细观的手段，研究和揭示岩土力学特性的本质。

（7）人工合成材料的应用。人工合成材料在排水、防渗、滤层、加筋等方面已得到很好的应用，但对其与土一起作为复合材料的相互作用机理的了解尚很粗浅，设计理论和方法还很不完善，对这种复合材料的深入研究将给土力学研究增加新的内容。

第三节 土质学与土力学的研究内容与方法

土力学是研究与工程建筑有关的土的应力、应变、强度和稳定性等力学问题的一门学科，它是随着经济建设而发展的应用力学之一。其基本研究内容一般包括：土的物理力学性质以及取得这些性质指标的土工试验技术、地基土内的应力分布规律研究、地基土的变形规律研究（包括沉降和渗透变形规律）、地基土的强度、承载力及其稳定性、土坡稳定性以及挡土结构物上的土压力等。近年来随着土力学理论的不断发展，土的有效应力原理、土动力学、应力路线、本构关系等已经成为土力学的重要研究内容。

土力学是为岩土工程服务的一门学科，而影响岩土工程的因素众多，工程地质、水文地质、环境、气象、施工以及其他人为的和时间的因素都能影响岩土工程的成败，这就是岩土工程的不确定性。由于土层的复杂性和取样的不连续性、小土样和原位土层的差异、土样扰动的影响、试验条件与实际工程情况的区别等等，岩土工程原始依据的勘测资料具有局限性，即便最认真细致的勘测也可能存在偏差。此外，准确分析和利用勘测资料也不是容易的事。而设计参数的误差往往导致结论的大偏差，其影响甚至超过计算方法的选择。

太沙基（Terzaghi，1959）在给法国人洛西埃（Lossier，1958）写的“土力学的信心危机”一文的答复中指出了土力学的特点：土力学具有“科学性”和“艺术性”的双重特性，即土力学不是一门“精确”的科学，与其说它接近桥梁工程或机械工程，不如说更接近医学。对于医学，“临床经验”是十分重要的。或者说土力学是工程实践中的一个工具，但不是像计算尺、计算机那样按指示书使用就行的工具，而是像地球物理勘探那样需要长时间实践才有把握掌握的工具。

派克（Peck，1969）总结了土力学中的“观察法”，可表述为：在有足够（但不一定很详细）的勘测资料的基础上，根据地质知识对土层的最可能性状和最不利条件下的可能偏差作出评价，并据此作出简化假设和进行设计。在设计中应确定需要在施工过程中实施观察的量（如沉降、孔隙水压力等），并且按简化假设预估这些量的数值（包括在最不利情况下的相应数值）是多少，同时考虑最不利情况发生时如何选择补救措施或改变设计。最后在施工中观察哪些量，并对观察结果作出评价，必要时修改设计，以适应现场的实际情况。派克指出，观察法的局限性在于只能用于在施工过程中有可能修改设计的场合，有时还可能会延长工期，但是观察法是有利于降低造价和避免灾害的。派克提倡的观察法，就是现在所说的“动态设计”概念。

雷生迪斯（Resendiz，1979）又对过分依赖观察法，过分强调从理论上找到普遍性规律的困难及危险提出自己的看法。他认为同其他学科一样，要在土力学领域内作出理论上的概括，需要四个过程：

（1）识别过程，即从原型观察的个别事例来识别哪些是有意义的（有效的）变量。

（2）归纳过程，即把有关的变量归纳成最少数量的独立变量，这要求舍弃一些无关的、次要的变量，在许多情况下要用到量纲分析。

（3）模拟过程，即探求从归纳过程得到的诸独立变量之间的关系式。

（4）验证过程，即把以上求得量之间的关系式同现场事例比较。

其中模拟过程可以有模型试验、数学分析两种经典方法和计算机数值分析方法。

从以上阐述中可以看出，土力学学者都非常重视理论和实践两个方面，他们在某一篇文章中强调其中一方面是因为当时工程界具有忽视这一方面的倾向。太沙基关于“科学性”和“艺术性”的论述精辟地反映了土力学的特点：一方面，土力学有严密的科学性，在工程实践中决不能违反土力学的基本原理，否则会导致工程的失败和酿成重大事故；另一方面，土力学又非常强调实践经验，强调地区特点，这是保证工程完美的基础。一方面，需要先进的数学力学知识和计算机技术，以便更快捷、更精确地解决复杂岩土工程问题；另一方面，计算模型、计算参数的选择和计算结果的分析还是需要丰富的经验，也不能否定传统方法在工程中所起的作用。这些认识，无论是在土力学课题的研究中，岩土工程的设计或施工中，还是在土力学课程的学习中，都是非常重要的。

第四节　本课程的学习要求

土力学在土木工程专业中是作为专业基础课，它在一般基础课和专业课之间，起着承上启下的作用，它必要的先修课程有固体力学、工程地质学、水文地质学等。在道路工程、桥梁工程、隧道工程中，会遇到大量的与土有关的工程技术问题，学习本课程是为了更好地学习专业课，也是为了今后更好地解决有关土的工程技术问题。

本教材的内容以经典土力学为主，在学习本课程时，要求：

(1) 了解土的基本物理力学性质和土的分类，以及这些性质与土的组成和结构的关系。

(2) 必须牢固掌握土力学的基本原理和理论。强度理论、有效应力原理、渗透理论、固结理论、土压力理论等是其中主要的一些理论，需要理解它们的本质概念。

(3) 掌握主要的计算方法，例如三相指标的换算、强度计算、变形计算、土压力计算、边坡稳定计算等，了解它们在工程实践中的应用，这是学习后续的专业课程如“基础工程”、“地基处理”等的基础。

(4) 掌握基本的土力学试验方法和成果分析，了解原位测试技术的应用。

(5) 更重要的是如前所述，掌握土力学的学科特点和分析方法，能真正地把这门课的知识用于解决实际问题。

相信在教师和学生的共同努力下，本教材会成为大家学习专业课程和解决岩土工程问题的有效工具。

思　考　题

1. 什么是土？有何特点？
2. 什么是土质学？什么是土力学？他们有何区别与联系？
3. 土力学的作用和任务是什么？
4. 土力学的研究内容有哪些？
5. 简述土力学的发展历史。
6. 简要叙述土力学的研究方法。

第二章　土的物理性质及工程分类

本章知识点

1. 土的生成与特性的关系；
2. 土的三相组成及其特性；
3. 土的物理性质指标及其换算；
4. 土的物理状态指标及其应用；
5. 地基土的工程分类方法。

土是由固体颗粒（又称固相）、水和气体所组成，故称为三相系。土中颗粒的大小、成分及三相之间的比例关系，反映出土的不同性质，如干湿、轻重、松紧及软硬等。土的这些物理性质与力学性质之间有着密切的联系，如土松而湿则强度低而压缩性大；反之，则强度高而压缩性小。故土的物理性质是土的最基本性质。

本章将分别介绍土的生成与特性、土的物理性质指标、土的物理状态指标，并利用这些指标及其特征对地基土进行工程分类。

第一节　土的生成与特性

一、土的生成

土是地球表层岩石经过风化、剥蚀、搬运、沉积，形成的固体矿物颗粒、水和气体的集合体。不同的风化作用，形成不同性质的土。风化作用主要有下列三种。

（1）物理风化

岩石经风、霜、雨、雪的侵蚀，温度和湿度的变化，不均匀膨胀和收缩，使岩石产生裂隙，崩解为碎块。这种风化作用，只改变颗粒的大小和形状，不改变矿物成分，称为物理风化。由物理风化生成的为粗颗粒土，如碎石、卵石、砾石、砂土等，呈松散状态，总称无粘性土。

（2）化学风化

岩石碎屑与水、氧气和二氧化碳等物质接触，使岩石碎屑发生化学变化，改变了原来组成矿物的成分，产生一种新的成分——次生矿物，土的颗粒变得很细，具有粘结力，如粘土、粉质粘土，总称为粘性土。

（3）生物风化

由动、植物和人类活动对岩体的破坏，称为生物风化。例如开山、打隧道等活动形成的土，其矿物成分没有变化。

初期形成的土是松散的，颗粒之间没有任何联系，随着沉积物逐渐增厚，产生上覆土层压力，使得较早沉积的颗粒排列渐趋稳定，颗粒之间由于长期的接触产生了一些胶结，加之沉积区气候干湿循环、冷热交替的持续影响，最终形成了具有某种结构联结的地质体（工程地质学中称为土体)，并通常以成层的形式（土层）广泛覆盖于前第四纪坚硬的岩层（岩体）之上。

二、土的结构与构造

土的结构和构造，即物质成分间的联结特点、空间分布和变化规律反映了土物质的存在形式。一般地，土的结构指的是微观结构，借助于光学显微镜和电子显微镜对实体扫描放大数千倍所鉴定到的细节。而土的构造是指整个土层（土体）空间构成上特征的总和，它们借助于肉眼或放大镜可以鉴别，也可以说是土的宏观构造。

土的结构构造研究一开始就和土的工程性质紧密相连。对自然界所存在的各种类型土在物理学性质方面表现出来的巨大差异和各自不同的工程力学性质，除了从成分（粒度的、矿物的和化学的)、成因（风成、水成、冰成等等)、形成年代和物理化学影响等方面进行研究外，还从结构构造上探索其根源。事实上土的结构构造，不仅是决定工程性质的重要因素之一，而且结构构造本身与土的物质成分一样，也是地质历史与环境的产物。

（一）土的结构

土的结构是指土颗粒的大小、形状、表面特征、相互排列及其联结关系的综合特征。一般有三种基本类型：单粒结构、蜂窝结构和絮状结构。

1. 单粒结构

单粒结构是无粘性土的基本组成形式，由较粗的砾石、砂粒在重力作用下沉积形成。因其颗粒较大，土粒的结合水较少，粒间没有粘结力，有时仅有微弱的毛细水连接，土粒排列的紧密程度随其沉降的条件而不同。如果土粒沉积缓慢或受波浪反复冲击推动作用，则形成紧密的单粒结构（如图 2-1a))。由于土粒排列紧密，强度大，压缩性小，是良好的天然地基。当土粒沉积速度快，如洪水冲积形成的砂层和砾石层，往往形成松散的单粒结构（如图 2-1b))。由于土的孔隙大，土粒骨架不稳定，当受到动力荷载或其他外力作用时，土粒容易移动而趋于紧密，同时产生很大变形，因此未经处理的这种土层，一般不宜作为建筑物的地基。如饱和松散的土是由细砂或粉砂粒所组成，在强烈的振动作用下，土的结构会突然破坏变成流动状态，引起所谓“砂土液化”现象，在地震区将会引起震害。

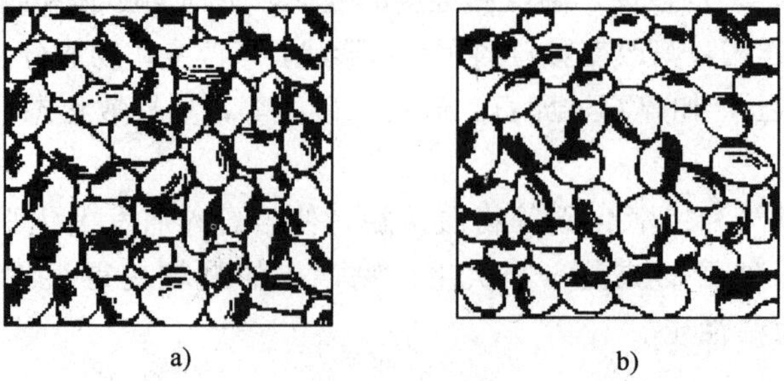

a)　　　　b)

图 2-1　单粒结构

a）紧密的单粒结构；b）疏松的单粒结构

2. 蜂窝结构

当土粒较细（如粉粒：粒径 0.005～0.075mm）并在水中单独下沉时，碰到已沉积的土粒，由于土粒之间的分子引力大于颗粒自重，则下沉土粒被吸引不再下沉，形成具有很大孔隙的蜂窝结构（如图 2-2）。

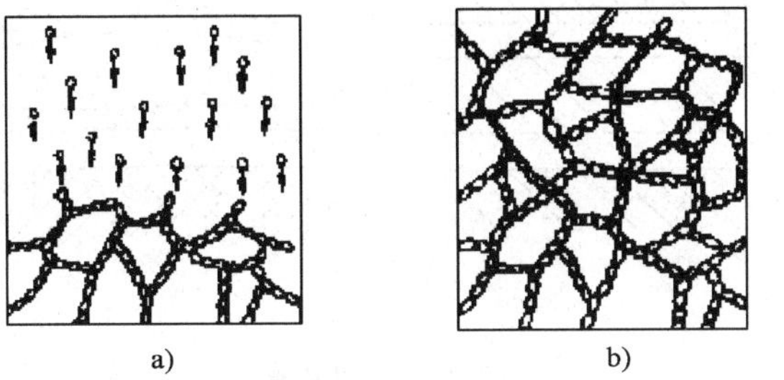

图 2-2　蜂窝结构

a）颗粒正在下沉；b）沉积形成的蜂窝结构

3. 絮状结构

细粒土（如粘粒粒径小于 0.005mm），在水中长期处于悬浮状态，不会因单个颗粒的自重而下沉，当悬浮液中掺入某些电解质，粘粒间的排斥力因电荷综合而破坏，凝聚成类似海绵絮状的集合体，并在聚合到一定质量时相继沉下，和已经沉积的絮状集合体接触，形成孔隙很大的絮状结构（如图 2-3）。

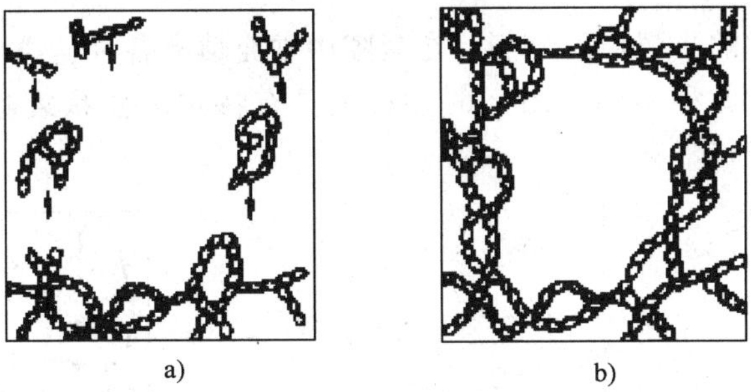

图 2-3　絮状结构

a）絮状集合体正在下沉；b）沉积形成的絮状结构

具有蜂窝状结构和絮状结构的土，颗粒间存在大量细微孔隙，其压缩性大、强度低、透水性弱。又因土粒之间的联结较弱且不甚稳定，在受扰力作用下（如施工扰动影响），土粒接触点可能脱离，部分结构遭受破坏，土的强度会迅速降低。但具有蜂窝状结构和絮状结构的土，其土粒之间的联结力（结构强度）往往由于长期的压密作用和胶结作用而得到加强。

（二）土的构造

土的构造是指同一土层中成分和大小都相近的颗粒或颗粒集合体相互关系的特征。土的构造是在土的生成过程和各种地质因素作用下形成的，所以不同土类和成因类型，其构造特征是不一样的，一般可分为层状构造、分散构造和裂隙构造等。

1. 层状构造

土粒在沉积过程中，由于不同阶段沉积的物质成分、颗粒大小或颜色不同，沿竖向呈层状特征。常见的有水平层理构造（图 2-4a)）和带有夹层、尖灭和透镜体等交错层理构造（图 2-4b)）。

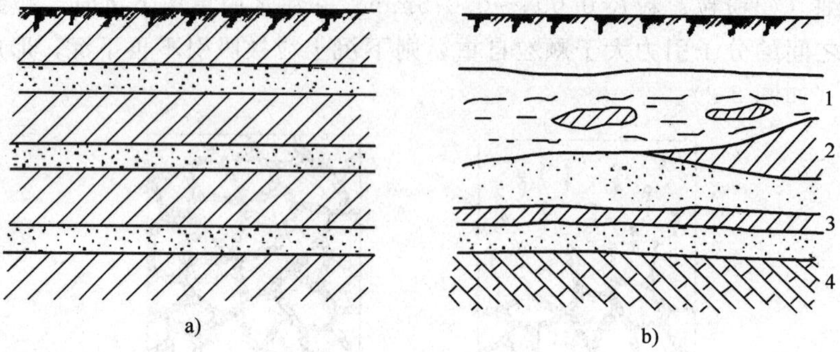

图 2-4　层状构造

a）水平层理；b）交错层理

1-淤泥夹粘土透镜体；2-粘土尖灭；3-砂土夹粘土层；4-基岩

2. 分散构造

土层中各部分的土粒无明显差别，分布均匀，各部分性质也接近。例如，各种经过分选的砂、砾石、卵石等沉积厚度较大时，无明显层次，都属于分散构造（图 2-5）。具有分散构造的土可作为各向同性体看待。

3. 裂隙构造

土体被许多不连续的小裂隙所分割，在裂隙中常充填有各种盐类的沉淀物。不少坚硬和硬塑状态的粘性土具有此种结构（图 2-6）。黄土具有特殊的柱状裂隙。裂隙破坏土的整体性，增大透水性，对工程不利。

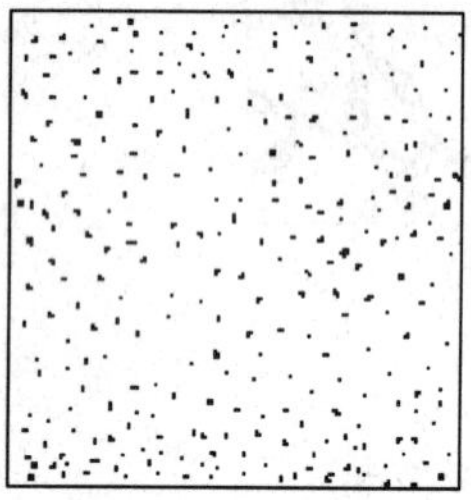

图 2-5　分散构造

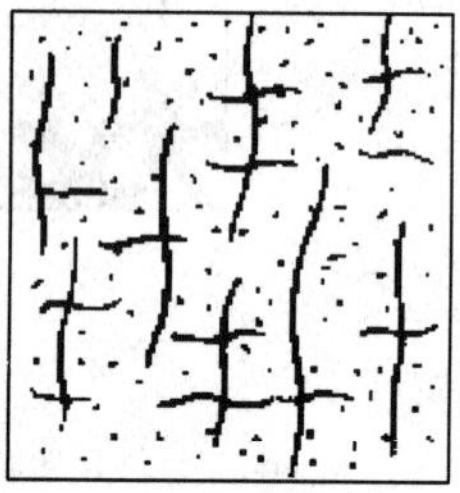

图 2-6　裂隙构造

此外，土中的包裹物（如腐殖质、贝壳、结核体）以及天然或人为的孔洞等构造特征也造成土的不均匀性。

三、土的特性

土与其他连续介质相比，具有下列三种特性。

1. 压缩性大

反映压缩性大小的指标弹性模量（土称为变形模量），随材料的不同而有很大差别。例如：钢筋的弹性模量为 2.1×10^{5}MPa、C20 混凝土的弹性模量为 2.6×10^{4}MPa、卵石土的变形模量为 40～50MPa、饱和细砂的变形模量为 8～16MPa、粘性土的变形模量为 1～

10MPa。当应力与材料厚度相同时，饱和细砂的压缩性比C20混凝土大1600倍以上，而粘性土的压缩性比饱和细砂还要大。

2. 强度低

土的强度指抗剪强度。无粘性土的强度主要为土粒表面粗糙不平的摩擦力，粘性土还有粘聚力。摩擦力和粘聚力远远小于建筑材料本身的强度。因此，土的强度比其他建筑材料低得多。

3. 透水性大

由于土体中固体矿物颗粒之间具有无数的孔隙，孔隙是透水的，因此土的透水性很大。尤其是粗颗粒的无粘性土，如卵石等，其透水性极大。

四、土的工程性质

土的工程性质包括：土与水的相互作用表现出来的一些性质（如塑性、胀缩性、崩解性等）、土的体积变化、土的强度、应力应变性能、土的渗透性。

土的工程性质取决于一系列因素。这些因素可分为两大类：成分的因素和环境的因素。属于成分的因素有土粒的形状和大小、矿物成分、孔隙水溶液成分等；属于环境的因素有周围的温度、压力、物理化学条件等。成分因素决定土的工程性质的可能变化范围，而环境因素则确定了土的工程性质的变化趋势和实际量。

五、土的生成条件与特性的关系

土的生成条件不同，其工程性质往往相差悬殊。

1. 搬运沉积条件

搬运沉积条件不同形成的土的工程性质也不同。例如，河流冲积形成卵石层，其工程性质非常好，一般可作为天然建筑物地基；而经风力搬运、沉积的风积层（如粉细砂），工程性质差，压缩性大，未经处理一般不能作为建筑物的地基。

2. 沉积年代

一般而言，沉积年代越长，土的工程性质越好。例如，第四纪晚更新世及其以前沉积的粘性土，称为老粘性土，密实，强度大，压缩性小；第四纪全新世沉积的粘性土，为常见的粘性土，其工程性质好坏要具体试验分析；在湖、塘、沟、谷与河漫滩地段新近形成粘性土和五年以内的人工新填土，强度低，压缩性大，作为地基必须经过处理。

3. 沉积的自然地理环境

我国地域辽阔，地形高低、气候冷热、雨量多少各地相差悬殊，土生成的自然地理环境不同，其工程性质差异也很大。例如沿海地区的软土、西北地区的湿陷性黄土、西南地区的红粘土都有特殊的工程性质。

第二节 土的三相组成

天然形成的土通常由固体颗粒、液体水和气体三个部分（俗称三相）组成。固体颗粒是土的最主要物质成分，由许多大小不等、形态各异的矿物颗粒按照各种不同的排列方式组合在一起，构成土的骨架，亦称土粒。天然土体中土粒的粒径分布范围极广，不同土粒的矿物成分和化学成分也不一样，其差别主要由形成土的母岩成分及搬运过程中所遭受的地质营力所控制。

土粒间存在孔隙，通常由液体的水溶液和气体充填。天然土体孔隙中的水并非纯水，其中溶解有多种类型和数量不等的离子或化合物。若将土中水作为纯净的水看待，根据土粒对极性水分子吸引力的大小，则吸附在土粒表面的水有结合水和非结合水之分。对于非饱和土而言，孔隙中的气体通常为空气。

土的三个基本组成部分不是彼此孤立地、机械地混合在一起，而是相互联系、相互作用，共同形成土的基本特性。特别是细小的土粒具有较大的表面能量，它们与土中水相互作用，由此产生一系列表面物理化学现象，直接影响着土性质的形成和变化。

一、土的固体颗粒

1. 固体颗粒的矿物成分

土中的固体颗粒是由矿物构成的，按其成因和成分可分为原生矿物、次生矿物、有机质等。

土中的原生矿物是岩石风化过程中的产物，保持了母岩的矿物成分和晶体结构，常见的如石英、长石、角闪石、云母等。这些矿物是组成土中卵石、砾石、砂粒和某些粉粒的主要成分。原生矿物的主要特点是：颗粒粗大，物理、化学性质比较稳定，抗水性和抗风化能力较强，亲水性弱或较弱。它们对土的工程性质的影响比其他几种矿物要小得多，主要差别表现在颗粒形状、坚硬程度和抗风化稳定性等几方面。例如，分别由石英和云母类矿物组成的土，尽管土的粒度成分和密实度相同，但由于石英的坚硬程度、抗风化能力远大于云母，故主要由石英颗粒组成的土，其强度将远大于由云母颗粒组成（或含云母较多）的土，其变形相应也小得多。

母岩风化后及在风化搬运过程中，如果原来的矿物因氧化、水化及水解、溶解等化学风化作用而进一步分解，就会形成一种新矿物，这就是次生矿物，其颗粒比原生矿物细小得多。自然界土体中常见次生矿物又分为两种类型，一种是原生矿物的一部分，可溶的物质被溶滤到别的地方沉淀下来，形成“可溶性次生矿物”；另一种是原生矿物中可溶的部分被溶滤走后，残存的部分性质已发生变化，形成新的“不可溶性次生矿物”。

工程上俗称的软土（包括淤泥和淤泥质土）及泥炭土中富含有机质。土中的有机质是动植物残骸和微生物以及它们的各种分解和合成产物。通常把分解不完全的植物残体称为泥炭，其主要成分是纤维素；把分解完全的动、植物残骸称为腐殖质。有机质对土的工程性质的影响主要取决于其龄期、分解程度，即取决于有机质的数量及性质。

从工程观点看，有机质会导致土的塑性增强、压缩性增高、渗透性减小、强度降低。一般而言，土中有机质含量超过1%时，采用堆载预压和水泥土搅拌进行处理不会取得明显改良效果。

2. 固体颗粒粒组及其划分

天然形成的土，其土粒大小悬殊，性质各异。土粒的大小通常以其平均直径 d 来表示，简称粒径（亦称粒度），一般以 mm 为单位。界于一定粒径范围的土粒，其大小相近、性质相似，称为粒组。土中各粒组的相对百分含量，称为土的粒度成分。

自然界中的土粒直径变化幅度很大。工程上所采用的粒组划分首先应满足在一定的粒度范围内，土的工程性质相近这一原则，超过了这个粒径范围，土的性质就要发生质的变化。其次，粒组界限的确定，则视起主导作用的特性而定，而且，要考虑与目前粒度成分的测定技术相适应。我国目前广泛采用两种粒组划分方案，如表 2-1。

我国的粒组划分方案　　　　表 2-1

<table>
<tr><th rowspan="2">粒组的粒径范围（mm）</th><th colspan="5">粒组的名称</th></tr>
<tr><th colspan="2">方案一</th><th colspan="3">方案二</th></tr>
<tr><td>$d>200$</td><td colspan="2">漂石粒（块石粒）</td><td rowspan="2">巨粒</td><td colspan="2">漂石粒（块石粒）</td></tr>
<tr><td>$200\geqslant d>60$</td><td colspan="2" rowspan="2">卵石粒（碎石粒）</td><td colspan="2">卵石粒（碎石粒）</td></tr>
<tr><td>$60\geqslant d>20$</td><td rowspan="5">粗粒</td><td rowspan="2">砾粒</td><td>粗砾粒</td></tr>
<tr><td>$20\geqslant d>2$</td><td colspan="2">圆砾粒（角砾粒）</td><td>细砾粒</td></tr>
<tr><td>$2\geqslant d>0.5$</td><td rowspan="3">砂粒</td><td>粗</td><td rowspan="3">砂粒</td><td>粗</td></tr>
<tr><td>$0.5\geqslant d>0.25$</td><td>中</td><td>中</td></tr>
<tr><td>$0.25\geqslant d>0.075$</td><td>细</td><td>细</td></tr>
<tr><td>$0.075\geqslant d>0.005$</td><td colspan="2">粉粒</td><td rowspan="2">细粒</td><td colspan="2">粉粒</td></tr>
<tr><td>$0.005>d$</td><td colspan="2">粘粒</td><td colspan="2">粘粒</td></tr>
</table>

注：漂石、卵石和圆砾粒呈一定的磨圆状（圆形或亚圆形），块石、碎石和角砾粒带有棱角。

方案一见国家标准《建筑地基基础设计规范》（GB 50007—2002）和《岩土工程勘察规范》（GB 50021—2001）。方案二见国家标准《土的分类标准》（GBJ 145—90）。可以看出，两种方案的划分基本一致，唯一不同的是方案二将方案一中卵石粒的粒径下限由 20mm 提高到 60mm，以便与世界上多数国家的规定相一致。

表 2-1 中各粒组的一般特征如下：

（1）漂、卵、砾粒组：多为岩石碎块。由这种粒组构成的土，孔隙大，透水性极强，毛细水上升高度微小甚至没有；无论干燥或潮湿状态下均无粒间联结，既无可塑性，也无膨胀性。

（2）砂粒组：多为原生矿物颗粒。由这种粒组构成的土，孔隙较大，透水性强，毛细水上升高度很小；湿时粒间有弯液面力，能将颗粒联结在一起；干时及饱水时，粒间无联结，呈松散状态，既无可塑性，也无胀缩性。

（3）粉粒组：为原生矿物和次生矿物的混合体。由该粒组构成的土，孔隙小而透水性弱，毛细水上升高度很高；湿润时略具粘性，失去水分时粒间联结力减弱，导致尘土飞扬。

（4）粘粒组：主要由次生矿物组成。由该粒组构成的土，孔隙很小，透水性极弱，毛细水上升高度较高；具可塑性和胀缩性；失水时联结力增强使土变硬。

3. 粒度成分的分析方法

土的粒度成分，通常以土中各粒组的质量百分率来表示，这就要求对土进行粒度分析，分离出土中各个粒组，分别称取质量，然后计算出各粒组的质量占该土总质量的百分数。不同类型的土，采用不同的分析方法。粗粒土采用筛分法，细粒土采用静水沉降分析法。

（1）筛分法：对于粒径大于 0.075mm 的粗粒土，可用筛分法测定粒度成分。试验时将风干、分散的代表性土样通过一套孔径不等的标准筛（20、2、0.5、0.25、0.1、0.075mm），称出留在各个筛子上的土的质量，即可求出各个粗粒组在土样中的相对含量。

（2）静水沉降分析法：粒径小于 0.075mm 的粉粒或粘粒难以筛分，一般可根据土粒在水中匀速下沉时的速度与粒径的理论关系，用比重计法或移液管法测定（可参阅相关土工试验类图书）。

4. *粒度成分的表示方法*

实验得到的粒度分析资料，可以采用多种方法表示，借以找出粒度成分变化的规律性。最常用的表示方法是列表法和累计曲线法。

（1）列表法：将粒度分析的成果，用表格的形式表达。这种方法可以清楚地用数量说明土样各粒组的含量，但当土样数量较多时，不能获得较为直观的结果。

（2）累计曲线法：以粒径 d 为横坐标，以该粒径的累计百分含量为纵坐标，绘制颗粒级配的累计曲线。累计曲线的坐标系一般采用半对数坐标。因为土粒粒径大小相差常在百倍、千倍以上，为清楚地反映细粒组成，粒径 d 宜用对数坐标表示，如图 2-7。

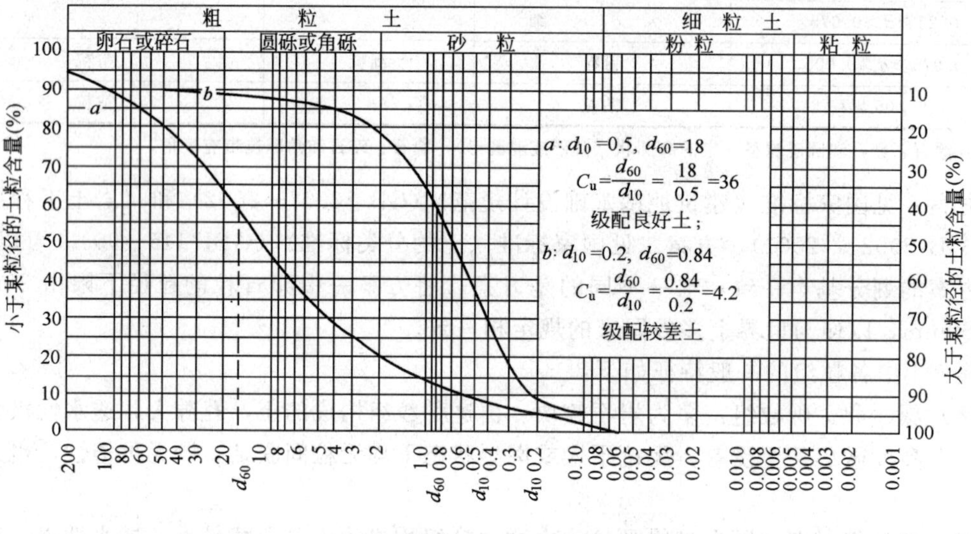

图 2-7 颗粒级配累计曲线

根据累计曲线，可以求出反映颗粒组成特征的级配指标，不均匀系数 C_u 和曲率系数 C_c。不均匀系数按下式计算：

$$C_u = \frac{d_{60}}{d_{10}} \tag{2-1}$$

式中：d_{60}——限定粒径（mm），即土样中小于该粒径的土粒质量占土粒总质量的 60%；

d_{10}——有效粒径（mm），即土样中小于该粒径的土粒质量占土粒总质量的 10%。

曲率系数按下式计算：

$$C_c = \frac{d_{30}^2}{d_{10} \cdot d_{60}} \tag{2-2}$$

式中：d_{30}——土样中小于该粒径的土粒质量占土粒总质量的 30% 的粒径值（mm）。

工程中，当 $C_u \geqslant 5$；$C_c = 1 \sim 3$ 时，称土的级配良好，为不均匀土，表明土中大小颗粒混杂，累计曲线显得平缓；若不能同时满足上述要求，则称土的级配不良，为均匀土，表明土中某一个或几个粒组含量较多，累积曲线中段显得陡直。

d_{10}之所以称为有效粒径，是因为它是土中最有代表性的粒径。其物理含义是：由一种粒径土组成的理想均匀土，如与另一个非均匀土具有相等的透水性，那么这个均匀土的粒径应与这个不均匀土的粒径 d_{10} 大致相等。d_{10} 常见于机械潜蚀、透水性、毛细性等经验公式中。

典型例题分析

[例 2-1]　有 a、b 两个土样，根据粒度分析试验成果所作的颗粒级配累计曲线见图 2-7。试分别判断两个土样的颗粒级配情况。

解：对土样 a，$d_{10}=0.5$，$d_{30}=4.2$，$d_{60}=18$，按式（2-1）及（2-2）求得不均匀系数 $C_u=36$，曲率系数 $C_c=1.96$；对土样 b，$d_{10}=0.2$，$d_{30}=0.4$，$d_{60}=0.84$，按同样公式可求得不均匀系数 $C_u=4.2$，$C_c=0.95$。故土样 a 为级配良好的不均匀土，作为填方工程的土料时，比较容易获得较小的孔隙比（较大的密实度）。土样 b 为级配不良的均匀土，土的颗粒主要为粒径 0.25～2mm 的中、粗砂粒。表现在颗粒累计曲线上，a 土样的累计曲线显得比较平缓，而 b 土样的累计曲线中段比较陡直。

二、土中的水

土中的水可分为矿物中的结合水和土孔隙中的水。矿物中的结合水仅存在于土粒矿物结晶格架内部或参与矿物晶格构成，称为矿物内部结合水或结晶水，只在数百度高温下析出而与土粒分离，我们通常把它当作矿物颗粒的一部分。土孔隙中的水，按其所呈现的状态和性质及其对土的影响，分为结合水和非结合水两种类型：

- 土孔隙中的水
  - 结合水（土粒表面结合水）
    - 强结合水（吸着水）
    - 弱结合水（薄膜水）
  - 非结合水
    - 液态水
      - 毛细水（过渡型水）
      - 重力水（自由水）
    - 气态水（水蒸气）
    - 固态水（冰）

1. 结合水

结合水是指受分子引力、静电引力等作用而吸附于土粒表面的水。土粒表面的结合水就是由上述各种作用形成的，结合水愈靠近土粒表面，吸引越牢固，水分子排列愈紧密、整齐，活动性愈小。随着距离增大，吸引力减弱，活动性增加。因此，一般又将结合水分为强结合水和弱结合水。而水膜外没有受土粒表面吸引作用的水，相对地称为非结合水。

强结合水也称吸着水，是被土粒表面牢固吸附的极薄水层，其厚度大致相当几个水分子层。由于受土粒表面强大引力（可达 10^6kPa）作用，吸着水完全不同于液态水：密度大，可达 1.5～1.8g/cm^3；力学性质类似固体，具有极大的粘滞性、弹性、抗剪强度；不能传递静水压力、不能导电，也没有溶解能力；冰点为$-78℃$。粘性土只含强结合水时呈固态，碾碎后呈粉末状。

弱结合水也称薄膜水，距土粒稍远，位于强结合水层的外围，是结合水膜的主要部分。弱结合水层仍呈定向排列，但定向程度及与土粒表面联结的牢固程度均不及强结合水。其主要特点是：密度较强结合水小，但仍比普通液态水大；具较高的粘滞性、弹性、抗剪强度；不能传递静水压力，也不导电；冰点低于0℃。弱结合水层厚度的大小是决定细粒土物理力学性质的重要因素，这一点将在后面加以论述。

总之，结合水的性质不同于普通液态水，不受重力影响，主要存在于细粒土中，土粒表面静电引力对水分子起主导作用。强结合水具有固体的特性，我们把它归属于固相部分。弱结合水层（也叫结合水膜）的厚度变化是决定细粒土物理力学性质重要因素之一。随着距土粒表面距离增大，静电引力减小，土中水逐渐过渡到非结合水。

2. 毛细水

毛细水是在土的细小孔隙中，由毛细力作用（土粒的分子引力和水与空气界面的表面张力共同作用引起）而与土粒结合，存在于地下水面以上的一种过渡类型水。其形成过程可用物理学中的毛细管现象来解释。水与土粒表面的浸湿力（分子引力）使接近土粒的水上升而使孔隙中的水面形成弯液面，水与空气界面的内聚力（表面张力）则总是企图将液体表面积缩至最小，使弯液面变为水平面。但当弯液面的中心部分有所升起时，水面与土粒间的浸湿力又立即将弯液面的边缘牵引上去。这样，浸湿力使毛细水上升，并保持弯液面，直到毛细水柱的重力与弯液面表面张力向上的分力平衡时，水才停止上升。这种由弯液面产生的向上拉力称为“毛细力”，由毛细水维持的水柱部分水称为毛细水。

毛细水主要存在于直径为0.002～0.5mm大小的毛细孔隙中。孔隙更小者，土粒周围的结合水膜有可能充满孔隙而使毛细水不复存在。粗大的孔隙，毛细力极弱，难以形成毛细水。故毛细水主要存在于粉细砂、粉土和粉质粘土中。

毛细水对土的工程性质的影响主要表现在：

(1) 在非饱和的砂类土中，土粒间可产生微弱的毛细水联结，增加土的强度。但当土体浸水饱和或失水干燥时，土粒间的弯液面消失，由毛细力产生的粒间联结也随之消失。因此，为安全及从最不利可能条件考虑，工程设计中一般不计入由毛细水产生的强度增量，反而必须考虑由于毛细水上升使土的含水量增加，从而降低土的强度以及增大土的压缩性等不利影响。

(2) 当毛细水上升接近建筑物基础底面时，毛细压力将作为基底附加压力的增值，从而增加建筑物沉降量。

(3) 当毛细水上升至地表时，不仅能引起沼泽化、盐渍化，也会使地基、路基土浸湿，降低土的力学强度；在寒冷地区，还将加剧冻胀作用。

3. 重力水

重力水也称自由水，存在于较粗大孔隙（如中粗砂、卵砾石土中的孔隙）中，具有自由活动能力，在重力作用下能自由流动。重力水流动时，产生动水压力，能冲刷带走土中的细小颗粒，这种作用称为机械潜蚀。重力水还能溶滤土中的水溶盐，这种作用称化学潜蚀。两种潜蚀作用将使土的孔隙增大，增大土的压缩性，降低土的强度。同时，地下水面以下饱水的土重及工程结构的重量，因受重力水的浮托作用，将相对减小。

4. 气态水和固态水

气态水以水汽状态存在，从气压高的地方向气压低的地方移动。水气可在土粒表面凝聚并转化为其他各种类型的水。气态水的迁移和聚集使土中水和气体的分布状况发生变化，从而改变土的性质。

常压下，当温度低于0℃时，孔隙中的自由水冻结呈固态，往往以冰夹层、冰透镜体、细小的冰晶体等形式存在于土中。冰在土中起暂时胶结作用，提高了土的强度，但解冻后，土体的强度反而会降低，因为从液态水转为固态水时，体积膨胀，使土中孔隙增大，解冻后土的结构变得松散。

三、土中的气体

土中的气体，主要为空气和水汽。但有时也可能含有较多的二氧化碳、沼气及硫化氢等，这些气体大多因生物化学作用生成。

气体在土孔隙中有两种不同存在形式，一种是封闭气体，另一种是游离气体。游离气体通常存在于近地表的包气带中，与大气连通，随外界条件改变与大气有交换作用，处于动平衡状态，其含量的多少取决于土孔隙的体积和水的充填程度。它一般对土的性质影响较小。封闭气体呈封闭状态存在于孔隙中，通常是由于地下水面上升，而土的孔隙大小不一，错综复杂，使部分气体没能逸出而被水包围，与大气隔绝，呈封闭状态存在于部分孔隙内。它对土的性质影响较大，如降低土的透水性和使土不易压实等。饱水粘性土中的封闭气体在压力长期作用下被压缩后，具很大内压力，有时可能冲破土层个别地方逸出，造成意外沉陷。

在淤泥和泥炭质土等有机土中，由于微生物的分解作用，土中聚积有某种有毒气体和可燃气体，例如 CO_2、H_2S 和甲烷等。其中尤以 CO_2 的吸附作用最强，并埋藏于较深的土层中，含量随深度增大而增多。土中这些有害气体的存在不仅使土体长期得不到压密，增大土的压缩性，而且当开挖地下工程揭露这类土层时会严重危害人的生命安全。

第三节 土的物理性质指标

土中的固体颗粒、水和气三部分的质量（或重力）与体积之间的比例关系，随着各种条件的变化而改变。土粒一般由矿物质组成，有时含有机质，构成土的固体部分。土粒构成土的骨架，称为土骨架。土骨架间布满相互贯通的孔隙。这些孔隙有时完全被水充满，称为饱和土；有时一部分孔隙被水占据，另一部分被气体占据，称为非饱和土；有时也可能完全充满气体，就称为干土，如图2-8所示。水和溶解于水的物质构成土的液体部分。空气和其他一些气体构成土的气体部分。这三种组成部分本身的性质以及它们之间的比例关系和相互作用决定土的物理力学性质。因此，研究土的性质，必须研究土的固体、液体和气体的三相组成及其比例关系。下面介绍用于描述土的三相比例关系的物理性质指标。

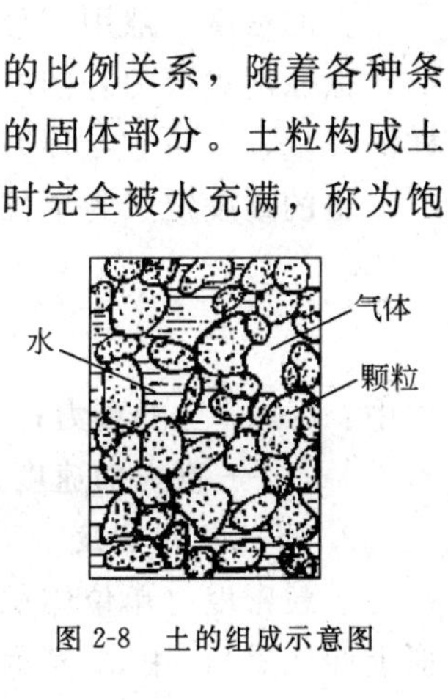

图2-8 土的组成示意图

一、土的三相草图

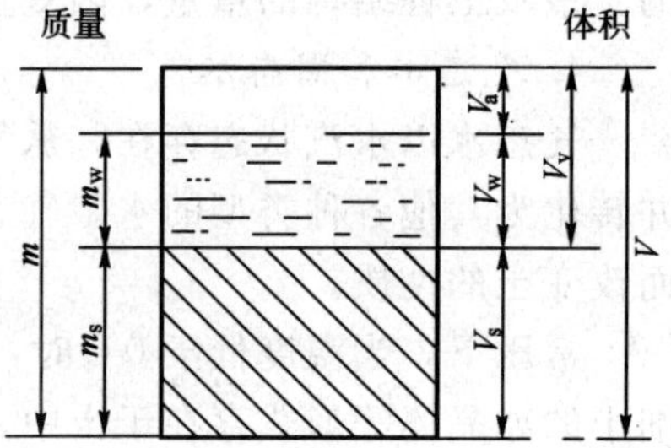

图 2-9　土的三相关系示意图

为了获得清晰的定量概念，并便于计算，在土力学中通常用三相草图来表示土的三相组成，如图 2-9 所示。在三相图的右侧，表示三相组成的体积；在三相图的左侧，则表示三相组成的质量。

图中符号的意义：V 为土的总体积；V_v 为土中孔隙体积；V_w 为土中水的体积；V_a 为土中气体的体积；V_s 为土中固体土粒的体积；m 为土的总质量；m_w 为土中水的质量；m_a 为土中气体的质量，$m_a \approx 0$；m_s 为土中固体土颗粒的质量。

在上述的这些量中，独立的量有 V_s、V_w、V_a、m_w、m_s 五个。1cm³ 水的质量通常等于 1g，故在数值上 $V_w = m_w$。此外，当研究这些量的相对比例关系时，总是取某一定数量的土体来分析，例如取 $V = 1\text{cm}^3$，或 $m = 1\text{g}$，或 $V_S = 1\text{cm}^3$ 等，因此又可以消去一个未知量。这样，对于这一定数量的三相土体，只要知道其中三个独立的量，其他各个量就可从图中直接换算得到。所以，三相草图是土力学中用以计算三相量比例关系的一种简单而又很实用的工具。

二、基本试验指标

为了确定三相草图诸量中的三个量，就必须通过实验室的试验测定。通常做三个基本物理性质试验。它们是：土的密度试验，土粒比重或相对密度试验，土的含水量试验。

1. 土的密度和重度

土的密度定义为单位体积土的质量，用 ρ 表示，以 g/cm³ 计：

$$\rho = \frac{m}{V} \tag{2-3}$$

天然状态下土的密度变化范围较大。一般粘性土和粉土 $\rho = 1.8 \sim 2.0\text{g/cm}^3$；砂土 $\rho = 1.6 \sim 2.0\text{g/cm}^3$；腐殖土 $\rho = 1.5 \sim 1.7\text{g/cm}^3$。

土的密度一般用“环刀法”测定，用一个圆环刀（刀刃向下）放在削平的原状土样面上，徐徐削去环刀外围的土，边削边压，使保持天然状态的土样压满环刀内，称得环刀内土样的质量，求得它与环刀容积之比值即为其密度。

土的重度定义为单位体积土的重力，又称土的容重，用 γ 表示，以 kN/m³ 计：

$$\gamma = \frac{G}{V} = \frac{mg}{V} = \rho \cdot g \tag{2-4}$$

式中：G——土的重力；

g——重力加速度，$g = 9.80665\text{m/s}^2$，工程上为了计算方便，有时取 $g = 10\text{m/s}^2$。

2. 土粒相对密度

土粒密度（单位体积土粒的质量）与 4℃时纯水密度之比，称为土粒相对密度（过去习惯上叫比重），用 d_s 表示，为无量纲量，即

$$d_s = \frac{m_s}{V} \cdot \frac{1}{\rho_{w1}} = \rho_s/\rho_{w1} \tag{2-5}$$

式中：ρ_{w1}——4℃时纯水的密度；$\rho_{w1}=1\text{g/cm}^3$；

ρ_s——土粒的密度，即单位体积土粒的质量。

故实用上，土粒相对密度在数值上等于土粒的密度。

土粒相对密度（或比重）可在试验室内用比重瓶法测定。由于土粒相对密度变化不大，通常可按经验数值选用，一般参考值见表2-2。

土粒相对密度参考值　　表2-2

土的名称	砂　土	粉　土	粘性土	
			粉质粘土	粘土
土粒相对密度	2.65～2.69	2.70～2.71	2.72～2.73	2.74～2.76

3. 土的含水量

土的含水量定义为土中水的质量与土粒质量之比，用 w 表示，以百分数计，即：

$$w = \frac{m_w}{m_s} \times 100\% = \frac{m - m_s}{m_s} \times 100\% \tag{2-6}$$

含水量 w 是标志土的湿度的一个重要物理指标。天然土层的含水量变化范围很大，它与土的种类、埋藏条件及其所处的自然地理环境等有关。一般说来，对同一类土，当其含水量增大时，其强度就降低。

土的含水量一般用“烘干法”测定。先称小块原状土样的湿土质量 m，然后置于烘箱内维持100～105℃烘至恒重，再称干土质量 m_s，湿、干土质量之差（$m-m_s$）与干土质量 m_s 之比值，就是土的含水量。

三、其他常用指标

在测定土的密度 ρ、土粒比重 d_s 和土的含水量 w 这三个基本指标后，就可以根据三相草图计算出三相组成各自在体积上与质量上的含量。工程上，为了便于表示三相含量的某些特征，定义如下几种指标。

1. 表示土中孔隙含量的指标

工程上常用孔隙比 e 或孔隙率 n 表示土中孔隙的含量。孔隙比 e 定义为土中孔隙体积与土粒体积之比，即

$$e = \frac{V_v}{V_s} \tag{2-7}$$

孔隙比用小数表示，它是一个重要的物理性能指标，可用来评价天然土层的密实程度。一般地，$e<0.6$ 的土是密实的低压缩性土，$e>1.0$ 的土是疏松的高压缩性土。孔隙率 n 定义为土中孔隙体积与土总体积之比，以百分数计，即：

$$n = \frac{V_v}{V} \times 100\% \tag{2-8}$$

孔隙比和孔隙率都是用来表示孔隙体积含量的概念。容易证明两者之间具有以下关系：

$$n = \frac{e}{1+e} \times 100\% \tag{2-9}$$

$$e = \frac{n}{1-n} \tag{2-10}$$

2. 表示土中含水程度的指标

含水量 w 当然是表示土中含水程度的一个重要指标。此外，工程上往往需要知道孔隙中充满水的程度，这可用饱和度 S_r 表示。土的饱和度 S_r 定义为土中被水充满的孔隙体积与孔隙总体积之比，即

$$S_r = \frac{V_w}{V_v} \times 100\% \tag{2-11}$$

砂土根据饱和土 S_r 的指标值分为稍湿、很湿和饱和三种湿度状态，其划分标准见表2-3。显然，干土的饱和度 $S_r=0$，而完全饱和土的饱和度 $S_r=100\%$。

砂土湿度状态的划分　　表 2-3

砂土湿度状态	稍湿	很湿	饱和
饱和度 S_r（%）	$S_r \leqslant 50$	$50 < S_r \leqslant 80$	$S_r > 80$

3. 表示土的密度和重度的几种指标

除了天然密度 ρ（有时也叫湿密度）以外，工程计算中还常用如下两种土的密度：饱和密度 ρ_{sat} 和干密度 ρ_d。土的饱和密度定义为土中孔隙被水充满时土的密度，表示为：

$$\rho_{sat} = \frac{m_s + V_v \rho_w}{V} \tag{2-12}$$

土的干密度定义为单位体积土中土粒的质量，表示为：

$$\rho_d = \frac{m_s}{V} \tag{2-13}$$

在计算土中自重应力时，须采用土的重力密度，简称重度（或容重）。与上述几种土的密度相应的有土的天然重度（或容重）γ、饱和重度（或容重）γ_{sat}、干重度（或容重）γ_d。在数值上，它们等于相应的密度乘以重力加速度 g，即，$\gamma=\rho \cdot g$，$\gamma_{sat}=\rho_{sat} \cdot g$，$\gamma_d=\rho_d \cdot g$。另外，对于地下水位以下的土体，由于受到水的浮力作用，将扣除水浮力后单位体积土所受的重力称为土的有效重度，以 γ' 表示，当认为水下土是饱和时，它在数值上等于饱和重度 γ_{sat} 与水的重度 γ_w（$\gamma_w=\rho_w \cdot g$）之差，即：

$$\gamma' = \frac{m_s g - V_s \gamma_w}{V} = \gamma_{sat} - \gamma_w \tag{2-14}$$

显然，几种密度和重度在数值上有如下关系：

$$\rho_{sat} \geqslant \rho \geqslant \rho_d$$

$$\gamma_{sat} \geqslant \gamma \geqslant \gamma_d > \gamma'$$

典型例题分析

[例题 2-2]　某原状土样，经试验测得天然密度 $\rho=1.91\text{t/m}^3$，含水量 $w=9.5\%$，土粒相对密度 $d_s=2.70$。试计算：①土的孔隙比 e、饱和度 S_r；②当土中孔隙充满水时土的密度 ρ_{sat} 和含水量 w。

解：绘三相草图，见图 2-10。设土的体积 $V=1.0\text{m}^3$。

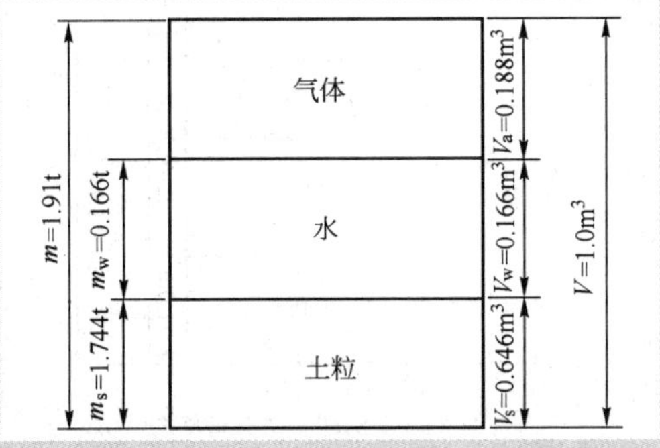

图 2-10　例题 2-2 三相草图

(1) 根据密度定义，得：　$m=\rho V=1.91\times1.0=1.91\text{t}$

根据含水量定义，得：　$m_w=w\times m_s=0.095m_s$

从三相草图有：　$m_w+m_s=m$

因此　$0.095m_s+m_s=1.91\text{t}$　$m_s=1.744\text{t}$　$m_w=0.166\text{t}$

根据土粒相对密度定义，得土粒密度 ρ_s 为：

$$\rho_s=d_s\rho_{w1}=2.70\times1.0=2.70\text{t/m}^3$$

土粒体积　$V_s=\dfrac{m_s}{\rho_s}=\dfrac{1.744}{2.70}=0.646\text{m}^3$

水的体积　$V_w=\dfrac{m_w}{\rho_w}=\dfrac{0.166}{1.0}=0.166\text{m}^3$

气体体积　$V_a=V-V_s-V_w=1.0-0.646-0.166=0.188\text{m}^3$

因此，孔隙体积 $V_v=V_w+V_a=0.166+0.188=0.354\text{m}^3$。至此，三相草图中，三相组成的量，无论是质量或体积，均已算出，将计算结果填入三相草图中。根据孔隙比定义，得：

$$e=\frac{V_v}{V_s}=\frac{0.354}{0.646}=0.548$$

根据饱和度定义，得：

$$S_r=\frac{V_w}{V_v}\times100\%=\frac{0.166}{0.354}\times100\%=46.9\%$$

(2) 当土中孔隙充满水时，由饱和密度定义，有：

$$\rho_{sat}=\frac{m_s+V_v\rho_w}{V}=\frac{1.744+0.354\times1.0}{1.0}=2.10\text{t/m}^3$$

由含水量定义，有：　$w=\dfrac{V_v\rho_w}{m_s}\times100\%=\dfrac{0.354\times1.0}{1.744}\times100\%=20.3\%$

典型例题分析

[例题 2-3] 某土样已测得其孔隙比 $e=0.70$，土粒相对密度 $d_s=2.72$。试计算：①土的干重度 γ_d、饱和重度 γ_{sat}、浮重度 γ'；②当土的饱和度 $S_r=75\%$ 时，土的重度 γ 和含水量 w 为多大？

解： 绘三相草图，见图 2-11。设土的体积 $V_S=1.0m^3$。

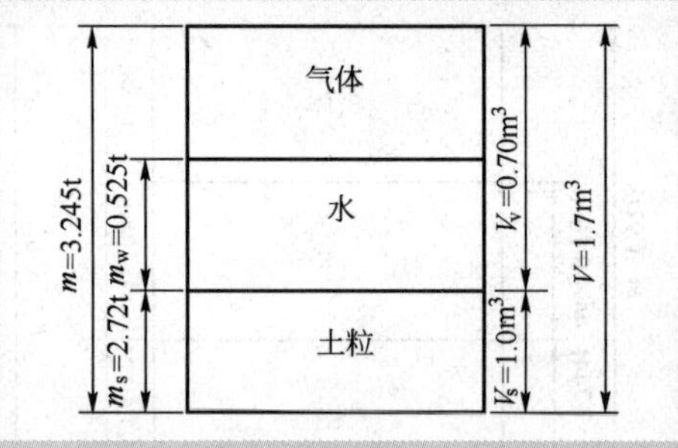

图 2-11 例题 2-3 三相草图

(1) 根据孔隙比的定义，有

$$V_v = eV_s = 0.70 \times 1.0 = 0.70m^3$$

根据土粒相对密度的定义，有：

$$m_s = d_s V_s \rho_{w_1} = 2.72 \times 1.0 \times 1.0 = 2.72t$$

土的总体积为 $V=V_v+V_s=0.70+1.0=1.70m^3$

根据土的干重度的定义，有：

$$\gamma_d = \frac{m_s g}{V} = \frac{2.72 \times 9.81}{1.70} = 15.70kN/m^3$$

当孔隙充满水时，土的质量为：

$$m = m_s = V_v \rho_w = 2.72 + 0.70 \times 1.0 = 3.42t$$

根据土的饱和重度的定义，有：

$$\gamma_{sat} = \frac{mg}{V} = \frac{3.42}{1.70} \times 9.81 = 19.74kN/m^3$$

则浮重度 γ' 为： $\gamma'=\gamma_{sat}-\gamma_w=19.74-9.81=9.93kN/m^3$

(2) 当土的饱和度 $S_r=75\%$ 时，由饱和度定义，有：

$$V_w = S_r V_v = 0.75 \times 0.70 = 0.525m^3$$

此时水的质量 $m_w=\rho_w V_w=1.0\times0.525=0.525t$

土的总质量 $m=m_w+m_s=0.525+2.72=3.245t$

由土的重度的定义有：

$$\gamma = \frac{mg}{V} = \frac{3.245 \times 9.81}{1.70} = 18.72kN/m^3$$

由含水量的定义有：

$$w = \frac{m_w}{m_s} \times 100\% = \frac{0.525}{2.72} \times 100\% = 19.3\%$$

典型例题分析

[例题 2-4]　推导常用的三相比例指标之间的换算关系。

解：绘制三相草图，见图 2-12。并假设 $V_S=1.0$。

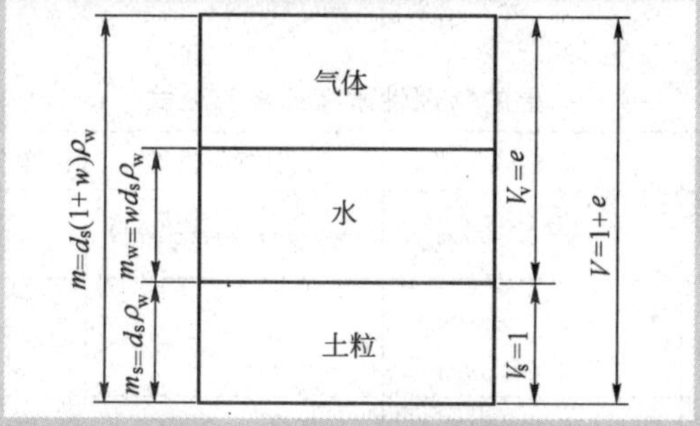

图 2-12　例题 2-4 三相草图

根据孔隙比的定义，有

$$V_v = e \cdot V_s = e$$

则土的总体积

$$V = V_s = V_v = 1 + e$$

根据土粒相对密度的定义，有

$$m_s = d_s V_s \rho_w = d_s \rho_w$$

由含水量的定义，有　　　$m_w = w m_s = w d_s \rho_w$

则土的总质量　　$m = m_s + m_w = d_s\rho_w + w d_s \rho_w = (1+w)\ d_s\rho_w$

将上述质量和体积填入三相草图，由三相指标的定义，可推导得：

$$\rho = \frac{m}{V} = \frac{(1+w)d_s\rho_w}{1+e} \qquad \frac{\rho}{1+w} = \frac{d_s\rho_w}{1+e}$$

$$\rho_d = \frac{m_s}{V} = \frac{d_s\rho_w}{1+e} \qquad \rho_d = \frac{\rho}{1+w}$$

$$\rho_{sat} = \frac{m_s + V_v\rho_w}{V} = \frac{d_s\rho_w + e\rho_w}{1+e} = \frac{d_s+e}{1+e}\rho_w$$

$$\gamma_{sat} = \rho_{sat} \cdot g = \frac{d_s+e}{1+e}\rho_w \cdot g = \frac{d_s+e}{1+e}\gamma_w$$

$$\gamma' = \gamma_{sat} - \gamma_w = \frac{d_s+e}{1+e}\gamma_w - \gamma_w = \frac{d_s-1}{1+e}\gamma_w$$

$$\gamma_d = \rho_d \cdot g = \frac{\rho}{1+w} \cdot g = \frac{\gamma}{1+w}$$

$$n = \frac{V_v}{V} = \frac{e}{1+e}$$

$$S_r = \frac{V_w}{V_v} = \frac{m_w/\rho_w}{e} = \frac{w d_s}{e}, w = \frac{S_r e}{d_s}$$

其他指标之间的关系不再一一推导。总之，利用三相图换算指标，就是利用已知的指标，计算出三相草图中的各相数值，再根据所求指标的定义直接计算。事实上，由于三相量的指标都是相对的比例关系，不是量的绝对值，因此，为了简化计算，常常可以假设三相中某相的值为 1 个单位，实用上最常用的是假设 $V_s=1.0\text{m}^3$（或 cm^3）或 $V=1.0\text{m}^3$（或 cm^3）进行计算。

小贴士

土的物理性质指标换算公式　　表 2-4

名　称	符号	表达式	常用换算公式	单位	常见的数值范围
含水量	w	$w=\frac{m_w}{m_s}\times100\%$	$w=\frac{S_r e}{d_s}$；$w=\frac{\gamma}{\gamma_d}-1$		20%～60%
相对密度（土粒比重）	d_s	$d_s=\frac{\rho_s}{\rho_w}$	$d_s=\frac{S_r}{w}$		一般粘性土：2.70～2.75 砂土：2.65～2.69
密度	ρ	$\rho=\frac{m}{V}$	$\rho=\frac{d_s+S_r e}{1+e}\rho_w$	t/m³	1.6～2.0
重度	γ	$\gamma=\rho g$	$\gamma=\frac{d_s+S_r e}{1+e}\gamma_w$	kN/m³	16～20
干土密度	ρ_d	$\rho_d=\frac{m_s}{V}$	$\rho_d=\frac{\rho}{1+w}$	t/m³	1.3～1.8
干土重度	γ_d	$\gamma_d=\rho_d g$	$\gamma_d=\frac{\rho}{1+w}g=\frac{\gamma}{1+w}$	kN/m³	13～18
饱和土密度	ρ_{sat}	$\rho_{sat}=\frac{m_s+V_v\rho_w}{V}$	$\rho_{sat}=\frac{d_s+e}{1+e}\rho_w$	kN/m³	1.8～2.3
饱和土重度	γ_{sat}	$\gamma_{sat}=\rho_{sat}\cdot g$	$\gamma_{sat}=\frac{d_s+e}{1+e}\gamma_w$	kN/m³	18～23
浮重度（有效重度）	γ'	$\gamma'=\frac{m_s-V_s\rho_w}{V}g$	$\gamma'=\gamma_{sat}-\gamma_w$	kN/m³	8～13
孔隙比	e	$e=\frac{V_v}{V_s}$	$e=\frac{d_s\rho_w}{\rho_d}-1$		一般粘性土 $e=0.40$～1.20 砂土 $e=0.30$～0.90
孔隙率	n	$n=\frac{V_v}{V}\times100\%$	$n=\frac{e}{1+e}$		一般粘性土：30%～60% 砂土：25%～45%
饱和度	S_r	$S_r=\frac{V_w}{V_v}$	$S_r=\frac{wd_S}{e}$		0～1.0

第四节　土的物理状态指标

一、无粘性土的密实度

砂土、碎石土统称无粘性土。无粘性土的密度对其工程性质有重要的影响。如果土粒排列越紧密，它们在外荷载作用下，其变形越小，强度越大，工程性质越好。反映这类土工程性质的主要指标是密实度。砂土的密实状态可以分别用孔隙比 e、相对密实度 D_r 和标准贯入锤击数 N 进行评价。

采用天然孔隙比 e 的大小来判别砂土的密实度，是一种较简捷的方法，但不足之处是它不能反映砂土的级配和颗粒形状的影响。实践表明，有时较疏松的级配良好的砂土孔隙比，比之较密实的颗粒均匀的砂土孔隙比还要小。

工程上为了更好地表明砂土所处的密实状态，采用将现场土的孔隙比 e 与该种土所能达到最密实时的孔隙比 e_{min} 和最松散时的孔隙比 e_{max} 相比较的办法，来表示孔隙比 e 时土的密实度。这种度量密实度的指标称为相对密实度 D_r，定义为：

$$D_r = \frac{e_{max} - e}{e_{max} - e_{min}} \tag{2-15}$$

土的最大孔隙比 e_{max} 的测定方法是将松散的风干土样，通过长颈漏斗轻轻地倒入容器，求得土的最小干密度再经换算确定；土的最小孔隙比 e_{min} 的测定方法是将松散的风干土样分批装入金属容器内，按规定的方法进行振动或锤击夯实，直至密实度不再提高，求得最大干密度再经换算确定。

当砂土的天然孔隙比 e 接近最小孔隙比 e_{min} 时，则其相对密实度 D_r 较大，砂土处于较密实状态。当 e 接近最大孔隙比 e_{max} 时，则其 D_r 较小，砂土处于较疏松状态。用相对密实度 D_r 判定砂土的密实度标准为：

$0 \leqslant D_r \leqslant 1/3$　　松散

$1/3 < D_r \leqslant 2/3$　　中密

$2/3 < D_r \leqslant 1$　　密实

应指出，要在实验室测得各种土理论上的 e_{max} 和 e_{min} 是十分困难的。在静水中缓慢沉积形成的土，其孔隙比有时可能比实验室能测得的 e_{max} 还大；同样，在漫长地质年代中堆积形成的土，其孔隙比有时可能比实验室能测得的 e_{min} 还小。此外，在地下深处，特别是地下水位以下的粗粒土的天然孔隙比 e，很难准确测定。相对密实度 D_r 这一指标虽然理论上讲能更合理地用以确定土的密实状态，但由于上述原因，通常用于填方土的质量控制中，对于天然土尚难以应用。

由于砂土的 e、e_{max} 和 e_{min} 都难以确定，天然砂土的密实度可在现场进行标准贯入试验，根据标准贯入试验锤击数 N 值的大小，按表 2-5 的标准间接判定。标准贯入试验方法可参见《岩土工程勘察规范》(GB 50021—2001)。

天然砂土的密实度　　　　表 2-5

砂土密实度	松散	稍密	中密	密实
N	$N \leqslant 10$	$10 < N \leqslant 15$	$15 < N \leqslant 30$	$N > 30$

注：N 系指标准贯入试验锤击数。

碎石土可根据野外鉴别可挖性、可钻性和骨架颗粒含量与排列方式，划分为密实、中密、稍密三种密实状态，其划分标准见表 2-6。

碎石土密实度野外鉴别方法　　表 2-6

密实度	骨架颗粒含量与排列	可挖性	可钻性
密实	骨架颗粒含量大于总重的 60%～70%，呈交叉排列，连续接触	锹镐挖掘困难，用撬棍方能松动；井壁一般较稳定	钻进极困难；冲击钻探时，钻杆、吊锤跳动剧烈；孔壁较稳定
中密	骨架颗粒含量等于总重的 60%～70%，呈交叉排列，大部分接触	锹镐可挖掘；井壁有掉块现象，从井壁取出大颗粒后，能保持颗粒凹面形状	钻进较困难；冲击钻探时，钻杆、吊锤跳动不剧烈；孔壁有坍塌现象
稍密	骨架颗粒含量小于总质量的 60%，排列混乱，大部分不接触	锹可以挖掘；井壁易坍塌，从井壁取出大颗粒后，砂土立即坍落	钻进较容易；冲击钻探时，钻杆稍有跳动；孔壁易坍塌

二、粘性土的稠度

粘性土最主要的物理状态特征是它的稠度。所谓稠度是指粘性土在某一含水量下对外力引起的变形或破坏的抵抗能力。粘性土在含水量发生变化时，它的稠度也随之而变，通常用坚硬、硬塑、可塑、软塑和流塑等术语来描述。

刚沉积的粘土具有液体泥浆那样的稠度。随着粘土中水分的蒸发或上覆沉积层厚度的增加，它的含水量将逐渐减小，体积收缩，从而丧失其流动能力，进入可塑状态。这时土在外力作用下可改变其形状，而不显著改变其体积，并在外力卸除后仍能保持其已获得的形状，粘性土的这种性质称为可塑性。若含水量继续减小，粘性土将丧失其可塑性，在外力作用下易于破裂，这时它已进入半固体状态。最后，即使粘性土进一步减少含水量，它的体积已不再收缩，这时，由于空气进入土体，土的颜色变淡，粘性土就进入了固体状态。上述过程示于图 2-13，图中上部的两相图分别对应于下部含水量与体积变化曲线上 A、B 和 C 点的位置。

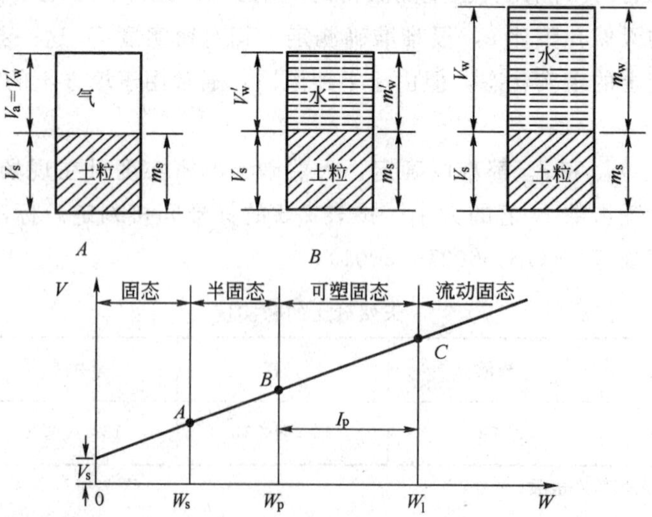

图 2-13　粘性土物理状态与含水量的关系

粘性土从一种状态转变为另一状态，可用某一界限含水量来区分。这种界限含水量称为稠度界限或 Atterberg 界限。工程上常用的稠度界限有：液限 w_l、塑限 w_p 和缩限 w_s。

液限（liquid limit）又称液性界限、流限，它是流动状态与可塑状态的界限含水量，也就是可塑状态的上限含水量。塑限（plastic limit）又称塑性界限，它是可塑状态与半固体状态的界限含水量，也就是可塑状态的下限含水量。缩限（shrinkage limit）是半固体状态与固体状态的界限含水量，也就是粘性土随着含水量的减小体积开始不变时的含水量。粘性土的界限含水量和土粒组成、矿物成分、土粒表面吸附阳离子性质等有关，可以说界限含水量的大小反映了这些因素的综合影响，因而对粘性土的分类和工程性质的评价有着重要意义。

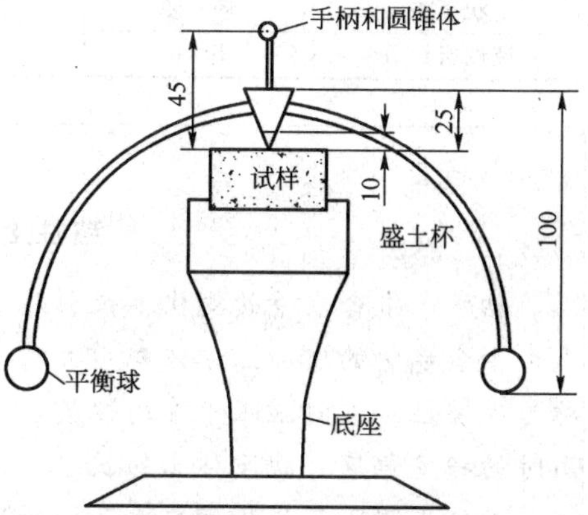

图 2-14 圆锥液限仪（尺寸单位：mm）

粘性土的液限 w_l 常用液限仪测定。我国采用的液限仪是圆锥仪，如图 2-14，圆锥的质量为 76g、锥角为 30°。将用于测定液限的土样调成均匀的浓糊状，装满于盛土杯内，刮平杯口表面，再将盛土杯置于圆锥仪底座上，将圆锥体轻放在试样表面的中心，使其在自重作用下徐徐沉入土样。若采用经 5～15s 恰好沉入 17mm 深度为液限标准，则称这时土样的含水量为土的 17mm 液限 w_l；若采用沉入 10mm 深度为液限标准，则称这时土样的含水量为土的 10mm 液限 w_l。在试验报告上应注明液限标准。

粘性土的塑限 w_p 采用“搓条法”测定。该法是把调制均匀的湿土样，在玻璃板上搓滚成 3mm 直径的土条，若这时土条恰好出现裂缝并开始断裂，就把土条的含水量定为土的塑限 w_p 值。

此外，我国还有液、塑限联合测定法，即塑限也用圆锥仪测定。这是以 76g 圆锥仪经 5s 沉入土中深度恰好为 2mm 时试样的含水量定为土的塑限，并认为它当量于搓条法测得的塑限。

土的缩限 w_s 是把土样的含水量调制到大于土的液限，然后将其填实到一定容积 V_1 的容器，烘干，测出干试样的体积 V_2 并称出其质量 m_s 后，按下式求得缩限 w_s：

$$w_s = w_1 - \frac{V_1 - V_2}{m_s}\rho_w \tag{2-16}$$

式中：w_1——试样的制备含水量。

三、粘性土的塑性指数和液性指数

塑性指数（plasticity index）是指液限 w_l 与塑限 w_p 的差值（省去%符号），用符号 I_p 表示，即

$$I_p = w_l - w_p \tag{2-17}$$

I_p 表示土处于可塑状态的含水量变化的范围，是衡量土的可塑性大小的重要指标。

塑性指数 I_p 的大小与土中结合水的可能含量有关，也即与土的颗粒组成、土粒的矿物成分及土中水的离子成分和浓度等因素有关。土粒越细，其比表面积和可能的结合水含量愈高，因而 I_p 也越大。

液性指数（liquidity index）是指粘性土的天然含水量 w 与塑限含水量 w_p 的差值与塑性指数 I_p 之比值，表征土的天然含水量与界限含水量之间的相对关系，用符号 I_l 表示，即

$$I_l=\frac{w-w_p}{I_p}=\frac{w-w_p}{w_l-w_p} \tag{2-18}$$

显然，当 $I_l=0$ 时，$w=w_p$，土从半固态进入可塑状态；当 $I_l=1$ 时 $w=w_l$，土从可塑状态进入流动状态。因此，根据 I_l 值可以直接判定土的稠度（软硬）状态。工程上按液性指数 I_l 的大小，把粘性土分成五种稠度（软硬）状态，如表 2-7。

粘性土稠度状态的划分　　表 2-7

状态	坚硬	硬塑	可塑	软塑	流塑
液性指数 I_l	$I_l\leqslant 0$	$0<I_l\leqslant 0.25$	$0.25<I_l\leqslant 0.75$	$0.75<I_l\leqslant 1.0$	$I_l>1.0$

小贴士

粘性土的胀缩性及其指标简介

粘性土中含水量的变化不仅引起土稠度发生变化，也同时引起土的体积发生变化。粘性土由于含水量的增加土体体积增大的性能称为膨胀性；由于含水量的减少，体积减小的性能称为收缩性。这种湿胀干缩的性质，统称为土的胀缩性。膨胀、收缩等特性是说明土与水作用时的稳定程度，故又称土的抗水性。

表征土膨胀性的指标主要有膨胀率、自由膨胀率、膨胀力、膨胀含水量。

(1) 膨胀率 δ_{ep}

原状土在一定压力和有侧限条件下浸水膨胀稳定后的高度增加量与原高度之比，称为膨胀率 δ_{ep}，用百分率表示。其值愈大，说明土的膨胀性愈强。室内试验是用环刀取土测定的。由于是在有侧限条件下的膨胀，因此测得的膨胀率（线胀率）实际上就是体胀率，即膨胀率，表达式为：

$$\delta_{ep}=\frac{h_w-h_0}{h_0}\times 100\%$$

式中：h_0——土样原始高度；

h_w——土样浸水膨胀稳定后的高度。

膨胀率的大小与土的天然含水量、土的密实程度及土的结构联结有关。工程实践中，应根据土层的埋藏条件和上部荷载，测定不同压力下的膨胀率，以满足工程需要。一般评价土的膨胀性时，可测定无荷载作用下的膨胀率 δ_e，其值愈大，土膨胀性愈强。

(2) 自由膨胀率 δ_{ef}

将一定体积的扰动烘干土样经充分吸水膨胀稳定后，测得增加的体积与原干土体积之比即为自由膨胀率 δ_{ef}，以百分率表示：

$$\delta_{ef}=\frac{V_w-V_0}{V_0}\times 100\%$$

式中：V_w——土样在水中膨胀稳定后的体积；

V_0——土样原始体积。

自由膨胀率表明土在无结构力影响下的膨胀特性，说明土膨胀的可能趋势。

(3) 膨胀力 p_e

原始土样的体积不变时，由于浸水膨胀时产生的最大内应力称为膨胀力。膨胀力 p_e 可用来衡量土的膨胀势和考虑地基的承载能力，某些细粒土的膨胀力可达 100kPa 以上。

(4) 膨胀含水量 w_{sl}

土样膨胀稳定后的含水量称为膨胀含水量，此时扩散层已达最大厚度，结合水含量增至极限状态，定义为：

$$w_{sl}=\frac{m_{sl}}{m_s}\times 100\%$$

式中：m_{sl}——土样膨胀稳定后土中水的质量；

m_s——干土样的质量。

表征土收缩性的指标有：体缩率、线缩率、收缩系数。

(1) 体缩率 δ_V

土样失水收缩减少的体积与原体积之比，以百分率表示：

$$\delta_V=\frac{V_0-V_d}{V_0}\times 100\%$$

式中：V_0——土样收缩前的体积；

V_d——土样收缩后的体积。

(2) 线缩率 δ_{si}

土样失水收缩减少的高度与原高度之比，以百分率表示：

$$\delta_{si}=\frac{h_0-h_i}{h_0}\times 100\%$$

式中：h_0——土样原始高度；

h_i——土样收缩后的高度。

(3) 收缩系数 λ_s

原状土样在直线收缩阶段，含水量每减少 1%时的竖向线缩率：

$$\lambda_s=\frac{\Delta\delta_s}{\Delta w}$$

上述土样收缩性指标都可以通过收缩试验求得。实践结果可以绘制土的收缩曲线，也即收缩率与含水量关系曲线。在该曲线上，收缩率实质是土失水收缩第一阶段直线段的斜率。

典型例题分析

[例题 2-5]　某土样的液限为 38.6%，塑限为 23.2%，天然含水量为 25.5%，问该土样处于何种状态？

解：已知 $w_l=38.6\%$，$w_p=23.2\%$，$w=25.5\%$，则

$$I_p=w_l-w_p=38.6-23.2=15.4 \qquad I_l=\frac{w-w_p}{I_p}=\frac{25.5-23.2}{15.4}=0.15$$

所以，该土处于硬塑状态。

第五节　地基土的工程分类

自然界中土的种类很多，工程性质各异。为了便于研究，需要按其主要特征进行分类。任何一种土的分类体系，其目的无非是想提供一种通用的鉴别标准，以便在不同土类之间可作有价值的比较、评价及累积和交流经验。为了能通用，这种分类体系首先应当是简明的，而且尽可能直接与土的工程性质相联系。可惜，土的分类法不仅各国尚未统一，就是一个国家的各个部门也都制定了结合本行业的特点的分类体系。本节对国外主要的土分类体系做简要综述，主要介绍我国以国标《土的分类标准》（GBJ 145—90）为代表的地基土分类法和国标《岩土工程勘察规范》（GB 50021—2001）为代表的地基土分类法，以便对土的工程分类的基本原则有一个较全面的了解。

一、国外土分类体系综述

从分类体系讲，存在两种主要的分类体系。这两种分类体系的共同点是：对粗粒土按粒度成分来分类；对细粒按土的 Atterberg 界限来分类。其主要区别是：第一种分类体系对粗粒土按大于某一粒径的百分含量超过某一界限值来定名，并按从粗到细的顺序以最先符合为准，对细粒土按塑性指数分类；第二种分类体系对粗粒土按两个粒组相对含量的多少，以含量多的来定名，对细粒土按塑性图分类。第一种分类体系的代表是前苏联的土分类方法，第二种分类体系的代表是美国 ASTM 的统一分类法。

第一种分类体系中，土分为三个大类：

①大块碎石类土：粒径大于 2mm 的颗粒含量超过全重 50%的土，再按颗粒级配和形状分为三个亚类，见表 2-8。

前苏联大块碎石类土的分类　　表 2-8

土的名称	颗粒级配	附注
漂石（块石）	粒径大于 200mm 颗粒超过全重 50%	定名时应根据粒径从大到小以最先符合者定名
卵石（砾石）	粒径大于 20mm 的颗粒超过全重 50%	
圆砾（角砾）	粒径大于 2mm 的颗粒超过全重 50%	

②砂土：粒径大于 2mm 的颗粒含量不超过 50%，且塑性指数不大于 1 的土，再按颗粒级配分为五个亚类，见表 2-9。

前苏联砂土的分类　　表 2-9

土的名称	颗粒级配
砾砂	粒径大于 2mm 的颗粒占全重 25%～50%
粗砂	粒径大于 0.5mm 的颗粒超过全重 50%
中砂	粒径大于 0.25mm 的颗粒超过全重 50%
细砂	粒径大于 0.1mm 的颗粒超过全重 75%
粉砂	粒径大于 0.1mm 的颗粒不超过全重 75%

注：定名时应根据粒径从大到小，以最先符合者定。

③粘性土：塑性指数 $I_p>1$ 的土，按 I_p 值大小分为三个亚类，见表 2-10。

前苏联粘性土的分类　　表 2-10

土的名称	塑性指数 I_p	土的名称	塑性指数 I_p
粘土	$I_p>17$	亚砂土	$1<I_p\leqslant10$
亚粘土	$10<I_p\leqslant17$		

这一分类体系的主要优点是简单明了，易于掌握，全部土类只有 11 个亚类，在此基础上可再根据成因、年代、有机质含量和其他特性进一步描述，或在基本土名前冠以定语，如淤泥质粘土等。对于洪、冲积成因和分选性较好的土层，这种分类方法能反映土的主要特征，满足各类建筑地基评价与设计的要求。但对于残坡积成因、分选性较差的土层，这个分类法只反映了主要粒组的影响，而不能评价其他粒组的影响，特别对于用作材料的土，其级配特征不能全面描述，难以满足评价土石料的要求。对于细粒土，如用以评价成分和成因非常特殊的土，也过于简单而不能反映更多的特性。同时，这个分类体系在某些划分界限上不尽妥当，如砂土与粘性土的划分界限、亚砂土定名等。

第二种分类体系的特点是逻辑性强，按二分法从粗到细，逐步分类。第一步，按 200 或下侧定名为粘质砾石（或砂）或粉质砾石（或砂），见表 2-11。对细粒土，按是否是在 A 线下侧区分为有机土或无机土，对无机土也用 A 线划分为粘土或粉土，见表 2-12 和图 2-15。这种分类的方法能比较全面地考虑粒径级配情况和次要粒组的影响，特别适用于作为材料用土的评价，也适用于残坡积土，但分类的类别太多。尽管 ASTM 的分类是这种体系中最简单的分类法，但粗粒土一共至少有 18 个类别。即使如此，有时还感到太粗，无法对某些土加以区分，如砾粗中砂和粉细砂的性质有明显差异，但按这种分类方法无法区分开来。又如卵石和圆砾也是不同的，但也不能加以区别开来。

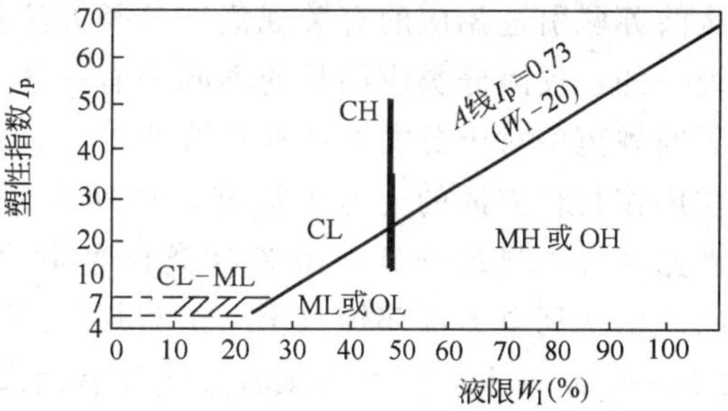

图 2-15　ASTM 塑性图

ASTM 粗粒土（过 200 号筛余量大于 50%）分类　　表 2-11

土的分类及符号				分类标准		
				4 号筛余量	过 200 号筛量	级配或细粒部分情况
砾石	纯砾石	级配好的砾石	GW	>50%	<5%	$C_u>4$ 且 $C_c=1\sim3$
		级配不好的砾石	GP			不满足上述两条标准
	带细粒的砾石	粉质砾石	GM		12～50%	A 线以下或 $I_p<4$
		粘质砾石	GC			A 线以上且 $I_p>7$
砂	纯砂	级配好的砂	SW	<50%	<5%	$C_u>6$ 且 $C_c=1\sim3$
		级配不好的砂	SP			不满足上述两条标准
	带细粒砂	粉质砂	SM		12～50%	A 线以下或 $I_p<4$
		粘质砂	SC			A 线以上且 $I_p>7$

注：过 200 号筛量在 5%～12%或 A 线以上且 $4<I_p<7$ 时分类用二元符号。

ASTM 细粒土（200 号筛余量小于 50%）分类　　表 2-12

土　类	液限	符号	土的典型名称
低塑性粘土和粉土	$w_l \leqslant 50\%$	ML	A 线以下，无机粉土，极细砂，岩粉，粉性土或粘土质细砂
		CL	A 线以上，低到中塑性无机粘土，含砾粘土，砂质粘土，粉质粘土
		OL	A 线以下，低塑性有机粉土和有机粘土质粘土
高塑性粘土和粉土	$w_l > 50\%$	MH	A 线以下，无机粉土，云母质或含二价离子的细砂或粉土
		CH	A 线以上，高塑性无机粘土
		OH	A 线以下，中到高塑性无机粘土
高有机质土		PT	泥炭、污泥和其他高有机质土

除了上述两种主要分类体系外，还有别的一些分类体系，如美国各州公路工作者协会（AASHO）的分类方法，美国联邦航空局（FAA）的分类方法以及在美国和前苏联应用很广的三角坐标分类法。这些分类法都有各自的特点，在一定范围内行之有效地使用。有兴趣的读者可参阅相关参考书。

二、我国的土的分类体系

我国的土的分类体系经历了一个发展的过程。从 20 世纪 50 年代开始，我国各行各业都从前苏联引进相应的有关规范，分类方法都采用前苏联标准，那时各行业土的分类基本上是统一的，仅因分类应用目的不同而有一些差异。直到 20 世纪 80 年代，除了建筑地基基础方面的规范中对土分类方法有些改变外，公路桥梁和铁路桥梁基础的规范仍保持原来的体系。在用作材料方面的土分类标准，早期采用粒度成分分类的三角坐标法，用于土坝、公路和铁路路堤土料的分类，虽然分类标准和命名上各行业并不完全一致，但分类原则是一致的。由水利电力部部标《土工试验规程》(SDS 01—79) 和国标《土工试验方法标准》(GBJ 123—88) 中土的分类与试验方法发展而成的国标《土的分类标准》(GBJ 145—90)，代表了我国对美国 ASTM 分类方法引进研究所积累的成果水平，是我国工程建设所涉及土类的通用分类标准。国标《岩土工程勘察规范》(GB 50021—2001) 中规定的“土的工程分类”是目前建设中应用最广泛而有重大影响的一种专门分类标准。下面着重介绍这两种分类方法。

1.《土的分类标准》分类法

这个分类标准的土的总分类体系列于图2-16。对土进行分类时，首先应判别土属有机土还是无机土。若土的大部分或全部是有机质时，该土就属有机土，否则就属无机土。有机质含量可由试验测定，也可凭颜色、气味来鉴别，如色暗、味臭、含纤维质的，一般为含有机质土。若属无机土，则根据土内各粒组的相对含量把土分为巨粒土、含巨粒土、粗粒土和细粒土四大类。各大类土的定名标准和亚类的划分标准如下：

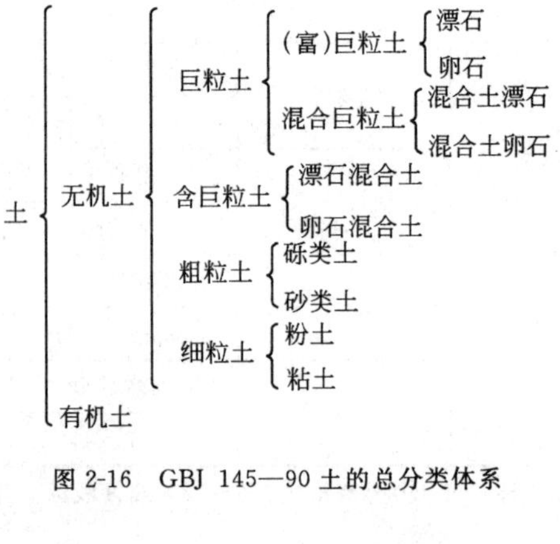

图 2-16　GBJ 145—90 土的总分类体系

(1) 巨粒土和含巨粒土的分类

巨粒土和含巨粒土按土中粒径大于 60mm 的巨粒含量区分。若土中巨粒含量多于 50%，则该土属于巨粒土；若土中巨粒含量在 15%～50%之间，则该土属含巨粒土。巨粒土和含巨粒土再结合漂石粒含量再进一步细分，见表 2-13。

GBJ 145—90 巨粒土和含巨粒土的分类　　表 2-13

土类	粒组含量		土的名称	土的代号
巨粒土	巨粒含量≥75%	漂石粒含量＞50%	漂石	B
		漂石粒含量≤50%	卵石	Cb
	50%＜巨粒含量＜75%	漂石粒含量＞50%	混合土漂石	BSI
		漂石粒含量≤50%	混合土卵石	CSI
含巨粒土	15%≤巨粒含量≤50%	漂石粒含量＞卵石粒含量	漂石混合土	SIB
		漂石粒含量≤卵石粒含量	卵石混合土	SICb

(2) 粗粒土的分类

若土中的巨粒含量少于 15%，则剔除巨粒，根据余土再按粗粒土或细粒土分类。若土中粒径大于 0.075mm 的粗粒含量大于 50%，则该土属粗粒土。粗粒土分为砾类土和砂类土两大类。若土中的粒径大于 2mm 的砾粒含量大于 50%，则该土属砾类土，否则属砂类土。砾类土或砂类土按土中粒径小于 0.075mm 的细粒含量及类别、粗粒组的级配划分亚类，见表 2-14 和表 2-15。

GBJ 145—90 砾类土的分类　　表 2-14

土类	粒组含量		土代号	土名称
砾	细粒含量＜5%	C_u≥5 且 C_c=1～3	GW	级配良好砾
		不同时满足上述标准	GP	级配不良砾
含细粒土砾	细粒含量 5%～15%		GF	含细粒土砾
细粒土质砾	细粒含量 15%～50%	细粒为粘土	GC	粘土质砾
		细粒为粉土	GM	粉土质砾

GBJ 145—90 砂类土的分类　　表 2-15

土类	粒组含量		土代号	土名称
砂	细粒含量＜5%	C_u≥5 且 C_c=1～3	SW	级配良好砂
		不同时满足上述标准	SP	级配不良砂
含细粒土砂	细粒含量 5%～15%		SF	含细粒土砂
细粒土质砂	细粒含量 15%～50%	细粒为粘土	SC	粘土质砂
		细粒为粉土	SM	粉土质砂

(3) 细粒土的分类

若土中粒径小于 0.075mm 的细粒含量大于或等于 50%，且粗粒含量少于 25%，则该土属细粒土。细粒土可按塑性图（图 2-17）进一步细分；若土的液限和塑性指数落在图中 A 线以上，且 $I_p \geqslant 10$，表示土的塑性高，属粘土或有机土质粘土。若土的液限和塑性指数在 A 线以下，且 $I_p < 10$，表示土的塑性低，属粉土或有机质粉土。鉴于土液限的高低可间接反映土的压缩性高低，即土的液限高，它的压缩性也高，反之，液限低，压缩性也低。因此，又用一条竖线 B 把粘土和粉土细分为两类，见表 2-16。

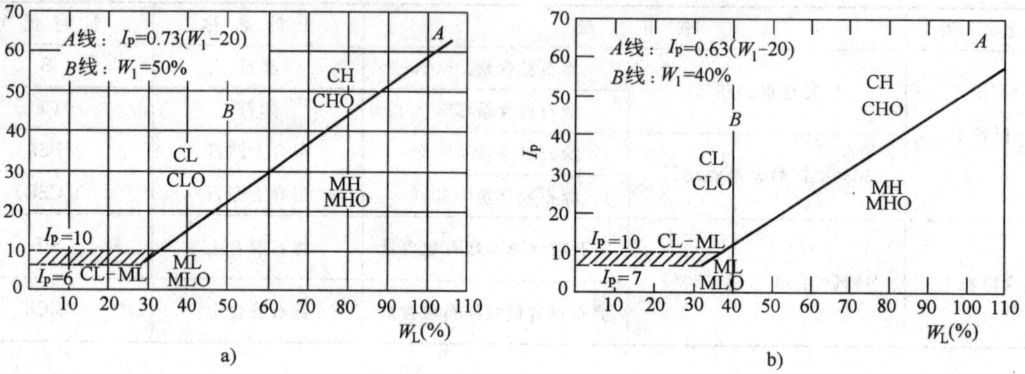

图 2-17 塑性图

a）17mm 液限塑性图；b）10mm 液限塑性图

细粒土的分类（10mm 液限） 表 2-16

塑性指数（I_p）	液限（w_l）	土 名 称	土 代 号
$I_p \geqslant 0.63$（w_l-20）且 $I_p \geqslant 10$	$w_l \geqslant 40\%$	高液限粘土	CH
	$w_l < 40\%$	低液限粘土	CL
$I_p < 0.63$（w_l-20）且 $I_p < 10$	$w_l \geqslant 40\%$	高液限粉土	MH
	$w_l < 40\%$	低液限粉土	ML

注：1. 若细粒土内含部分有机质，则土名前加形容词有机质，土代号后加 O，如高液限有机质粘土（CHO），低液限有机质粉土（MLO）等。

2. 若细粒土内粗粒含量为 25%～50%，则该土属含粗粒的细粒土。当粗粒中砾粒占优势，则该土属含砾细粒土，并在土号后加 G，如 CHG、MLG 等。若粗粒中砂粒占优势，则该土属含砂细粒土，并在代号后加 S，如 CLS、MHS 等。

2.《岩土工程勘察规范》分类法

这种分类法的体系接近于前苏联地基规范的分类法，但有许多我国的特点。该分类法是在《工业与民用建筑地基基础设计规范》（TJ 7—74）和《工业与民用建筑工程地质勘察规范》（TJ 21—77）的分类体系基础上发展起来的，其主要分类界限的改变反映在国标《建筑地基基础设计规范》（GBJ 7—89）中，并在国标《岩土工程勘察规范》（GB 50021—2001）中得到发展和更完整的表达。这一分类体系在我国建筑行业得到了广泛的应用，已积累了丰富的工程经验，与《土的分类标准》相比，可能更适合于地基土的勘察与设计要求。

该分类体系考虑到土的天然结构联结的性质和强度，首先按堆积年代和地质成因进行划分，并将某些特殊条件下形成具特殊工程性质的区域性特殊土与一般性土区别开来，按颗粒级配或塑性指数将土分为碎石土、砂土、粉土和粘性土四大类，并结合堆积年代、成因和某种特殊性质综合定名。其划分原则与标准分述如下：

（1）土按堆积年代可划分为以下三类：

①老堆积土：第四纪晚更新世 Q_3 及其以前堆积的土层，一般呈超固结状态，具有较高的结构强度；

②一般堆积土：第四纪全新世（文化期以前 Q_4）堆积的土层；

③新近堆积土：自文化期以来新近堆积的土层 Q_4，一般处于欠压密状态，结构强度较低。

（2）根据地质成因可将土分为残积土、坡积土、洪积土、淤积土、冰积土、风积土和海积土等。

（3）根据有机质含量（按灼失量试验确定）可将土分为无机土、有机质土、泥炭质土和泥炭，其有机质含量分别为＜5％，5％～10％，10％～60％，＞60％。

（4）按颗粒级配和塑性指数可将土分为碎石土、砂土、粉土和粘性土。

①碎石土：粒径大于 2mm 的颗粒含量超过总质量 50％。根据颗粒级配和颗粒形状，按表 2-17 分为漂石、块石、卵石、圆砾和角砾。

《岩土工程勘察规范》（GB 50021—2001）**碎石土分类**　　表 2-17

土的名称	颗粒形状	颗粒级配
漂石	以圆形及亚圆形为主	粒径大于 200mm 的颗粒超过土总质量 50％
块石	以棱角形为主	
卵石	以圆形及亚圆形为主	粒径大于 20mm 的颗粒超过土总质量 50％
碎石	以棱角形为主	
圆砾	以圆形及亚圆形为主	粒径大于 2mm 的颗粒超过土总质量 50％
角砾	以棱角形为主	

注：定名时，应根据颗粒由大到小，以最先符合者确定。

②砂土：粒径大于 2mm 的颗粒含量不超过土的总量的 50％，且粒径大于 0.075mm 的颗粒含量超过土的总量的 50％的土。根据颗粒级配，按表 2-18 分为砾砂、粗砂、中砂、细砂和粉砂。

《岩土工程勘察规范》（GB 50021—2001）**砂土分类**　　表 2-18

土的名称	颗粒级配
砾砂	粒径大于 2mm 的颗粒占土总质量 25％～50％
粗砂	粒径大于 0.5mm 的颗粒超过土总质量 50％
中砂	粒径大于 0.25mm 的颗粒超过土总质量 50％
细砂	粒径大于 0.075mm 的颗粒超过土总质量 85％
粉砂	粒径大于 0.075mm 的颗粒超过土总质量 50％

注：1. 定名时，应根据颗粒级配由大到小，以最先符合者确定。

2. 当砂土中小于 0.075mm 的土的塑性指数大于 10 时，应冠以含粘性土定名，如含粘性土粗砂等。

③粘性土：若土的塑性指数 $I_p>10$，则该土属粘性土。粘性土根据塑性指数 I_p 按表 2-19细分。并把在静水或缓慢的流水环境中沉积，经生物化学作用形成，其天然含水量大于

液限、天然孔隙比大于或等于 1.5 的粘性土称为淤泥。天然孔隙比小于 1.5，但大于或等于 1.0 的粘性土称为淤泥质土。

《岩土工程勘察规范》(GB 50021—2001) **粘性土分类** 表 2-19

土的名称	塑性指数 I_p	土的名称	塑性指数 I_p
粘土	$I_p>17$	粉质粘土	$10<I_p\leqslant 17$

④粉土：若粒径大于 0.075mm 的土粒含量超过土总质量 50%，且土的塑性指数小于或等于 10，则该土属粉土。粉土又可细分为砂质粉土和粘质粉土，见表 2-20。粉土的工程性质介于砂土和粘性土之间，它既不具有砂土透水性大、容易排水固结、抗剪强度较高的优点，又不具有粘性土防水性能好、不易被水冲蚀流失、具有较大粘聚力的优点。

《岩土工程勘察规范》(GB5 0021—2001) **粉土分类** 表 2-20

土的名称	颗粒级配
砂质粉土	粒径小于 0.005mm 的颗粒含量小于或等于土总质量的 10%
粘质粉土	粒径小于 0.005mm 的颗粒含量超过土总质量的 10%

国标《建筑地基基础设计规范》(GB 50007—2002) 将粉土改称为粉性土，定义粉性土为介于砂土与粘性土之间，其粉粒含量超过土总质量 50%、粘粒含量不超过土总质量 17%、砂粒含量不超过土总质量 50%的土。根据粉粒、粘粒、砂粒之间含量的分配情况，细分为粘质粉土、砂质粉土和粉土，见表 2-21。

《建筑地基基础设计规范》(GB 5007—2002) **粉性土分类** 表 2-21

土的名称	粒组含量
粘质粉土	粒径小于 0.005mm 的颗粒含量超过土总质量 10%
砂质粉土	粒径大于 0.075mm 的颗粒含量超过土总质量 30%
粉土	粒径在 0.005～0.075mm 之间的颗粒含量超过土总质量 60%

注：定名时按表中顺序优先选用。

3. 两种土分类法的对比

两种分类法所考虑的基本原则是相同的，即综合考虑了粒度和塑性的影响，粗粒土考虑粒度为主，细粒土考虑塑性特性为主。不同土类，按照决定其性质的主要因素划分，但也考虑到次要因素。如考虑到含较多巨粒的土性质较为特殊，将巨粒含量超过 15%的土单独分出来。粗粒土按粗粒粒度划分，也考虑到细粒含量的影响。细粒土按塑性图划分，也考虑到粗粒及有机质的影响。塑性图与塑性指数基本接近，只是将 $I_p=17$ 换为 B 线 (17mm 液限 $w_l=50\%$，10mm 液限 $w_l=40\%$)，增加了 A 线，保存 $I_p=10$ 的横线，将土分为四大类。统计我国各类细粒土 3 万件表明，用塑性图和塑性指数定名，有 82.7%是相同的，只有少量特殊土定名略有差异。分类体系从简到繁，逐步划分能反映各类土的基本属性，判别指标简易可行，只做筛分和液、塑限试验。两种土分类命名对照情况如表 2-22 所示。

两种土质命名对照表　　表 2-22

《土的分类标准》(GBJ 145—90) \ 《岩土工程勘察规范》(GB 50021—2001)			碎石土			砂　土					粉土	粘性土	
			漂石块石	卵石碎石	圆砾角砾	砾砂	粗砂	中砂	细砂	粉砂		粉质粘土	粘土
巨型土和含巨粒土		漂石（B） 混合土漂石（BSI）	A										
		卵石（Cb） 混合土卵石（CbSI）		A									
		漂石混合土（SIB） 卵石混合土（SICb）		C	B	A	A	A	B	B	B	B	C
粗粒土	砾类土	级配良好砾（GW） 级配不良砾（GP）		B	A								
		含细粒土砾（GF）		B	A								
		粉土质砾（GM） 粘土质砾（GC）		B	A								
	砂类土	级配良好砂（SW） 级配不良砂（SP）				A	A	A	B	B			
		含细粒土砂（SF）				C	B	B	A	C			
		粉土质砂（SM） 粘土质砂（SC）				C	C	C	C	A			
细粒土		各类低液限粉土 (ML，MLG，MLS，MLO)								C	A	C	
		各类低液限粘土 (CL，CLG，CLS，CLO)										A	B
		各类高液限粉土 (MH，MHG，MHS，MHO)									C	B	A
		各类高液限粘土 (CH，CHG，CHS，CHO)										C	A

注：A-基本上对应；B-部分对应；C-少部分对应。

典型例题分析

[例题 2-6]　已知 A、B 土的颗粒级配曲线如图 2-18 所示，其中 B 土的 10mm 液限为 46%，塑限为 25%，试用上述两种分类法进行土的分类。

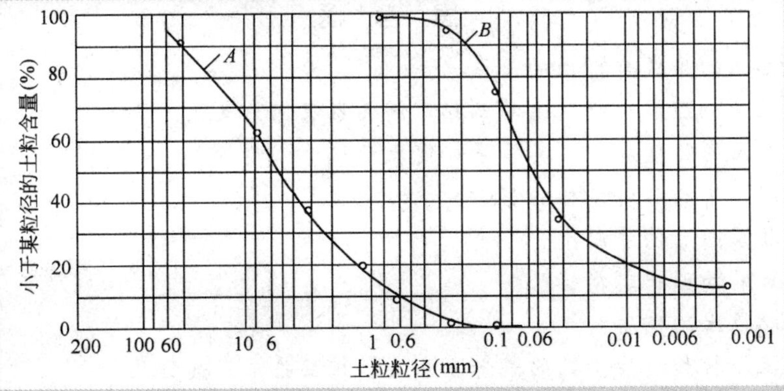

图 2-18　A 和 B 土的颗粒级配曲线

解：1.《土的分类标准》分类法

(1) 对 A 土进行分类

①由曲线 A 查得粒径大于 60mm 的巨粒含量为 0，故该土不属于巨粒土和含巨粒土；

②粒径大于 0.075mm 的粗粒含量为 99%，大于 50%，故该土属粗粒土；

③粒径大于 2mm 的砾粒含量为 71.5%，大于 50%，故该土属砾类土；

④粒径小于 0.075mm 的细粒含量为 1%，小于 5%，故该土属砾；

⑤由曲线 A 查得 d_{10}、d_{30} 和 d_{60} 分别为 0.5mm、2.1mm 和 7.1mm，因此：

$$C_u = d_{60}/d_{10} = 7.1/0.5 = 14.2 > 5$$

$$C_c = d_{30}^2/(d_{10} \times d_{60}) = 2.1^2/(7.1 \times 0.5) = 1.2 \qquad 1 < C_c < 3$$

故该土属级配良好砾，符号 GW。

(2) 对 B 土进行分类

①由曲线 B 查得粒径小于 0.075mm 的细粒含量为 60%，大于 50%，且粒径大于 0.075mm 的粗粒含量为 40%，介于 25%～50%之间，故该土属含粗粒的细粒土；

②粒径大于 2mm 的砾粒含量为零，故该土属含砂细粒土；

③塑性指数 $I_p = w_l - w_p = 46 - 25 = 21$，$A$ 线：$I_p = 0.63(w_l - 20) = 0.63 \times (46 - 20) = 16.4$，按塑性图，该土的 I_p 值落在图中 CH 区，所以该土属含砾高液限粘土，符号 CHS。

2.《岩土工程勘察规范》分类法

(1) 对 A 土进行分类

①粒径大于 2mm 的砾粒含量为 71.5%，大于 50%，故该土属碎石土；

②粒径大于 200mm 的土粒含量为 0，故该土不属于漂石（块石）；

③粒径大于 20mm 的土粒含量为 11%，小于 50%，故该土不属于卵石（碎石）；

④故该土属圆（角）砾土。

(2) 对 B 土进行分类

①粒径大于 0.075mm 的土粒含量为 40%，少于 50%，塑性性能 $I_p = w_l - w_p = 46 - 25 = 21 > 10$，故该土属于粘性土；

②塑性指数 $I_p = 21 > 17$，故该土属粘土。

思 考 题

1. 简要叙述土的生成与特性的关系。
2. 何为土的三相组成？研究土的三相比例关系有何意义？
3. 如何分析土的粒度成分，其结果如何表示？
4. 简要叙述土中的水对工程的影响。
5. 土的三相草图有何作用？
6. 什么是土的物理状态指标？
7. 什么是粘性土的稠度？
8. 阐述塑性指数和液性指数的概念、意义、相互关系及其作用。
9. 简述地基土的工程分类意义与作用。

习 题

1. 某土样在天然状态下的体积为210cm³，质量为350g，烘干后的质量为310g，设土粒相对密度d_s为2.67，试求该试样的密度ρ、含水量w、孔隙比e和饱和度S_r。

（答案：$\rho=1.67g/cm^3$，$w=12.9\%$，$e=0.810$，$S_r=42.6\%$）

2. 已知某土样土粒相对密度d_s为2.68，土的密度ρ为1.91g/cm³，含水量w为29.0%，求土的干密度ρ_d、孔隙比e、孔隙率n和饱和度S_r。

（答案：$\rho_d=1.48g/cm^3$，$e=0.811$，$n=0.448$，$S_r=95.8\%$）

3. 某完全饱和土样（即$S_r=100\%$）的含水量w为40.0%，土粒相对密度d_s为2.70，求土的孔隙比e和干密度ρ_d。（答案：$e=1.08$，$\rho_d=1.30\ g/cm^3$）

4. 为了配置含水量w为40.0%的土样，取天然含水量w为12.0%的土样20g，已测定土粒的相对密度d_s为2.70，问需掺入多少水？（答案：$m_w=5g$）

5. 某砂土试样，测得含水量w为23.2%，重度γ为16.0kN/m³，土粒相对密度d_s为2.68，取水的重度γ_w为10kN/m³。将该砂样放入振动容器中，振动到最密实时量得砂样的体积为220cm³；其质量为415g；最松散时量得砂样的体积为350cm³，其质量为420g。试求该砂样的天然孔隙比e和相对密实度D_r。（答案：$e=1.064$，$D_r=0.252$）

6. 某天然砂层，密度ρ为1.47 g/cm³，含水量w为13.0%，由试验求得该砂土的最小干密度ρ_{dmin}为1.20g/cm³，最大干密度ρ_{dmax}为1.66g/cm³，问该砂层处于何种状态？

（答案：$D_r=0.278$，松散状态）

7. 有细粒土原状土样两个，经测定其天然含水量w、10mm液限w_l和塑限w_p如下表所示，试确定该细粒土的名称和状态。

土样试验结果

试样编号	天然含水量w（%）	液限w_l（%）	塑限w_p（%）
1	30.5	39.0	21.0
2	42.0	45.0	31.0

［答案：《土的分类标准》分类法：土样1属低液限粘土（CL）；土样2属高液限粉土（CMH）。《岩土工程勘察规范》分类法：土样1属粘土，可塑状态；土样2属粉质粘土，软塑状态。］

8. 甲、乙两土样的颗粒分析结果列于下表，试绘制颗粒级配曲线，并定出土的名称。

某粗粒土土样试验结果

粒径（mm）	10～2	2～0.5	0.5～0.25	0.25～0.075	<0.075
相对含量（%）	4.5	12.4	35.5	33.5	14.1

［答案：《土的分类标准》分类法：含细粒土砂（SF）；《岩土工程勘察规范》分类法：细砂］

第三章　土中水及其渗透性

本章知识点

1. 水土相互作用与土的渗透性的概念；
2. 达西定律及其应用；
3. 渗透系数的概念、测试、计算方法以及影响因素；
4. 渗透力的概念与计算；
5. 流砂及管涌现象。

第一节　概　述

土是多孔介质，处于土孔隙中的液体（包括水和空气）在各种势能的作用下，将产生流动，这种现象称为水的渗流。土具有使水通过其孔隙渗流的性能称为土的渗透性。渗透性是土的重要力学性质之一，它对工程设计、施工都具有重要意义。

在水头差作用下引起渗透会产生两个问题：一是渗漏，造成水量损失，影响闸坝蓄水和渠道输水等的经济效益；二是渗流可能改变建筑物地基或土坝、边坡等的稳定条件。后者又可分为两种情况，其一是渗流将细土粒或局部土体冲走，使土体发生变形，导致土体的稳定条件变坏，甚至危及整个建筑物的安全；其二是渗透力将引起整个土体，如边坡或土坝坝坡等，发生滑动或坍塌。饱和土地基在建筑物荷载作用下产生压缩（固结）变形需经过一定时间才能稳定，而经历时间的长短与土的渗透性直接有关，在分析饱和土地基的沉降和时间关系时，需要知道土的渗透性。此外，在桥梁墩台基础施工中，若开挖基坑时遇到地下水，则需要根据土的渗透性估算涌水量，以配置排水设备；修筑渗水路堤时，需要考虑填料的渗透性对边坡稳定性的影响。所有这些都离不开土的渗透性。为此，我们必须对土的渗透性质、水在土中的渗透规律及其与工程的关系进行研究，从而为土工建筑物或地基的设计、施工提供必要的资料。

第二节　土的渗透性

一、达西定律

1. 伯努里定理

所谓伯努里定理是指水的流动符合能量守恒原理，如果忽略不计由摩擦等引起的能量损失，则伯努里定理可能用下式表示：

$$\frac{v^2}{2g}+z+\frac{u}{\gamma_w}=h=\text{常数} \tag{3-1}$$

式中：$v^2/2g$——速度水头；

v——流速；

g——重力加速度；

z——位置水头，从基准面到计算点的高度；

u/γ_w——压力水头；

u——水压；

γ_w——水的重度；

h——总水头。

因土中水的流速小，速度水头项可忽略不计，此时

$$z+u/\gamma_w=h \tag{3-2}$$

所以，土中水流动的时候，是从位置水头 z 与压力水头 u/γ_w 之和（即总水头 h）高的地方流向低的地方。

在图 3-1 中，位置水头 $z_1<z_2$，可是总水头 $h_1>h_2$，所以，水是从图中的点 1 流向点 2。图中点 1、2 处的立管称为测压管，从测压管的底部到水头的高度是压力水头，从基准面（可以适当的确定）到计算点的高度是位置水头。压力水头可以用 u/γ_w 表示，所以，如果需要求土中的水压力（孔隙水压）u，可以设测压管，根据测压管中的水位可知压力水头，压力水头乘以水的重度 γ_w 就得到水压力。在图 3-1 中，$h_2=h_1+\Delta h$，所以

$$-\Delta h=(z_1+u_1/\gamma_w)-(z_2+u_2/\gamma_w) \tag{3-3}$$

式中：$-\Delta h$（$\geqslant 0$）——水头损失，是土中的水从点 1 流向点 2 的结果，也是由于水与土颗粒之间的粘滞阻力产生的能量损失。

2. 达西定律

土体中孔隙的形状和大小是极为不规则的，因而水在土体孔隙中的渗透是一种十分复杂的水流现象。然而，由于土体中的孔隙一般非常微小，水在土体中流动时的粘滞阻力很大，流速缓慢，因此，其流动状态大多属于层流。

在图 3-1 中，水头损失 $-\Delta h$ 除以沿水流方向的流线长 Δs，称为水力梯度，用 i 表示：

$$i=-\Delta h/\Delta s \tag{3-4}$$

水力梯度的含义是：土中的水沿着流线方向每前进 Δs，就产生 $-\Delta h$ 的水头损失。

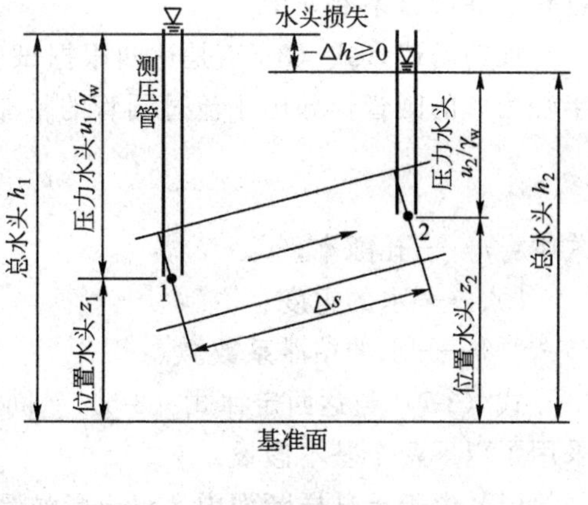

图 3-1　土中的水头和水的流动

达西（Darcy，1856 年）利用如图 3-2 所示的试验装置，对砂土的渗透性进行试验。研究发现：当水流是层流的时候，水力梯度 i 与土中水的流速 v 之间有一定的比例关系，这个比例系数用 k 表示，这个关系称为达西定律：

$$v = ki \tag{3-5}$$

式中：k——土的渗透系数，其物理意义是当水力梯度等于1时的渗透速度，(cm/s或m/s)。

土的渗透系数的大小表示土中水流过的难易程度。对于渗透系数k值，砂土大，粘土小。

在图3-2中，设与水的流动方向（流线）垂直的试料的断面积为A，则单位时间的透水量可用下式表示：

$$Q = vA = kiA \tag{3-6}$$

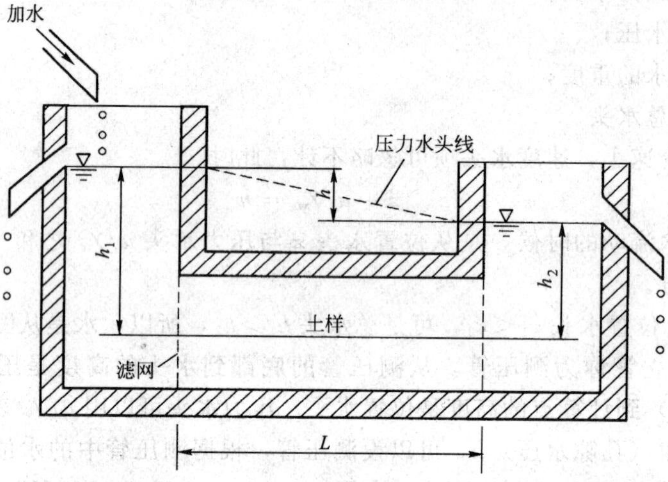

图3-2 达西渗透试验装置示意图

水是在土的孔隙中流动的，孔隙的面积为nA（n为孔隙率），实际上，有效的透水孔隙断面积比它还要小，难以确定。因此，在透水计算中取土的全断面积A，孔隙断面积的影响已包含在渗透系数k中。

如前所述，式(3-5)是达西根据试验得出的，此外，斯托克斯还把土中的孔隙简化为半径为a的圆管，导出了流过圆管的粘滞流体的运动方程：

$$v = \frac{n\gamma_w a^2}{8\eta}\left(-\frac{\Delta h}{\Delta s}\right) \tag{3-7}$$

式中：n——孔隙率；

γ_w——水的重度；

η——水的粘滞系数。

式(3-7)与达西定律式(3-5)呈同一形式。需要说明的是，在达西定理的表达式中，采用了以下两个基本假设：

(1) 由于土试样断面内，仅土颗粒骨架间的孔隙是渗水的，而沿试样长度的各个断面，其孔隙大小和分布是不均匀的。达西采用了以整个土样断面积计算的假想渗流速度，或单位时间内土样通过单位总面积的流量，而不是土样孔隙流体的真正速度。

(2) 土中水的实际流程是十分弯曲的，比试样长度大得多，而且也无法知道。达西考虑了以试样长度计算的平均水力梯度，而不是局部的真正水力梯度。

这样处理就避免了微观流体力学分析上的困难，得出一种统计平均值，基本上是经验性的宏观分析，不影响其理论和实用价值，故一直沿用至今。

由于土中的孔隙一般非常微小，在多数情况下水在孔隙中流动时的粘滞阻力很大、流速缓慢，因此，其流动状态大多属于层流（即水流线互相平行流动）范围。此时，土中水的渗流规律符合达西定律，所以，达西定律又称为层流渗透定律，如图 3-3a）所示。但以下两种情况被认为超出达西定律的适用范围。

一种情况是在粗粒土（如砾、卵石等）中的渗流（如堆石体中的渗流），且水力梯度较大时，土中水的流动已不再是层流，而是紊流。这时，达西定律不再适用，渗流速度 ν 与水力梯度 i 之间的关系不再保持直线而变为次线性的曲线关系，如图 3-3c）所示。层流与紊流的界限，即为达西定律适用的上限。该上限目前尚无明确的方法确定。不少学者曾主张用临界雷诺数 Re（$Re=\rho_w vd/\eta$，ρ_w 为水的密度，v 为流速，η 为水的粘滞系数，d 为土颗粒的平均粒径）作为确定达西定律上限的指标，也有的学者主张用临界流速 v_{cr} 来划分这一界限。

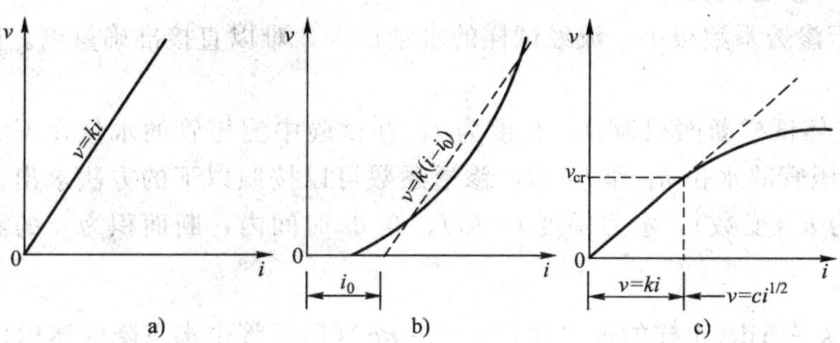

图 3-3　土的渗透速度与水力梯度的关系

a）砂土；b）密实粘土；c）砾土

另一种情况是发生在粘性很强的密实粘土中。不少学者对原状粘土进行的试验表明，这类土的渗透特征也偏离达西定律，其 v—i 关系如图 3-3b）所示。实践表示试验曲线，它成超线性规律增长，且不通过原点。使用时，可将曲线简化为如图虚线所示的直线关系。截距 i_0 称为起始水力梯度，这时，达西定律可修改为

$$v = k(i - i_0) \tag{3-8}$$

当水力梯度很小，$i<i_0$ 时，没有渗流发生。不少学者对此现象作如下解释：密实粘土颗粒的外围具有较厚的结合膜，它占据了土体内部的过水通道，渗流只有在较大的水力梯度作用下，挤开结合水膜的堵塞才能发生。起始水力梯度 i_0 是克服结合水膜阻力所消耗的能量，i_0 就是达西定律适用的下限。

二、渗透系数的测定

渗透系数就是当水力梯度 $i=1$ 时的渗透速度。因此，渗透系数的大小是直接衡量土的透水性强弱的一个重要的力学性质指标。但它不能由计算求出，只能通过试验直接测定。

渗透系数的测定可以分为现场试验和室内试验两大类。一般来讲，现场试验比室内试验所得到的成果要准确可靠。因此，对于重要工程常需进行现场试验。

1. 试验室内测定渗透系数

室内测定土的渗透系数的仪器和方法较多，但就其原理而言，可分为常水头试验和变水头试验两种。下面将分别介绍这两种方法的基本原理，有关它们的试验仪器和操作方法请参阅相关试验指导书。

(1) 常水头渗透试验

该试验适用于透水性强的无粘性土。试验装置如图 3-4 所示，圆柱体试样断面积为 A，长度为 l，保持水头差 h 不变，测定经过一定时间 t 的透水量 v，渗透系数 k 可根据式 (3-9) 求出：

$$Q=\frac{V}{t}=kiA=k\frac{h}{l}A \tag{3-9a}$$

$$k=\frac{V/t}{Ai}=\frac{Vl}{Aht} \tag{3-9b}$$

(2) 变水头渗透试验

粘性土由于渗透系数很小，流经试样的水量很少，难以直接准确量测。因此，采用变水头法。

如图 3-5 柱体试样断面积为 A，长度为 l，在试验中测压管的水位在不断下降，测定时间 t_1 到 t_2 时测压管的水位 h_1 和 h_2 后，渗透系数可以按照以下的方法求出。设在任意时刻测压管的水位为 h（变数），水力梯度 $i=h/l$。在 $\mathrm{d}t$ 时间内，断面积为 a 的测压管水位下降了 $\mathrm{d}h$，则

$$k\frac{h}{l}A\mathrm{d}t(\text{土样的透水性})=a(-dh)(\text{侧压管中水下降的体积})$$

$$k\frac{A}{l}\int_{\mathrm{l1}}^{\mathrm{l2}}\mathrm{d}t=-a\int_{\mathrm{h1}}^{\mathrm{h2}}\frac{\mathrm{d}h}{h}(\text{此时},t\text{和}h\text{为变量})$$

$$k\frac{A}{l}(t_2-t_1)=-a\ln\frac{h_2}{h_1}=a\ln\frac{h_1}{h_2}$$

所以

$$k=\frac{al}{A(t_2-t_1)}\ln\frac{h_1}{h_2} \tag{3-10}$$

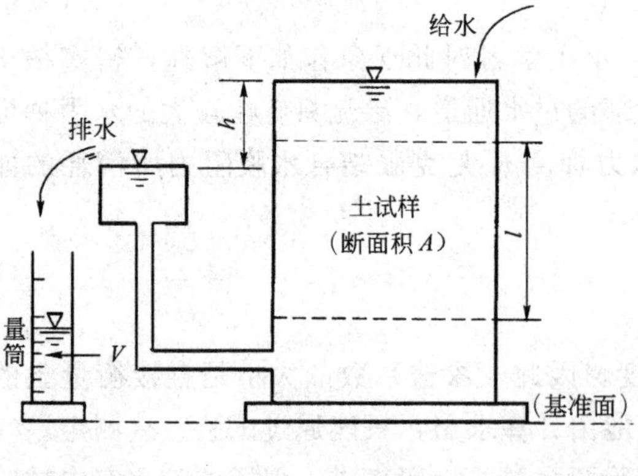

图 3-4 常水头渗透试验

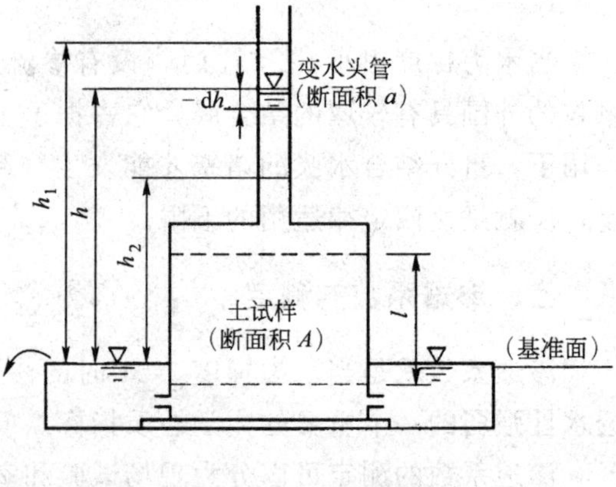

图 3-5 变水头渗透试验

式（3-10）中的 a、l 和 A 为已知，试验时只要测出与时刻 t_1 和 t_2 时对应的水位 h_1 和 h_2，即可求出渗透系数 k。

2. 现场抽水试验

现场测定法的试验条件比试验室测定法更符合实际土层的渗透情况，测得的渗透系数 k 值为整个渗流区较大范围内土体渗透系数的平均值，是比较可靠的测定方法，但试验规模较大，所需人力物力也较多。现场测定渗透系数的方法较多，常用的有野外注水试验和野外抽水试验等。一般是在现场钻井孔或挖试坑，在往地基中注水或抽水时，量测地基中的水头高度和渗流量，再根据相应的理论公式求出渗透系数 k 值。下面将主要介绍野外抽水试验。

在地表面附近不存在粘土层等不透水层时，地下水面的形状在重力的作用下自由变化。在这样具有自由水面（浸润面）的地基中挖的井称为无压井（见图 3-6）。与此相反，在地表面附近存在着不透水层时，穿过这层不透水层，从下面的砂砾层中抽水的井称为承压井（见图 3-7）。从这些井中抽水时，开始会使地下水的水面下降，不久就达到地下水面形状不随时间变化的稳定状态。这时，因为抽水的影响，周围的水呈放射状流向抽水井，可以认为，以抽水井为中心的同心圆上各点的水位和水压相等。

（1）无压井

现场抽水试验如图 3-6 所示，在现场设置一个抽水井（直径 15cm 以上）和两个以上的观测井。边抽水边观测水位情况，当单位时间从抽水井中抽出的水量稳定，并且抽水井及观测井中的水位稳定之后，根据单位时间的抽水量 Q 和抽水井的水位，可以按照以下方法求渗透系数 k。这时，水力梯度近似地取为 $i \approx \mathrm{d}h/\mathrm{d}r$，断面积为 $A=2\pi rh$（r 为半径，h 为高度），由式（3-6）得

$$Q = k\frac{\mathrm{d}r}{\mathrm{d}r} \times 2\pi rh$$

$$Q\int_{\mathrm{r1}}^{\mathrm{r2}}\frac{\mathrm{d}r}{r} = 2\pi k\int_{\mathrm{h1}}^{\mathrm{h2}} h\mathrm{d}h (r\text{ 和 }h\text{ 是变量})$$

$$Q\ln\frac{r_2}{r_1} = \pi k(h_2^2 - h_1^2)$$

所以

$$k = \frac{Q}{\pi(h_2^2 - h_1^2)}\ln\frac{r_2}{r_1} \tag{3-11}$$

式中：h_1、h_2——距抽水井距离为 r_1、r_2 的观测井的地下水位。

由图 3-6 可知，距抽水井距离越远，抽水对其地下水位的影响越小。从抽水井到地下水位不受影响位置的距离叫影响半径。

（2）承压井

参照图 3-7，同样，通过距抽水井的中心距离为 r、含水层厚度为 D 的侧面积 $2\pi rD$ 的流量与抽水量 Q 相等可得

$$Q = kiA = k\frac{\mathrm{d}h}{\mathrm{d}r} \times 2\pi rD \tag{3-12}$$

积分上式得

$$Q\frac{\mathrm{d}r}{r} = 2\pi kD\mathrm{d}h$$

$$Q\ln r = 2\pi kDh + C$$

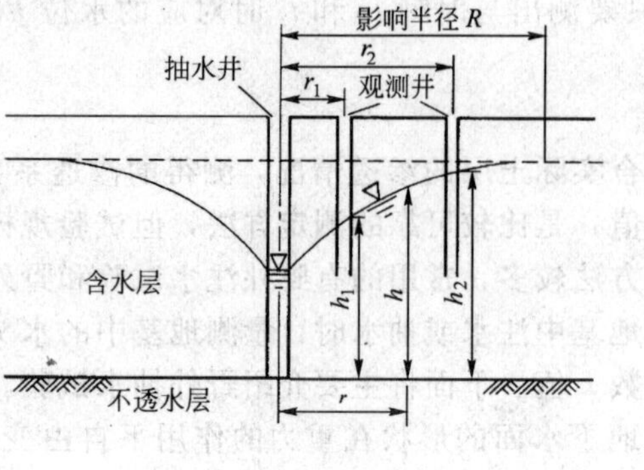

图 3-6 无压井

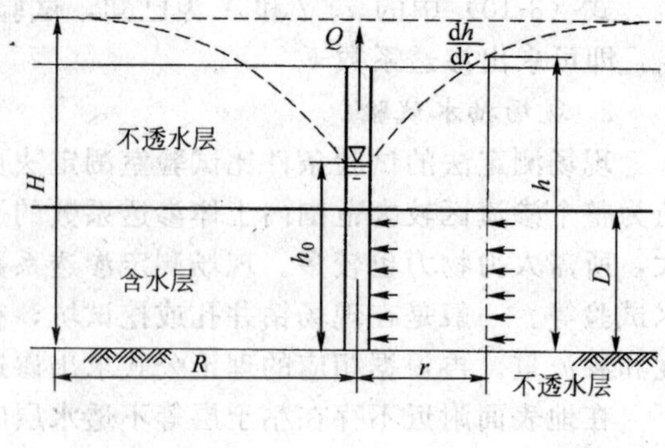

图 3-7 承压井

式中：C——积分常数。

引入图 3-7 中的边界条件，可解得

$$Q = 2\pi kD(H - h_0)/\ln(R/r_0)$$

$$k = \frac{Q\ln(R/r_0)}{2\pi D(H - h_0)} \tag{3-13}$$

假如在地表附近存在不透水层，由现场抽水试验求透水系数 k 时，应该以式（3-13）取代式（3-11）。

（3）经验公式

渗透系数 k 值还可以用一些经验公式来估算，如哈臣（A. Hazen，1911 年）根据均匀砂的试验结果，提出了砂质土的渗透系数 k 如下：

$$k = (1 \sim 1.5)d_{10}^2 \tag{3-14}$$

太沙基（1955 年）提出了考虑土体孔隙比 e 的经验公式：

$$k = 2d_{10}^2 e^2 \tag{3-15}$$

式中：d_{10}——土颗粒的有效半径（mm）；

k——渗透系数（cm/s）。

三、成层土的渗透性

实际地基多是由渗透性不同的多层土组成的，并且每层土水平方向渗流的渗透性是相差很大的，一般水平方向的渗透性比垂直方向的大得多。

图 3-8 表示由三层各向同性的、渗透系数各不相同的土组成的地基土，讨论其垂直方向和水平方向的渗透性和等效渗透系数。

1. 水平渗流

在图 3-8a）中，设上、下及两侧边界都密封不透水，由于无垂直方向渗流，在各层土中进、出口的水位和水头损失必然是相同的，即

$$\Delta h_1 = \Delta h_2 = \Delta h_3 = \Delta h$$

因而水力梯度也相同，即

$$i_1 = i_2 = i_3 = i$$

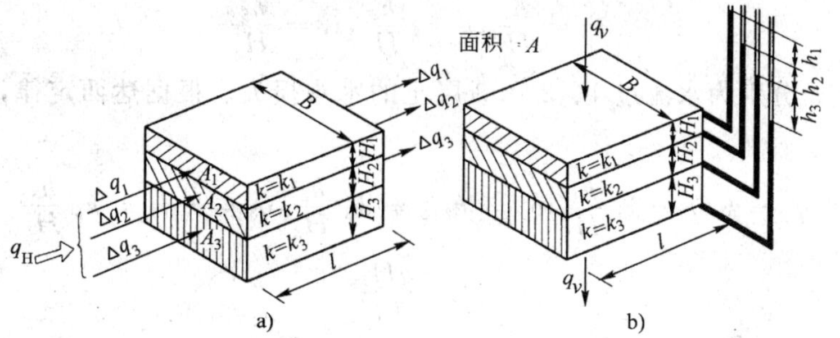

图 3-8　分层土的渗流

a）水平渗流；b）垂直渗流

根据达西定律，各层土单位宽度上的流量为

$$\Delta q_1 = H_1 k_1 i$$
$$\Delta q_2 = H_2 k_2 i$$
$$\Delta q_3 = H_3 k_3 i$$

如果假想有一厚度为 $H=\sum H_i$ 的均匀土层，在同样水力梯度下，通过它的单位宽度的流量等于上述各层流量之和，即 $q=\sum q_i$，那么这一均匀土层的渗透系数就是水平渗流时上述多层土的等效渗透系数，记作 k_H。

对于假想的均匀土层：

$$q=k_H H_i=k_H \sum_{j=1}^{n} H_j i$$

对于多层土：

$$q=\sum q_i=\sum_{j=1}^{n} H_j k_j i$$

二者应当相等，则有

$$k_H \sum_{i=1}^{n} H_i i=\sum_{i=1}^{n} H_i k_i i$$

$$k_H=\frac{\sum_{j=1}^{n} H_j k_j}{\sum_{j=1}^{n} H_j}=\frac{\sum_{j=1}^{n} H_j k_j}{H}=\sum_{j=1}^{n} \frac{H_j}{H} k_j \tag{3-16}$$

可见在水平渗流情况下，等效渗透系数是各层土渗透系数按厚度加权的平均值。从上式可以证明：对于成层土，如果各土层的厚度大致相近，而渗透性却相差悬殊时，与层向平行的平均渗透系数将取决于最透水土层的渗透系数和厚度，并可近似地表示为 $H'k'/H$，式中 k' 和 H' 分别为最透水土层的渗透系数和厚度。

2. 垂直渗流

当渗流的方向正交于土的层面时，如图 3-8b）所示。由于没有水平渗流的分量，根据水流的连续性原理，则通过单位面积上的各层流量应当相等，即

$$q_1 = q_2 = q_3 = q$$

但流经各层所损失的水头和需要的水力梯度不同，即

$$i_1=\frac{h_1}{H_1},i_2=\frac{h_2}{H_2},i_3=\frac{h_3}{H_3}$$

其中 q_1、q_2、q_3、分别为水流过 1、2 和 3 层土的水头损失。根据达西定律，各层土单位面积上流量：

$$q_1=k_1i_1=k_1\frac{h_1}{H_1},q_2=k_2i_2=k_2\frac{h_2}{H_2},q_3=k_3i_3=k_3\frac{h_3}{H_3}$$

即
$$h_i=\frac{qH_j}{k_j} \tag{3-17}$$

假想这个多层土层是一个厚度为 $H=\sum H_j$ 的均匀土层，在相同的进、出口水头差 $h=\sum h_j$ 的情况下流出相同的流量 q，则该均匀土层的渗透系数就作为这个多层土的垂直渗流等效渗透系数，记作 k_v。

对于假想的均匀土：

$$q=k_v\frac{h}{H}=k_v\frac{\sum\limits_{j=1}^{n}h_j}{\sum\limits_{j=1}^{n}H_j} \tag{3-18}$$

将式（3-17）代入可得

$$q=k_v\frac{\sum\limits_{j=1}^{n}h_j}{\sum\limits_{j=1}^{n}H_j}=k_v\frac{\sum\limits_{j=1}^{n}qH_j/k_j}{\sum\limits_{j=1}^{n}H_j}$$

所以

$$k_v=\frac{\sum\limits_{j=1}^{n}H_j}{\sum\limits_{j=1}^{n}H_j/k_j}=\frac{H}{\sum\limits_{j=1}^{n}H_j/k_j}=\frac{1}{\sum\limits_{j=1}^{n}\frac{H_j}{H}\frac{1}{k_j}} \tag{3-19}$$

$$\frac{1}{k_v}=\sum_{j=1}^{n}\frac{H_j}{H}\frac{1}{k_j} \tag{3-20}$$

可见，在垂直渗流情况下，等效渗透系数的倒数等于各层土渗透系数倒数的按厚度加权的平均值。从上式可以证明：对于成层土，如果各土层的厚度大致相近，而渗透性却相差悬殊时，与层向垂直的平均渗透系数将取决于最不透水土层的渗透系数和厚度，并可近似地表示为 Hk''/H''，式中 k''和 H''分别为最不透水土层的渗透系数和厚度。

也可以证明，对于成层土，水平向平均渗透系数总是大于竖向平均渗透系数。

用式（3-19）和式（3-18）可以计算分层土垂直渗流时的单位面积流量，然后用式（3-17）计算各层土中的水头损失，确定各层交界面处之测管水头，计算各层土中水力梯度。

另一种计算分层土中流量和水头损失的方法是等效厚度法，即以土层中某层土的渗透系数 k_e 为标准值，令其余各层土的渗透系数都等于 k_e，则第 j 层土厚度变化为等效厚度 $\overline{H}_j=k_eH_j/k_j$，总土层变成厚度为 $\overline{H}=\sum\overline{H}_j$ 的单一均匀土层。首先计算单位面积渗流量 q，然后用等效厚度计算各层土的水头损失。这种方法有时是很方便的。

典型例题分析

[例题 3-1]　有一粉土地基，粉土厚 1.8m，但有一厚度为 15cm 的水平砂夹层。已知粉土渗透系数 $k=2.5\times10^{-4}$cm/s，砂土渗透系数为 $k=6.5\times10^{-2}$cm/s。假设它们本身的渗透性都是各向同性的，求这一复合土层的水平和垂直等效渗透系数。

解：先求水平等效渗透系数，从式 (3-16) 可直接计算，得

$$k_H=\frac{H_1k_1+H_2k_2}{H_1+H_2}=\frac{15\times650+(180-15)\times2.5}{15+(180-15)}\times10^{-4}$$
$$=5.65\times10^{-3}\text{cm/s}$$

再计算垂直等效渗透系数，从式 (3-19) 计算，得

$$k_v=\frac{H_1+H_2}{H_1/k_1+H_2/k_2}=\frac{15+(180-15)}{15/650+(180-15)/2.5}\times10^{-4}$$
$$=2.73\times10^{-4}\text{cm/s}$$

可见薄砂夹层的存在对于垂直渗透系数几乎没有影响，可以忽略，但厚度仅为 15cm 的砂夹层大大增加了土层的水平等效渗透系数，增加到没有砂夹层时的 22.6 倍。在基坑开挖时，是否挖穿强透水夹层，基坑中的涌水量相差极大，应十分注意。

四、影响土渗透系数的因素

影响土渗透系数的因素很多，主要有土的粒度成分、矿物成分、土的结构和土中气体等。

1. 土的粒度成分和矿物成分的影响

土的颗粒大小、形状和级配会影响土中孔隙大小及其形状，因而影响土的渗透系数。土粒越粗、越均匀时，渗透系数就越大。砂土中含有较多粉土或粘性土颗粒时，其渗透系数就会大大减小。

土中含有亲水性较大的粘土矿物或有机质时，因为结合水膜厚度较厚，会阻塞土的孔隙，则土的渗透系数会减小。因此，土的渗透系数还与水中交换阳离子的性质有关系。

2. 土的结构的影响

天然土层通常不是各向同性的，因此，土的渗透系数在各个方向是不相同的。如黄土具有竖向大孔隙，所以竖向渗透系数要比水平方向大得多。这在实际工程中具有十分重要的意义。

3. 土中气体的影响

当土孔隙中存在密闭气泡时，会阻塞水的渗流，从而减小土的渗透系数。这种密闭气泡有时是由溶解于水中的气体分离出来而形成的，故水中的含气量也影响土的渗透性。

4. 渗透水的性质对渗透系数的影响

水的性质对渗透系数的影响主要是由于粘滞度不同所引起的。温度高时，水的粘滞性降低，渗透系数变大，反之变小。所以，测定渗透系数 k 时，以 10℃ 作为标准温度，不是 10℃时要作温度校正。

因此，为了准确地测定土的渗透系数，必须尽力保持土的原始状态并消除人为因素的影

响。几种土的渗透系数参考值如表 3-1 所示。

几种土的渗透系数　　表 3-1

土 类 名 称	渗透系数 k (cm/s)	渗 透 性
纯砾	$>10^{-1}$	高渗透性
砂、砾混合物	$10^{-3}\sim10^{-1}$	中渗透性
极细砂	$10^{-5}\sim10^{-3}$	低渗透性
粉土、砂与粘土混合物	$10^{-7}\sim10^{-5}$	极低渗透性
粘土	$<10^{-7}$	几乎不透水

第三节　二维渗流和流网

在实际工程问题中经常遇到二维渗流或者平面渗流问题（见图 3-9），如漫长的江河堤防、渠道和土石坝等。闸坝基础和基坑大多数情况下也可简化成为二维渗流问题。

一、二维渗流运动微分方程

如图 3-10 所示，在饱和土体中，设水是可压缩的流体，其连续性条件如下：

流入土单元的水量等于从单元流出的水量

即
$$v_x dz + v_z dx = \left(v_x + \frac{\partial v_x}{\partial x}dx\right)dz + \left(v_z + \frac{\partial v_z}{\partial z}dz\right)dx$$

$$\frac{\partial v_x}{\partial x} + \frac{\partial v_z}{\partial z} = 0 \tag{3-21}$$

根据达西定律：
$$v_x = -k\frac{\partial h}{\partial x}, v_z = -k\frac{\partial h}{\partial z}$$

则
$$\frac{\partial^2 h}{\partial x^2} + \frac{\partial^2 h}{\partial z^2} = 0 \tag{3-22}$$

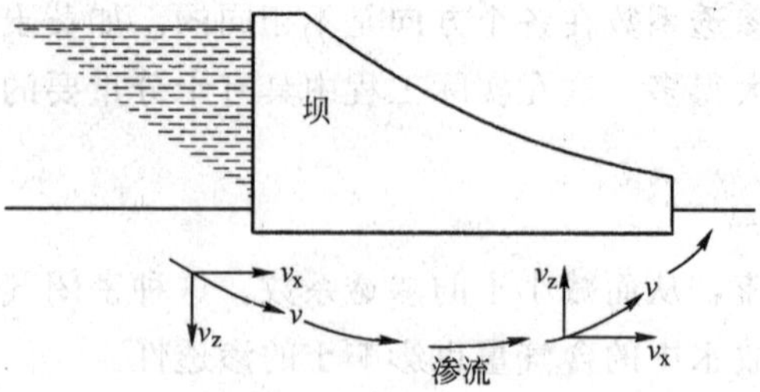

图 3-9　二维渗流

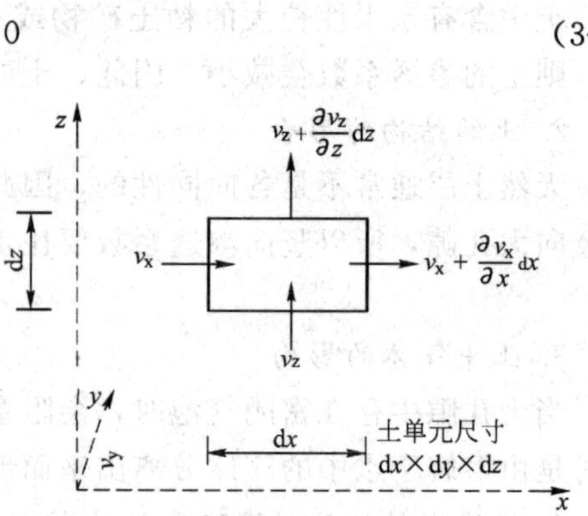

图 3-10　二维渗流的连续条件

式（3-22）即为拉普拉斯（Laplace）方程。如果设势函数 $\varphi(x, z) = -kh$，流函数 $\phi(x, z)$ 为 $\varphi(x, z)$ 的共轭函数，则

$$v_x = \frac{\partial \varphi}{\partial x} = \frac{\partial \phi}{\partial z} \qquad v_z = \frac{\partial \varphi}{\partial z} = -\frac{\partial \phi}{\partial x}$$

$$\begin{cases} \dfrac{\partial^2 \varphi}{\partial x^2} + \dfrac{\partial^2 \varphi}{\partial z^2} = 0 \\ \dfrac{\partial^2 \phi}{\partial x^2} + \dfrac{\partial^2 \phi}{\partial z^2} = 0 \end{cases} \tag{3-23}$$

可见等势线（$d\varphi=0$）与流线（$d\phi=0$）是正交的。

在简单的边界条件下方程（3-23）可以求得解析解，但对于大多数工程问题，边界条件比较复杂，很难求得解析解。早期常通过电场模拟试验解决边界条件较复杂的问题，近年来随着数值计算手段的发展，越来越多采用渗流数值计算方法解决各种渗流问题，但图解法亦即流网法仍不失为一种简便有效的解决问题的方法。

二、流网的绘制原则

所谓流网就是根据一定边界条件绘制的由等势线和流线所组成的网状图。流网应满足以下规则：

（1）等势线和流线必须正交。

（2）为了方便，以等势线和流线为边界围成的网眼尽可能接近于正方形。

（3）由于在不透水边界上不会有水流穿过，所以不透水边界必定是流线（见图 3-11 中的 AB 线和 DFE 线）。

（4）静水位下的透水边界其上总水头相等，所以它们是等势线（见图 3-11 中的 CD 线和 FG 线）。

（5）在地下水位线或者浸润线上，孔隙水压力 $u=0$，其总水头只包括位置水头，所以 $\Delta\varphi=-k\Delta z$。φ 是常数，所以它是一条流线（见图 3-12 中的 PQ 线）。

（6）水的渗出段（见图 3-12 中的 QR 线）由于与大气接触，孔压为 0，只有位置水头，所以也是一条流线。

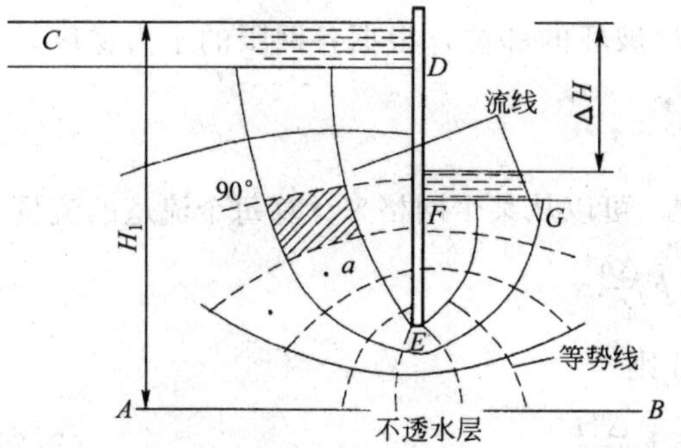

图 3-11　板桩下流网

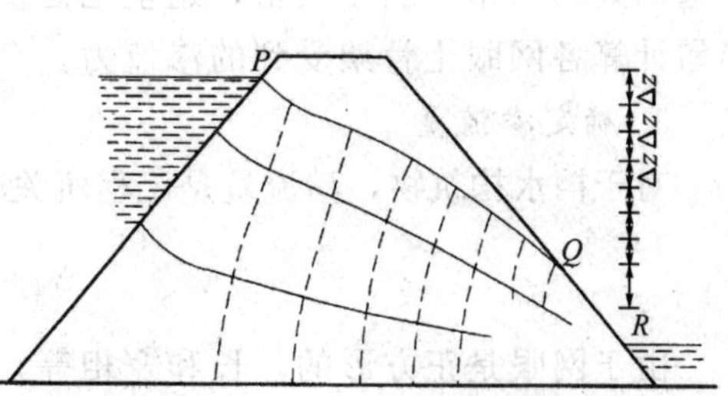

图 3-12　土坝中的流网

三、流网的绘制方法

渗流可分为有自由浸润线（见图 3-12）和无自由浸润线两种情况（见图 3-11）。在无自由浸润线情况下，绘制流网相对比较容易。首先，根据边界条件和上述原则，确定各边界的等势线和流线；然后，绘制几条流线，再根据正交原则按照接近正方形网格描绘等势线，不断试画与修正；最后，达到等势线和流线光滑、均匀、正交。

对于有自由浸润线的情况（见图3-12），关键在于合理确定浸润线和逸出段。这就困难得多，常常靠丰富的经验和反复试画。也有与数值计算相配合绘制流网的方法。

四、流网的应用

1. 求各点的测管水头 h

根据上下游总水头差 ΔH 和等势线所划分的流道（两相邻流线所组成的渗流通道）条数n，可确定两相邻等势线间的水头差：

$$\Delta h = \frac{\Delta H}{n} \tag{3-24}$$

然后，看该点位于哪一条等势线附近，如果它位于从上游（高水头一侧）数第 j 条与第 $j+1$ 条等势线之间，再根据流网上游边界第一条等势线的总水头 H_1 确定该点水头：

$$H = H_1 - \frac{j}{n}\Delta H - \delta h \tag{3-25}$$

其中，δh 为根据 A 点在第 j 与第 $j+1$ 势线之间的位置内插确定，例如，图3-11中 a 点的总水头可以估算为

$$H_a = H_1 - \left(\frac{4-0.5}{11}\right)\Delta H$$

2. 求各点的水力梯度 i

由于各相邻等势线间的水头差 Δh 都相等，而每网格又接近于正方形，每一网格中水力梯度可以认为是常数，即

$$i_j = \frac{\Delta H}{l_j} \tag{3-26}$$

式中：l_j——第 j 个网眼的平均宽度（两相邻等势线在此网眼的平均距离）。

从式（3-26）可以看出，在网格密集处的水力梯度必然大。由图3-11和图3-12可见，在逸出处的网格一般比较密，这里也是易发生渗透破坏的部位，根据各网眼的水力梯度，很容易计算各网眼土骨架受到的渗流力。

3. 确定渗流量

对于挡水构筑物，渗流量是工程所关心的问题。可以从某个网格来计算每个流道的流量：

$$\Delta q = v_j s_j = k\frac{\Delta h}{l_j}s_j$$

由于网眼是正方形的，长和宽相等，即 $l_j = s_j$ 则

$$\Delta q = k\Delta h = k\frac{\Delta H}{n} \tag{3-27}$$

若流网由 m 个流道所组成，则单位宽度（沿平面问题单位长度）上总单宽流量为

$$q = m\Delta q = k\frac{m}{n}\Delta H \tag{3-28}$$

4. 判断渗透破坏的可能性

流土必然发生在由下向上的渗流的逸出处，因而需要判断垂直向上渗流的出口处网格最

密的地方，例如图 3-11 中的 F 点附近。有时还可以将网格进一步细分，进一步判断某些局部的渗透稳定性。

也可根据流网中各处的水力梯度与土的类别和性质判断其他渗透稳定问题，尤其是两层土的交界处的渗流稳定问题。

五、流网的特性

从以上可以看出，在边界条件相同的条件下，土体中流网的形状与土的渗透系数大小无关；在无浸润面的渗流中，流网的形状也与上下游水头差的大小无关。

由于天然土层一般是各向异性的，水平方向的渗透系数大于垂直方向的渗透系数，如果设 $n=k_h/k_v=k_x/k_z$，则令水平方向的新坐标 $z'=\sqrt{k_z/k_x x}$，然后按各向同性土绘制流网，最后再将水平方向坐标恢复到 x，将流网在水平方向的尺寸还原，得到实际的流网。这时网格就不再是正方形的了，而是水平方向尺寸大于垂直方向。

对于分层土情况，由于渗透水流从一层土向另一层土流动时，在边界上有渗流折射现象，在不同土层中网格两个边的比例不同。

典型例题分析

[例题 3-2]　如图 3-13 所示，两排打入砂层的板桩墙，在其中进行基坑开挖，并在基坑内排水。求：①绘制流网；②根据所绘制的流网计算单宽（沿基坑每米）流量 q；③确定 P、Q 两点水头；④判断基底的渗透稳定性（流砂）

解：(1) 由于对称性，只取半边进行分析。

注意：此流网取 3.5 条流道。在绘制流网时，由于边界条件的限制，流线的最后一条与不透水边界组成的流道常常不能与其他流道相同，形成一个“余数”，这是可以的。绘制的流网如图 3-13 所示。

(2) 基底有 7 条流道流入（半边为 3.5 条），有 13 个等势线间隔。即 $n=13$，$m=7.0$，根据式 (3-28) 有

$$q=k\Delta H\frac{m}{n}=4.5\times10^{-5}\times6.0\times\frac{7}{13}$$

$$=14.54\times10^{-5}\text{m}^3/\text{s}=0.52\text{m}^3/\text{h}$$

(3) 在 P 点，以不透水层顶为基准的水头高，根据式 (3-25) 有

$$H=H_1-\frac{j}{n}\Delta H-\delta h=12.5-\frac{1.7}{13}\times6.0$$

$$=11.715\text{m}$$

对于 Q 点

$$H=H_1-\frac{j}{n}\Delta H-\delta h=12.5-\frac{10.5}{13}\times6.0$$

$$=7.654\text{m}$$

(4) 在出口靠板柱处网格

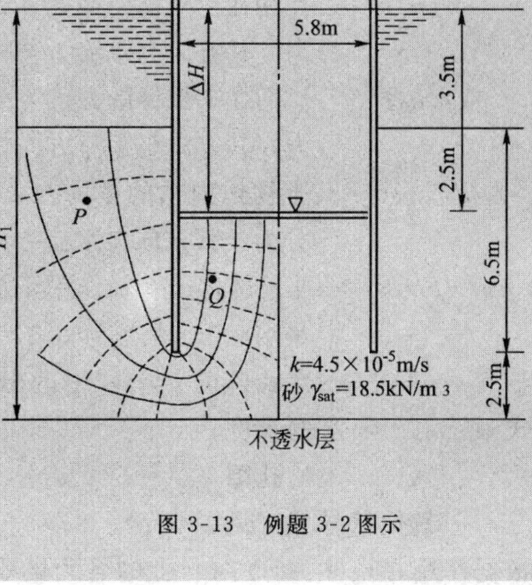

图 3-13　例题 3-2 图示

$$i=\frac{\Delta h}{l_n}=\frac{\Delta H}{nl_n}=\frac{6}{13\times 0.80}=0.577$$

已知 $\gamma_{sat}=18.5\text{kN/m}^3$，则流土的临界水力梯度为

$$i_{cr}=\frac{\gamma'}{\gamma_w}=\frac{18.5-9.81}{9.81}=0.89$$

由于 $i<i_{cr}$，不会发生流砂。

第四节　渗透作用对土的影响

水在土中渗流时，受到土颗粒的阻力 T 的作用，其作用方向是与水流方向相反。根据作用力与反作用力相等的原理，水流也必然有一个相等的力作用在土颗粒上，我们把水流作用在单位体积土体土颗粒上的力称为动水力 G_D（kN/m^3），也称渗流力。动水力的作用方向与水流方向一致。G_D 和 T 的大小相等，方向相反，它们都是用体积力表示的。

动水力的计算在工程实践中具有重要的意义，例如研究土体在水渗流时的稳定性问题，就要考虑动水力的影响。

一、动水压力

在土中沿水流的渗流方向，切取一个土柱体 ab（见图 3-14），土柱体的长度为 l，横截面积为 F。已知 a、b 两点距基准面的高度分别为 z_1 和 z_2，两点的测压管水柱高分别为 h_1 和 h_2，则两点的水头分别为 $H_1=h_1+z_1$ 和 $H_2=h_2+z_2$。

将土柱体 ab 内的水作为脱离体，考虑作用在水上的力系。因为水流的流速变化很小，其惯性力可以略去不计。这样，可以求得这些力在 ab 轴线方向的分力分别为：

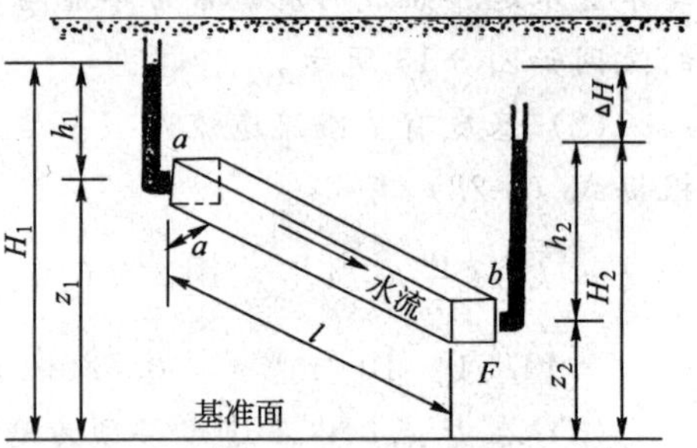

图 3-14　动水力的计算

$\gamma_w h_1 F$——作用在土柱体的截面 a 处的水压力，其方向与水流方向一致；

$\gamma_w h_2 F$——作用在土柱体的截面 b 处的水压力，其方向与水流方向相反；

$\gamma_w nlF\cos\alpha$——土柱体内水的重力在 ab 方向的分力，其方向与水流方向一致；

$\gamma_w(1-n)lF\cos\alpha$——土柱体内土颗粒作用于水的力在 ab 方向的分力（土颗粒作用于水的力，也是水对于土颗粒作用的浮力的反作用力），其方向与水流方向一致；

lFT——水渗流时，土柱中的土颗粒对水的阻力，其方向与水流方向相反；

以上式中：γ_w——水的重度；

n——土的孔隙率。

其他符号意义见图 3-14。

根据作用在土柱体 ab 内水上的各力的平衡条件可得：

$$\gamma_w h_1 F - \gamma_w h_2 F + \gamma_w nlF\cos\alpha + \gamma_w(1-n)lF\cos\alpha - lFT = 0$$

或

$$\gamma_w h_1 - \gamma_w h_2 + \gamma_w l\cos\alpha - lT = 0$$

以 $\cos\alpha = \frac{z_1 - z_2}{l}$ 代入上式，可得：

$$T = \gamma_w - \frac{(h_1 + z_1) - (h_2 + z_2)}{l}$$

$$= \gamma_w - \frac{H_1 - H_2}{l} = \gamma_w I \tag{3-29}$$

故得动水力的计算公式为：

$$G_D = T = \gamma_w I \ (\text{kN/m}^3) \tag{3-30}$$

从上式可知，动水力的方向与水流方向一致，其大小与水头梯度 I 成正比。

二、流砂现象、管涌和临界水头梯度

由于动水力的方向与水流方向一致，当水的渗流自上向下时（例如图 3-15a）中容器内的土样，或图 3-16 中河滩路堤基底土层中的 d 点），动水力方向与土体重力方向一致，这样将增加土颗粒间的压力；若水的渗流方向自下而上时［如图 3-15b）容器内的土样，或图 3-16 中的 e 点］，动水力的方向与土体重力方向相反，这样将减小土颗粒间的压力。

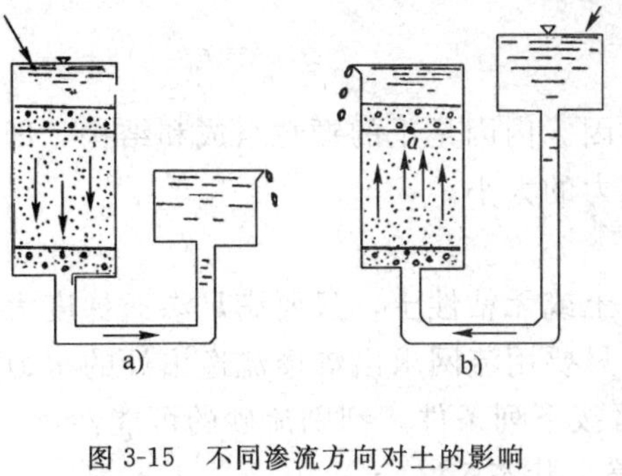

图 3-15　不同渗流方向对土的影响

a）向下渗流时；b）向上渗流时

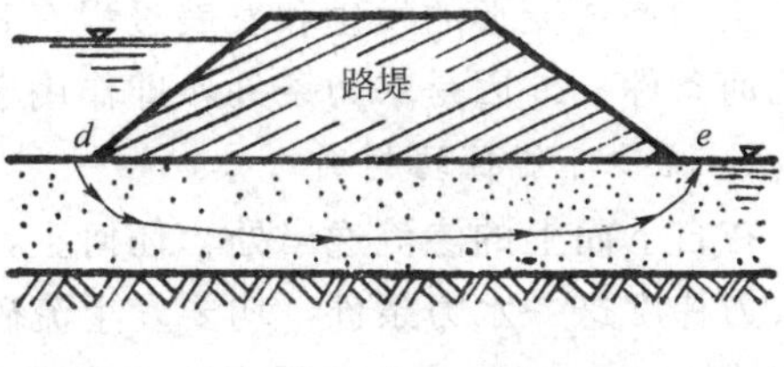

图 3-16　河滩路堤下的渗流

若水的渗流方向自下而上时，在土体表面［3-15b）的 a 点，或图 3-16 路提下的 e 点］取一单位体积土体进行分析。已知土在水下的浮重度为 γ'，当向上的动水力 G_D 与土的浮重度相等时，即

$$G_D = \gamma_w I = \gamma' = \gamma_{sat} - \gamma_w \tag{3-31}$$

式中：γ_{sat}——土的饱和重度；

γ_w——水的重度。

这时土颗粒间的压力等于零，土颗粒将处于悬浮状态而失去稳定，这种现象就称为流砂现象。这时的水头梯度称为临界水头梯度 I_{cr}，可由公式（3-31）得到：

$$I_{cr} = \frac{\gamma'}{\gamma_w} = \frac{\gamma_{sat}}{\gamma_w} - 1 \tag{3-32}$$

水在砂性土中渗流时，土中的一些细小颗粒在动水力作用下，可能通过粗颗粒的孔隙被水流带走，这种现象称为管涌。管涌可以发生于局部范围，但也可能逐步扩大，最后导致土体失稳破坏。

流砂现象是发生在土体表面渗流逸出处，不发生于土体内部，而管涌现象可以发生在渗流逸出处，也可能发生于土体内部。

流砂现象主要发生在细砂、粉砂及轻亚粘土等土层中，而在粗颗粒土及粘土中则不易产生。

基坑开挖排水时，若采用表面直接排水，坑底土将受到向上的动水力作用，可能发生流砂现象。这时坑底土一面挖一面会随水涌出，无法清除，站在坑底的人和放置的机具也会陷下去。由于坑底土随水涌入基坑，使坑底土的结构破坏，强度降低，将来会使建筑物产生附加下沉。水下深基坑或沉井排水挖土时，若发生流砂现象将危及施工安全，应引起特别注意。通常，施工前应做好周密的勘测工作，当基坑底面的土层是容易引起流砂现象的土质时，应避免采用表面直接排水，而可采用人工降低地下水位或其他措施施工。

河滩路堤两侧有水位差时，在路堤内或基底土内发生渗流，当水头梯度大时，可能产生管涌现象，导致路堤坍塌破坏。为了防止管涌现象发生，一般可在路基下边坡的水下部分设置反滤层，可以防止路堤中的细小颗粒被渗透水流带走。

三、渗透破坏类型的判别

土的渗透变形的发生和发展过程有其内因和外因。内因是土的颗粒组成和结构，即常说的几何条件；外因是水力条件，即作用于土体渗透力的大小。

1. 流砂可能性的判别

在自下而上的渗流逸出处，任何土，包括粘性土或无粘性土，只要满足渗透梯度大于临界水力梯度这一水力条件，均要发生流砂。因此，只要用流网求出渗透流逸出处的水力梯度 i，再用式（3-32）求出临界水力梯度 i_{cr} 值后，即可按下列条件，判别流砂的可能性：

若 $i<i_{cr}$ 土体处于稳定状态；

$i>i_{cr}$ 土体发生流砂破坏；

$i=i_{cr}$ 土体处于临界状态。

由于流砂将造成地基坡坏、建筑物倒塌等灾难性事故，工程上是绝对不允许发生的，故设计时要保证有一定的安全系数，把逸出梯度限制在允许梯度［i］以内，即

$$i \leqslant [i] = \frac{i_{cr}}{F_s} \qquad (3\text{-}33)$$

式中 F_s 为流砂安全系数，按我国《碾压式土石坝设计规范》（SL 274—2001）规定，取 $F_s=1.5\sim2.0$。

2. 管涌可能性的判别

土是否发生管涌，首先决定于土的性质。一般粘性土（分散性土例外），只会发生流砂而不会发生管涌，故属于非管涌土；无粘性土中产生管涌必须具备下列两个条件。

（1）几何条件

土中粗颗粒所构成的孔隙直径必须大于细颗粒的直径，才可能让细颗粒在其中移动。这是管涌产生的必要条件。

对于不均匀系数 $C_u<10$ 的较均匀土，颗粒粗细差不多，粗颗粒形成的孔隙直径不比细颗粒大，因此细颗粒不能在孔隙中移动，也就不会发生管涌。

对于 $C_u>10$ 的不均匀砂砾石土，大量试验证明，这种土既可能发生管涌也可能发生流砂，主要取决于土的级配情况和细料含量。对于缺乏中间粒径、级配不连续的土，其渗透变形形式主要决定于细粒含量，这里所谓的细料是指级配曲线水平段以下的粒径。试验成果表明，当细料含量在25%以下时，细料填不满粗料所形成的孔隙，渗透变形基础本上属管涌型；当细料含量在35%以上时，细料足以填满粗料所形成孔隙，粗细料形成整体，抗渗能力增强，渗透变形是流砂型；当细料含量在25%～35%之间时，则是过渡型。具体形式还要看土的松密程度。对于级配连续的不均匀土，不好找出骨架与充填料的分界线。我国有些学者提出，可用土的孔隙平均直径 D_0 与最细部分的颗粒粒径 d_s 相比较，以判别土的渗透变形的类型。他们提出土的孔隙平均直径 D_0 可以下述经验公式表示：

$$D_0 = 0.25d_{20} \tag{3-34}$$

式中：d_{20}——小于该粒径的土质量占总质量的20%。

试验资料证明，当土中有5%以上的细颗粒小于土的孔隙平均直径时，即 $D_0>d_s$ 时，破坏形式为管涌；而当土中小于 D_0 的细料含量<3%，即 $D_0<d_s$ 时，可能流失的土颗粒很少，不会发生管涌，则呈流砂破坏。

综上所述，对于无粘性土是否发生管涌的几何条件可用下列准则判别：

①$C_u\leqslant10$ 的比较均匀的土	非管涌土
②$C_u>10$ 的不均匀土	
a. 级配不连续的土	非管涌土
细料含量>35%	非管涌土
细料含量<25%	管涌土
细料含量=25%～35%	过渡型土
b. 级配连续土	
$D_c<d_3$	非管涌土
$D_0>d_s$	管涌土
$D_0=d_3\sim d_s$	过渡型土

（2）水力条件

渗透力能够带动细颗粒在孔隙间滚动或移动是发生管涌的水力条件，可用管涌的水力梯度来表示。但至今，管涌的临界水力梯度的计算方法尚不成熟，国内外研究者提出的计算方法较多，但算得的结果差异较大，故还没有一个被公认的合适的公式。对于一些重大工程，应尽量由渗透破坏度试验确定。在无试验条件的情况下，可参考国内外的一些研究成果。

伊斯托敏娜（B. C. NCTOMNHA）根据理论分析，并结合一定数量的试验资料，得出了土的临界水力与不均匀系数的关系。对于不均匀系数 $C_u>20$ 的管涌土，临界水力梯度约在0.25～0.30之间。考虑安全系数后，允许水力梯度 $[i]=0.1\sim0.15$。

我国学者在对级配连续与级配不连续的土进行了理论分析与试验研究的基础上，提出了管涌土的破坏梯度与允许梯度的范围值如表 3-2。

管涌的水力梯度范围 表 3-2

水 力 梯 度	级配连续土	级配不连续土	水 力 梯 度	级配连续土	级配不连续土
破坏梯度 i_{cr}	0.2～0.4	0.1～0.3	允许梯度 [i]	0.15～0.25	0.1～0.2

典型例题分析

[**例题 3-3**] 某基坑在细砂层中开挖，经施工抽水，待水位稳定后，实测水位情况如图 3-17 所示。根据场地勘查报告提供：细砂层饱和重度 $\gamma_{sat}=18.7\text{kN/m}^3$，$k=4.5\times10^{-2}$ mm/s，试求渗透水流的平均速度 v 和渗流力 G_D，并判别是否会产生流砂现象。

解：

$$i=\frac{5.5-3.0}{10.0}=0.25$$

$$G_d=\gamma_w i=9.81\times0.25=2.45\text{kN/m}^3$$

$$v=ki=4.5\times10^{-2}\times0.25=1.125\times10^{-2}\text{mm/s}$$

细砂层的有效重度

$$\gamma'=\gamma_{sat}-\gamma_w=18.7-9.81=8.89\text{kN/m}^3$$

因为：$G_D<\gamma'$（$2.45\text{kN/m}^3<8.89\text{kN/m}^3$），所以不会因为基坑抽水而产生流砂现象。

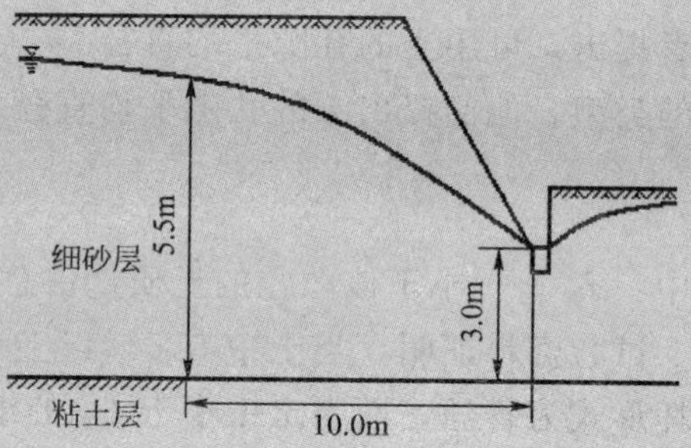

图 3-17 基坑开挖示意图

思 考 题

1. 何谓达西定律？达西定律成立的条件是什么？
2. 达西定律计算出的流速和土中水的实际流速是否相同？为什么？
3. 测定渗透系数的方法有哪些？
4. 何谓渗透力？渗透变形有几种形式？各自有什么特征？
5. 流网有什么特征？

习 题

1. 室内做常水头渗透试验。土样长 $L=12$cm，截面积 $A=6\text{cm}^2$，进水端水位 $h_1=60$cm，出水端水位 $h_2=15$cm。试验中测得 2min 流经土样的水量 $Q=200\text{cm}^3$，试求土样的渗透系数。

（答案 $k=7.41\times10^{-2}$ cm/s）

2. 室内做细粒土变水头试验。土样长 $L=12$cm，截面积 $A=6\text{cm}^2$，变水头管截面积 $a=2\text{cm}^2$。试验时变水头管水位从初始的 60cm 经 30min 直降了 5cm。试求土样的渗透系数。

（答案 $k=5.51\times10^{-3}$ cm/s）

第四章　地基土中的应力计算

本章知识点

1. 土中应力计算的目的及方法；
2. 自重应力的计算方法；
3. 基底压力的分布及计算方法；
4. 附加应力的计算方法；
5. 有效应力原理的概念及计算方法。

第一节　概　　述

土体在自身重力、上部荷载或其他因素（如地下水渗流等）的作用下，均可产生土中应力。土中应力将引起土体或地基的变形，使上部建筑发生沉降、倾斜等，从而影响建筑物的正常使用甚至产生安全问题。土中应力计算的目的，一是用于计算土体的沉降，一是用于验算土体的稳定。

一、基本假设

土中应力的大小及分布情况主要与土体的应力应变关系等有关，确定土的应力应变关系是计算土中应力的关键。由于土体具有分散性、多相性等特征，因此必须对土体特征进行简化。

（1）连续性假设：虽然土是由三相所组成的非连续性介质，受力后土粒在其接触点处会出现应力集中现象，但是，在研究宏观土体受力时，土体的尺寸远大于土粒的尺寸，因此可以把土体简化成连续体。

（2）线弹性假设：理想弹性体的应力应变关系呈线性正比关系，而土体是弹塑性材料，其应力应变关系是非线性的和弹塑性的。考虑到一般建筑物荷载作用下地基中应力的变化范围（应力增量 $\Delta\sigma$）还不是很大，可以将应力增量 $\Delta\sigma$ 与应力增量 $\Delta\varepsilon$ 的关系近似看成线性关系，从而简化计算。

（3）各向同性假设：天然土体是长期累积而成的，因此往往是由成层土所组成的非均质或各向异性体。但是，当土层性质变化不大的时候，将土体看成是均质各向同性的假设所引起的竖向应力分布的误差，通常也在允许范围之类。

二、地基土中一点的应力状态

土体在自重和外部荷载作用下，其中每一点都承受着一定的应力。当土体在外力作用下处于静力平衡状态时，土体中某点的应力状态，可以用一个正六面单元体上的应力来表示，如图 4-1 所示。作用在单元体上的 3 个法向应力分量为 σ_x、σ_y、σ_z，6 个剪应力分量为 $\tau_{xy}=$

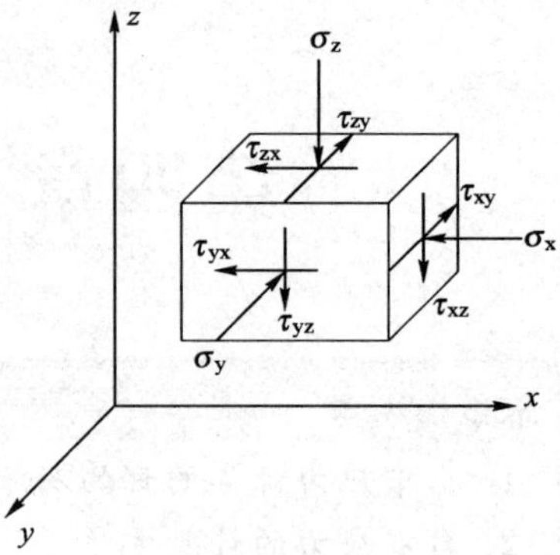

图 4-1　土中一点的应力状态

τ_{yx}、$\tau_{yz}=\tau_{zy}$、$\tau_{zx}=\tau_{xz}$。剪应力的脚标前面一个表示剪应力作用面的法线方向，后一个表示剪应力的作用方向。

值得注意的是，土力学中，法向应力以压应力为正，拉应力为负。剪应力的正负号规定是：当剪应力作用面上的法向应力方向与坐标轴的正方向一致，则剪应力的方向与轴正方向一致时为正，反之为负。

三、地基土中应力分类

土体中的应力按其起因可分为自重应力和附加应力两种。土体重力引起的应力称为自重应力。自重应力一般是自土形成之日起就在土中产生。由外部荷载的作用而在土中产生的应力增量称为附加应力。

土体中的应力按起作用原理或传递方式可分为有效应力和孔隙应力。有效应力是指土粒所传递的粒间应力，它是控制土的体积（或变形）的强度两者变化的土中应力。孔隙应力是指土中水和土中气所传递的应力。土中水传递的孔隙水应力，即孔隙水压力；土中气传递的孔隙气应力，即孔隙气压力。在计算土体或地基变形以及土的抗剪强度时，都必须应用土中某点的有效应力原理。有关土的有效应力原理及其应用将在本章第六节中介绍。

第二节　自重应力的计算

在计算土中自重应力时，假设天然地面是半空间（半无限体）表面的一个无限大的水平面，由半无限体的边界条件可知地基内部任一点在水平面上和竖直面上均无剪应力存在，仅作用有竖向的自重应力 σ_{cz} 和水平向的侧向应力 $\sigma_{cx}=\sigma_{cy}$。在深度 z 处平面上，土体因自重产生的竖向应力 $\sigma_{cz}=\gamma z$，即单位面积上土柱体的重力。

一、均质地基土的自重应力

当地基是均质土时，如图 4-2 所示，在天然地面以下任意深度 z 处 a—a 水平面上的竖向自重应力为：

$$\sigma_{cz}=\gamma z \tag{4-1}$$

式中：γ——土的天然重度（kN/m^3）；

z——计算点距地表的深度（m）。

可见，自重应力随深度呈线性增加。

二、成层地基土的自重应力

地基土往往是成层的，因而各层具有不同的重度。如图 4-3，各土层厚度为 h_1，h_2，…，h_n，所对应各层的重度为 γ_1，γ_2，…，γ_n，根据上述自重应力的计算原理，在深度 z 处土的自重应力的计算公式为：

$$\sigma_{cz}=\sum_{i=1}^{n}\gamma_i h_i \tag{4-2}$$

式中：n——深度 z 范围内的土层总数；

γ_i——第 i 层土的天然重度（kN/m^3）；

h_i——第 i 层土的厚度（m）。

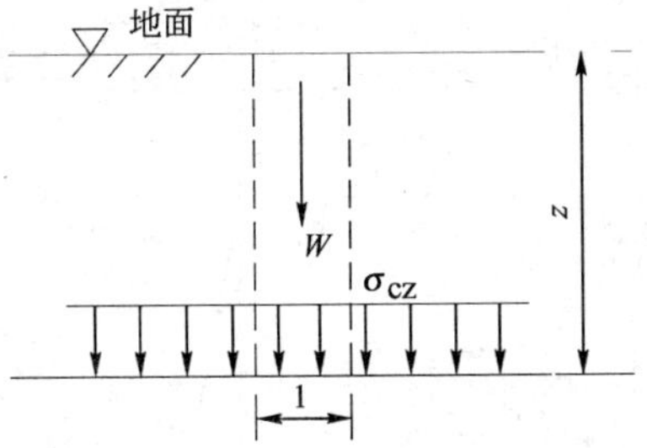

图 4-2　均质土的竖向自重应力

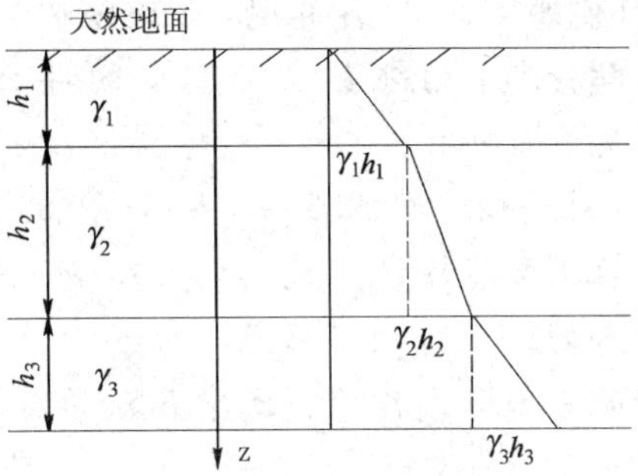

图 4-3　成层土的自重应力分布

三、有地下水时的自重应力

计算地下水位以下土的自重应力时，应根据土的性质，确定是否考虑水对土体的浮力作用。

通常认为水下的砂性土应该考虑浮力作用，粘性土则要视粘性土的性质而定。一般说来：

（1）如果水下粘性土的液性指数 $I_L \geqslant 1$，则土处于流动状态，土颗粒之间存在着大量水，此时认为土体受到水的浮力作用；

（2）如果 $I_L \leqslant 0$，则土处于固体状态，土中自由水受到土颗粒间结合水膜的阻碍不能传递静水压力，认为土体不受水的浮力影响；

（3）如果 $0 < L_L < 1$，土处于塑性状态，土颗粒是否受到浮力影响不易确定，在实际中一般按不利状态来考虑。

地下水位以下的土受到水的浮力作用时，其重度应按浮重度 γ' 计算。因此，地下水位面也应该作为分层界面。计算方法如同成层地基土的情况。

小贴士

地下水位上升与下降对自重应力的影响

地下水位的升降，使地基土中自重应力也相应发生变化。当地下水位长期下降时，地基中有效自重应力增加，从而引起地面大面积沉降；当地下水位长期上升时，会引起地基承载力减少、湿陷性土的塌陷等现象。

典型例题分析

［例题 4-1］　某地基剖面图如图 4-4 所示，试求土的自重应力并绘出分布图。

解：

$$\sigma_{cz1} = \gamma_1 h_1 = 18.5 \times 2 = 37\text{kPa}$$

$$\sigma_{cz2} = \sigma_{cz1} + \gamma_2 h_2 = 37 + 18 \times 2 = 73\text{kPa}$$

土中自重应力 σ_{cz} 分布图 4-4 所示。

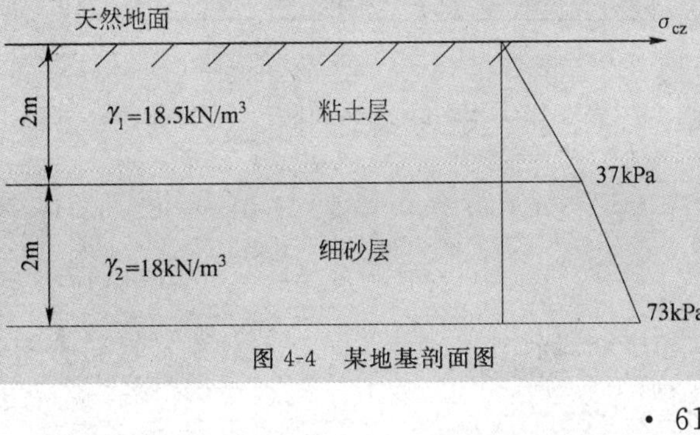

图 4-4　某地基剖面图

典型例题分析

[例题 4-2] 计算图 4-5 所示水下地基土中的自重应力分布。

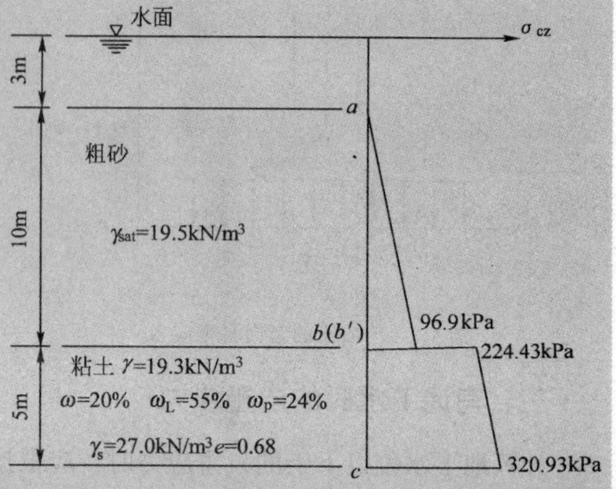

图 4-5 例题 4-2 图

解：水下的粗砂层受到水的浮力作用，计算其浮容重有：

$\gamma' = \gamma_{sat} - \gamma_w = 19.5 - 9.81 = 9.69 kN/m^3$

粘土层因为 $w < w_p$，$I_L < 0$，故认为土层不受水的浮力作用，而且，土层面上还受到上面的静水压力作用。土中各点的自重应力计算如下：

a 点：$z=0$，$\sigma_{cz}=0$

b 点：$z=10m$，但该点位于粗砂层中，则 $\sigma_{cz}=\gamma' z=9.69\times10=96.9kPa$

b' 点：$z=10m$，但该点位于粘土层中，则 $\sigma_{cz}=\gamma' z+\gamma_w h_w=96.9+9.81\times13=224.43kPa$

c 点：$z=15m$，$\sigma_{cz}=224.43+19.3\times5=320.93kPa$

[例题 4-3] 某工程地基剖面图如图 4-6 所示，分别计算地下水位位于地面以下 2m 及 4.5m 时的自重应力。

解：当地下水位位于地面以下 2m 时（图 4-6），每层的自重应力计算如下：

$$\sigma_{cz1} = \gamma_1 h_1 = 19 \times 2 = 38kPa$$

$$\sigma_{cz2} = \gamma_1 h_1 + \gamma_2' h_2 = 38 + (19.4 - 9.81) \times 2.5 = 61.98kPa$$

$$\sigma_{cz3} = \gamma_1 h_1 + \gamma_2' h_2 + \gamma_3' h_3 = 61.98 + (17.4 - 9.81) \times 4.5 = 96.1kPa$$

当地下水位位于地面以下 4.5m 时（见图 4-7），每层的自重应力计算如下：

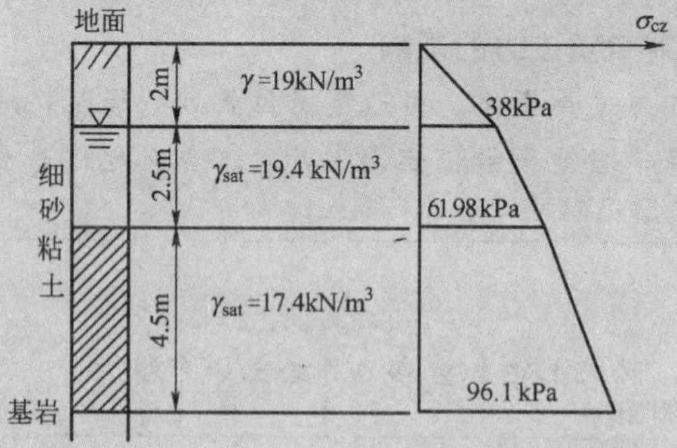

图 4-6 例题 4-3 地下水位位于地面以下 2m 处的图示

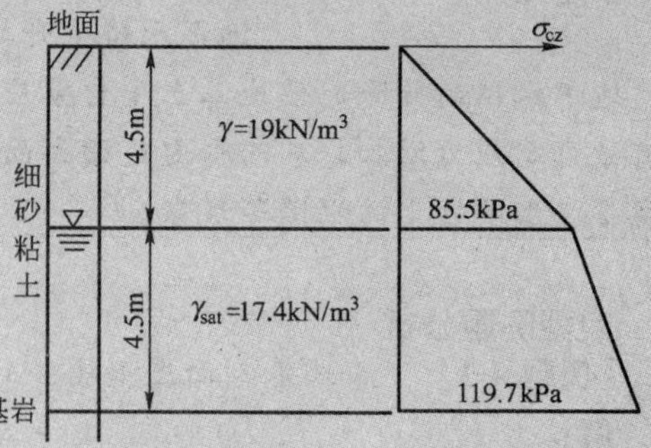

图 4-7 例题 4-3 地下水位位于地面以下 4.5m 处的图示

$$\sigma_{cz1} = \gamma_1 h_1 = 19 \times 4.5 = 85.5kPa$$

$$\sigma_{cz2} = \gamma_1 h_1 + \gamma_2' h_2 = 85.5 + (17.4 - 9.81) \times 4.5 = 119.7kPa$$

两者相比较可以看出，地下水位下降时，会引起有效自重应力的增加。

第三节　基底压力和基底附加压力计算

建筑物通过基础将上部荷载传到地基中，基础底面传递给地基表面的压力为基底压力。地基支承基础的力称为基底反力。显然，基础底面的压力分布形式将对土中应力产生影响。

基础底面压力分布问题涉及到基础与地基土两种不同物体间的接触压力问题，这是一个比较复杂的问题，影响它的因素很多，如基础的刚度、形状、尺寸、埋置深度，以及土的性质、荷载大小等。在本章中，着重讨论基础刚度等主要因素对基底压力分布的影响，暂且不考虑上部结构对基底压力的影响，同时也简化了基底压力的计算。

一、基底压力

为了便于分析，先从理论概念上将各种基础按其与地基土的相对抗弯刚度（EI）分成三类：理想柔性基础、理想刚性基础和有限刚性基础。

1. 柔性基础

若一个基础作用均布荷载，假设基础是由很多小块组成，如图 4-8a）所示，各小块之间光滑无摩擦力，则这种基础相当于理想柔性基础（即基础的抗弯刚度 $EI\rightarrow 0$），基础上荷载通过小块直接传递在土上，基础底面的压力分布图形将与基础上作用的荷载分布图形一致。这时基础底面沉降各处均不相同，中央大而边缘小。如土坝、土路堤等，刚度很小，几乎不能承受弯矩，相当于一种柔性基础。路堤自重引起的基底压力分布就与路堤断面形状相同，如图 4-8b）。

2. 刚性基础

桥梁墩台基础有时采用大块混凝土实体结构，它的刚度很大，可以看成是刚性基础（即 $EI\rightarrow\infty$）。在中心荷载作用下，基础不会出现挠曲变形，基底压力呈均匀分布。对地基而言，均匀分布的基底压力将产生不均匀沉降。为保证地基与基础的变形的协调，必然要重新调整基底压力的分布形式（如图 4-9a））。当作用的荷载较大时，基础边缘由于应力很大，土将产生塑性变形，使基底压力重新分布呈抛物线分布（图 4-9b））。若荷载继续增大，则基底压力会继续发展，分布如图 4-9c）。

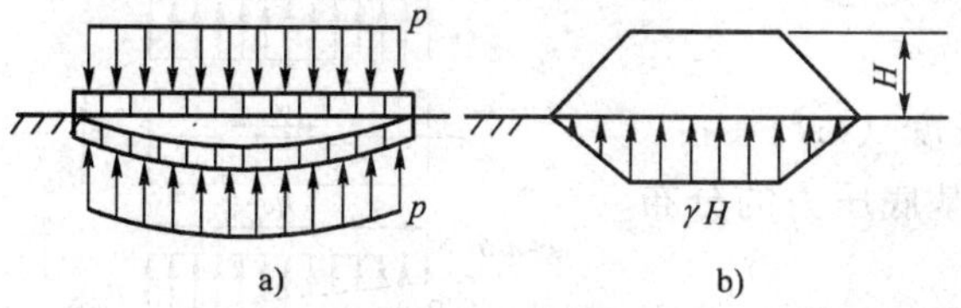

图 4-8　柔性基础下的压力分析

a）理想柔性基础；b）路堤下的压力分布

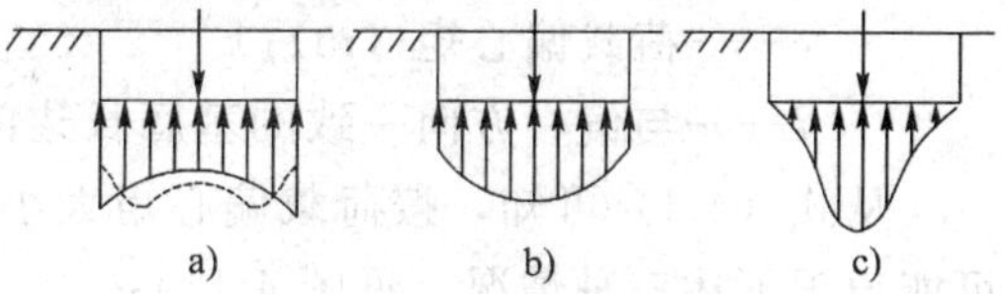

图 4-9　刚性基础下压力分布

a）马鞍形分布；b）抛物线形分布；c）钟形分布

3. 有限刚度的基础

由于理想柔性基础和刚性基础都只是假定的理想情况，地基也不是完全弹性体，所以有限刚度基础在实际工程中是最为常见的。有限刚度基础底面的压力分布，可按基础的实际刚度及土的性质，用弹性地基上梁和板的方法计算。这里不作介绍。

二、基底压力的简化计算

在一般地基沉降计算中，近似认为压力按直线规律变化。

1. 轴心荷载

轴心荷载下的基础，所受荷载的合力通过基底形心（图 4-10）。基底压力假定为均匀分布。按《建筑地基基础设计规范》（GB 5007—2002），基础底面的压力 p 按下式确定

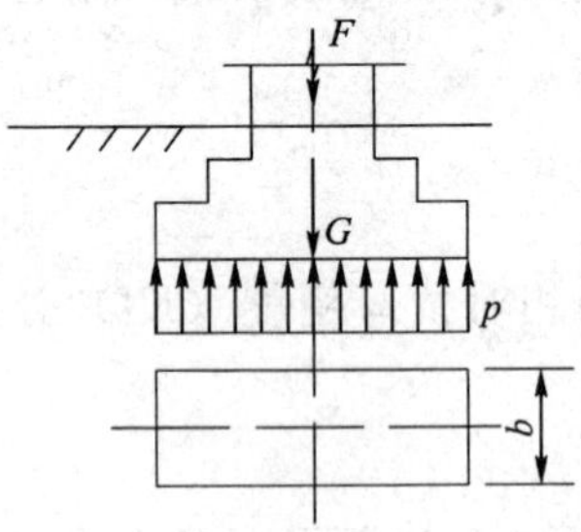

图 4-10　中心荷载下基底压力分布

$$p=\frac{F+G}{A}\ (\text{kPa}) \tag{4-3}$$

式中：F——上部结构传至基础顶面的竖向荷载（kN）；

G——基础自重以及基础底面以上的土重（kN）；

A——基础底面面积（m^2）。

对于荷载沿长度方向均匀分布的条形基础，则沿长度方向截取一单位长度的基础进行平均压力 p 的计算，此时，式中的 $A=b$，而 F 及 G 则为基础单位长度内的相应值(kN/m)。

2. 偏心荷载

对于单向偏心荷载下的矩形基础（图 4-11），基底压力可按材料力学偏心受压公式简化计算。设计时，通常基底长边方向与偏心方向取得一致，两边缘的最大、最小压力为

$$\left.\begin{matrix}p_{max}\\ \\ p_{min}\end{matrix}\right\}=\frac{F+G}{A}\pm\frac{M}{W}=\frac{N}{A}\left(1\pm\frac{6e}{l}\right)(\text{kPa}) \tag{4-4}$$

式中：F、G、A 符号的意义同式（4-3）；

M——作用于基础底面的弯矩值（kN · m）；

W——基础底面的抵抗矩（m^3）；

N——作用于基础底面的合力（kN）；

e——荷载偏心矩（m）；

l——与偏心方向一致的基底长边的长度（m）。

从式（4-4）可知，按荷载偏心矩大小，基底压力的分布可能出现下述三种情况（见图 4-11）：

(1) 当 $e<\frac{l}{6}$ 时，$p_{min}>0$，基底压力呈梯形分布；

(2) 当 $e=\frac{1}{6}$ 时，$p_{min}=0$，基底压力呈三角形分布；

(3) 当 $e>\frac{1}{6}$ 时，$p_{min}<0$，产生拉应力，但基底与土之

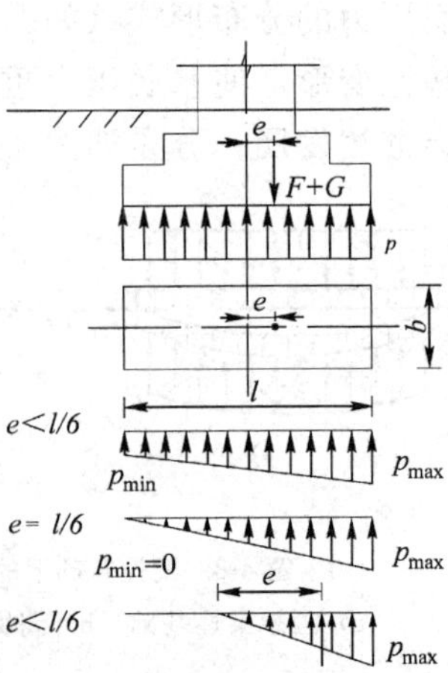

图 4-11　偏心荷载下基底压力分布

间不能承受拉应力，这时产生拉应力部分的基底与土脱开，不能传递荷载，基底压力将重新分布。重分布后的基底最大拉应力可以根据平衡条件求得：

$$p_{\max} = \frac{2(F+G)}{3\left(\frac{l}{2}-e\right)b}\ (\text{kPa}) \tag{4-5}$$

典型例题分析

［例题 4-4］　图 4-12 所示桥墩基础，已知基础底面尺寸 $l=4\text{m}$，$b=10\text{m}$，作用在基础底面中心的荷载 $N=4000\text{kN}$，$M=2800\text{kN}\cdot\text{m}$。计算基础底面的压应力。

解： $\frac{l}{6}=\frac{4}{6}=0.667(\text{m}),e=\frac{M}{N}=\frac{2800}{4000}=0.7(\text{m})>\frac{l}{6}$

$$p_{\max}=\frac{2N}{3\left(\frac{l}{2}-e\right)b}=\frac{2\times4000}{3\times\left(\frac{4}{2}-0.7\right)\times10}=205(\text{kPa})$$

$$K=3\left(\frac{l}{2}-e\right)=3\times\left(\frac{4}{2}-0.7\right)=3.9(\text{m})$$

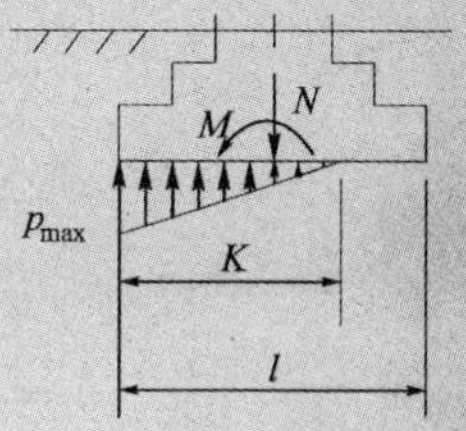

图 4-12　例题 4-4 附图

第四节　地基附加应力的计算

地基中附加应力是由建筑物荷载引起的应力增量。计算地基附加应力时，假定地基土是各向同性的、均质的、线性变形体，而且在深度和水平方向都是无限延伸的，即把地基看成是均质各向同性的线性变形半无限空间体，从而可以直接应用弹性力学中关于弹性半空间的理论解答。

首先讨论在竖向集中力作用下地基附加应力的计算，然后根据此解答，通过积分或叠加原理得到各种分布荷载作用下土中附加应力的计算公式。当地基面上作用满布均匀荷载时，地基土中各处的附加应力等同于均布荷载的强度。

一、集中力下的地基附加应力

1. 竖向集中力作用下的地基附加应力—布辛奈斯克解

如图 4-13 所示，当半无限地基表面作用集中力 P 时，地基内中任意一点 M（x，y，z）将产生六个应力分量和三个位移分量。由法国数学家布辛奈斯克（J. Boussienesq）1885 年用弹性理论推导出解析解：

$$\left.\begin{aligned}
\sigma_x &= \frac{3P}{2\pi}\left\{\frac{x^3 z}{R^5}+\frac{1-2\mu}{3}\left[\frac{1}{R(R+z)}-\frac{(2R+z)x^2}{(R+z)^2R^3}-\frac{z}{R^3}\right]\right\}\\
\sigma_y &= \frac{3P}{2\pi}\left\{\frac{y^3 z}{R^5}+\frac{1-2\mu}{3}\left[\frac{1}{R(R+z)}-\frac{(2R+z)y^2}{(R+z)^2R^3}-\frac{z}{R^3}\right]\right\}\\
\sigma_z &= \frac{3P}{2\pi}\times\frac{z^3}{R^5}\\
\tau_{xy} &= \tau_{yx} = \frac{3P}{2\pi}\left[\frac{xyz}{R^5}-\frac{1-2\mu}{3}\times\frac{(2R+z)xy}{(r+z)^2R^3}\right]\\
\tau_{zy} &= \tau_{yz} = \frac{3P}{2\pi}\times\frac{yz^2}{R^5}\\
\tau_{zx} &= \tau_{xz} = \frac{3P}{2\pi}\times\frac{xz^2}{R^5}\\
u &= \frac{P(1+\mu)}{2\pi E}\left[\frac{xz}{R^3}-(1-2\mu)\frac{x}{R(R+z)}\right]\\
v &= \frac{P(1+\mu)}{2\pi E}\left[\frac{yz}{R^3}-(1-2\mu)\frac{y}{R(R+z)}\right]\\
\omega &= \frac{P(1+\mu)}{2\pi E}\left[\frac{z^2}{R^3}+2(1-\mu)\frac{1}{R}\right]
\end{aligned}\right\} \tag{4-6}$$

式中：σ_x，σ_y，σ_z——x、y、z 方向的法向应力；

τ_{xy}，τ_{yz}，τ_{zx}——剪应力；

u，v，ω——M 点沿坐标轴 x、y、z 方向的位移；

E——弹性模量（或土的变形模量）；

μ——泊松比；

R——M 点至坐标原点 O 的距离。

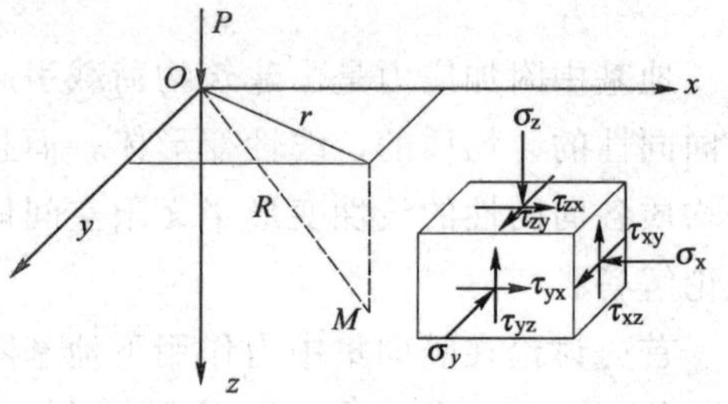

图 4-13　竖向集中力作用下地基中一点附加应力状态

在上述六个应力分量中，实际应用最多的是竖向法向应力 σ_z，它是引起地基压缩变形导致建筑物沉降的主要原因。为应用方便，将式（4-6）中 σ_z 的表达式改写成如下形式：

$$\sigma_z = \frac{3P}{2\pi}\times\frac{z^3}{R^5} = \frac{3P}{2\pi z^2}\times\frac{1}{\left[1+\left(\frac{r}{z}\right)^2\right]^{5/2}} = \alpha\frac{P}{z^2} \tag{4-7}$$

式中：r——如图 4-13 所示，$r=\sqrt{x^2+y^2}$；

α——集中力作用下地基竖向附加应力系数，简称集中应力系数，$\alpha=\dfrac{3}{2\pi\left[1+\left(\dfrac{r}{z}\right)^2\right]^{5/2}}$，它是$\left(\dfrac{r}{z}\right)$的函数，可制成表格查用，见表 4-1 所示。

集中力作用下的应力系数 α 值　　表 4-1

r/z	α	r/z	α	r/z	α	r/z	α	r/z	α
0.00	0.4775	0.50	0.2733	1.00	0.0844	1.50	0.0251	2.00	0.0085
0.05	0.4745	0.55	0.2466	1.05	0.0744	1.55	0.0224	2.20	0.0058
0.10	0.4657	0.60	0.2214	1.10	0.0658	1.60	0.0200	2.40	0.0040
0.15	0.4516	0.65	0.1978	1.15	0.0581	1.65	0.0179	2.60	0.0029
0.20	0.4329	0.70	0.1762	1.20	0.0513	1.70	0.0160	2.80	0.0021
0.25	0.4103	0.75	0.1565	1.25	0.0454	1.75	0.0144	3.00	0.0015
0.30	0.3849	0.80	0.1386	1.30	0.0402	1.80	0.0129	6.50	0.0007
0.35	0.3577	0.85	0.1226	1.35	0.0357	1.85	0.0116	4.00	0.0004
0.40	0.3294	0.90	0.1083	1.40	0.0317	1.90	0.0105	4.50	0.0002
0.45	0.3011	0.95	0.0956	1.45	0.0282	1.95	0.0095	5.00	0.0001

因为竖直向集中力作用下地基中的状态是轴对称空间问题，因此，可以对通过 P 作用线所切出的任意竖直面进行 σ_z 分布特征的讨论：

(1) 在集中力 P 作用线上的分布

在 P 作用线上，$r=0$，由式 (4-7) 可知 $\sigma_z=\dfrac{3}{2\pi}\times\dfrac{P}{z^2}$。

当 $z=0$ 时，$\sigma_z=\infty$，地基土已发生塑性变形，弹性理论已不适用，因此在选择计算点时，不应过于接近集中力作用点；

当 $z=\infty$ 时，$\sigma_z=0$。

可见，沿 P 作用线上 σ_z 的分布是随深度增加而递减，如图 4-14 所示。

(2) 在 $r>0$ 的竖直线上的分布

从式 (4-7) 可以得出，$z=0$ 时，$\sigma_z=0$；随着 z 的增加 σ_z 逐渐增大，至一定深度后又随着 z 的增加而逐渐减小。如图 4-14 所示。

(3) 在 $z=$ 常数的水平面上的分布

从式 (4-7) 可以看出，σ_z 的值在 $r=0$，即集中力 P 作用线上最大，并随 r 的增加而逐渐减小。随着 z 的增加，集中力 P 作用线上的 σ_z 减小，而水平面上的应力分布趋于均匀。如图 4-14 所示。

若在空间将 σ_z 相同的点连接成曲面，可以得到如图 4-15 所示的 σ_z 等值线图，其形如泡，称为压力泡或应力泡。

通过上述讨论，可以看出：集中力 P 在地基中引起的附加应力 σ_z 的分布是向下、向四周无限扩散的。

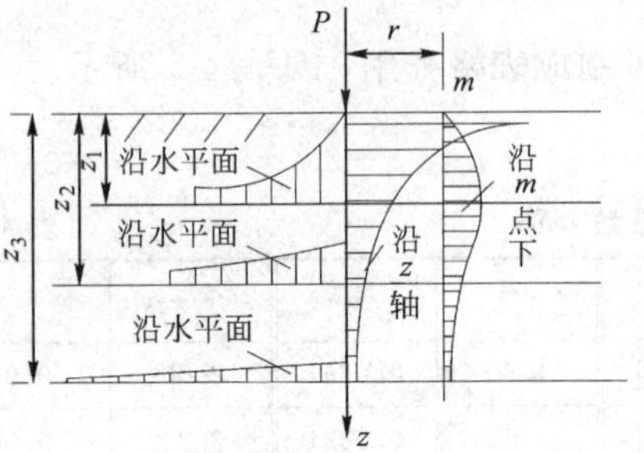

图 4-14　集中力作用下土中应力 σ_z 的分布

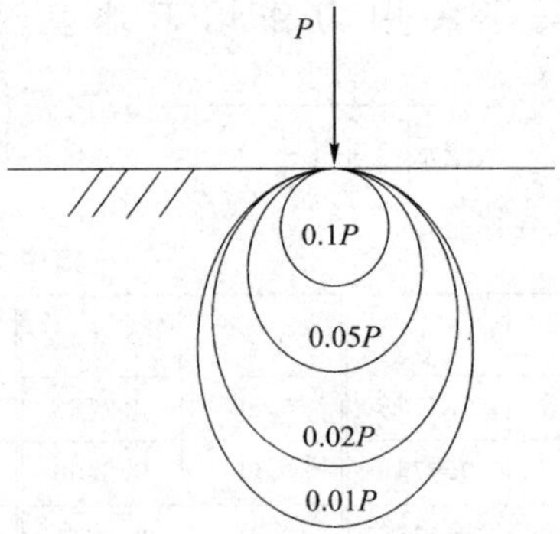

图 4-15　σ_z 的等值线

2. 水平集中力作用下的地基附加应力—西罗提（V. Cerruti）解

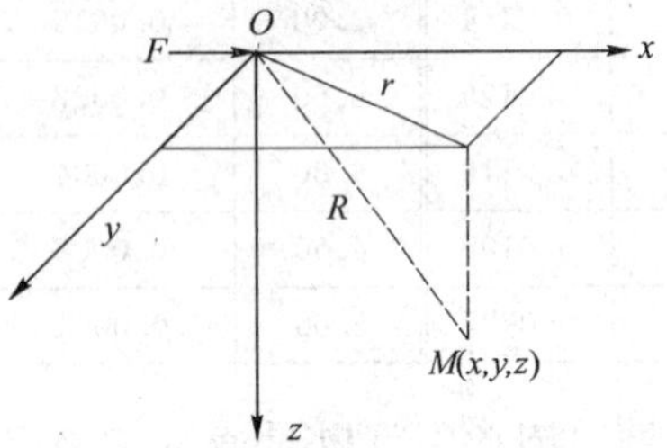

图 4-16　水平集中力作用下的附加应力

如果地基表面作用有平等于 xOy 面的水平集中力 F 时，求解在地基中任意点 M（x，y，z）所引起的问题，已经由西罗提（V. Cerruti）用弹性理论解出。这时只介绍与沉降计算关系最大的垂直竖向法应力 σ_z 的表达式：

$$\sigma_z = \frac{3F}{2\pi} \times \frac{xz^2}{R^5} \tag{4-8}$$

式中符号见图 4-16。

典型例题分析

[例题 4-5]　在地表面作用集中力 $P=200\text{kN}$，计算地面下深度 $z=3\text{m}$ 处水平面上的竖向法应力 σ_z 的分布，以及距 P 作用点 $r=1\text{m}$ 处竖直面上的竖向法应力 σ_z 的分布。

解： 各点的竖应力 σ_z 可按公式（4-7）计算，将结果列于表 4-2 及 4-3 中，并绘出 σ_z 的分布图见图 4-17。

$z=3\text{m}$ 处水平面上的竖应力 σ_z 计算　　表 4-2

r（m）	0	1	2	3	4	5
r/z	0	0.33	0.67	1	1.33	1.67
α	0.478	0.369	0.189	0.084	0.038	0.017
σ_z（kPa）	10.6	8.2	4.2	1.9	0.8	0.4

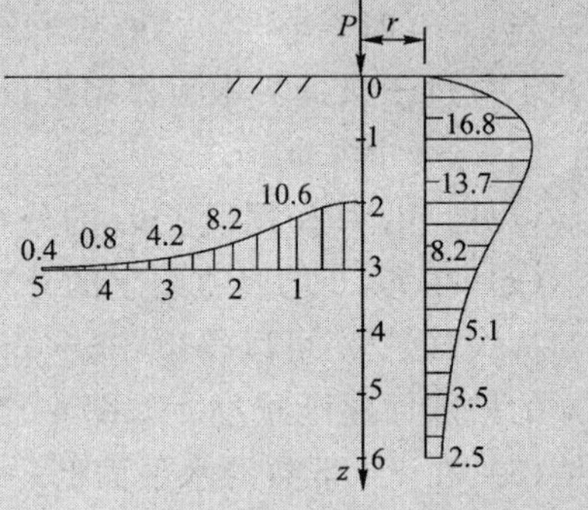

图 4-17　例题 4-5 的附图

$r=1\text{m}$ 处竖直面上的竖应力 σ_z 计算　　表 4-3

z（m）	0	1	2	3	4	5	6
r/z	∞	1	0.5	0.33	0.25	0.2	0.17
α	0	0.084	0.273	0.369	0.410	0.433	0.444
σ_z（kPa）	0	16.8	13.7	8.2	5.1	3.5	2.5

二、矩形荷载和圆形荷载下的地基附加应力

1. 均布的竖向矩形荷载

(1) 均布的竖向矩形荷载角点 c 下 σ_z

在图 4-18 所示的均布荷载 p 作用下，计算矩形面积角点 c 下深度 z 处 N 点的竖向应力 σ_z 值。

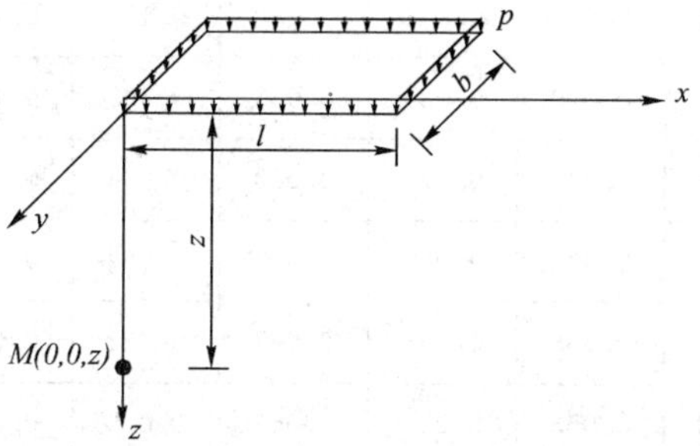

图 4-18　均布竖向矩形荷载角点下的附加应力 σ_z 计算

同样由式 (4-6) 中 σ_z 的表达式积分求得：

$$\sigma_z = \frac{p}{2\pi}\left[\frac{mn(1+m^2+2n^2)}{\sqrt{1+m^2+n^2}(1+n^2)(m^2+n^2)} + \arctan\frac{m}{n\sqrt{1+m^2+n^2}}\right] \tag{4-9}$$

$$=\alpha_c p$$

式中：α_c——应力系数，$\alpha_c = \frac{1}{2\pi}\left[\frac{mn\ (1+m^2+2n^2)}{\sqrt{1+m^2+n^2}\ (1+n^2)\ (m^2+n^2)} + \arctan\frac{m}{n\sqrt{1+m^2+n^2}}\right]$，

$m=\frac{l}{b}$，$n=\frac{z}{b}$。α_c 的值可从表 4-4 中查得。

均布竖向矩形荷载作用下，角点下竖应力系数 α_c 值　　表 4-4

z/b	l/b										
	1.0	1.2	1.4	1.6	1.8	2.0	3.0	4.0	5.0	6.0	10.0
0.0	0.250	0.250	0.250	0.250	0.250	0.250	0.250	0.250	0.250	0.250	0.250
0.2	0.249	0.249	0.249	0.249	0.249	0.249	0.249	0.249	0.249	0.249	0.249
0.4	0.240	0.242	0.243	0.243	0.244	0.244	0.244	0.244	0.244	0.244	0.244
0.6	0.223	0.228	0.230	0.232	0.232	0.233	0.234	0.234	0.234	0.234	0.234
0.8	0.200	0.207	0.212	0.215	0.216	0.218	0.220	0.220	0.220	0.220	0.220
1.0	0.175	0.185	0.191	0.195	0.198	0.200	0.203	0.204	0.204	0.204	0.205
1.2	0.152	0.163	0.171	0.176	0.179	0.182	0.187	0.188	0.189	0.189	0.189
1.4	0.131	0.142	0.151	0.157	0.161	0.164	0.171	0.173	0.174	0.174	0.174
1.6	0.112	0.124	0.133	0.140	0.145	0.148	0.157	0.159	0.160	0.160	0.160
1.8	0.097	0.108	0.117	0.124	0.129	0.133	0.143	0.146	0.147	0.148	0.148

续上表

z/b	l/b										
	1.0	1.2	1.4	1.6	1.8	2.0	3.0	4.0	5.0	6.0	10.0
2.0	0.084	0.095	0.103	0.110	0.116	0.120	0.131	0.135	0.136	0.137	0.137
2.2	0.073	0.083	0.092	0.098	0.104	0.108	0.121	0.125	0.126	0.127	0.128
2.4	0.064	0.073	0.081	0.088	0.093	0.098	0.111	0.116	0.118	0.118	0.119
2.6	0.057	0.065	0.072	0.079	0.084	0.089	0.102	0.107	0.110	0.111	0.112
2.8	0.050	0.058	0.065	0.071	0.076	0.080	0.094	0.100	0.102	0.104	0.105
3.0	0.045	0.052	0.058	0.064	0.069	0.073	0.087	0.093	0.096	0.097	0.099
3.2	0.040	0.047	0.053	0.058	0.063	0.067	0.081	0.087	0.090	0.092	0.093
3.4	0.036	0.042	0.048	0.053	0.057	0.061	0.075	0.081	0.085	0.086	0.088
3.6	0.033	0.038	0.043	0.048	0.052	0.056	0.069	0.076	0.080	0.082	0.084
3.8	0.030	0.035	0.040	0.044	0.048	0.052	0.065	0.072	0.075	0.077	0.080
4.0	0.027	0.032	0.036	0.040	0.044	0.048	0.060	0.067	0.071	0.073	0.076
4.2	0.025	0.029	0.033	0.037	0.041	0.044	0.056	0.063	0.067	0.070	0.072
4.4	0.023	0.027	0.031	0.034	0.038	0.041	0.053	0.060	0.064	0.066	0.069
4.6	0.021	0.025	0.028	0.032	0.035	0.038	0.049	0.056	0.061	0.063	0.066
4.8	0.019	0.023	0.026	0.029	0.032	0.035	0.046	0.053	0.058	0.060	0.064
5.0	0.018	0.021	0.024	0.027	0.030	0.033	0.043	0.050	0.055	0.057	0.061
6.0	0.013	0.015	0.017	0.020	0.022	0.024	0.033	0.039	0.043	0.046	0.051
7.0	0.009	0.011	0.013	0.015	0.016	0.018	0.025	0.031	0.035	0.038	0.043
8.0	0.007	0.009	0.010	0.011	0.013	0.014	0.020	0.025	0.028	0.031	0.037
9.0	0.006	0.007	0.008	0.009	0.010	0.011	0.016	0.020	0.024	0.026	0.032
10.0	0.005	0.006	0.007	0.007	0.008	0.009	0.013	0.017	0.020	0.022	0.028

（2）均布的竖向矩形荷载作用下，土中任意点 σ_z（角点法）

如图 4-19 所示，*abcd* 为矩形荷载作用面积，计算 *M* 点下 *z* 深度处的附加应力 σ_z。

①*M* 点在 *abcd* 范围内（图 4-19a））

$$\sigma_z=\sum\sigma_{zi}=\sigma_{z(agMf)}+\sigma_{z(gbfM)}+\sigma_{z(Mhce)}+\sigma_{z(fMed)}$$

②*M* 点在 *abcd* 范围外（图 4-19b））

$$\sigma_z=\sigma_{z(eMhd)}-\sigma_{z(eMga)}-\sigma_{z(fMhc)}+\sigma_{z(fMgb)}$$

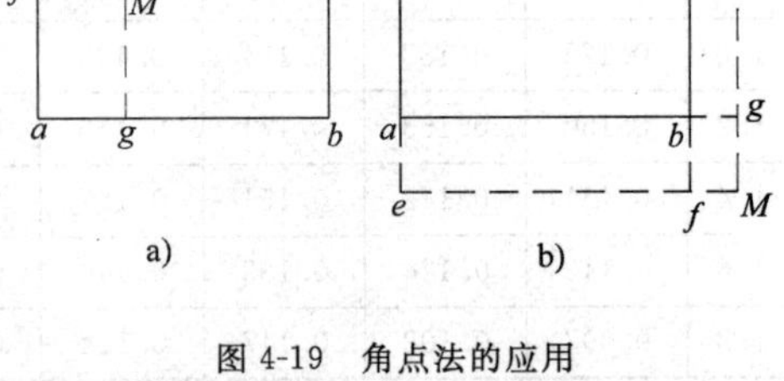

图 4-19 角点法的应用

典型例题分析

［例题 4-6］　有一矩形面积基础 $b=4\text{m}$，$l=6\text{m}$，其上作用均布荷载 $p=100\text{kN/m}^2$，计算矩形基础中点 O 下深度 $z=8\text{m}$ 处 M 点的竖向应力 σ_z（见图 4-20）。

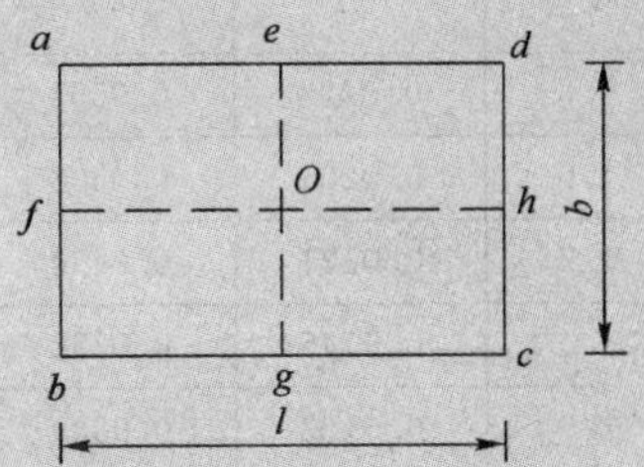

图 4-20　例题 4-6 的附图

解：按角点法计算，考虑面积 $fOea$，$\dfrac{l_1/2}{b/2}=\dfrac{6/2}{4/2}=1.5$，$\dfrac{z}{b/2}=\dfrac{8}{4/2}=4$，查表 4-4 得应力系数 $\alpha_c=0.038$，有

$$\sigma_z=4\sigma_{z(fOea)}=4\times0.038\times100=15.2\text{kPa}$$

2. 三角形分布的竖向矩形荷载

如图 4-21 所示，在地基表面作用矩形面积的三角形分布荷载，计算荷载为 0 的角点下深度 z 处 M 点的竖向应力 σ_z 时，同样可以用公式（4-6）积分求得，取如图所示坐标系，得到

$$\sigma_z=\frac{mn}{2\pi}\left[\frac{1}{\sqrt{m^2+n^2}}-\frac{n^2}{(1+n^2)\sqrt{1+m^2+n^2}}\right]p$$
$$=\alpha_t p \tag{4-10}$$

式中：α_t——应力系数，$\alpha_t=\dfrac{mn}{2\pi}\left[\dfrac{1}{\sqrt{m^2+n^2}}-\dfrac{n^2}{(1+n^2)\sqrt{1+m^2+n^2}}\right]$，$m$、$n$ 意义同式（4-9）。α_t 的值可从表 4-5 中查得。注意 l、b 的几何意义，如图 4-21 所示。

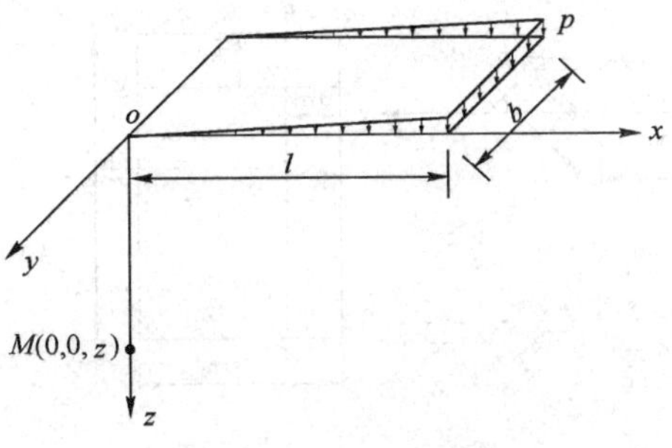

图 4-21　三角形分布的竖向矩形荷载

竖向三角形分布荷载作用下，压力为 0 的角点下竖应力系数 α_t 值　　表 4-5

z/b	l/b							
	0.2	0.6	1.0	1.4	1.8	3.0	8.0	10.0
0.0	0.0000	0.0000	0.0000	0.0000	0.0000	0.0000	0.0000	0.0000
0.2	0.0233	0.0296	0.0304	0.0305	0.0306	0.0306	0.0306	0.0306
0.4	0.0269	0.0487	0.0531	0.0543	0.0546	0.0548	0.0549	0.0549
0.6	0.0259	0.0560	0.0654	0.0684	0.0694	0.0701	0.0702	0.0702

续上表

z/b	l/b							
	0.2	0.6	1.0	1.4	1.8	3.0	8.0	10.0
0.8	0.0232	0.0553	0.0688	0.0739	0.0759	0.0773	0.0776	0.0776
1.0	0.0201	0.0508	0.0666	0.0735	0.0766	0.0790	0.0796	0.0796
1.2	0.0171	0.0450	0.0615	0.0698	0.0738	0.0774	0.0783	0.0783
1.4	0.0145	0.0392	0.0554	0.0644	0.0692	0.0739	0.0752	0.0753
1.6	0.0123	0.0339	0.0492	0.0586	0.0639	0.0697	0.0715	0.0715
1.8	0.0105	0.0294	0.0453	0.0528	0.0585	0.0652	0.0675	0.0675
2.0	0.0090	0.0255	0.0384	0.0474	0.0533	0.0607	0.0636	0.0636
2.5	0.0063	0.0183	0.0284	0.0362	0.0419	0.0514	0.0547	0.0548
3.0	0.0046	0.0135	0.0214	0.0280	0.0331	0.0419	0.0474	0.0476
5.0	0.0018	0.0054	0.0088	0.0120	0.0148	0.0214	0.0296	0.0301
7.0	0.0009	0.0028	0.0047	0.0064	0.0081	0.0124	0.0204	0.0212
10.0	0.0005	0.0014	0.0024	0.0033	0.0041	0.0066	0.0128	0.0139

典型例题分析

[例题 4-7] 有一矩形面积（l=5m，b=3m）三角形分布的荷载作用在地基表面，荷载最大值 p=100kPa，计算图 4-22 示 o 点下深度 z=3m 处 M 点的竖向应力 σ_z。

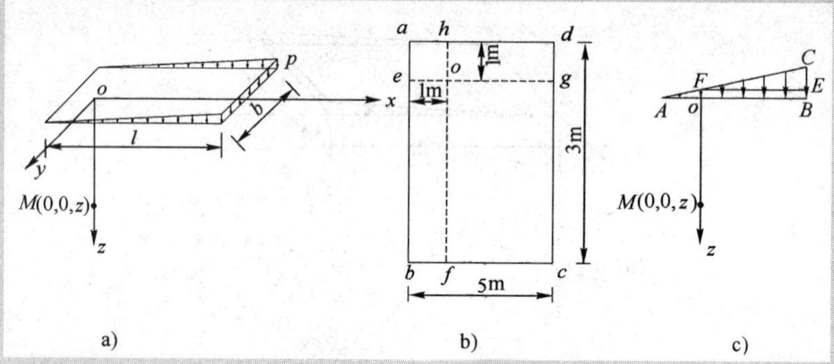

图 4-22　例 4-7 的附图

解：从图 4-22c）中可以看出，运用叠加法可以求出 σ_z

$$\sigma_z = \sigma_{z(ABED)} - \sigma_{z(AFD)} + \sigma_{z(FEC)}$$

（1）计算矩形荷载下 $\sigma_{z(ABED)}$

如图 4-22b）所示，假定面积 $abcd$ 上作用均布矩形竖向荷载 $q=\frac{p}{3}=\frac{100}{3}$kPa，则 M 点

$$\sigma_{z(ABED)} = \sigma_{z(aeoh)} + \sigma_{z(hogd)} + \sigma_{z(ebfo)} + \sigma_{z(ofcg)} = q\sum\alpha_{ci}$$

式中，α_{ci} 为图 4-22b 中各块面积的应力系数，由表 4-4 查得，结果列于表 4-6 中。

应力系数计算表　　表 4-6

荷载作用面积	l/b	z/b	α_{ci}
$aeoh$	1/1=1	3/1=3	0.045
$hogd$	2/1=2	3/1=3	0.073
$ebfo$	4/1=4	3/1=3	0.093
$ofcg$	4/2=2	3/2=1.5	0.156

$$\sigma_{z(ABED)} = \frac{100}{3}(0.045 + 0.073 + 0.093 + 0.156) = 12.2\text{kPa}$$

(2) 计算三角形荷载下 $\sigma_{z(AFD)}$、$\sigma_{z(FEC)}$

荷载 AFD 作用面积为 $aeoh$ 和 $ebfo$，荷载最大值为 $q=\frac{100}{3}$kPa，查表 4-5 可得各块面积的应力系数 α_{ti} 列于表 4-7。

荷载 FEC 作用面积为 $hogd$ 和 $ofcg$，荷载最大值为 $p'=p-q=\frac{200}{3}$kPa，查表 4-6 可得各块面积的应力系数 α_{ti} 列于表 4-7。

应力系数计算表　　表 4-7

荷载作用面积	l/b	z/b	α_{ci}
$aeoh$	1/1=1	3/1=3	0.021
$ebfo$	4/1=4	3/1=3	0.045
$hogd$	1/2=0.5	3/2=1.5	0.032
$ofcg$	4/2=2	3/2=1.5	0.069

$$\sigma_{z(AFD)} = \sigma_{z(aeoh)} + \sigma_{z(ebfo)} = p\sum\alpha_{ti} = \frac{100}{3}\ (0.021+0.045)\ = 2.2\text{kPa}$$

$$\sigma_{z(FEC)} = \sigma_{z(hogd)} + \sigma_{z(ofcg)} = p\sum\alpha_{ti} = \frac{200}{3}\ (0.032+0.069)\ = 6.7\text{kPa}$$

可得：$\sigma_z = 12.2-2.2+6.7=16.7$kPa

3. 均布的水平矩形荷载

当地基表面作用有均布的水平矩形荷载 p 时（如图 4-23），可利用西罗提解式（4-8）对矩形荷载积分，求出矩形角点 1、2 下任意深度 z 处 M 点的竖向附加应力 σ_z：

$$\begin{matrix}\sigma_{z1} \\ \sigma_{z2}\end{matrix} = \mp \frac{p}{2\pi}\left[\frac{m}{\sqrt{m^2+n^2}} - \frac{mn^2}{(1+n^2)\sqrt{1+m^2-n^2}}\right] = \mp \alpha_h p \qquad (4\text{-}11)$$

式中：α_h——应力系数，$\alpha_h = \frac{1}{2\pi}\left[\frac{m}{\sqrt{m^2+n^2}} - \frac{mn^2}{(1+n^2)\sqrt{1+m^2+n^2}}\right]$，$m$、$n$ 意义同式（4-9），b 是平行于水平荷载作用方向的边长，l 是垂直于水平荷载作用方向的边长。α_h 的值可从表 4-8 中查得。

σ_{z1} 是水平荷载矢量起始端角点 1 下的附加应力，取“—”号；σ_{z2} 是水平荷载矢量终止端角点 2 下的附加应力，取“+”号。

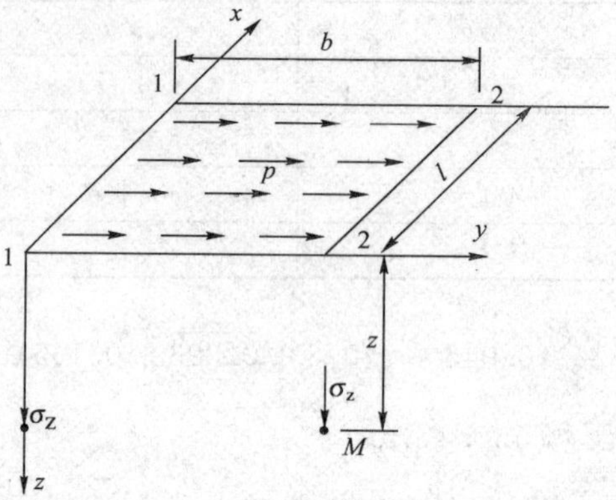

图 4-23　均布水平矩形荷载作用下角点下竖向附加应力

均布水平矩形荷载作用下，角点下竖应力系数 α_h 值　　表 4-8

z/b	l/b										
	1.0	1.2	1.4	1.6	1.8	2.0	3.0	4.0	5.0	6.0	10.0
0.0	0.1592	0.1592	0.1592	0.1592	0.1592	0.1592	0.1592	0.1592	0.1592	0.1592	0.1592
0.2	0.1518	0.1523	0.1526	0.1528	0.1529	0.1529	0.1530	0.1530	0.1530	0.1530	0.1530
0.4	0.1328	0.1347	0.1356	0.1362	0.1365	0.1367	0.1371	0.1372	0.1372	0.1372	0.1372
0.6	0.1091	0.1121	0.1139	0.1150	0.1156	0.1160	0.1168	0.1169	0.1170	0.1170	0.1170
0.8	0.0861	0.0090	0.0924	0.0939	0.0948	0.0955	0.0967	0.0969	0.0970	0.0970	0.0970
1.0	0.0666	0.0708	0.0735	0.0753	0.0766	0.0774	0.0790	0.0794	0.0795	0.0796	0.0796
1.2	0.0512	0.0553	0.0582	0.0601	0.0615	0.0624	0.0645	0.0650	0.0652	0.0652	0.0652
1.4	0.0395	0.0433	0.0460	0.0480	0.0494	0.0505	0.0528	0.0534	0.0537	0.0537	0.0538
1.6	0.0308	0.0341	0.0366	0.0385	0.0400	0.0410	0.0436	0.0443	0.0446	0.0447	0.0447
1.8	0.0242	0.0270	0.0293	0.0311	0.0325	0.0336	0.0362	0.0370	0.0374	0.0375	0.0375
2.0	0.0192	0.0217	0.0237	0.0253	0.0266	0.0277	0.0303	0.0312	0.0317	0.0318	0.0318
2.5	0.0113	0.0130	0.0145	0.0157	0.0167	0.0176	0.0202	0.0211	0.0217	0.0219	0.0219
3.0	0.0070	0.0083	0.0093	0.0102	0.0110	0.0117	0.0140	0.0150	0.0156	0.0158	0.0159
5.0	0.0018	0.0021	0.0024	0.0027	0.0030	0.0032	0.0043	0.0050	0.0057	0.0059	0.0060
7.0	0.0007	0.0008	0.0009	0.0010	0.0012	0.0013	0.0018	0.0022	0.0027	0.0029	0.0030
10.0	0.0002	0.0003	0.0003	0.0004	0.0004	0.0005	0.0007	0.0008	0.0011	0.0013	0.0014

典型例题分析

[例题 4-8]　如图 4-24 所示，一矩形基础上作用有水平均布荷载 $p_h=60\text{kPa}$，试求矩形中心 A 点下 2.2m 处的竖向附加应力 σ_z。

解：如图，运用叠加法可知：

$$\sigma_z = \sigma_{z(ofed)} + \sigma_{z(fbce)}$$

分别计算 $\sigma_{z(ofed)}$、$\sigma_{z(fbce)}$，见表 4-9

应力系数计算表　　表 4-9

荷载作用面积	l/b	z/b	α_{ci}
ofed	1.4/0.5=2.8	2.2/0.5=4.4	0.0503
fbce	1.4/0.5=2.8	2.2/0.5=4.4	0.0503

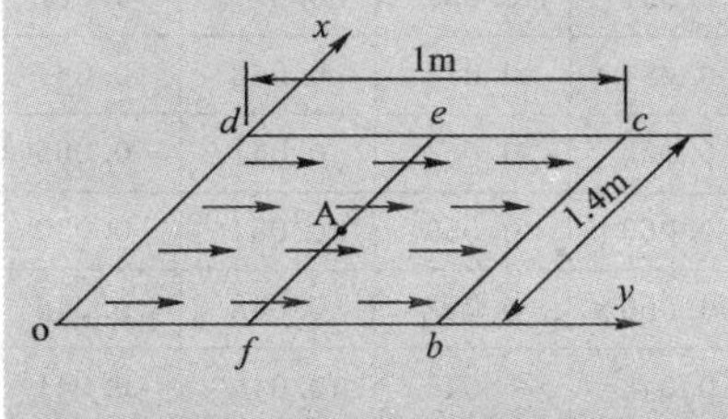

图 4-24　例题 4-8 附图

$$\sigma_z = \sigma_{z(ofed)} + \sigma_{z(fbce)} = p_h \sum \alpha_i = 60 \times (0.503 - 0.503) = 0$$

显然在 $\frac{b}{2}$ 处的竖直线上，因 p_h 引起的地基竖向附加应力为零。

4. 均布的竖向圆形荷载

如图 4-25 所示，均布的竖向圆形荷载为 p，作用半径为 R，计算土中深度 z 处 M 点的竖向应力 σ_z 值。同样可以用公式（4-6）积分求得：

$$\sigma_z = \alpha_r p \tag{4-12}$$

式中：α_r——应力系数，是 $\frac{r}{R}$ 及 $\frac{z}{R}$ 的函数，可查表 4-10 得到；

R——圆形荷载作用半径；

r——应力计算点 M 到 z 轴的水平距离。

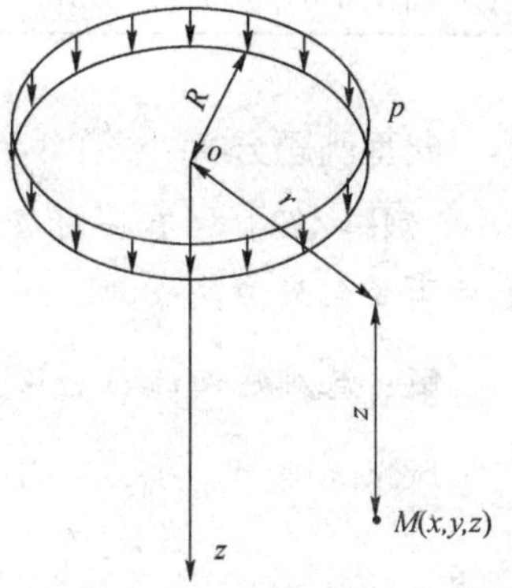

图 4-25　均布圆形荷载作用下 σ_z 计算

均布竖向圆形荷载作用下的竖应力系数 α_r 值　　表 4-10

z/R	r/R										
	0	0.2	0.4	0.6	0.8	1.0	1.2	1.4	1.6	1.8	2.0
0.0	1.000	1.000	1.000	1.000	1.000	0.500	0.000	0.000	0.000	0.000	0.000
0.2	0.998	0.991	0.987	0.970	0.890	0.468	0.077	0.015	0.005	0.002	0.001
0.4	0.949	0.943	0.920	0.860	0.712	0.435	0.181	0.065	0.026	0.012	0.006
0.6	0.864	0.852	0.813	0.733	0.591	0.400	0.224	0.113	0.056	0.029	0.016
0.8	0.756	0.742	0.699	0.619	0.504	0.366	0.237	0.142	0.083	0.048	0.029
1.0	0.646	0.633	0.593	0.525	0.434	0.332	0.235	0.157	0.102	0.065	0.042
1.2	0.547	0.535	0.502	0.447	0.377	0.300	0.226	0.162	0.113	0.078	0.053
1.4	0.461	0.452	0.425	0.383	0.329	0.270	0.212	0.161	0.118	0.086	0.062
1.6	0.390	0.383	0.362	0.330	0.288	0.243	0.197	0.156	0.120	0.090	0.068
1.8	0.332	0.327	0.311	0.285	0.254	0.218	0.182	0.148	0.118	0.092	0.072
2.0	0.285	0.280	0.268	0.248	0.224	0.196	0.167	0.140	0.114	0.092	0.074

续上表

z/R	r/R										
	0	0.2	0.4	0.6	0.8	1.0	1.2	1.4	1.6	1.8	2.0
2.2	0.246	0.242	0.233	0.218	0.198	0.176	0.153	0.131	0.109	0.090	0.074
2.4	0.214	0.211	0.203	0.192	0.176	0.159	0.140	0.122	0.104	0.087	0.073
2.6	0.187	0.185	0.179	0.170	0.158	0.144	0.129	0.113	0.098	0.084	0.071
2.8	0.165	0.163	0.159	0.151	0.141	0.130	0.118	0.105	0.092	0.080	0.069
3.0	0.146	0.145	0.141	0.135	0.127	0.118	0.108	0.097	0.087	0.077	0.067
3.4	0.117	0.116	0.114	0.110	0.105	0.098	0.091	0.084	0.076	0.068	0.061
3.8	0.096	0.095	0.093	0.091	0.087	0.083	0.078	0.073	0.067	0.061	0.055
4.2	0.079	0.079	0.078	0.076	0.073	0.070	0.067	0.063	0.059	0.054	0.050
4.8	0.067	0.067	0.066	0.064	0.063	0.060	0.058	0.055	0.052	0.048	0.045
5.0	0.057	0.057	0.056	0.055	0.054	0.052	0.050	0.048	0.046	0.043	0.041
5.5	0.048	0.048	0.047	0.046	0.045	0.044	0.043	0.041	0.039	0.038	0.036
6.0	0.040	0.040	0.040	0.039	0.039	0.038	0.037	0.036	0.034	0.033	0.031

典型例题分析

[例题 4-9] 有一圆形基础，半径 $R=1\text{m}$，其上作用中心荷载 $Q=200\text{kN}$，求基础边缘点下竖向应力 σ_z 分布。

解：基础底面的压力为：$p=\dfrac{P}{A}=\dfrac{200}{\pi\times1^2}=63.7\text{kPa}$

所求 σ_z 按式（4-12）计算，结果列于表 4-11。

圆形荷载边缘点下竖向应力 σ_z 计算表 表 4-11

z (m)	z/R	r/R	α_r	σ_z (kPa)
0	0	1	0.5	31.8
0.5	0.5	1	0.418	26.6
1.0	1.0	1	0.332	21.1
2.0	2.0	1	0.196	12.5
3.0	3.0	1	0.118	7.5
4.0	4.0	1	0.077	4.9
6.0	6.0	1	0.038	2.4

三、线荷载和条形荷载下的地基附加应力

1. 线荷载作用下的地基附加应力—弗拉曼（Flamant）解

线荷载是作用于半无限空间表面、宽度趋于零、沿无限长直线均布的荷载。如图 4-26 所示，设线荷载为 p（kN/m），在 xoz 地基剖面上，任一点 M（x，0，z）的附加应力可根据布西奈斯克（J. V. Boussinesq）公式积分求得：

$$\sigma_z = \frac{2pz^3}{\pi(x^2+z^2)^2} \tag{4-13}$$

$$\sigma_x = \frac{2px^2z}{\pi(x^2+z^2)^2} \tag{4-14}$$

$$\tau_{xz} = \frac{2pxz^2}{\pi(x^2+z^2)^2} \tag{4-15}$$

式（4-13）～式（4-15）就是著名的弗拉曼（Flamant）解答。

2. 均布的竖向条形荷载

设均布的竖向条形荷载为 p，作用宽度为 b，如图 4-27 所示。应用式（4-13）～式(4-15)沿宽度 b 积分，可求得地基中任意 M 点的附加应力：

$$\sigma_z = \alpha_s^z p \tag{4-16}$$

$$\sigma_x = \alpha_s^x p \tag{4-17}$$

$$\tau_{xz} = \alpha_s^\tau p \tag{4-18}$$

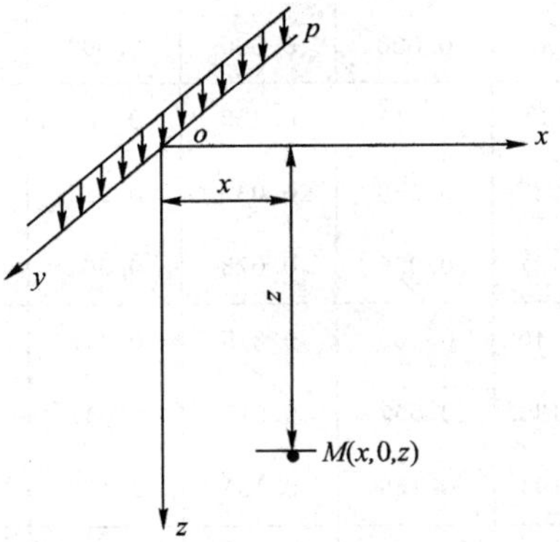

图 4-26　均布线荷载作用时土中应力计算

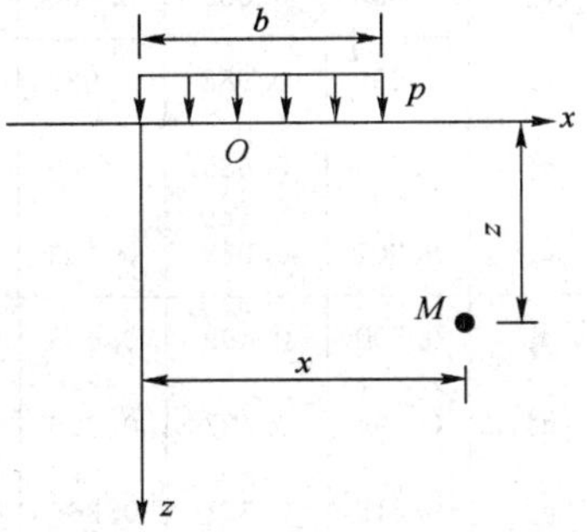

图 4-27　均布线荷载作用时土中应力计算

式中：α_s^z、α_s^x、α_s^τ——应力系数，是$\frac{x}{b}$及$\frac{z}{b}$的函数，可查表 4-12 得到。

注意坐标轴原点是在均布荷载的边界处。

实际工程中，当荷载长宽比 $l/b \geqslant 10$ 时，就可以当作条形荷载求解。

均布竖向条形荷载作用下的应力系数值　　表 4-12

x/b		z/b									
		0.01	0.1	0.2	0.4	0.6	0.8	1.0	1.2	1.4	2.0
−0.50	α_s^z	0.001	0.002	0.011	0.056	0.111	0.155	0.186	0.202	0.210	0.205
	α_s^x	0.008	0.082	0.147	0.208	0.204	0.177	0.146	0.117	0.094	0.049
	α_s^τ	0.000	−0.011	−0.038	−0.103	−0.144	−0.158	−0.157	−0.147	−0.133	−0.096
−0.25	α_s^z	0.000	0.011	0.091	0.174	0.243	0.276	0.288	0.287	0.279	0.242
	α_s^x	0.021	0.180	0.270	0.274	0.221	0.169	0.127	0.096	0.073	0.035
	α_s^τ	−0.001	−0.042	−0.116	−0.119	−0.212	−0.197	−0.175	−0.153	−0.132	−0.085

续上表

x/b		z/b									
		0.01	0.1	0.2	0.4	0.6	0.8	1.0	1.2	1.4	2.0
0.00	α_s^z	0.500	0.499	0.498	0.489	0.468	0.440	0.409	0.375	0.348	0.275
	α_s^x	0.494	0.437	0.376	0.269	0.188	0.130	0.091	0.067	0.047	0.020
	α_s^τ	−0.318	−0.315	−0.306	−0.274	−0.234	−0.194	−0.159	−0.131	−0.108	−0.064
0.25	α_s^z	0.999	0.988	0.936	0.797	0.679	0.586	0.511	0.450	0.401	0.298
	α_s^x	0.935	0.685	0.469	0.215	0.143	0.087	0.055	0.037	0.026	0.010
	α_s^τ	−0.001	−0.039	−0.103	−0.159	0.147	−0.121	−0.096	−0.078	−0.061	−0.034
0.50	α_s^z	0.999	0.997	0.978	0.881	0.756	0.642	0.549	0.478	0.420	0.306
	α_s^x	0.849	0.752	0.538	0.260	0.129	0.070	0.040	0.026	0.017	0.006
	α_s^τ	0.000	0.000	0.000	0.000	0.000	0.000	0.000	0.000	0.000	0.000
0.75	α_s^z	0.999	0.988	0.936	0.797	0.679	0.586	0.511	0.450	0.401	0.298
	α_s^x	0.935	0.685	0.469	0.215	0.143	0.087	0.055	0.037	0.026	0.010
	α_s^τ	0.001	0.039	0.103	0.159	0.147	0.121	0.096	0.078	0.061	0.034
1.00	α_s^z	0.500	0.499	0.498	0.489	0.468	0.440	0.409	0.375	0.348	0.275
	α_s^x	0.494	0.437	0.376	0.269	0.188	0.130	0.091	0.067	0.047	0.020
	α_s^τ	0.318	0.351	0.306	0.274	0.234	0.194	0.159	0.131	0.108	0.064
1.25	α_s^z	0.000	0.011	0.091	0.174	0.243	0.276	0.288	0.287	0.279	0.242
	α_s^x	0.021	0.180	0.270	0.274	0.221	0.169	0.127	0.096	0.073	0.035
	α_s^τ	0.001	0.042	0.116	0.199	0.212	0.197	0.175	0.153	0.132	0.085

典型例题分析

[例题 4-10] 某条形基础底面宽度 $b=1.4$m，作用于基底的平均附加压力 $p=200$kPa，求均布条形荷载中点 o 下的地基附加应力 σ_z。

解：按式（4-16）计算，将结果列于表 4-13。

条形荷载中点下竖向应力 σ_z 计算表 表 4-13

z (m)	x/b	z/b	α_s^z	σ_z (kPa)
0	0.5	0	1.00	200
0.7	0.5	0.5	0.82	164
1.4	0.5	1.0	0.55	110
2.1	0.5	1.5	0.40	80
2.8	0.5	2.0	0.31	62

3. 三角形分布的竖向条形荷载

如图 4-28 所示，地基表面作用有三角形分布条形荷载，其最大值为 p，作用宽度为 b，按弗拉曼公式（4-13）～（4-15）在宽度 b 范围内积分可得：

$$\sigma_z = \alpha_t^z p \tag{4-19}$$

$$\sigma_x = \alpha_t^x p \tag{4-20}$$

$$\tau_{xz} = \alpha_t^\tau p \tag{4-21}$$

式中：α_t^z、α_t^x、α_t^τ——应力系数，是 $\frac{x}{b}$ 及 $\frac{z}{b}$ 的函数，可查表 4-14 得到。

注意坐标轴原点是在三角形荷载的零点处。

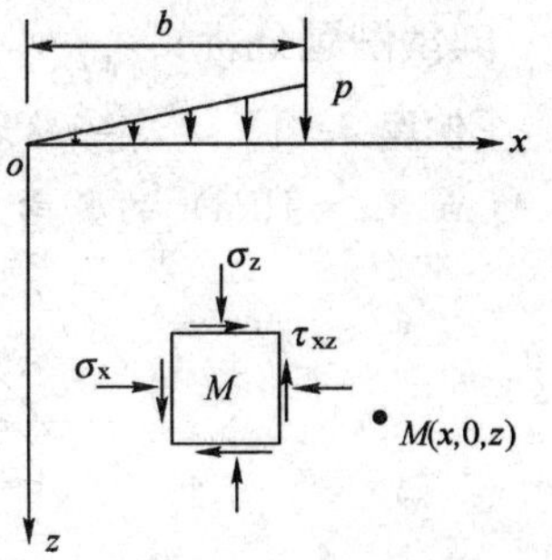

图 4-28　三角形分布竖向条形荷载作用下地基附加应力

均布竖向三角形荷载作用下的应力系数值　　表 4-14

x/b		z/b									
		0.01	0.1	0.2	0.4	0.6	0.8	1.0	1.2	1.4	2.0
−0.50	α_t^z	0.000	0.000	0.002	0.014	0.031	0.049	0.065	0.076	0.084	0.089
	α_t^x	0.003	0.027	0.051	0.081	0.093	0.090	0.074	0.063	0.056	0.029
	α_t^τ	0.000	−0.003	−0.011	−0.032	−0.051	−0.063	−0.068	−0.067	−0.064	−0.050
−0.25	α_t^z	0.000	0.002	0.009	0.036	0.066	0.089	0.104	0.111	0.114	0.108
	α_t^x	0.025	0.049	0.084	0.114	0.108	0.091	0.074	0.058	0.045	0.022
	α_t^τ	0.000	−0.008	−0.025	−0.060	−0.080	−0.085	−0.083	−0.077	−0.069	−0.048
0.00	α_t^z	0.003	0.032	0.061	0.010	0.140	0.155	0.159	0.154	0.151	0.127
	α_t^x	0.026	0.116	0.146	0.142	0.114	0.085	0.061	0.047	0.033	0.015
	α_t^τ	−0.005	−0.044	−0.075	−0.108	−0.112	−0.104	−0.091	−0.081	−0.066	−0.041
0.25	α_t^z	0.249	0.251	0.255	0.263	0.258	0.243	0.244	0.204	0.186	0.143
	α_t^x	0.249	0.233	0.219	0.148	0.096	0.062	0.041	0.028	0.019	0.008
	α_t^τ	−0.010	−0.078	−0.129	−0.138	−0.123	−0.100	−0.079	−0.065	−0.051	−0.028
0.50	α_t^z	0.500	0.498	0.489	0.441	0.378	0.321	0.275	0.239	0.210	0.153
	α_t^x	0.487	0.376	0.269	0.130	0.065	−0.035	0.020	0.013	−0.008	0.003
	α_t^τ	−0.010	−0.075	−0.108	−0.104	−0.077	−0.056	−0.040	−0.030	−0.023	−0.012
0.75	α_t^z	0.750	0.737	0.682	0.534	0.421	0.343	0.286	0.246	0.215	0.155
	α_t^x	0.718	0.452	0.259	0.099	0.046	0.025	0.013	0.009	0.007	0.002
	α_t^τ	−0.009	−0.040	−0.016	0.020	0.025	0.021	0.017	0.014	0.010	0.006
1.00	α_t^z	0.497	0.468	0.437	0.379	0.328	0.285	0.250	0.221	0.198	0.147
	α_t^x	0.467	0.321	0.230	0.127	0.074	0.046	0.029	0.020	0.014	0.005
	α_t^τ	0.313	0.272	0.231	0.167	0.122	0.090	0.068	0.053	0.042	0.023
1.25	α_t^z	0.000	0.010	0.050	0.137	0.177	0.188	0.184	0.176	0.165	0.134
	α_t^x	0.015	0.132	0.186	0.160	0.112	0.077	0.053	0.038	0.027	0.012
	α_t^τ	0.001	0.034	0.091	0.139	0.132	0.112	0.092	0.076	0.062	0.037

典型例题分析

［例题 4-11］ 有一路堤如图 4-29a）所示，已知填土重度 $\gamma=20\text{kN/m}^3$，求路堤中线下 M 点（$z=10\text{m}$）的竖向应力 σ_z 值。

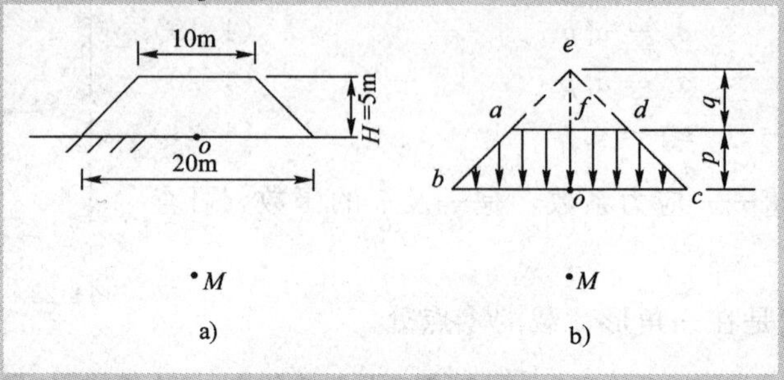

图 4-29 例题 4-11 图

解：路堤填土的重力所产生的荷载为梯形分布，如图 4-29b）所示。将梯形荷载（$abcd$）分解为两个三角形荷载（ebc）及（ead）之差，再用公式（4-19）进行叠加就可得到竖向应力 σ_z 值。梯形荷载最大强度 $p=\gamma H=20\times5=100\text{kPa}$，三角形荷载（$ead$）最大强度 $q=p=100\text{kPa}$。

$$\sigma_z=2\left[\sigma_{z(ebo)}-\sigma_{z(eaf)}\right]=2\left[\alpha^z_{t(ebo)}\ (p+q)\ -\alpha^z_{t(eaf)}q\right]$$

应力系数 $\alpha^z_{t(ebo)}$、$\alpha^z_{t(eaf)}$ 可由表 4-14 查得，列于表 4-15 中。

三角形荷载（ebo）及（eaf）作用下 M 点的 α^z_t 表 4-15

荷载分布面积	$\frac{x}{b}$	$\frac{z}{b}$	α^z_t
(ebo)	$\frac{10}{10}=1$	$\frac{10}{10}=1$	0.25
(eaf)	$\frac{5}{5}=1$	$\frac{10}{5}=2$	0.147

故得：M 点竖向应力 $Q_z=2\left[0.25\ (100+100)\ -0.147\times100\right]=35.3\text{kPa}$

4．均布的水平条形荷载

如图 4-30 所示，当地基表面作用有均布的水平条形荷载 p 时（作用宽度为 b），地基下任一点的附加应力可利用弹性力学求得：

$$\sigma_z=\alpha^z_h p \quad (4\text{-}22)$$

$$\sigma_x=\alpha^x_h p \quad (4\text{-}23)$$

$$\tau_{xz}=\alpha^\tau_h p \quad (4\text{-}24)$$

式中：α^z_h、α^x_{ht}、α^τ_h——应力系数，是 $\frac{x}{b}$ 及 $\frac{z}{b}$ 的函数，可查表 4-16 得到。

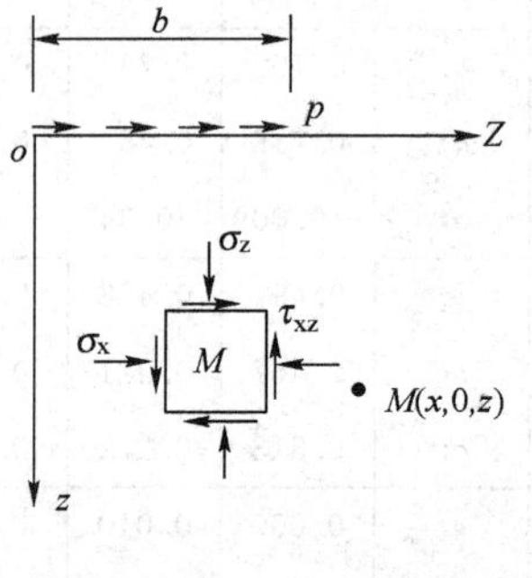

图 4-30 均布水平条形荷载作用下地基附加应力

均布水平条形荷载作用下的应力系数值　　　　表 4-16

x/b		z/b									
		0.01	0.1	0.2	0.4	0.6	0.8	1.0	1.2	1.4	2.0
−0.50	α_h^{xz}	0.000	−0.011	−0.038	−0.103	−0.144	−0.158	−0.157	−0.147	−0.133	−0.096
	α_{ht}^{x}	−0.669	−0.677	−0.619	−0.467	−0.319	−0.217	−0.147	−0.102	−0.072	−0.027
	α_h^{z}	0.008	0.082	0.147	0.208	0.204	0.177	0.146	0.117	0.094	0.049
−0.25	α_h^{xz}	−0.001	−0.042	−0.116	−0.199	−0.212	−0.197	−0.175	−0.153	−0.132	−0.085
	α_{ht}^{x}	−1.204	−0.935	−0.756	−0.453	−0.270	−0.167	−0.105	−0.068	−0.045	−0.017
	α_h^{z}	0.021	0.180	0.270	0.274	0.221	0.169	0.127	0.096	0.073	0.035
0.00	α_h^{xz}	−0.318	−0.315	−0.306	−0.274	−0.234	−0.194	−0.159	−0.131	−0.108	−0.064
	α_{ht}^{x}	−2.645	−1.154	−0.734	−0.356	−0.189	−0.105	−0.061	−0.037	−0.024	−0.007
	α_h^{z}	0.494	0.437	0.376	0.269	0.188	0.130	0.091	0.067	0.047	0.020
0.25	α_h^{xz}	−0.001	−0.039	−0.103	−0.159	−0.147	−0.121	−0.096	−0.078	−0.061	−0.034
	α_{ht}^{x}	−0.697	−0.618	−0.459	−0.216	−0.101	−0.050	−0.027	−0.013	−0.009	−0.003
	α_h^{z}	0.935	0.685	0.469	0.215	0.143	0.087	0.055	0.037	0.026	0.010
0.50	α_h^{xz}	0.000	0.000	0.000	0.000	0.000	0.000	0.000	0.000	0.000	0.000
	α_{ht}^{x}	0.000	0.000	0.000	0.000	0.000	0.000	0.000	0.000	0.000	0.000
	α_h^{z}	0.848	0.752	0.538	0.260	0.129	0.070	0.040	0.026	0.017	0.006
0.75	α_h^{xz}	0.001	0.039	0.103	0.109	0.147	0.121	0.096	0.078	0.061	0.034
	α_{ht}^{x}	0.697	0.618	0.459	0.216	0.101	0.050	0.027	0.013	0.009	0.003
	α_h^{z}	0.935	0.685	0.469	0.215	0.143	0.087	0.055	0.037	0.026	0.010
1.00	α_h^{xz}	0.318	0.315	0.306	0.274	0.234	0.194	0.159	0.131	0.108	0.064
	α_{ht}^{x}	2.645	1.154	0.731	0.356	0.189	0.105	0.061	0.037	0.024	0.070
	α_h^{z}	0.494	0.437	0.376	0.269	0.188	0.130	0.091	0.067	0.047	0.020
1.25	α_h^{xz}	0.001	0.042	0.116	0.199	0.212	0.197	0.175	0.153	0.132	0.085
	α_{ht}^{x}	1.024	0.937	0.759	0.456	0.272	0.167	0.105	0.068	0.045	0.015
	α_h^{z}	0.021	0.180	0.270	0.274	0.221	0.169	0.127	0.096	0.073	0.035

典型例题分析

[例题 4-12]　混凝土挡墙底宽 $b=6\text{m}$，单位长度墙重 $P=2400\text{kN}$，墙背受水平土压力作用 $F=400\text{kN/m}$，作用点如图 4-31 所示。试求图示下 M 点 $z=7.2\text{m}$ 的垂直附加应力 σ_z。

解：（1）求底面上合力偏心矩 e

$$e=\frac{b}{2}-\frac{P\times 3.2-F\times 2.4}{p}=\frac{6}{2}-\frac{2400\times 3.2-400\times 2.4}{2400}=0.2\text{m}$$

（2）求基底压力

$$\begin{matrix} p_{\max} \\ p_{\min} \end{matrix}=\frac{P}{b}\left(1\pm\frac{6e}{b}\right)=\frac{2400}{6}\left(1\pm\frac{6\times 0.2}{6}\right)=\begin{matrix} 480\text{kPa} \\ 320\text{kPa} \end{matrix}$$

(3) 将基底压力分为均布荷载 $p=320\text{kPa}$ 及三角形荷载 $p_t=160\text{kPa}$，计算各种压力形式 p、p_t 及 $p_h=\frac{400}{6}=66.67\text{kPa}$ 引起的 M 点的 σ_z，将计算结果列于表 4-17。

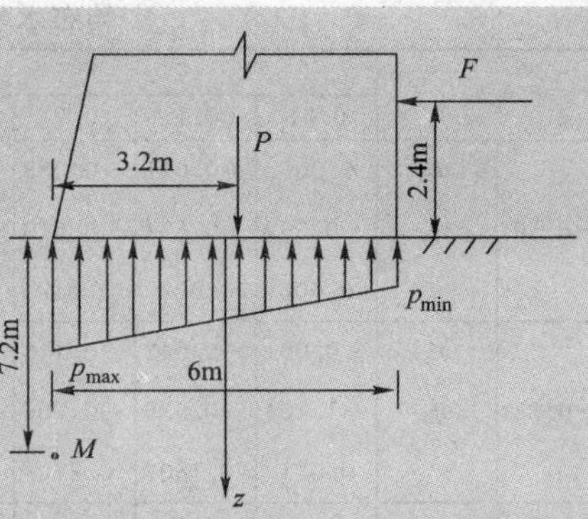

图 4-31 例题 4-12 附图

M 点的 σ_z 计算表 表 4-17

压力形式	$\frac{x}{b}=1$ $\frac{z}{b}=1.2$ 应力系数 α	附加应力 (kPa)
$p=320\text{kPa}$	0.375	120
$p_t=160\text{kPa}$	0.221	35.36
$P_h=66.67\text{kN/m}$	0.131	8.73

故 M 点的垂直附加应力 $\sigma_z=120+35.36+8.73=164.09\text{kPa}$

第五节 影响土中附加应力分布的因素

本章是把地基土视为均质、等向的线弹性体，然后按弹性理论来计算附加应力的，实际工程中的地基土都在不同程度上与理想条件有所偏离，计算出的应力与实际土中的应力相比都有一定误差。如地基土的变形模量常随深度增加而增大，有的地基具有较明显的薄交互层状构造，有的则是由不同压缩性土层构成的成层地基等，这些因素都会影响附加应力的分布。而对于这些问题的考虑比较复杂，但从一些简单情况的解答中可以知道：对比非均质或各向异性地基和均质各向同性地基，对地基竖向附加应力 σ_z 的影响，不外乎两种情况，一种是发生应力集中现象（见图 4-32a)），另一种则是发生应力扩散现象（见图 4-32b)）。

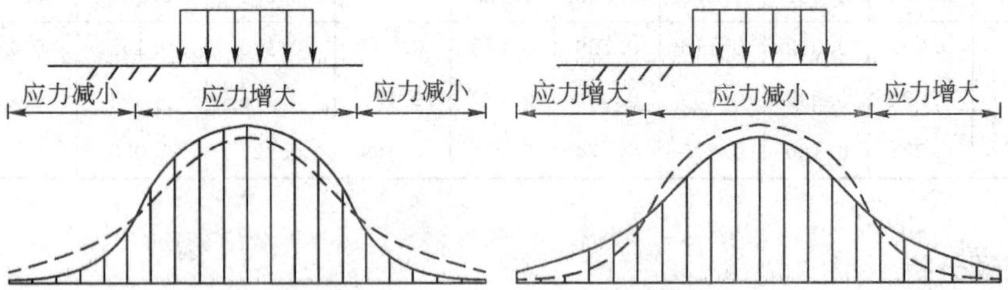

图 4-32 非均质和各向异性地基对附加应力的影响

（虚线表示均质地基中水平面上的附加应力分布）

a）发生应力集中；b）发生应力扩散

对于天然沉积形成的水平薄交互层地基，其水平向变形模量 E_{0h} 常常大于竖向变形模量 E_{0v}。由于这一特性，这种地基土沿荷载中心线地基附加应力 σ_z 分布将发生应力扩散现象（如图 4-32b)）所示。

而对于天然形成的双层地基有两种可能的情况。

1. 上软下硬土层

基岩埋藏较浅，表层为可压缩土层。此时土层中的附加应力比均质土有所增加（见图4-32a)），即存在应力集中现象。岩层埋藏越浅，应力集中现象越显著。当可压缩土层的厚度小于或等于荷载面积宽度的一半时，荷载面积下的附加应力几乎不扩散，即可认为中点下 σ_z 不随深度变化。

2. 上硬下软土层

当土层出现上硬下软情况时，往往出现应力扩散现象（见图 4-32a)）。坚硬上层厚度越大，应力扩散现象越显著。除此之外，还与双层地基的变形模量及泊松比有关，令参数

$$f=\frac{E_{01}(1-\mu_2^2)}{E_{02}(1-\mu_1^2)} \tag{4-25}$$

式中：E_{01}，μ_1——坚硬上层的变形模量及泊松比；

E_{02}，μ_2——软弱下层的变形模量及泊松比。

f 越大，即应力扩散现象越著。

第六节　有效应力原理的概念及计算

计算土中应力的目的是为了研究土体受力后的变形和强度问题。由于土是一种三相物质构成的散粒体，因此土体的变形和强度大小并不直接决定于土体所受的全部应力即总应力。总应力的一部分由土颗粒间的接触面承担，称为有效应力；另一部分是由土体孔隙内的水及气体承担，称为孔隙应力（也称孔隙压力）。

考察图 4-33 所示的土体平衡条件，沿 a—a 截面取脱离体，a—a 截面是沿着截面上土颗粒间接触面截取的曲线状截面，在此截面上土颗粒接触面间的作用法向应力为 σ_s，各土颗粒间的接触面积之各为 A_s，孔隙内水压力为 u_w，气体压力为 u_a，相应面积分别是 A_w、A_a。由此建立平衡条件：

$$\sigma A=\sigma_s A_s+u_w A_w+u_a A_a \tag{4-26}$$

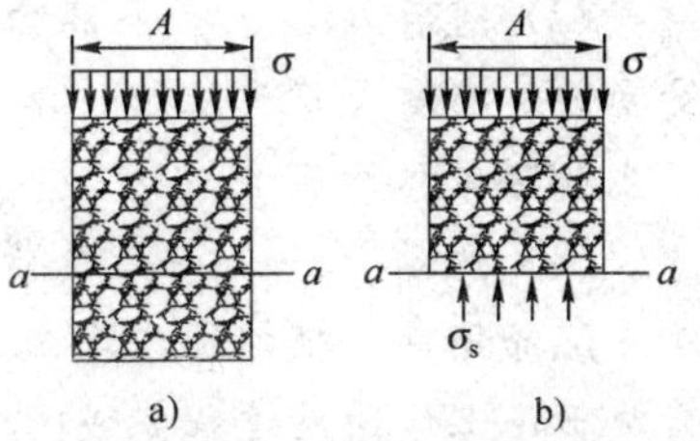

图 4-33　有效应力示意图

对于饱和土，式（4-26）中的 u_a、A_a 均等于零，则：

$$\sigma A=\sigma_s A_s+u_w A_w=\sigma_s A_s+u_w(A-A_s) \tag{4-27}$$

或

$$\sigma=\frac{\sigma_s A_s}{A}+u_w\left(1-\frac{A_s}{A}\right) \tag{4-28}$$

由于土颗粒间的接触面积 A_s 很小，毕肖普及伊尔定（Bishop and Eldin）根据粒状土的试验工作认为$\frac{A_s}{A}$一般小于 0.03，有可能小于 0.01。因此式（4-29）中第二项中的$\frac{A_s}{A}$可略去不计，而第一项中 σ_s 很大，所以不能忽略。第一项$\frac{\sigma_s A_s}{A}$实际上是土颗粒间的接触应力在截面积 F 上的平均应力，称为土的有效应力，用 σ'表示，并用 u 表示 u_w。故式（4-28）可写为：

$$\sigma=\sigma'+u \tag{4-29}$$

式（4-29）就是有效应力公式。

土中任意点的孔隙水压力 u 对各个方向的作用是相等的，因此它只能使土颗粒产生压缩（由于土颗粒本身的压缩量是很微小的，在土力学中均不考虑），而不能使土颗粒产生位移。土颗粒间的有效应力作用，则会引起土颗粒的位移，使孔隙体积改变，土体发生压缩变形。同时有效应力的大小也影响土的抗剪强度。由此，得到土力学中很重要的有效应力原理：

（1）饱和土体的有效应力 σ' 等于总应力 σ 减去孔隙水压力 u；

（2）土的有效应力控制了土的变形（压缩）及强度。

对于非饱和土体来说，孔隙中既存在水，又存在气。由于水、气界面上的表面张力和弯液面的存在，孔隙气压力 u_a 往往大于孔隙水压力 u_w。对此，毕肖普等提出了修正公式：

$$\sigma = \sigma' + u_a - \chi(u_a - u_w) \tag{4-30}$$

式中，χ 是一个与饱和度有关的参数，对于饱和土体，$\chi=1$；对于干土，$\chi=0$。

由于有效应力是作用在土颗粒之间，很难直接测定，通常都是在已知总应力 σ 和测定孔隙水压力 u 之后，利用式（4-30）求得。

一般认为，有效应力原理能正确地用于饱和土，对非饱和土还存在问题，需要进一步研究。

小贴士

水—弹簧模型

图 4-34 所示，为饱和土体受力模型，弹簧代表土颗粒构成的骨架，水表示土孔隙中的水，带孔活塞则表征土的透水性。水承担的压力为 u，土颗粒承担的压力为 σ'，则有

$$p = \sigma' + u$$

（1）加荷瞬间（$t=0$），水来不及从活塞孔中排出，p 完全由水承受。模拟因透水限制土中水来不及瞬间排出的情况。

（2）随后（$t>0$），在压力水头作用下，水从小孔中流出，弹簧受力逐渐增大产生压缩，活塞下降，模拟土骨架逐渐承受处荷产生孔隙体积的压缩。

（3）最后（$t\to\infty$），外荷全部由土骨架承担，水停止流出，活塞沉降稳定，模拟土中渗流结束，土体变形稳定。在 p 这一级荷载下，土体固结过程完成。

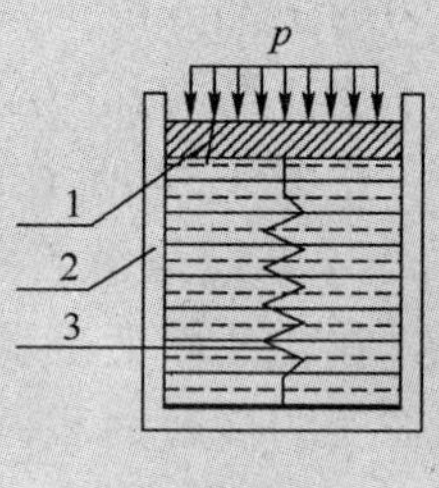

图 4-34　水—弹簧模型

1-带孔活塞；2-圆筒；3-弹簧

典型例题分析

［例题 4-13］　某土层剖面结构如图 4-35a）所示，水是静止的。试求垂直方向总应力 σ、孔隙水压力 u 及有效应力 σ' 沿深度 z 的分布。

解： σ、u、σ' 的分布值计算表如表 4-18 所示，分布图如图 4-35b）所示。

土中总应力、孔隙水压力及有效应力计算表　　表 4-18

深度 z（m）	σ（kN/m²）	u（kN/m²）	σ'（kN/m²）
2	2×17=34	0	34
3	3×17=51	0	51
5	51+2×20=91	2×9.81=19.62	71.38
9	91+4×19=167	6×9.81=58.86	108.14

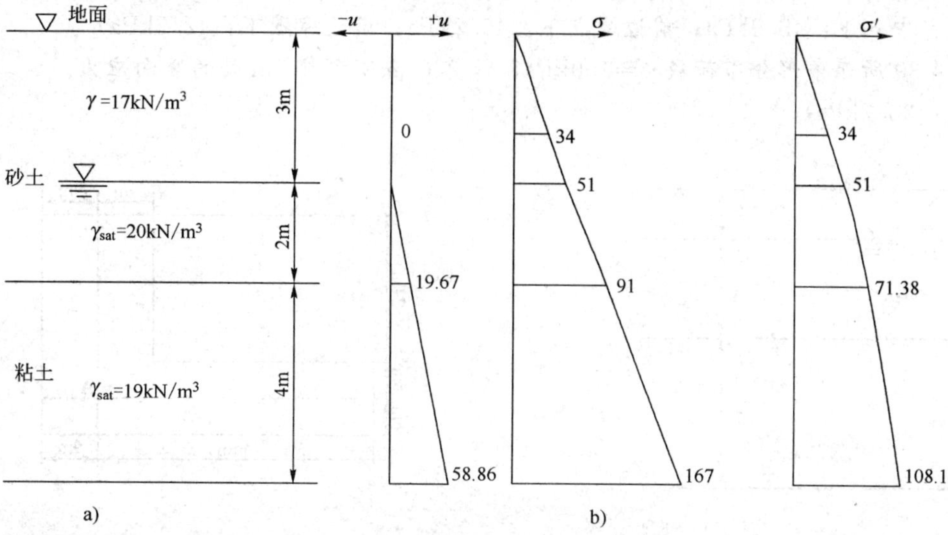

图 4-35　例题 4-13 附图

a）土层剖面示意图；b）u、σ、σ'分布图

思考题

1. 什么是自重应力与附加应力?

2. 刚性基础与柔性基础的基底压力分布有何异同?

3. 基底压力在简化计算时需要哪些假定?

4. 在基底总压力不变的情况下，增大基础埋深度对土中应力分布有什么影响?

5. 有两个宽度不同的基础，其基底总压力相同，问在同一深度处，哪一个基础下产生的附加应力大，为什么?

6. 地下水位的升降，对土中应力分布有何影响?

7. 布西奈斯克课题假定荷载作用在地表面，而实际上基础都有一定的埋置，问这一假定将使土中应力的计算值偏大还是偏小?

习　题

1. 计算图 4-36 所示地基中的自重应力并绘出其分布图。已知各层土的性质：

细砂（水上）：$\gamma=17.5\text{kN/m}^3$，$\gamma_s=26.5\text{kN/m}^3$，$\omega=20\%$；

粘土：$\gamma=18\text{kN/m}^3$，$\gamma_s=27.2\text{kN/m}^3$，$\omega=22\%$，$\omega_L=48\%$，$\omega_p=24\%$。

（答案：水面处 $\sigma_{cz}=17.5\text{kPa}$；砂层底 $\sigma_{cz}=35.87\text{kPa}$；粘土层顶 $\sigma_{cz}=55.49\text{kPa}$；粘土层底 $\sigma_{cz}=109.49\text{kPa}$）

2. 图 4-37 所示基础为 L 形，基底附加压力为 $p=200\text{kPa}$，试求基础底面 A 点下深 6m 处的竖向附加应力值。

（答案：$\sigma_{cz}=173.2\text{kPa}$）

3. 某条形基础的宽度为 2m，在梯形分布的条形附加压力荷载下，边缘处 $p_{max}=200\text{kPa}$，

$p_{min}=100kPa$，如图 4-38。试求基底中点下和边缘两点下 4m 深度处的竖向附加应力。

（答案：中点下：45.9kPa；前边缘点下：40.2kPa；后边缘点下：42.2kPa）

4. 图 4-39 所示条形分布荷载 $p=150kPa$，计算 G 点下深度 3m 处的竖向应力。

（答案：32.7kPa）

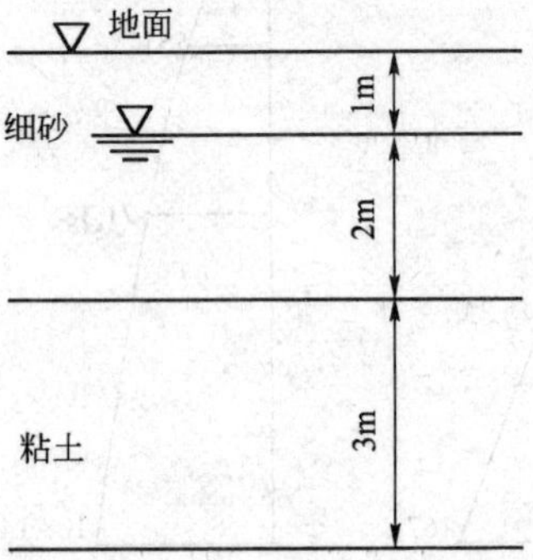

图 4-36　习题 1 附图

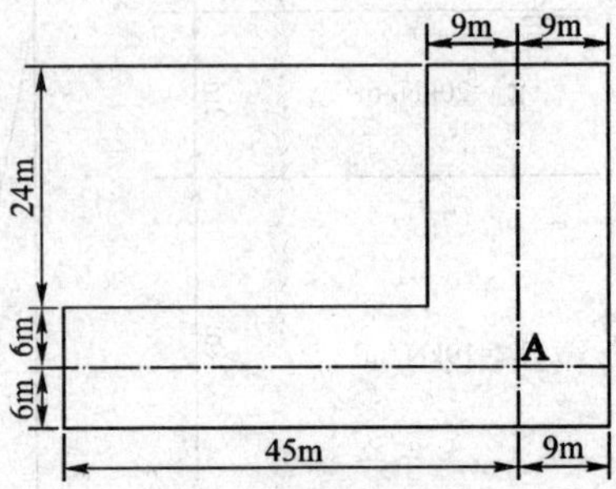

图 4-37　习题 2 附图

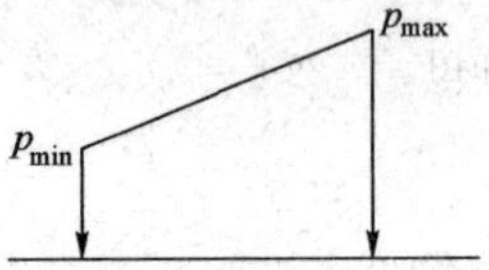

图 4-38　习题 3 附图

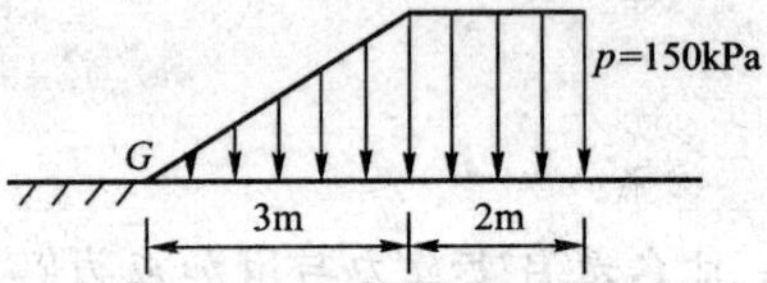

图 4-39　习题 4 附图

5. 图 4-40 表示某梁桥桥墩基础及土层剖面。已知基础底面尺寸 $b=2m$，$l=8m$。作用在基础底面中心处的荷载为：$N=1120kN$，$H=0$，$M=0$。计算在竖直荷载 N 作用下，基础中心轴线上的土中自重应力及附加应力的分布。

6. 砂样置于一容器中的铜丝网上，砂样厚 25cm。由容器底导出一水压管，使管中水面高出窗口溢水面 h。若砂样孔隙比 $e=0.7$，颗粒重度 $\gamma_s=27kN/m^3$。如图 4-41 所示。求：

①当 $h=10cm$ 时，砂样中截面 $a—a$ 的有效应力？

②若作用在铜丝网上的有效应力为 0.5kPa，则水头差值 h 为多少？

（答案：①0.03kPa；②21cm）

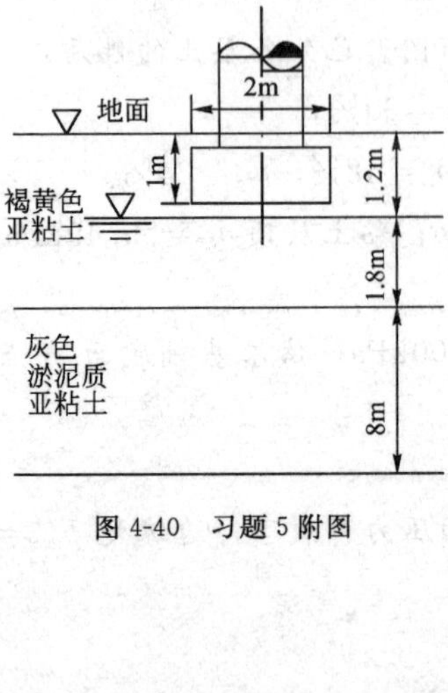

图 4-40　习题 5 附图

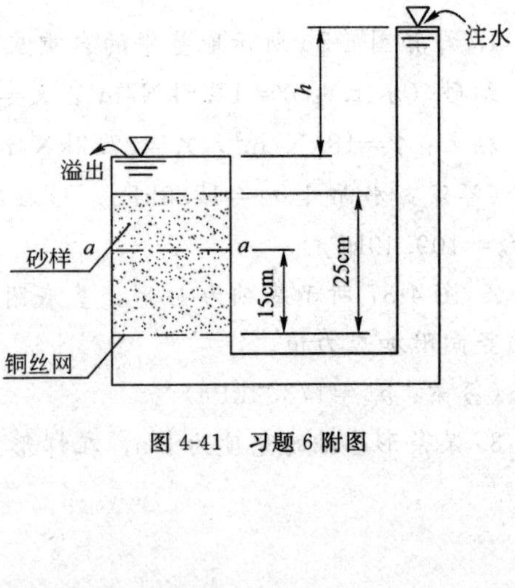

图 4-41　习题 6 附图

第五章　地基变形计算

本章知识点

1. 室内压缩试验、压缩曲线、压缩性指标的概念及推求；
2. 前期固结压力的确定，土的固结状态；
3. 简单分层总和法、弹性理论方法、考虑变形阶段的沉降计算方法以及考虑应力历史的沉降计算方法；
4. 单向渗透固结理论；
5. 固结度的概念与计算；
6. 实测沉降与时间关系的应用。

第一节　概　　述

当结构物通过它的基础将荷载传给地基以后，在地基土中将产生附加应力和变形，从而引起结构物基础的下沉，在工程上将荷载引起的基础下沉称为基础的沉降。土体受力后引起的变形可分为体积变形和形状变形。变形主要是由正应力引起的，当剪应力超过一定范围时，土体将产生剪切破坏，此时的变形将不断发展。通常在地基中是不允许发生大范围剪切破坏的。本章讨论的基础沉降主要是由正应力引起的体积变形。如果基础的沉降量过大或产生过量的不均匀沉降，不但降低结构物的使用价值，而且导致墙体开裂、门窗歪斜，严重时会造成结构物倾斜甚至倒塌。因此，为了保证结构物的安全和正常使用，必须预先对结构物基础可能产生的最大沉降量和沉降差进行估算。如果结构物基础可能产生的最大沉降量和沉降差在规定的容许范围之内，那么该结构物的安全和正常使用一般是有保证的。因而，研究并合理地计算地基的变形，对保证结构物的安全和正常使用来说是极其重要的。

地基的变形计算，通常假定地基土压缩不允许侧向变形。本章首先介绍有侧限条件下的压缩试验及压缩性指标的确定，以第四章中地基土中应力的计算为基础，介绍了地基最终沉降量计算的弹性力学法、分层总和法和规范法，并讨论了土的应力历史对地基沉降的影响。天然地基土往往由成层土构成，还可能出现具有尖灭和透镜体等交错层理构造。即使是同一层土，其变形特性也会随深度而变，说明地基土的非均质性是非常显著的。目前在计算地基变形的方法上，首先把地基看成是均质的线性变形体，从而直接引用弹性力学公式来计算地基中的附加应力，然后利用某些简化的假设来解决成层土地基的沉降计算问题。

地基土的变形都有一个从开始到稳定的过程。在荷载作用下，不同性质的土类，其沉降稳定所需时间差别较大。因此，有关地基变形随时间增长的土力学一维固结理论也是本章重点讨论的内容。此外，还对不同渗流条件下的二维和三维固结理论作了简要介绍，熟悉和掌握这些理论的适用条件和计算方法，是安全合理地进行地基设计的基础。

第二节 室内压缩试验及压缩性指标

土层在受到竖向附加应力作用后，会产生压缩变形，引起基础沉降。土体在压力作用下体积减小的特性称为土的压缩性。土体积减小包括三部分：一是土颗粒发生相对位移，土中水及气体从孔隙中被排出，从而使土孔隙体积减小；二是土颗粒本身的压缩；三是土中水及封闭在土中的气体被压缩。试验研究表明，在一般的压力（土常受到的压力为 100～600kPa）作用下，土粒和水的压缩量与土的总压缩量相比是很微小的，因此完全可以忽略不计，所以可将土的压缩视为土中孔隙体积的减小。

一、室内压缩试验

室内压缩试验的主要目的是用压缩仪进行压缩试验，了解土的孔隙比随压力变化的规律，并测定土的压缩指标，评定土的压缩性高低。

在做压缩试验时，先用金属环刀切取原状土样，放入上下有透水石的压缩仪内（见图 5-1），分级加载。在每组荷载作用下（一般按 $p=50$、100、200、300、400kPa 加载），压至变形稳定，测出土样的变形量，然后再加下一级荷载。根据每级荷载下的稳定变形量算出相应压力下的孔隙比。在压缩过程中，土样在金属环内不会有侧向膨胀，只有竖向变形，这种方法称为侧限压缩试验。

设土样原始高度为 h_0（见图 5-2），土样的横截面面积为 A（即压缩仪容器的底面积），此时，土样的原始孔隙比 e_0 和土颗粒体积 V_s，可用下式表示：

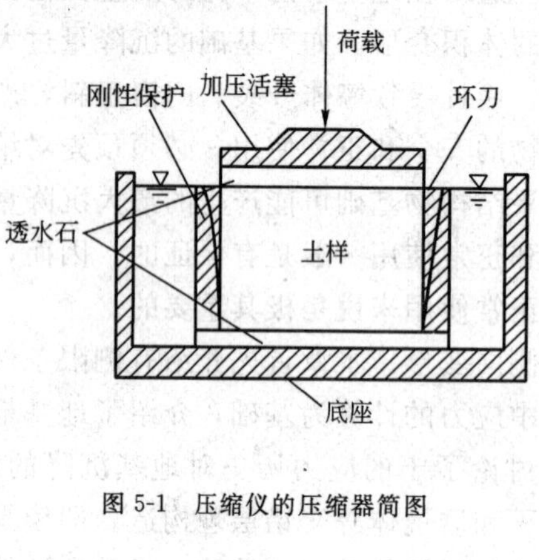

图 5-1 压缩仪的压缩器简图

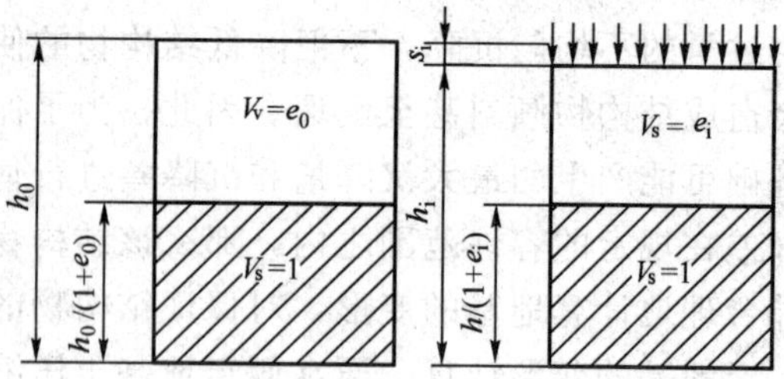

图 5-2 压缩试验中土样孔隙比的变化

$$e_0=\frac{V_v}{V_s}=\frac{Ah_0-V_s}{V_s}$$

则

$$V_s=\frac{Ah_0}{1+e_0}$$

当压力达到某级荷载 p_i 时，测出土样的稳定变形量为 s_i，此时土样高度为 h_0-s_i，对应的孔隙比为 e_i，则土颗粒体积为

$$V_{si}=\frac{A(h_0-s_i)}{1+e_i}$$

由于土样是在完全侧限条件下压缩，土样横截面面积是不会改变的，又因前面已假定土颗粒是不可压缩的，故 $V_s=V_{si}$，即

$$\frac{Ah_0}{1+e_0}=\frac{A(h_0-s_i)}{1+e_i}$$

则

$$s_i=\frac{e_0-e_i}{1+e_0}h_0$$

或

$$e_i=e_0-\frac{s_i}{h_0}(1+e_0) \tag{5-1}$$

其中

$$e_0=\frac{d_s(1+\omega)\gamma_w}{\gamma}-1$$

式中：e_0——土的原始孔隙比；

d_s——土粒相对密度；

ω——土的天然含水量；

γ_w——水的重度，一般取 $\gamma_w=10\text{kN/m}^3$；

γ——土的天然重度。

根据某级荷载下的变形量 s_i，按式（5-1）求得相应的孔隙比 e_i，然后以压力 p 为横坐标，孔隙比 e 为纵坐标，可绘出 e—p 关系曲线。此曲线称为压缩曲线（见图 5-3）。

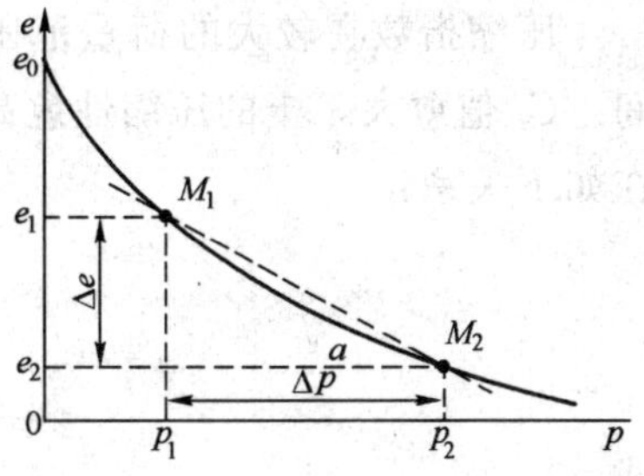

图 5-3　压缩曲线

二、压缩性指标

1. 压缩系数 a

由 e—p 曲线（见图 5-3）可知，土在完全侧限条件下，孔隙比 e 随压力 p 的增加而减小，当压力由 p_1 至 p_2 的压力变化范围不大时，可将压缩曲线上相应的曲线段 M_1M_2 近似地用直线来代替。若 M_1 点的压力为 p_1，相应的孔隙比为 e_1，M_2 点的压力 p_2，相应的孔隙比为 e_2。则 M_1M_2 段的斜率可用下式表示：

$$a=-\frac{\Delta e}{\Delta p}=\frac{e_1-e_2}{p_2-p_1} \tag{5-2}$$

此式为土的力学性质的基本定律之一，称为压密定律。它表明，在压力变化范围不大时，孔隙比的变化（减小值）与压力的变化（增加值）成正比。比例系数称为压缩系数，用符号 a 表示，单位 MPa^{-1}。

压缩系数是表示土压缩性大小的主要指标，广泛应用于土力学计算中。压缩系数愈大，

表明在某压力变化范围内孔隙比减少得愈多，压缩性就愈高。但是，由图 5-3 中可见，同一种土的压缩系数并不是常数，而是随所取压力变化范围的不同而改变的。因此，评价不同种类和状态土的压缩系数大小，必须以同一压力变化范围来比较。在工程实际中，常以 $p_1=0.1\text{MPa}$ 至 $p_2=0.2\text{MPa}$ 的压缩系数 a_{1-2} 作为判别土的压缩性高低的标准：

当 $a_{1-2}<0.1\text{MPa}^{-1}$ 时，为低压缩性土；

当 $0.1\leqslant a_{1-2}<0.5\text{MPa}^{-1}$ 时，为中等压缩性土；

当 $a_{1-2}\geqslant 0.5\text{MPa}^{-1}$ 时，为高压缩性土。

2. 压缩指数 C_c

目前，国内外还常用压缩指数 C_c 进行压缩性评价和计算地基压缩变形量。压缩指数 C_c 是通过高压固结试验求得不同压力下的孔隙比，然后以孔隙比 e 为纵坐标，以压力的对数 $\lg p$ 为横坐标，绘制 e—$\lg p$ 曲线（见图 5-4）。该曲线后半段在很大范围内是一条直线，将直线段的斜率定义为土的压缩指数 C_c，表达式为

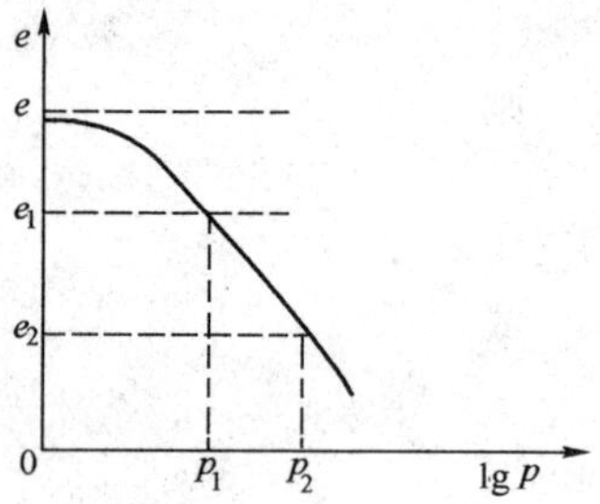

图 5-4　e—$\lg p$ 曲线

$$C_c=-\frac{\Delta e}{\Delta \lg p}=\frac{e_1-e_2}{\lg p_2-\lg p_1} \tag{5-3}$$

压缩指数在较大的荷重范围内是比较稳定的常数，一般粘性土 C_c 值多在 0.1～0.2 之间。C_c 值愈大，土的压缩性愈高。对于正常固结的粘性土，压缩指数和压缩系数之间，存在如下关系：

$$C_c=\frac{a(p_2-p_1)}{\lg p_2-\lg p_1} \tag{5-4a}$$

或

$$a=\frac{C_c}{p_2-p_1}\lg\frac{p_2}{p_1} \tag{5-4b}$$

3. 压缩模量 E_s

通过压缩试验可求得土的压缩系数 a 和压缩指数 C_c 外，还可求得另一个常用的压缩性指标——压缩模量 E_s。压缩模量是指土在有侧限条件下受压时，某压力段的压应力增量 $\Delta\sigma$ 与压应变增量 $\Delta\varepsilon$ 之比，其表达式为

$$E_s=\frac{\Delta\sigma}{\Delta\varepsilon} \tag{5-5}$$

土的压缩模量随所取的压力范围不同而变化。工程上常用从 0.1～0.2MPa 压力范围内的压缩模量 E_{s1-2} 来判断土的压缩性。

土的压缩模量 E_{s1-2} 与压缩系数 a_{1-2} 的关系，可以通过下面推导的公式得到。因为 $\Delta\sigma=p_2-p_1$ 且

$$\varepsilon_2=\frac{\Delta h_2}{h_0}=\frac{e_0-e_2}{1+e_0}\qquad \varepsilon_1=\frac{\Delta h_1}{h_0}=\frac{e_0-e_1}{1+e_0}\qquad a_{1-2}=\frac{\Delta e}{\Delta p}=\frac{e_1-e_2}{p_2-p_1}$$

将以上各式代入式（5-5），得

$$E_{S1-2}=\frac{\Delta\sigma}{\Delta\varepsilon}=\frac{p_2-p_1}{\varepsilon_2-\varepsilon_1}=\frac{1+e_0}{a_{1-2}} \tag{5-6}$$

土的压缩模量也是表征土的压缩性高低的一个指标。由上式可知，E_s 与 a 成反比，即 a 越大，E_s 越小，土的压缩性越高。工程上常采用 E_{s1-2} 作为判别土的压缩性高低的标准：

当 $E_{s1-2}<4\text{MPa}$ 时，属高压缩性土；

当 $E_{s1-2}=4\sim15\text{MPa}$ 时，属中等压缩性土；

当 $E_{s1-2}>15\text{MPa}$ 时，属低压缩性土。

此外，工程中还常用体积压缩系数 m_v（MPa^{-1}）这一指标作为地基沉降的计算参数，体积压缩系数在数值上等于压缩模量的倒数，其表达式为

$$m_v=\frac{1}{E_s}=\frac{a}{1+e_0} \tag{5-7}$$

无侧限条件下土的变形计算参数即变形模量 E_0 由现场载荷试验求得。

第三节　常用的地基沉降计算方法

这里所说的地基沉降量是指地基最终沉降量，目前常用的计算方法有弹性力学法、分层总和法、应力面积法和考虑应力历史影响的沉降计算法。所谓最终沉降量是地基在荷载作用下沉降完全稳定后的沉降量，要达到这一沉降量的时间取决于地基排水条件。对于砂土，施工结束后就可以完成；对于粘性土，少则几年，多则十几年、几十年乃至更长时间。

一、计算地基最终沉降量的弹性力学方法

地基最终沉降量的弹性力学计算方法是以布辛奈斯克课题的位移解为依据的。在弹性半空间表面作用着一个竖向集中力 P 时，见图 5-5，表面位移 ω（x，y，0）就是地基表面的沉降量 s

$$s=\frac{P}{\pi r}\frac{1-\mu^2}{E} \tag{5-8}$$

其中 $$r=\sqrt{x^2+y^2}$$

式中：μ——地基土的泊松比；

E——地基土的弹性模量（或变形模量 E_0）；

r——为地基表面任意点到集中力 P 作用点的距离。

对于局部荷载作用下的地基沉降量，则可利用式（5-8），并根据叠加原理求得。如图 5-6 所示，设荷载面积 A 内 N（ξ，η）点处的分布荷载为 p_0（ξ，η），则该点微面积上的分布荷载可用集中力 $P=p_0$（ξ，η）$\mathrm{d}\xi\mathrm{d}\eta$ 代替。于是，地面上与 N 点距离 $r=\sqrt{(x-\xi)^2+(y-\eta)^2}$ 的 M（x，y）点的沉降 s（x，y），可由式（5-8）积分求得

$$s(x,y)=\frac{1-\mu^2}{\pi E_0}\iint_A\frac{p_0(\xi,\eta)\mathrm{d}\xi\mathrm{d}\eta}{(x-\xi)^2+(y-\eta)^2} \tag{5-9}$$

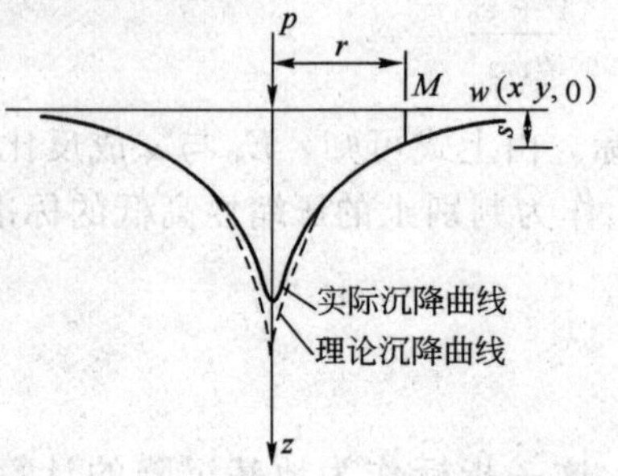

图 5-5　集中力作用下地基表面的沉降曲线

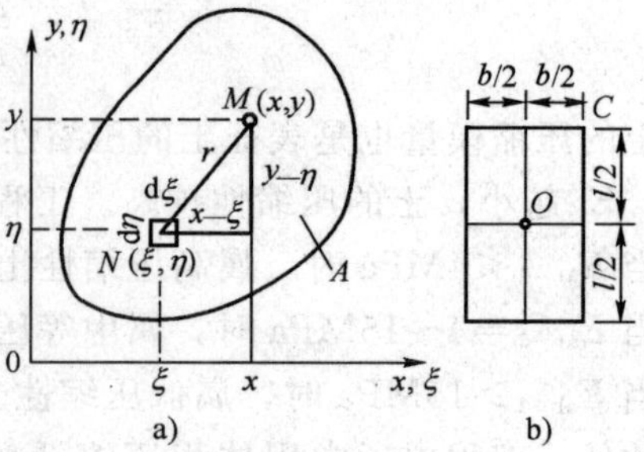

图 5-6　局部荷载下的地面沉降

a）任意荷载面；b）矩形荷载面

从式（5-9）可以看出，如果知道了应力分布就可以求得沉降；反之，若沉降已知又可以反算出应力分布。

对于均布矩形荷载，$p_0(\xi,\eta)=p_0=$常数，其角点 C 的沉降按式（5-9）积分的结果为

$$s=\frac{1-\mu^2}{E_0}\omega_c b p_0 \tag{5-10}$$

其中

$$\omega_c=\frac{1}{\pi}\left[m\ln\left(\frac{1+\sqrt{1+m^2}}{m}\right)+\ln\left(m+\sqrt{m^2+1}\right)\right] \tag{5-11}$$

$$m=l/b$$

式中：ω_c——角点沉降影响系数。

利用式（5-10），以角点法易求得均布矩形荷载下地基表面任意点的沉降。矩形中心点的沉降是图 5-6b）中的虚线划分为四个相同小矩形的角点沉降之和，即

$$s=4\frac{1-\mu^2}{E_0}\omega_c(b/2)p_0=\frac{1-\mu^2}{E_0}\omega_0 b p_0 \tag{5-12}$$

式中：$\omega_0=2\omega_c$，ω_0 为中心沉降影响系数。

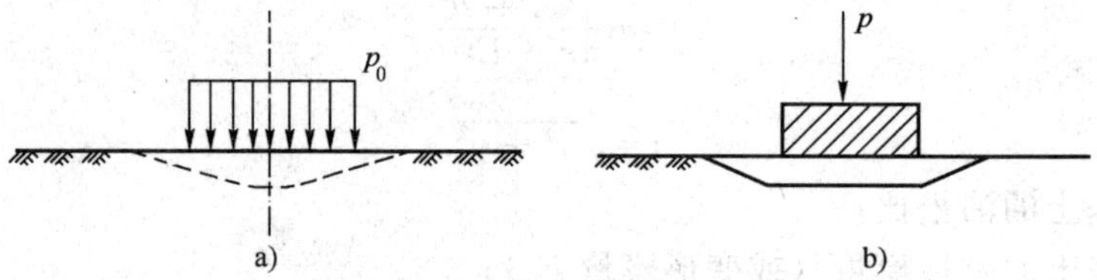

图 5-7　局部荷载作用下的地面沉降

a）绝对柔性地基；b）绝对刚性地基

以上角点法的计算结果和实践经验都表明，柔性荷载下地面的沉降不仅产生于荷载面范围之内，而且还影响到荷载面之外，沉降后的地面呈碟形，如图 5-7 所示。但是一般基础都具有一定的抗弯刚度，故沉降因基础刚度而趋于均匀。中心荷载作用下的基础沉降计算，即

$$s=\iint_A s(x,y)\,\mathrm{d}x\mathrm{d}y/A \tag{5-13}$$

式中：　A——基底面积；

$s\ (x,\ y)$ ——点（x，y）处的基础沉降。

对于均布的矩形荷载，式（5-13）积分的结果为

$$s=\frac{1-\mu^2}{E_0}\omega_m bp_0 \tag{5-14}$$

式中：ω_m——平均沉降影响系数。

可将式（5-10）、式（5-12）和式（5-14）统一成为地基沉降的弹性力学公式的一般形式：

$$s=\frac{1-\mu^2}{E_0}\omega\, bp_0 \tag{5-15}$$

式中：b——矩形基础（荷载）的宽度或圆形基础（荷载）的直径；

ω——无量纲沉降影响系数，如表 5-1 所示。

基础沉降影响系数 ω 值　　表 5-1

基础形状 / 基础刚度		圆形	方形	矩形（l/b）										
			1.0	1.5	2.0	3.0	4.0	5.0	6.0	7.0	8.0	9.0	10.0	100.0
柔性基础	ω_c	0.64	0.56	0.68	0.77	0.86	0.98	1.05	1.11	1.16	1.20	1.24	1.27	2.00
	ω_0	1.00	1.12	1.36	1.53	1.78	1.96	2.10	2.22	2.32	2.40	2.48	2.54	4.01
	ω_m	0.85	0.95	1.15	1.30	1.52	1.70	1.83	1.96	2.04	2.12	2.19	2.25	3.70
刚性基础 ω_r		0.79	0.88	1.08	1.22	1.44	1.61	1.72	—	—	—	—	2.12	3.40

刚性基础承受偏心荷载时，沉降后基底为一倾斜面，基底形心处的沉降（即平均沉降）可按式（5-15）取 $\omega_0=\omega_r$ 计算，基底倾斜的弹性力学公式如下：

圆形基础：
$$\theta\approx\tan\theta=6\,\frac{1-\mu^2}{E_0}\frac{Pe}{b^3} \tag{5-16a}$$

矩形基础：
$$\theta\approx\tan\theta=8K\,\frac{1-\mu^2}{E_0}\frac{Pe}{b^3} \tag{5-16b}$$

式中：θ——基础倾斜角；

P——基底竖向偏心荷载合力；

e——偏心距；

b——荷载偏心方向的矩形基底边长或圆形基底直径；

K——计算矩形刚性基础倾斜的无量纲系数，按 l/b 取值，如图 5-8 所示，其中 l 为矩形基底另一边长。

通常按式（5-15）计算的基础最终沉降量是偏大的。这是由于弹性力学公式是按均质线性变形半空间的假设得到的，而实际上地基常常是非均质的成层土，即使是均质的土层，其变形模量 E_0 一般随深度的增加而增大。因此，利用弹性力学公式计算沉降的问题，在于所用的 E_0 值能否反映地基变形的真实情况。地基土层的 E_0 值，如能以结构物的沉降观测资料为基础，以弹性力学公式反算求得，则这种数据是很有价值的。

此外，弹性力学公式可用来计算地基的瞬时沉降，此时认为地基土不产生体积变形，例如在风或其他短暂荷载作用下，结构物基础的倾斜可按式（5-16）计算，注意式中的 E_0 应取为地基弹性模量，并取泊松比 $\mu=0.5$。

在大多数实际问题中，土层的厚度是有限的，下卧坚硬土层。Christian 和 Carrier（1978 年）提出了计算有限厚土层上柔性基础的平均沉降量计算公式：

$$s = \mu_0 \mu_1 \frac{bp_0}{E_0} \tag{5-17}$$

式中 μ_0 取决于基础埋深和宽度之比 d/b，μ_1 取决于地基土厚度 H 和基础形状。取泊松比 $\mu=0.5$ 时，μ_0 和 μ_1，如图 5-9 所示。对于成层土地基，可利用叠加原理来计算地基平均沉降。式（5-17）主要用于估算饱和粘土地基的瞬时沉降。由于瞬时沉降是在不排水状态下发生的，因此，适宜的泊松比 μ 应取 0.5，适宜的变形模量 E_0 应取不排水模量 E_u。

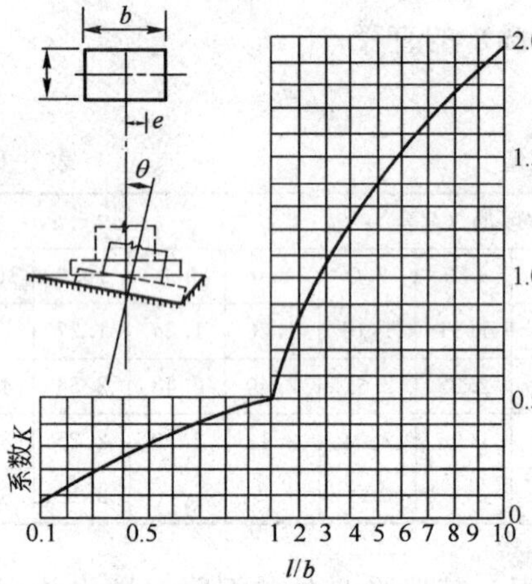

图 5-8 计算矩形刚性基础倾斜的系数 K

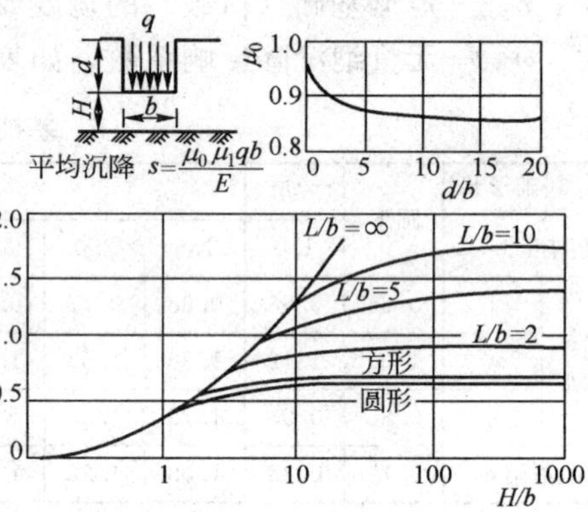

图 5-9 地基沉降计算系数 $\mu_0 = \mu_1$

典型例题分析

[例题 5-1] 某矩形基础底面尺寸为 4m×2m，基底压力 $p_0=150$kPa，埋深 1m，地基土第一层为 5m 厚的粘土，不排水变形模量 $E_u=40$MPa，第二层为 8m 厚的粘土，$E_u=75$MPa，其下为坚硬土层。试估算基础的瞬时沉降。

解：$d/b=0.5$，查图 5-9，$\mu_0=0.94$。

考虑上层粘土，$H/b=4/2=2$，$l/b=2$，$E_u=40$MPa。

查图 5-9，$\mu_1=0.60$，因此

$$s_1 = 0.94 \times 0.60 \times \frac{2 \times 150}{40} = 4.23\text{mm}$$

考虑二层粘土均有 $E_u=75$MPa，$H/b=12/2=6$，$l/b=2$，查图 5-9，$\mu_1=1\ 0.85$，因此

$$s_2 = 0.94 \times 0.85 \times \frac{2 \times 150}{75} = 3.20\text{mm}$$

考虑一层粘土，有 $E_u=75$MPa，则

$$s_3 = 0.94 \times 0.6 \times \frac{2 \times 150}{75} = 2.26\text{mm}$$

因此，总的瞬时沉降为

$$s = s_1 + s_2 - s_3 = 4.23 + 3.20 - 2.26 = 5.17\text{mm}$$

二、计算地基最终沉降量的分层总和法

1. 一维压缩课题

在厚度为 H 的均匀土层上面施加连续均匀荷载 p，如图 5-10a）所示，这时土层只能在竖直方向发生压缩变形，而不可能有侧向变形，这与侧限压缩试验中的情况基本一样，属一维压缩问题。

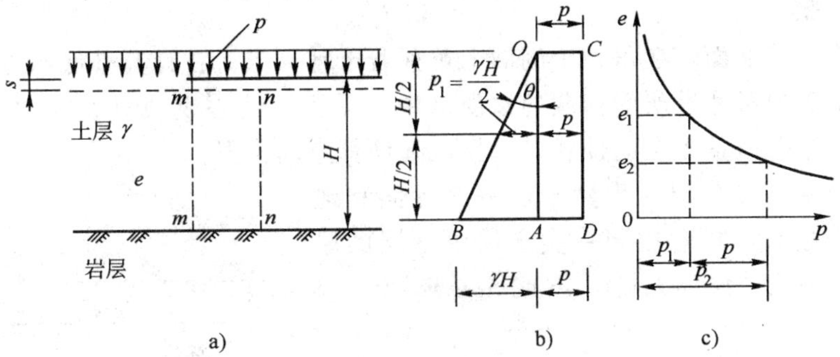

图 5-10　土层一维压缩

施加外荷载之前，土层中的自重应力为图 5-10b）中 OBA；施加 p 之后，土层中引起的附加应力分布为 $OCDA$。对整个土层来说，施加外荷载前后存在于土层中的平均竖向应力分别为 $p_1=\gamma H/2$ 和 $p_2=p_1+p$。从土的压缩试验曲线（见图 5-10c））可以看出，竖向应力从 p_1，增加到 p_2，将引起土的孔隙比从 e_1 减小为 e_2。因此，可求得一维条件下土层的压缩变形与土的孔隙比的变化之间存在如下关系：

$$s=\frac{e_1-e_2}{1+e_1}H \tag{5-18}$$

该式即为土层一维压缩变形量的基本计算公式。式（5-18）也可改写为

$$s=\frac{a}{1+e_1}(p_2-p_1)H=\frac{a}{1+e_1}pH \tag{5-19}$$

或

$$s=\frac{a}{1+e_1}A=m_vA \tag{5-20}$$

或

$$s=\frac{pH}{E_s} \tag{5-21}$$

其中

$$A=pH$$

式中：a——压缩系数；

m_v——体积压缩系数；

E_s——压缩模量；

H——土层厚度；

A——附加应力面积。

2. 沉降计算的分层总和法

（1）基本原理

分别计算基础中心点下地基各分层土的压缩变形量 s_i，认为基础的平均沉降量 s 为 s_i 的总和，即

$$s=\sum_{i=1}^{n} s_i \tag{5-22}$$

式中：n——计算深度范围内土的分层数。

计算时，假设土层只发生竖向压缩变形，没有侧向变形，s_i 可按式（5-18）～（5-21）中任一式进行计算。

（2）计算步骤

①选择沉降计算剖面，在每一个剖面上选择若干计算点。在计算基底压力和地基中附加应力时，根据基础的尺寸及所受荷载的性质（中心受压、偏心或倾斜等），求出基底压力的大小和分布；再结合地基土层的性状，选择沉降计算点的位置。

②将地基分层。在分层时天然土层的交界面和地下水位面应为分层面，同时在同一类土层中分层的厚度不宜过大。一般取分层厚 $h_i \leqslant 0.4b$ 或 $h_i=1\sim 2\text{m}$，b 为基础宽度。

③求出计算点垂线上各分层层面处的竖向自重应力 σ_c（应从地面起算），并绘出它的分布曲线。

④求出计算点垂线上各分层层面处的竖向附加应力 σ_z，并绘出它的分布曲线，取 $\sigma_z=0.2\sigma_c$（中、低压缩性土）或 $0.1\sigma_c$（高压缩性土）处的土层深度为沉降计算的土层深度。

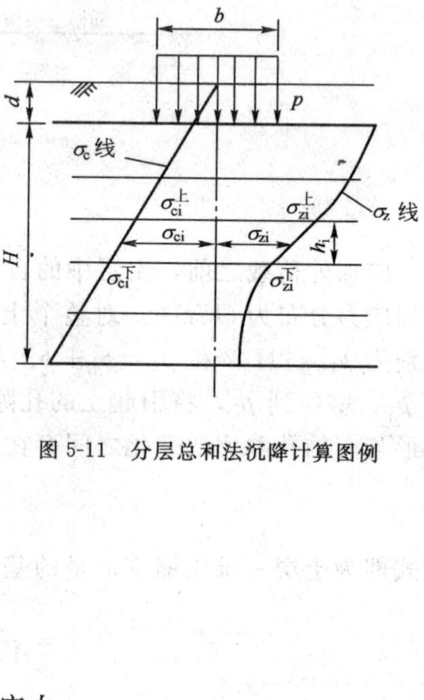

图 5-11　分层总和法沉降计算图例

⑤求出各分层的平均自重应力 σ_{ci} 和平均附加应力 σ_{zi}，如图 5-11 所示：

$$\sigma_{ci}=\frac{1}{2}(\sigma_{ci}^{上}+\sigma_{ci}^{下})$$

$$\sigma_{zi}=\frac{1}{2}(\sigma_{zi}^{上}+\sigma_{zi}^{下})$$

式中：$\sigma_{ci}^{上}$，$\sigma_{ci}^{下}$——分别为第 i 分层土上、下层面处的自重应力；

$\sigma_{zi}^{上}$，$\sigma_{zi}^{下}$——分别为第 i 分层土上、下层面处的附加应力。

⑥计算各分层土的压缩变形量 s_i。认为各分层土都是在侧限压缩条件下压力从 $p_1=\sigma_{ci}$ 增加到 $p_2=\sigma_{ci}+\sigma_{zi}$，所产生的变形量 s_i，可由式（5-18）～（5-21）中任一式计算。

⑦按式（5-22）计算基础各点的沉降量。基础中点沉降量可视为基础平均沉降量；根据基础角点沉降差，可推算出基础的倾斜。

典型例题分析

［例题 5-2］ 某柱基础，底面尺寸 $l\times b=4\text{m}\times 2\text{m}$，埋深 $d=1.5\text{m}$。传至基础顶面的竖向荷载 $N=1192\text{kN}$，各土层计算指标如表 5-2 和表 5-3 所示。试计算柱基础最终沉降量。假定地下水位深 $d_w=2\text{m}$。

土层计算指标 表 5-2

土 层 编 号	土 层 名 称	γ (kN/m²)	a (MPa⁻¹)	E_s (MPa)
①	粘土	19.5	0.39	4.5
②	粉质粘土	19.8	0.33	5.1
③	粉砂	19.0	0.37	5.0
④	粉土	19.2	0.52	3.4

土层侧限压缩试验 *e*—*p* 曲线 表 5-3

土层编号	土层名称	p (kPa)			
		0	50	100	200
①	粘土	0.820	0.780	0.760	0.740
②	粉质粘土	0.740	0.720	0.700	0.670
③	粉砂	0.890	0.860	0.840	0.810
④	粉土	0.850	0.810	0.780	0.740

解：基底平均压力

$$p = \frac{N}{l \times b} + \gamma_G b = \frac{1192}{4 \times 2} + 20 \times 1.5 = 179\text{kPa}$$

基底附加压力 p_0 为

$$p_0 = p - \gamma d = 179 - 19.5 \times 1.5 = 150\text{kPa}$$

取水的重度 $\gamma_w = 10\text{kN/m}^3$，则有效重度 $\gamma' = \gamma - 10$，基础中心线下的自重应力和附加应力计算结果如图 5-12 所示。到粉砂层层底，$\sigma_z = 14.4\text{kPa} < 0.2\sigma_c c = 0.2 \times 91.9 = 18.3\text{kPa}$，因此，沉降计算深度取为 $H = 2.0 + 4.0 + 1.5 = 7.5\text{m}$，从基底起算的土层压缩层厚度为 $z_n = 7.5 - 1.5 = 6.0\text{m}$。

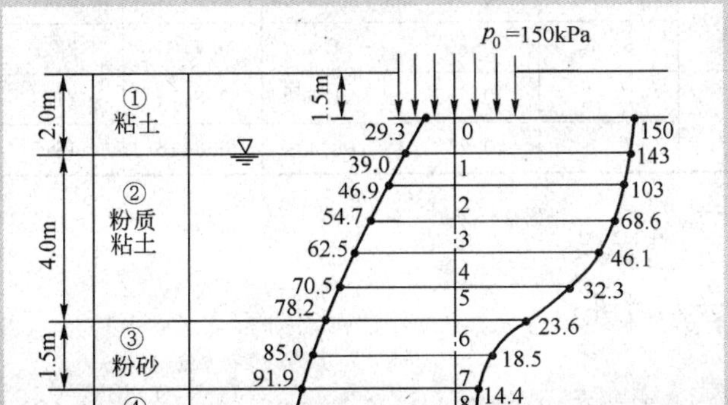

图 5-12 土层自重应力和附加应力分布

按 $h_i \leqslant 0.4b = 0.4 \times 2 = 0.8\text{m}$ 分层。$h_1 = 0.50\text{m}$，$h_2 \sim h_6 = 0.80\text{m}$，$h_7 = h_8 = 0.75\text{m}$。柱基础最终沉降量计算结果如下：

(1) 按公式 $s_i = \left(\dfrac{e_1 - e_2}{1 + e_i}\right)_i h_i$ 计算，计算过程如表 5-4 所示。

各分层土沉降量计算程序 表 5-4

土层编号	土层名称	分层	h_i (m)	p_{1i} (kPa)	e_{1i}	p_{2i} (kPa)	e_{2i}	s_i (mm)
①	粘土	0—1	0.50	34.2	0.7995	181	0.7439	15.45
②	粉质粘土	1—2	0.80	42.9	0.7228	166.2	0.6802	19.78
		2—3	0.80	50.8	0.7197	136.6	0.6890	14.28
		3—4	0.80	58.6	0.7166	116.0	0.6953	9.93
		4—5	0.80	66.5	0.7135	105.7	0.6984	7.05
		5—6	0.80	74.4	0.7104	102.4	0.6994	5.14
③	粉砂	6—7	0.75	81.6	0.8474	102.7	0.8392	3.33
		7—8	0.75	88.4	0.8446	104.9	0.8385	2.48

因此，$s = \sum s_i = 77.44\text{mm}$。

(2) 按公式 $s_i = \left(\dfrac{a}{1 + e_i}\right)\sigma_{zi} h_i$ 计算，计算过程如表 5-5 所示。

各分层土沉降量计算程序 表 5-5

土层编号	土层名称	分层	h_i (m)	p_{1i} (kPa)	e_{1i}	σ_{2i} (kPa)	a (MPa^{-1})	s_i (mm)
①	粘土	0—1	0.50	34.2	0.7995	146.5	0.39	15.85
②	粉质粘土	1—2	0.80	42.9	0.7228	123.0	0.33	18.85
		2—3	0.80	50.8	0.7197	85.8		13.17
		3—4	0.80	58.6	0.7166	57.4		8.83
		4—5	0.80	66.5	0.7135	39.2		6.04
		5—6	0.80	74.4	0.7104	28.0		4.32
③	粉砂	6—7	0.75	81.6	0.8474	21.1	0.37	3.17
		7—8	0.75	88.4	0.8446	16.5		2.48

因此，$s_i = \sum s_i = 72.44\text{mm}$。

(3) 按公式 $s_i = \dfrac{\sigma_{zi}}{E_{si}} h_i$ 计算：

$$s = \frac{146.5}{4.5} \times 0.50 + (123.0 + 85.8 + 57.4 + 39.2 + 28.0) \times \frac{0.80}{5.1} + (21.1 + 16.5) \times \frac{0.75}{5.0}$$

$$= 16.28 + 52.30 + 5.64$$

$$= 74.22\text{mm}$$

三、地基沉降量计算的应力面积法

《建筑地基基础设计规范》（GB 50007—2002）所推荐的地基最终沉降量计算方法是另一种形式的分层总和法。该方法采用了“应力面积”的概念，因而称为应力面积法。

1. 土层压缩变形量 Δs 的计算及应力面积的概念

假设地基是均匀的，即土在侧限条件下的压缩模量 E_s 不随深度而变化，则从基底至地基任意深度 z 范围内的压缩量为（见图 5-13）

$$s=\int_0^z \varepsilon \mathrm{d}z=\frac{1}{E}\int_0^z \sigma_z \mathrm{d}z=\frac{A}{E_s} \tag{5-23}$$

其中

$$\varepsilon=\sigma_z/E_s$$

$$A=\int_0^z \sigma_z \mathrm{d}z$$

式中：ε ——土的侧限压缩应变；

A——深度 z 范围内的附加应力面积。

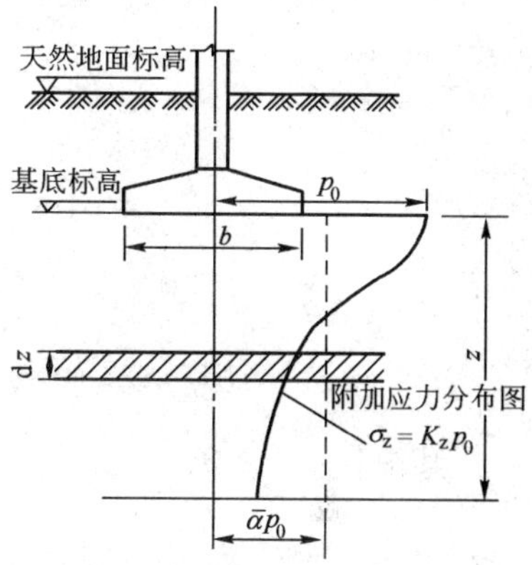

图 5-13 应力面积的概念

因为 $\sigma_z=K_z p_0$，K_z 为基底下任意深度 z 处的附加应力系数。因此，附加应力面积 A 为

$$A=\int_0^z \sigma_z \mathrm{d}z=p_0\int_0^z K_z \mathrm{d}z \tag{5-24}$$

为便于计算，引入一个竖向平均附加应力（面积）系数 $\bar{\alpha}=A/(p_0 z)$。则式（5-23）改写为

$$s'=\frac{p_0\bar{\alpha}z}{E_s} \tag{5-25}$$

式（5-25）即为以附加应力面积等代值引出一个平均附加应力系数表达的从基底至任意深度 z范围内地基沉降量的计算公式。由此可得成层地基沉降量的计算公式（见图 5-14）：

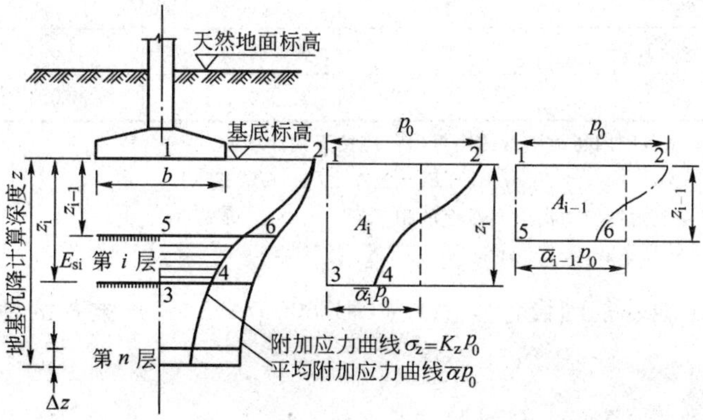

图 5-14 成层地基沉降计算的概念

$$s'=\sum_{i=1}^{n}\Delta s'_i=\sum_{i=1}^{n}\frac{A_i-A_{i-1}}{E_{si}}=\sum_{i=1}^{n}\frac{p_0}{E_{si}}\left(\bar{\alpha}_i z_i-\bar{\alpha}_{i-1}z_{i-1}\right) \tag{5-26}$$

式中：$p_0\bar{\alpha}_i z_i$ 和 $p_0\bar{\alpha}_{i-1}z_{i-1}$——$z_i$ 和 z_{i-1} 深度范围内竖向附加应力面积 A_i 和 A_{i-1} 的等代值。

因此，用式（5-26）计算成层地基的沉降量，关键是确定竖向平均附加应力系数 $\bar{\alpha}$。由竖向平均附加应力系数 $\bar{\alpha}$ 的定义，均布荷载 p_0 作用于矩形（$2a\times2b$）土表面，相对其形心，在坐标（x，y）处，从土表面到 z 深处，可导出 $\bar{\alpha}$ 的解析式如下：

$$\begin{aligned}\bar{\alpha}=\frac{1}{2\pi z}\sum_{i=0}^{3}(-1)^{i+j}\Bigg[&z\arctan\frac{X_iY_i}{z\sqrt{X_i^2+Y_i^2+z^2}}\\&+X_i\ln\frac{\left(\sqrt{X_i^2+Y_j^2+z^2}-Y_j\right)\left(\sqrt{X_i^2+Y_j^2}+Y_j\right)}{\left(\sqrt{X_i^2+Y_j^2+z^2}+Y_j\right)\left(\sqrt{X_i^2+Y_j^2}-Y_j\right)}\\&+Y_j\ln\frac{\left(\sqrt{X_i^2+Y_j^2+z^2}-X_i\right)\left(\sqrt{X_i^2+Y_j^2}+X_i\right)}{\left(\sqrt{X_i^2+Y_j^2+z^2}+X_i\right)\left(\sqrt{X_i^2+Y_j^2}-X_i\right)}\Bigg]\end{aligned} \tag{5-27}$$

其中

$$j=\text{int}\left[\frac{i}{2}\right]\ \text{（表示取}\frac{i}{2}\text{的整数部分）} \tag{5-28a}$$

$$\left.\begin{aligned}X_i&=x+(-1)^i a\\Y_i&=y+(-1)^j b\end{aligned}\right\} \tag{5-28b}$$

为了提高计算准确度，地基沉降计算深度范围内的计算沉降量 s' 尚需乘以一个沉降计算经验系数 ψ_s，其数值可用下式确定：

$$\psi_s=s_\infty/s' \tag{5-29}$$

式中：s_∞——地基沉降观测资料推算的最终沉降量。

各地区宜按实测资料制定适合于本地区各类土的 ψ_s 值；无当地经验时，可从表 5-6 查得。

沉降计算经验系数 ψ_s 表 5-6

$\bar{E}_s$（MPa） / 基底附加压力	2.5	4.0	7.0	15.0	20.0
$p_0\geqslant f_{ak}$	1.4	1.3	1.0	0.4	0.2
$p_0\leqslant0.75f_{ak}$	1.1	1.0	0.7	0.4	0.2

注：1. $\bar{E}_s$ 为沉降计算深度范围内压缩模量的当量值，应按下式计算：

$$\bar{E}_s=\Sigma A_i/\left[\Sigma\left(A_i/E_{si}\right)\right]$$

式中：A_i——第 i 层土附加应力沿土层厚度的积分值。$A_i=p_0\left(\bar{\alpha}_i z_i-\bar{\alpha}_{i-1}z_{i-1}\right)$

2. f_{ak} 为地基承载力特征值。

综上所述，《建筑地基基础设计规范》（GB 50007—2002）推荐的地基最终沉降量 s 的计算公式如下：

$$s=\psi_s\sum_{i=1}^{n}\frac{p_0}{E_{si}}\left(\bar{\alpha}_i z_i-\bar{\alpha}_{i-1}z_{i-1}\right) \tag{5-30}$$

式中：n——地基沉降计算深度范围内所划分的土层数。

2. 确定地基沉降计算深度

该方法中地基沉降计算深度 z_n，可通过试算确定，要求满足下式条件：

$$\Delta s'_n \leqslant 0.025\sum_{i=1}^{n}\Delta s'_i \tag{5-31}$$

式中：$\Delta s'_i$——在计算深度 z_n 范围内第 i 层土的计算沉降量（mm）；

$\Delta s'_n$——在计算深度 z_n 处向上取厚度为 Δz 土层的计算沉降量（mm），Δz 按表5-7 确定。

Δz 值表　　表 5-7

基底宽度 b（m）	$b\leqslant 2$	$2<b\leqslant 4$	$4<b\leqslant 8$	$8<b\leqslant 15$	$15<b\leqslant 30$	$b>30$
Δz（m）	0.3	0.6	0.8	1.0	1.2	1.5

按式（5-31）所确定的沉降计算深度下如有较软土层时，尚应继续向下计算，直至软弱土层中所取规定厚度 Δz 的计算沉降量满足式（5-31）的要求为止。

当沉降计算深度范围内存在基岩（不可压缩层）时，z_n 可取至基岩表面为止。

当无相邻荷载影响，基础宽度在 1～50m 范围内，基础中点的地基沉降计算深度 z_n（m）也可按下式估算：

$$z_n = b(2.5 - 0.4\ln b) \tag{5-32}$$

式中：b——基础宽度（m）。

3. 考虑回弹影响的地基沉降量

当结构物地下室基础埋置较深时，应考虑开挖基坑时地基土的回弹、结构物施工时又产生地基土再压缩的状况。类似于式（5-30），《建筑地基基础设计规范》推荐该部分沉降量按下式计算：

$$s_c = \psi_c\sum_{i=1}^{n}p_c\ (\bar{\alpha}_i z_i - \bar{\alpha}_{i-1}z_{i-1})\ /E_{ci} \tag{5-33}$$

式中：s_c——考虑回弹影响的地基沉降量；

ψ_c——考虑回弹影响的沉降计算经验系数，无经验时可取 $\psi_c=1.0$；

p_c——基坑底面以上土的自重应力，地下水位以下应扣除浮力；

E_{ci}——土的回弹再压缩模量。

需要说明的是，各行业规范中规定的地基最终沉降量 s 的计算方法基本相同，不同之处在于：用式（5-31）确定地基沉降计算深度时，Δz 的取值方法略有差异，如《建筑地基基础设计规范》（GB 50007—2002）和《铁路桥涵地基和基础设计规范》（TB 10002.5—99）中 Δz 的取值范围不同，《公路桥涵地基与基础设计规范》（JTJ 024—85）中 Δz 的取值为 1m；此外，在沉降计算经验系数的取值上，《公路桥涵地基与基础设计规范》（JTJ 024—85）与其他两种规范也有差异，具体可查阅上述相关规范。

典型例题分析

[例题 5-3] 已知条件同例题 5-2，地基承载力特征值 $f_{ak}=200$kPa。试用应力面积法计算地基最终沉降量。

解： 由例题 5-2 知，基底附加压力 $p_0=150$kPa，预取压缩层深度 $z=7.5$m，即取基底以下 $z_n=7.5$m，本例是矩形面积上的均布荷载，将矩形面积分成四个小块，计算边长 $l_1=2$m，宽度 $b_1=1$m，各分层沉降计算结果如表 5-8 所示。

各分层沉降量计算程序　　表 5-8

分层 i	深度 z (m)	$\frac{l_1}{b_1}$	$\frac{z}{b_1}$	$\bar{\alpha}$	$z_i\bar{\alpha}_i$	$4\times(z_i\bar{\alpha}_i-z_{i-1}\bar{\alpha}_{i-1})$	$4p_0(z_i\bar{\alpha}_i-z_{i-1}\bar{\alpha}_{i-1})$	E_s (MPa)	$s_i=4p_0(z_i\bar{\alpha}_i-z_{i-1}\bar{\alpha}_{i-1})/E_{si}$
0	0	2	0	0	0				
1	0.5	2	0.5	0.2468	0.1234	0.4936	74.04	4.5	16.45
2	4.5	2	4.5	0.1260	0.5670	1.7744	266.16	5.1	52.19
3	6.0	2	6.0	0.1021	0.6126	0.1824	27.36	5.0	5.47

因此　$s'=\sum s_i=74.11\text{mm}$

因为 $b=2\text{m}$，根据表 5-7 应从 $z=6.0\text{mm}$ 上取 0.3m，计算 $z=5.7\sim6.0\text{m}$ 土层的沉降量，以验算压缩层厚度是否满足要求。按 $l/b=2$，$z/b=5.7$ 查表 5-8 得 $\bar{\alpha}_{i-1}=0.1061$

因此　$z_{i-1}\bar{\alpha}_{i-1}=5.7\times0.1061=0.6048$

$$\Delta s'_n=4p_0(z_i\bar{\alpha}_i-z_{i-1}\bar{\alpha}_{i-1})/E_{si}=4\times150\times(0.6126-0.6048)/5.0=0.94\text{mm}$$

$$\Delta s'_n/s'=0.94/74.11=0.013<0.025$$

因此，压缩层计算深度满足要求。

确定经验系数 ψ_s：

$$\sum A_i=150\times4\times0.6126=367.56$$

$$\sum(A_i/E_{si})=74.04/4.5+266.16/5.1+27.36/5.0=74.11$$

$$\overline{E}_s=367.56/74.11=4.96\text{MPa}$$

查表 5-6，$\psi_s=0.905$，因此

$$s=\psi_s S'=0.905\times74.11=67.07\text{mm}$$

第四节　应力历史对地基沉降的影响

一、应力历史对粘性土压缩性的影响

在讨论应力历史对粘性土压缩性的影响之前，先引进固结应（压）力的概念。所谓固结应力，就是指使土体产生固结或压缩的应力。就地基土层而言，使土体产生固结或压缩的应力主要有两种：一种是土的自重应力，另一种是外荷载在地基内部引起的附加应力。对于新近沉积的土或人工吹填土，起初土粒尚处于悬浮状态，土的自重应力由孔隙水承担，有效应力为零。随着时间的推移，土在自重作用下逐渐沉降固结，最后自重应力全部转化为有效应力，故这类土的自重应力就是固结应力。但对大多数天然土，由于经历了漫长的地质年代，在自重作用下已固结，此时的自重应力已不再引起土层固结，于是能够进一步使土层产生固结的，只有外荷载引起的附加应力，故此时的固结应力仅指附加应力。如果将时间推移到土

层刚沉积时算起，那么固结应力也应包括自重应力。

在本章第一节讨论土的压缩性时已注意到，试样的室内再压缩曲线比初始压缩曲线要平缓得多，这表明试样经历的应力历史不同将使它具有不同的压缩特性。为进一步讨论应力历史对土压缩性的影响，把土在历史上曾受到过的最大有效应力称为先期固结应力，以 p_c 表示；而把先期固结应力与现有有效应力 p'_0 之比定义为超固结比，以 OCR 表示，即 OCR＝p_c/p'_0。对于天然土，当 OCR＞1 时，该土是超固结土；当 OCR＝1 时，则该土是正常固结土。OCR 愈大，该土所受到的超固结作用愈强，在其他条件相同的情况下，其压缩性愈低。此外还有所谓欠固结土，即在自重应力作用下还没有完全固结的土，尚有一部分超孔隙水压力没有消散，它的现有有效应力即为先期固结应力，按上面的定义，它的 OCR＝1，故欠固结土的压缩特性与正常固结土相同。下面将举例说明上述概念。

图 5-15 为天然沉积的三个土层，目前具有相同的地面标高。其中土层 A 沉积到现在的地面后，在自重应力作用下已固结稳定。土层 B 在历史上曾经沉积到图中虚线所示的地面，并在其自重应力下已固结稳定。后来由于地质作用，上部土层被冲蚀而形成现有地面。土层 C 是近代沉积起来的，由于沉积时间不长，在自重应力作用下尚未完全固结稳定。现在来考查这三个土层所经受的应力历史。对于土层 A，在地面下任一深度 z 处，土的现有固结应力 p_0 就是它的自重应力 $\gamma' z$，且已为土骨架所承担而转化为有效应力 p'_0，它也就是该土层曾经受到过的最大有效应力，故 $p'_0=p_c$，OCR＝1，属正常固结土。对于土层 B，在 z 深度处，现有有效应力 $p'_0=\gamma'_z$，但先期固结应力 $p_c=\gamma' h$，故 $p_c>p'_0$，即 OCR＞1，属超固结土。对于土层 C，因土在自重应力作用下尚未完全固结稳定，故在深度 z 处，土的固结应力 $p_0=\gamma' z$ 尚未转化为有效应力，尚有一部分由孔隙水所承担，土的现有有效应力 p'_0 就是它的先期固结应力 p_c，因此，$p_c=p'_0<p_0$，OCR＝1。

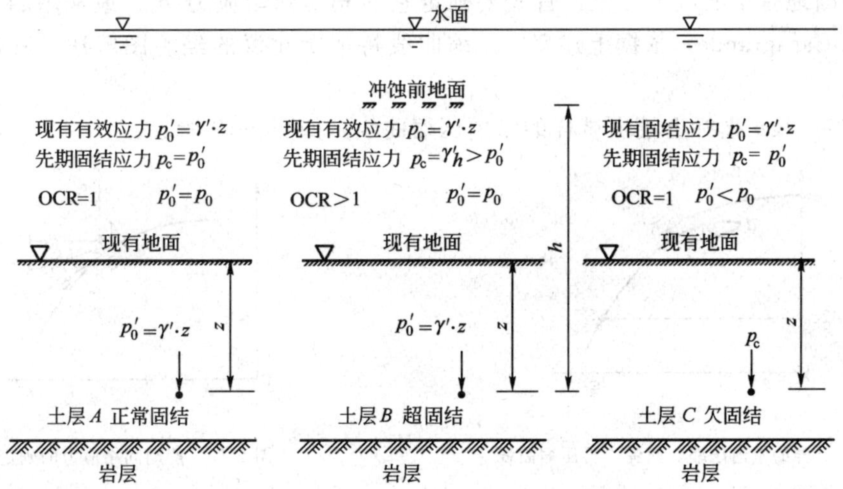

图 5-15 三种不同应力历史的土层

从以上分析可知，在 A、B、C 三个土层现地面以下同一深度 z 处，土的现有应力虽然相同，均为 $p_0=\gamma' z$，但是由于它们经历的应力历史不同，而在压缩曲线上将处于不同的位置。

二、现场压缩曲线的推求

要考虑三种不同应力历史对土层压缩性的影响，必须先解决下列两个问题：一是要确定该土层的先期固结压力 p_c，通过与现有固结应力 p_0 的比较，借以判别该土层是正常固结的、欠固结的，还是超固结的；二是要得到能够反映土的原位特性的现场压缩曲线资料。可是，在绝大多数情况下，土的先期固结应力和现场压缩曲线都不能直接求得，通常只能根据试样的室内压缩试验求得的 $e—\lg p$ 曲线的特征近似推求。

1. 室内压缩曲线的特征

图 5-16 为试样的室内压缩、回弹和再压缩曲线。根据大量的室内压缩试验结果，当把压缩试验结果绘在半对数坐标纸上时，$e—\lg p$ 压缩试验曲线具有下列特征：

(1) 室内压缩曲线开始时平缓，随着压力的增大明显地向下弯曲，继而近乎直线向下延伸。

(2) 不管试样的扰动程度如何，当压力较大时，它们的压缩曲线都近乎直线，且大致交于一点 C，C 点的纵坐标约为 $0.42e_0$，e_0 为试样的初始孔隙比。

(3) 扰动愈剧烈，压缩曲线愈低，曲率也就愈不明显

(4) 卸荷点 B 在再压缩曲线曲率最大的 A 点右下侧。

由于土样取自地下，一个优质原状土样尽管能保持土的原位孔隙比不变，但应力释放是无法完全避免的。因此，室内压缩曲线实质上已是一条再压缩曲线（对现场压缩曲线而言）。而取样和试验操作中试样的扰动又导致室内压缩曲线的直线部分偏离现场压缩曲线。试样扰动愈严重，偏离也愈大。

2. 先期固结应力的确定

为了判断地基土的应力历史，首先要确定它的先期固结应力 p_c，最常用的方法是卡萨格兰德（A. Casagrande）依据上述室内压缩曲线特征所建议的经验图解法，其作图方法和步骤如下：

(1) 在 $e—\lg p$ 坐标上绘出试样的室内压缩曲线，如图 5-17 所示。

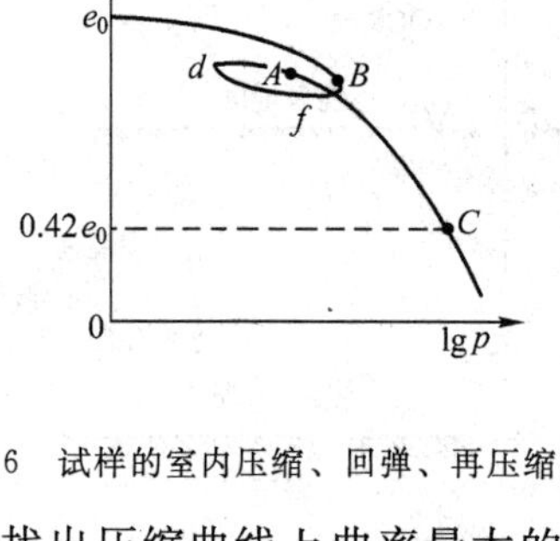

图 5-16 试样的室内压缩、回弹、再压缩曲线

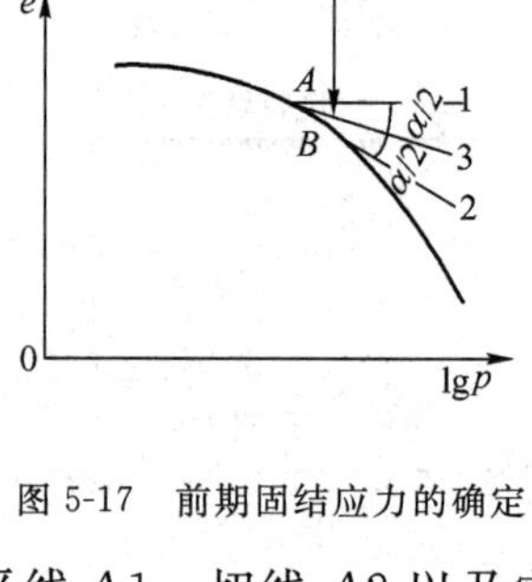

图 5-17 前期固结应力的确定

(2) 找出压缩曲线上曲率最大的点 A，过 A 点作水平线 $A1$、切线 $A2$ 以及它们夹角的平分线 $A3$。

(3) 把压缩曲线下部的直线段向上延伸交 $A3$ 线于 B 点，B 点的横坐标即为所求的先期固结应力 p_c。

应该指出，采用这种方法确定先期固结应力的精度在很大程度上取决于曲率最大的 A

点的正确选定。但是，通常 A 点是凭借目测决定的，故有一定的人为误差。同时，由上述特点（3）可知，严重扰动的试样，压缩曲线的曲率不大明显，A 点的正确位置更难以确定。此外，纵坐标选用不同的比例时，A 点的位置也不尽相同。因此，要可靠地确定先期固结应力，还需结合场地地形、地貌等土层形成历史的调查资料，加以综合分析。关于这方面的问题有待进一步研究。

3. 现场压缩曲线的推求

试样的先期固结应力一旦确定，就可通过它与试样现有固结应力 p_0 的比较，来判定它是正常固结的、超固结的，还是欠固结的。然后，再依据室内压缩曲线的特征，来推求现场压缩曲线。

若 $p_c=p_0$，则试样是正常固结的，它的现场压缩曲线可推求如下：

一般可假定取样过程中试样不发生体积变化，即试样的初始孔隙比 e_0 就是它的原位孔隙比，再由 e_0 和 p_c 值，在 e—$\lg p$ 坐标上定出 b 点，此即试样在现场压缩的起点，然后由上述特征（2）的推论，从纵坐标 $0.42e_0$ 处作一水平线交室内压缩曲线于 c 点，作 b 点和 c 点的连线即为所求的现场压缩曲线，如图 5-18 所示。

若 $p_c>p_0$（$p_0=p'_0$），则试样是超固结的。由于超固结土由先期固结应力 p_c 减至现有有效应力 p'_0 期间曾在原位经历了回弹。因此，当超固结土后来受到外荷引起的附加应力 Δp 时，它开始将沿着现场再压缩曲线压缩。如果 Δp 较大，超过 p_c-p_0，它才会沿现场压缩曲线压缩。为了推求这条现场压缩曲线，应改变压缩试验的程序，并在试验过程中随时绘制 e—$\lg p$ 曲线，待压缩曲线出现急剧转折之后，立即逐级卸荷至 p_0，使回弹稳定，再分级加荷。于是可求得图 5-19 中的曲线 $Adfc$，以备推求超固结土的现场压缩曲线之用。步骤如下：

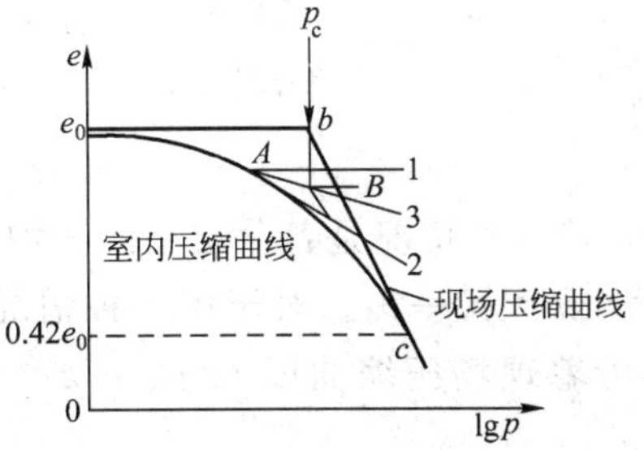

图 5-18　正常固结土现场压缩曲线的推求

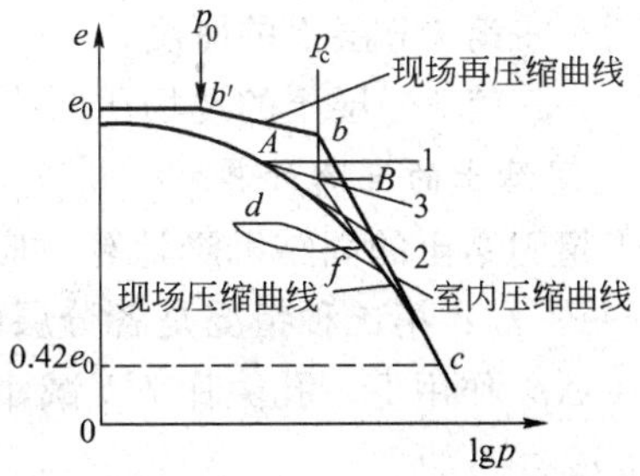

图 5-19　超固结土现场压缩曲线的推求

（1）按上述方法确定先期固结应力 p_c 的位置线和 c 点的位置。

（2）按试样在原位的现有有效应力 p'_0（即现有自重应力 p_0）和孔隙比 e_0 定出 b' 点，此即试样在原位压缩的起点。

（3）假定现场再压缩曲线与室内回弹—再压缩曲线构成的滞回环的割线 df 相平行，过 b' 点作 df 线的平行线交 p_c 位置的竖直线于 b 点，$b'b$ 线即为现场再压缩曲线。

（4）作 b 点和 c 点的连线，即得现场压缩曲线。

若 $p_c<p_0$，则试样是欠固结的。如前所述，欠固结土实质上属于正常固结土一类，所以它的现场压缩曲线的推求方法与正常固结土完全一样。

三、地基固结沉降的计算

按照 e—$\lg p$ 曲线法来计算地基的固结沉降与 e—p 曲线法一样，都是以无侧向变形条件下压缩量的基本公式和分层总和法为前提的，即每一分层土压缩量计算公式仍为式（5-18），所不同的是 Δe 应由现场压缩曲线来获得，初始孔隙比应取 e_0，压缩指数也应由现场压缩曲线求得。下面将分别介绍正常固结土、超固结土和欠固结土的计算方法。

1. 正常固结土的沉降计算

设图 5-20 为第 i 分层土由室内压缩试验曲线推得的现场压缩曲线。因此，当第 i 分层土在平均固结应力（即附加应力）Δp_i 作用下达到完全固结时，其孔隙比的改变量应为

$$\Delta e_i = -C_{ci}[\lg(p_{0i}+\Delta p_i)-\lg p_{0i}] = -C_{ci}\lg\left(\frac{p_{0i}+\Delta p_i}{p_{0i}}\right) \tag{5-34}$$

将式（5-34）代入式（5-18）中，即可得到第 i 分层土的压缩量为

$$s_i = \frac{H_i}{1+e_{0i}}C_{ci}\lg\left(\frac{p_{0i}+\Delta p_i}{p_{0i}}\right) \tag{5-35}$$

于是，地基的固结沉降为各分层土压缩量之总和，即

$$s = \sum_{i=1}^{n}\frac{H_i}{1+e_{0i}}C_{ci}\lg\left(\frac{p_{0i}+\Delta p_i}{p_{0i}}\right) \tag{5-36}$$

式中：e_{0i}——第 i 分层土的初始孔隙比；

P_{0i}——第 i 分层土的平均自重应力；

H_i——第 i 分层土的厚度；

C_{ci}——第 i 分层土的现场压缩指数。

2. 超固结土的沉降计算

对于超固结土的固结沉降计算，应区分两种情况：第一种情况是各分层土的平均固结应力 $\Delta p \geqslant p_c - p_0$；第二种情况是各分层的平均固结应力 $\Delta p < p_c - p_0$。对于第一种情况，第 i 分层土在 Δp_i 作用下，孔隙比 $b'b$ 减小 $\Delta e'_i$，然后再沿着现场压缩曲线 bc 减小 $\Delta e''_i$，如图 5-21a)所示。

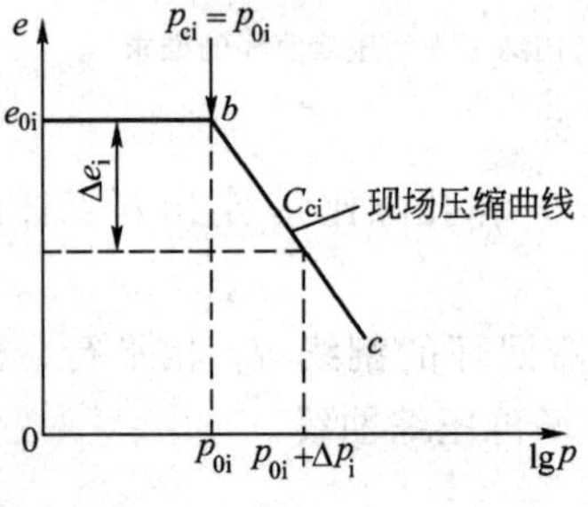

图 5-20　正常固结土沉降计算

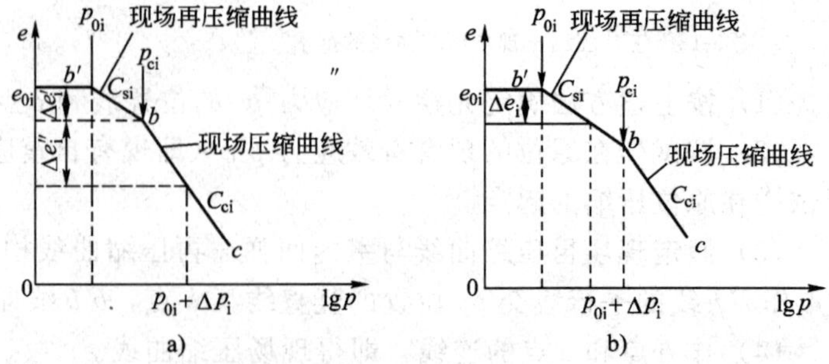

图 5-21　超固结土沉降计算

$$\Delta e'_{\mathrm{i}}=-C_{\mathrm{si}}\lg\left(\frac{p_{\mathrm{ci}}}{p_{0\mathrm{i}}}\right)$$

$$\Delta e''_{\mathrm{i}}=-C_{\mathrm{ci}}\lg\left(\frac{p_{0\mathrm{i}}+\Delta p_{\mathrm{i}}}{p_{\mathrm{ci}}}\right)$$

于是，孔隙比的总改变量为

$$\Delta e_{\mathrm{i}}=\Delta e'_{\mathrm{i}}+\Delta e''_{\mathrm{i}}=-\left[C_{\mathrm{si}}\lg\left(\frac{p_{\mathrm{ci}}}{p_{0\mathrm{i}}}\right)+C_{\mathrm{ci}}\lg\left(\frac{p_{0\mathrm{i}}+\Delta p_{\mathrm{i}}}{p_{\mathrm{ci}}}\right)\right]$$

将上式代入式（5-18），即可得到第 i 分层土的压缩量为

$$s_{\mathrm{i}}=\frac{H_{\mathrm{i}}}{1+e_{0\mathrm{i}}}\left[C_{\mathrm{si}}\lg\left(\frac{p_{\mathrm{ci}}}{p_{0\mathrm{i}}}\right)+C_{\mathrm{ci}}\lg\left(\frac{p_{0\mathrm{i}}+\Delta p_{\mathrm{i}}}{p_{\mathrm{ci}}}\right)\right]$$

式中：C_{si}——第 i 分层土的现场回弹指数；

p_{ci}——第 i 分层土的先期固结应力；

其他符号意义同前。

于是，地基的固结沉降量为各分层土压缩量之和，即

$$s=\sum_{i=1}^{n}\frac{H_{\mathrm{i}}}{1+e_{0\mathrm{i}}}\left[C_{\mathrm{si}}\lg\left(\frac{p_{\mathrm{ci}}}{p_{\mathrm{oi}}}\right)+C_{\mathrm{ci}}\lg\left(\frac{p_{0\mathrm{i}}+\Delta p_{\mathrm{i}}}{p_{\mathrm{ci}}}\right)\right] \tag{5-37}$$

对于第二种情况，第 i 分层土在 Δp_{i} 作用下，孔隙比的改变将只沿着再压缩 $b'b$ 曲线发生，如图 5-21b）所示，其值为

$$\Delta e_{\mathrm{i}}=-C_{\mathrm{si}}[\lg(p_{0\mathrm{i}}+\Delta p_{\mathrm{i}})-\lg p_{0\mathrm{i}}]=-C_{\mathrm{si}}\lg\left(\frac{p_{0\mathrm{i}}+\Delta p_{\mathrm{i}}}{p_{0\mathrm{i}}}\right)$$

第 i 分层的压缩量应为

$$s_{\mathrm{i}}=\frac{H_{\mathrm{i}}}{1+e_{0\mathrm{i}}}C_{\mathrm{si}}\lg\left(\frac{p_{0\mathrm{i}}+\Delta p_{\mathrm{i}}}{p_{0\mathrm{i}}}\right)$$

于是，地基的固结沉降为

$$s=\sum_{i=1}^{n}\frac{H_{\mathrm{i}}}{1+e_{0\mathrm{i}}}C_{\mathrm{si}}\lg\left(\frac{p_{0\mathrm{i}}+\Delta p_{\mathrm{i}}}{p_{\mathrm{ci}}}\right) \tag{5-38}$$

如果超固结土层中，既有 $\Delta p>p_{\mathrm{c}}-p_0$，又有 $\Delta p<p_{\mathrm{c}}-p_0$ 的分层时，其沉降量应分别按式（5-37）和式（5-38）计算，最后将两部分叠加即可。

3. 欠固结土的沉降计算

对于欠固结土，由于在自重应力作用下尚未达到固结稳定，其土层已经受到的有效应力（即先期固结应力）小于现有固结应力（即自重应力 p_0）。因此，在这样的土层上施加荷载，基础的沉降量应包括自重下继续固结所引起的沉降量与新增固结应力 Δp 所引起的沉降量两部分。图 5-22 为欠固结土第 i 分层的现场压缩曲线。由土的自重应力作用下继续固结所引起的孔隙比的改变 $\Delta e'_{\mathrm{i}}$ 和新增固结应力作用下固结所引起的孔隙比的改变 $\Delta e''_{\mathrm{i}}$ 之和为

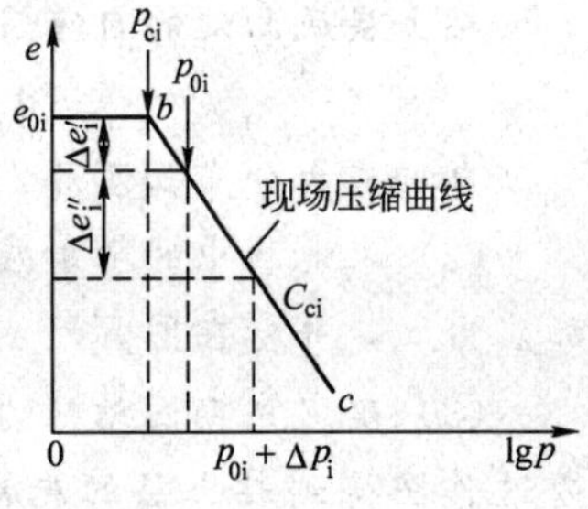

图 5-22　欠固结土沉降计算

$$\Delta e'_{\mathrm{i}} = \Delta e'_{\mathrm{i}} + \Delta e''_{\mathrm{i}} = -C_{\mathrm{ci}} \lg\left(\frac{p_{0\mathrm{i}} + \Delta p_{\mathrm{i}}}{p_{\mathrm{ci}}}\right) \tag{5-39}$$

将上式代入式（5-18），即可得到第 i 分层的压缩量为

$$s_{\mathrm{i}} = \frac{H_{\mathrm{i}}}{1 + e_{0\mathrm{i}}} C_{\mathrm{ci}} \lg\left(\frac{p_{0\mathrm{i}} + \Delta p_{\mathrm{i}}}{p_{\mathrm{ci}}}\right) \tag{5-40}$$

于是，地基的固结沉降量为

$$s = \sum_{i=1}^{n} \frac{H_{\mathrm{i}}}{1 + e_{0\mathrm{i}}} C_{\mathrm{ci}} \lg\left(\frac{p_{0\mathrm{i}} + \Delta p_{\mathrm{i}}}{p_{\mathrm{ci}}}\right) \tag{5-41}$$

典型例题分析

［例题 5-4］ 某仓库，面积为 12.5m×12.5m，均布堆载 100kPa，地基剖面如图 5-23a）所示。从粘土层中心部位取样做室内压缩试验得到压缩曲线如图 5-23b）所示，土样的初始孔隙比 e_0 为 0.67。试求由均布堆载引起的沉降量（砂土层沉降量不计）。

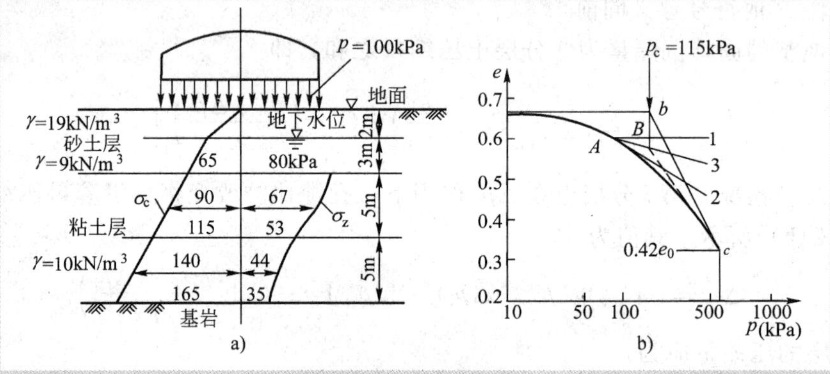

图 5-23　例题 5-4 附图

a）地基剖面；b）压缩曲线

解：（1）计算自重应力并绘分布曲线。

粘土层顶面的自重应力为

$$\sigma_{c1} = 2 \times 19 + 3 \times 9 = 65\text{kPa}$$

粘土层中心处的自重应力为

$$\sigma_{c2} = \sigma_{c1} + 10 \times 5 = 65 + 50 = 115\text{kPa}$$

粘土层底面处的自重应力为

$$\sigma_{c3} = \sigma_{c2} + 10 \times 5 = 115 + 50 = 165\text{kPa}$$

自重应力分布如图 5-23a）所示

（2）求地基中的附加应力并绘分布曲线。该基础属空间问题，求得粘土层中的竖直附加应力 σ_z，并标在图 5-23a）上。

（3）确定先期固结应力值。根据卡萨格兰德的方法，由图 5-23 所示的室内压缩曲线，通过作图得到粘土层的先期固结应力为 115kPa。由于 $p_0 = p_c$，所以该粘土层为正常固结的。

(4) 现场压缩曲线的推求。由 e_0 与先期固结应力得交点 b，b 点即为现场压缩曲线的起点；再由 $0.42e_0$（等于 0.28）在室内压缩曲线上得到交点 c，作 b 点和 c 点的连线，即为要求的现场压缩曲线，如图 5-23b）所示。由图可得 c 点的横坐标为 630kPa，所以压缩指数为

$$C_c = \frac{0.67-0.28}{\lg(630/115)} = 0.53$$

(5) 将粘土层分为两层，每层的厚度 H_i 为 5m，平均自重应力分别为 90kPa、140kPa，分别求出其相应的初始孔隙比：

$$e_{0i} = e_0 - C_c \lg\left(\frac{p_{0i}}{p_0}\right)$$

$$e_{01} = 0.67 - 0.53\lg\left(\frac{90}{115}\right) = 0.726$$

$$e_{02} = 0.67 - 0.53\lg\left(\frac{140}{115}\right) = 0.625$$

(6) 计算沉降量。根据式（5-36），堆场中心处的沉降量为

$$\begin{aligned} s &= \sum \frac{H_i}{1+e_{0i}} C_c \lg\left(\frac{p_{0i}+\Delta p_i}{p_{0i}}\right) \\ &= \frac{500}{1+0.726}\times 0.53\lg\left(\frac{90+67}{90}\right) + \frac{500}{1+0.625}\times 0.53\lg\left(\frac{140+44}{140}\right) \\ &= 37.1+19.4 \\ &= 56.5\text{cm} \end{aligned}$$

第五节　关于地基最终沉降量计算方法的讨论

在地基最终沉降量计算中，尚存在几个问题需要讨论。下面分别予以简要论述：

(1) 假定在中心荷载下基础底面的压力均匀分布，计算求得的沉降就是基础中点的沉降，这是与刚性基础的假设不相适应的。对于一般不太大的基础，可以认为这一问题已因引入经验系数 ψ_s 而加以考虑了。当基础底面积较大时，可计算基础平面内不同点的沉降，再计算平均沉降，作为刚性基础的沉降。

(2) 在地基最终沉降量计算中采用的土层附加应力 σ_z，是以基础底面附加压力 p_0 为依据，乘以附加应力系数 K_z，即取 $\sigma_z = K_z p_0$。这意味着在计算中假定了基坑开挖时，地基土并不因为暂时卸荷而回弹。当基础埋深较小和平面尺寸不大时，这样的假定是正确的。但当基坑平面尺寸及深度较大时，工程实践中的许多经验证明回弹是存在的，基坑中点的回弹较大而边缘较小。此外，经验证明，对于粉砂、粉质粘土的地基，假如在施工时采用人工降低地下水位措施，就不会有显著的回弹。因此，可以认为开挖时的基坑回弹不仅与卸载、解除应力有关，也和地下水上涌有关。因此，在土的原位试验和室内压缩试验时，应进行卸载和重复加载，以模拟基坑下地基土的卸载、回弹以及重加载、重复压缩，并根据这样的试验结果进行沉降计算。

(3) 地基沉降计算的 $e—\lg p$ 曲线法与 $e—p$ 曲线法的本质区别在于前者能推求现场压缩曲线，从而使压缩曲线或压缩指数能较真实地反映地基土层的受力压缩情况。如果仅把室内压缩试验资料绘成的 $e—\lg p$ 曲线直接用来进行地基沉降计算，则上述两种方法就没有本质的区别，而计算出的沉降量差异是由它们对原位孔隙比的假定不一样产生的。在 $e—\lg p$ 曲线法中假定试样的初始孔隙比为它的原位孔隙比；$e—p$ 曲线法中假定试样在自重应力下再压缩后的孔隙比为它的原位孔隙比。$e—\lg p$ 曲线法的优点是可考虑应力历史的影响，而应力历史的影响只有通过现场压缩曲线的推求才能得到反映；$e—p$ 曲线法却无法做到这一点。

(4) 上述两种方法计算地基土的各个分层压缩变形量，都是以室内无侧向变形条件下的压缩试验为依据的，它的受力状态接近于大面积荷载和条形基础中心位置下地基土的受力情况及深层土的受力情况。在结构物边缘处的地基浅层，往往会有明显的侧向变形，这会使此处的计算结果较实际沉降偏小。另外，扰动越大的土，试样得出的压缩指数越偏小。因此，要求在做地基土的压缩试验时，从取土样、试样运输、试样制备及加荷试验的各个环节应尽可能避免试样扰动，以便提高压缩试验成果的可靠性。

(5) 按地基土在荷载作用下发生变形的过程，可以认为地基最终沉降量是由机理不同的三部分沉降组成，即

$$S = S_d + S_c + S_s \tag{5-42}$$

式中：S_d——瞬时沉降（又称为不排水沉降）；

S_c——固结沉降（又称为主固结沉降）；

S_s——次固结沉降（又称为蠕变沉降）。

瞬时沉降是指加载后地基瞬时发生的沉降。由于基础加载面积为有限尺寸，加载后地基中会有剪应变产生，特别是在靠近基础边缘应力集中部位。对于饱和或接近饱和的粘性土，加载瞬间土中水来不及排出，在不排水和体积不变条件下，剪应变引起侧向变形而造成瞬时沉降。因此，瞬时沉降可用式（5-15）或式（5-17）计算，但应取泊松比 $\mu=0.5$，变形模量 E_0 应取不排水模量 E_u。固结沉降 S_c 是指加载后地基土随着孔隙中水分的逐渐挤出、超静孔隙水压力的消散、孔隙体积相应减少和土骨架产生变形所造成的沉降。固结沉降速率取决于孔隙水的排出速率。固结沉降量 S_s 可以用前述分层总和法计算。次固结沉降是指主固结过程（超静孔隙压力消散过程）结束后，在有效应力不变的情况下，土的骨架仍随时间继续发生变形（称为蠕变）。这种变形的速率已与孔隙水排出的速率无关，而是取决于土骨架本身的蠕变性质。对一般粘性土，S_s 值不大；但塑性指数较大的、正常固结的软粘土，尤其是有机土，S_s 值有可能较大。目前，在工程中主要用经验的方法估算土层的次固结沉降。

图 5-24 所示的地基最终沉降的三个组成部分的相对大小和时间过程，是随土的类别而变。对碎石土和砂土地基，可以认为外荷施加完毕时，其固结变形已基本完成；对粘性土和粉土，完全固结所需时间就比较长，例如，厚的饱和软粘土层，其固结变形需要几年甚至几十年时间才能完成。

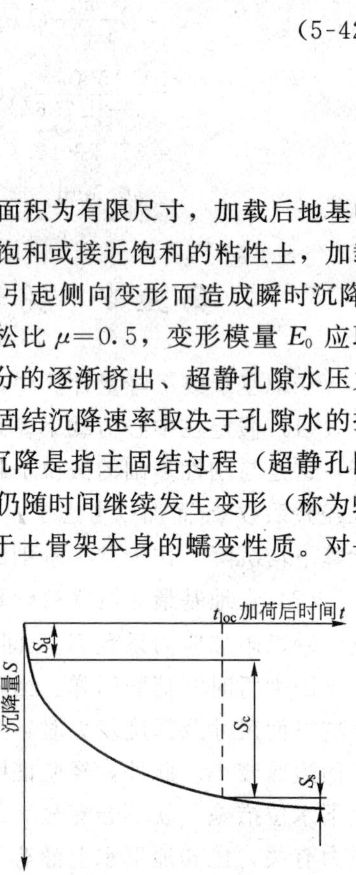

图 5-24　地基沉降的三个组成部分

第六节　饱和土体渗流固结理论

前面讨论了地基最终沉降量的计算问题。实际上，地基的变形不是瞬时完成的，地基在结构物荷载作用下要经过相当长的时间才能达到最终沉降量。正如第五节已提及的，饱和土体的压缩完全是由于孔隙中的水逐渐向外排出，孔隙体积减小引起的。因此，排水速率将影响到土体压缩稳定所需的时间。而排水速率又直接与土的透水性有关，透水性愈强，孔隙水排出愈快，完成压缩所需时间愈短。在工程设计中，除了要知道地基最终沉降量外，往往还需要知道沉降随时间的变化过程即沉降与时间的关系。此外，在研究地基或土体的稳定性时，还需要知道土体中孔隙水压力有多大，特别是超静孔隙水压力。这两个问题需依赖于有效应力原理和土体渗流固结理论方能得以解决。下面将介绍有效应力原理和渗流固结理论。

一、饱和土的有效应力原理

在研究土中自重应力分布时，只考虑了土中某单位面积上的平均应力。实际上，如图 5-25 所示，对完全饱和土体，土中任意波状面（XX 面通过该位置所有土颗粒接触点）上都包括有土粒和粒间孔隙的面积在内，只有通过土粒接触点传递的粒间应力，才能使土粒彼此挤紧，从而引起土体的变形，而且粒间应力又是影响土体强度的一个重要因素，因此称粒间应力在截面积 A 上的平均应力为有效应力。通过土中孔隙传递的压应力，称为孔隙压力，孔隙压力包括孔隙中的水压力和气压力。产生于土中孔隙水传递的压力，称为孔隙水压力。饱和土中的孔隙水压力有静止孔隙水压力和超静孔隙水压力之分。

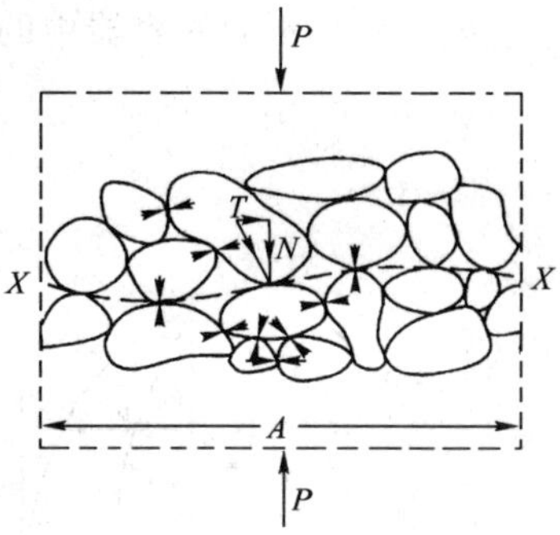

图 5-25　土中平均应力和有效应力

设施加在面积 A 上的法向力为 P，总应力 $\sigma=P/A$，一部分由 XX 面上土粒接触点传递的粒间应力分担，一部分由孔隙水压力分担。对整个土体而言，粒间应力的大小和方向是非常随机的；但对波状面 XX 每个接触点而言，粒间应力可以分解成近似代表波状面 XX 的真实面上的法向应力 σ_i 和切向应力 τ_i，相应的颗粒接触面积为 a_i，孔隙水压力 u 作用于粒间整个平面上，于是得出平衡方程：

$$(\sum\sigma_i a_i)/A+u(1-\sum a_i/A)=\sigma \tag{5-43}$$

或

$$\sigma'+u(1-\sum a_i/A)=\sigma \tag{5-44}$$

式中，令 $\sigma'=(\sum\sigma_i a_i)/A$，$\sum a_i=0$，它是土粒接触面积之和，通常仅占整个横截面积 A 的 1%～3%，因此，将式（5-44）换成下式，不会产生大的误差：

$$\sigma'+u=\sigma \tag{5-45}$$

或

$$\sigma'=\sigma-u \tag{5-46}$$

因此得出结论：饱和土体中任意点的总应力 σ 等于有效应力 σ' 与孔隙水压力 u 之和，或土中任意点的有效应力 σ' 等于总应力 σ 减去孔隙水压力 u 。由于任意点孔隙水压力（静止或超静）u 在各个方向上的作用是相等的，它只能使土颗粒受到各个方向的压缩，因为土粒的变形模量很大，在土力学问题中这个压缩量可以略去不计。上述有效应力与总应力的关系，是由太沙基（1936 年）首次提出的。

二、一维固结的力学模型

1. 一维固结的力学模型

土体的固结是指土体在某一压力作用下与时间有关的压缩过程。就饱和土体而言，这是由于孔隙水的逐渐向外排出引起的。如果孔隙水只朝一个方向向外排出，土体的压缩也只有一个方向发生（一般均指竖直方向），那么，这种压缩过程就称为一维固结。在压力作用下，土体内孔隙水向外排出，体积减小只是一种现象，而它的本质是什么呢？下面我们以土的固结力学模型来说明土体固结的力学机理。

土的一维固结力学模型是一个侧壁和底面均不能透水，其内部装置着多层活塞和弹簧的充水容器，如图 5-26 所示，其中，弹簧模拟土的骨架，容器中水模拟土体孔隙中的水，活塞上的小孔模拟排水条件，容器侧面的测压管用来说明模型中各分层孔隙水压力的变化，实际上测压管是不允许容器中的水排出的。

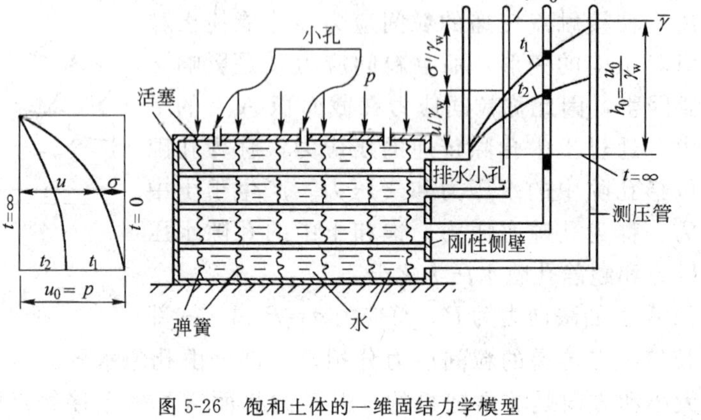

图 5-26　饱和土体的一维固结力学模型

现在我们来分析当模型顶面受到均布压力 p 作用时，其内部的压力变化及弹簧的压缩过程，亦即土体的固结过程。

设模型在受压之前，活塞的重量已由弹簧承担。因此，各测压管中的水位与容器中的静水位齐平。此时每一分层中的弹簧均承受一定的应力，容器中的水也承受一定的孔隙水压力（即静水应力），但它们对今后的压缩变形并没有影响。当模型受到外界压力 p 作用时，由弹簧承担的压力将增加，它相当于土骨架所承担的附加有效应力 σ'。而由容器中水来承担的压力亦将在静水压力的基础上有所增加，这部分应力即相当于土体内孔隙水所承担的超孔隙水压力 u。假定活塞与容器侧壁的摩擦力忽略不计，那么，当模型顶层活塞上受到压力 p 作用时，各分层的附加压力亦即固结应力将是相同的。在施加压力的瞬间，即 $t=0$ 时，由于容器中的水还来不及向外排出，加之水本身认为是不可压缩的，因而各分层的弹簧都没有压缩，附加有效应力 $\sigma'=0$，固结应力全部由水来承担，故超静孔隙水压力 $u_0=p_0$。此时，各测压管中的水位均将高出容器中的静水位，所高出的水柱高度为 $h_0=p/\gamma_w$。

经过时间 t，容器中的水在水位差作用下，由下而上逐渐从顶层活塞的排水孔向外排出，各分层的孔隙水压力将减小，测压管的水位相继下降，超孔隙水压力 $u<p_0$，与此同时，各分层弹簧相应压缩，而承担部分压力，即附加有效应力 $\sigma'>0$。最后，当 $t\to\infty$ 时，测压管中的水位都恢复到与容器中静水位齐平的位置。这时，超静孔隙水压力全部消散，即 $u=0$，仅剩静水压力，容器中的水不再向外排出，弹簧均压缩稳定，固结应力全部由弹簧承担而转化为有效应力，即 $\sigma'=p_0$，这就是土的固结力学模型在某一压力作用下，其内部应力变化和弹簧压缩的全过程。从这一过程中我们可得出结论：在某一压力作用下，饱和土的固结过程，也就是土体中各点的超静孔隙水压力 u 不断消散、附加有效应力 σ' 相应增加的过程，或者说是超静孔隙水压力逐渐转化为附加有效应力的过程，而在这种转化过程中，任一时刻任一深度上的应力始终遵循着有效应力原理，即 $p=\sigma'+u$。因此，关于求解地基沉降与时间关系的问题，实际上就变成求解在附加应力作用下，地基中各点的超静孔隙水压力（或附加有效应力）随时间变化的问题。

应当指出，在不会引起误解的情况下，以后提到的由固结应力引起的孔隙水压力和有效应力，都是指超静孔隙水压力和附加有效应力而言的。它们所表示的是土层中的孔隙水压力和有效应力的增量，只与附加应力有关，而土层中实际作用着的孔隙水压力和有效应力则应包含原有孔隙水压力和有效应力，这点应加以注意。

2. 一维渗流固结理论

下面将利用上述固结力学模型所得到的关于饱和土体固结的力学机理，来求解在附加应力作用下地基内的孔隙水压力问题。通常采用太沙基（1925 年）提出的一维渗流固结理论进行计算。

一维渗流固结理论有下列一些基本假定：

（1）土是均质、各向同性且完全饱和的。

（2）土的压缩完全由孔隙体积的减小所引起，土粒和孔隙水都是不可压缩的。

（3）土中附加应力沿水平面是无限均匀分布的，土的压缩和渗流仅在竖直方向发生。

（4）孔隙水的渗流符合达西定律。

（5）在整个渗透固结过程中，土的渗透系数 k、压缩系数 a 均视为常数。

（6）地面上作用着无限连续均布荷载并且是一次施加的。

图 5-27 为均质、各向同性的饱和粘土层，位于不透水的岩层上，粘土层的厚度为 H，在自重应力作用下已固结稳定，仅考虑外加荷载引起的固结。若在水平地面上施加无限连续均布压力，则在土层内部引起的竖向附加应力（即固结应力）沿高度的分布将是均匀的，且等于外加均布压力，即 $\sigma_z=p$。为了找出粘土层在固结过程中孔隙水压力的变化规律，我们考察粘土层层面以下 z 深度处厚度 dz、面积 1×1 的单元体的水量变化和孔隙体积压缩的情况（坐标取重力方向为正，先不考虑边界条件）。在地面加荷之前，单元体顶面和底面的测压管中水位均与地下水位齐平。而在加荷瞬间，即 t 等于零时，根据前述的固结模型，测压管中的水位都将升高 $h_0=u_0/\gamma_w$，在固结过程中某一时刻 t，测压管中的水位将下降，设此时单元体顶面测压管中水位高出地下水位 $h=u/\gamma_w$。而顶面测压管中水位又比底面测压管中水位低 dh，如图 5-27 所示。由于单元体顶面与底面存在着水位差 dh，因此单元体中将发生渗流并引起水量变化和孔隙体积的改变。

设在固结过程中的某一时刻 t，从单元顶面流出的流量为 q，从底面流入的流量将为 $q+\frac{\partial q}{\partial z}dz$。于是，在时间增量 dt 内，流出与流入该单元体中的水量之差，即净流出的水量为

$$dQ = q dt - \left(q + \frac{\partial q}{\partial z}dz\right)dt = -\frac{\partial q}{\partial z}dz dt \tag{5-47}$$

设在同一时间增量 dt 内单元体上的有效应力增量为 $d\sigma'$，则单元体体积的减小为

$$dV = -m_v d\sigma' dz \tag{5-48}$$

其中 $m_v = a\ (1+e_0)$

式中：m_v——土的体积压缩系数；

a——土的压缩系数；

e_0——土的天然孔隙比。

由于在固结过程中外荷保持不变，因而在 z 深度处的附加应力 $\sigma_z = p$ 也为常数，则有效应力的增加将等于孔隙水压力的减小，即

$$d\sigma' = d(p-u) = -du = -\frac{\partial u}{\partial t}dt \tag{5-49}$$

将式（5-49）代入式（5-48）得

$$dV = m_v \frac{\partial u}{\partial t}dz dt$$

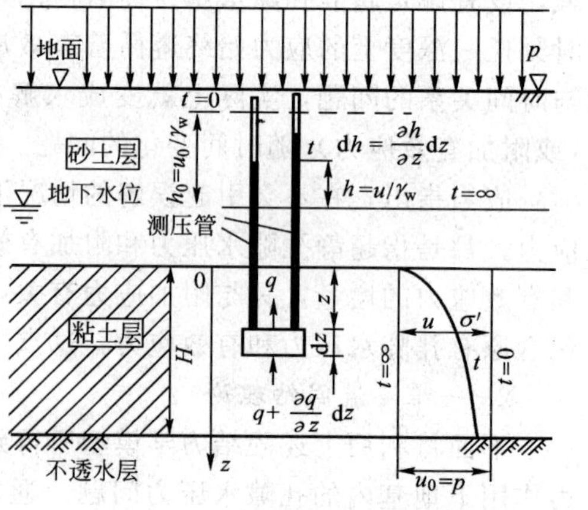

图 5-27 饱和粘土的固结过程

对于完全饱和的土体而言，由于孔隙被水充满，因此，在 dt 时同内单元体体积的减小应等于净流出的水量，即

$$-dV = dQ \tag{5-50}$$

将式（5-47）和式（5-50）代入上式两边，可得

$$\frac{\partial q}{\partial z} = m_v \frac{\partial u}{\partial t} \tag{5-51}$$

根据达西定律，在 t 时刻通过单元体的流量可表示为

$$q = ki = k\frac{\partial h}{\partial z} = \frac{k}{\gamma_w}\frac{\partial u}{\partial z} \tag{5-52}$$

将式（5-52）代入式（5-51）左边，即可得到一维固结微分方程式为

$$\frac{\partial u}{\partial t} = C_v \frac{\partial^2 u}{\partial^2 z} \tag{5-53}$$

其中 $C_v = k/m_v\gamma_w$

式中：C_v——土的固结系数（cm^2/年）；

k——土的渗透系数（cm/年）；

γ_w——水的重度。

在一定的初始条件和边界条件下，按式（5-53），可以解得任一深度 z 处在任一时刻 t 的孔隙水压力表达式。对于图 5-27 所示的土层和受荷情况，其初始条件和边界条件为

$$t=0 \text{ 以及 } 0 \leqslant z \leqslant H \text{ 时}, u=u_0=p$$

$$0<t<\infty \text{ 以及 } \begin{cases} z=H \text{ 时}, \dfrac{\partial u}{\partial z}=0 \\ z=0 \text{ 时}, u=0 \end{cases}$$

$$t=\infty \text{ 以及 } 0 \leqslant z \leqslant H \text{ 时}, u=0$$

用分离变量法，可求得式（5-53）的解答为

$$u=\frac{4}{\pi} p \sum_{m=1}^{\infty} \frac{1}{m} \sin\left(\frac{m\pi z}{2H}\right) e^{-\frac{m^2\pi^2}{4}T_v} \tag{5-54}$$

其中

$$T_v=C_v t/H^2$$

式中：m——正奇数（1，3，5，…）；

T_v——时间因数，无因次；

H——最大排水距离（cm）在单面排水条件下即为土层厚度，在双面排水条件下为土层厚度的一半；

t——固结历时（年）；

C_v——土层的固结系数（cm^2/年）。

3. 固结度及其应用

理论上可以根据式（5-54）求出土层中任意时刻孔隙水压力及相应的有效应力的大小和分布，再利用压缩量基本公式算出任意时刻的地基沉降量 s_t。但是这样求解甚感不便，下面将引入固结度的概念，使问题得到简化。

所谓固结度，就是指在某一固结应力作用下，经某一时间 t 后，土体发生固结或孔隙水压力消散的程度。对于任一深度 z 处土层经时间 t 后的固结度，可按下式表示：

$$U_{zt}=\frac{u_0-u}{u_0}=1-\frac{u}{u_0} \tag{5-55}$$

式中：u_0——初始孔隙水压力，其大小即等于该点的固结应力；

u——t 时刻的孔隙水压力。

某一点的固结度对于解决工程实际问题来说并不重要，为此，又常常引入土层平均固结度的概念。土层的平均固结度定义为 t 时刻土骨架承担的全部有效应力与全部附加应力之比值。因此，t 时刻土层的平均固结度 U_t，可表示为

$$U_t=1-\frac{\int_0^H u\,\mathrm{d}z}{\int_0^H u_0\,\mathrm{d}z} \tag{5-56}$$

将式（5-54）代入式（5-56），积分后，即可得到土层平均固结度的表达式为

$$U_t=1-\frac{8}{\pi^2}\sum_{m=1}^{m=\infty}\frac{1}{m^2}\exp\left(-\frac{m^2\pi^2}{4}T_v\right) \tag{5-57}$$

式中：m——正奇数（1，3，5，…）。

从上式可以看出，土层的平均固结度是时间因数 T_v 的单值函数，它与所加固结应力的大小无关，但与土层中固结应力的分布有关。

式（5-57）括号中的级数收敛很快，当 $U_t>30\%$时可近似地取其中的第一项：

$$U_{t1}=1-\frac{8}{\pi^2}\exp\left(-\frac{\pi^2}{4}T_v\right)=1-0.81057\exp\left(-\frac{\pi^2}{4}T_v\right) \tag{5-58}$$

式（5-58）给出的 U_t 和 T_v 之间的关系曲线，可用图 5-28 中的曲线①表示。为了便于实际应用，式（5-58）或曲线①也可用下列公式很好地近似：

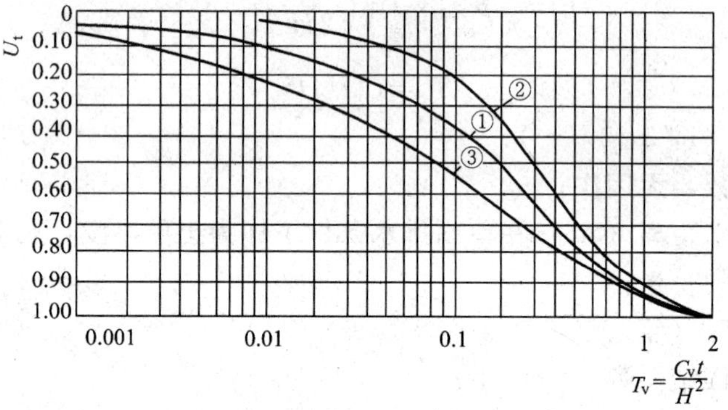

图 5-28　U_t—T_v 关系曲线

$$\begin{cases}T_v=0.785U_t^2 & (U_t<0.60) \quad (5\text{-}59a)\\ T_v=-0.9332\lg(1-U_t)-0.08512 & (U_t>0.60) \quad (5\text{-}59b)\\ T_v\approx 3.6\,U_t & (U_t=1.0) \quad (5\text{-}59c)\end{cases}$$

对于起始超静水压力 u_0 沿土层深度为线性变化的情况（见图 5-29 中的情况 2 和情况 3），可根据此时的边界条件，解微分方程式（5-53），并积分式（5-56），分别可得

情况 2：
$$U_{t2}=1-\frac{32}{\pi^3}\sum_{m=1}^{m=\infty}(-1)^k\frac{1}{m^3}\exp\left(-\frac{m^2\pi^2}{4}T_v\right) \tag{5-60}$$

其中 $k=\text{int}\ (m\ /\ 2)$（表示取 $m/2$ 的整数部分）

式中：m——正奇数（1，3，5，…）。

情况 3：
$$U_{t3}=2U_{t1}-U_{t2} \tag{5-61}$$

这两种情况的 U_t 和 T_v 的关系曲线分别如图 5-28 中的曲线②和曲线③所示。

在实际工程中，作用于饱和土层中的起始超静水压力分布要比图 5-29 所示的三种情况复杂，但实用上可以足够精确地把实际上可能遇到的起始超静水压力分布近似地分为以下五种情况处理（见图 5-30）。

情况 1：基础底面积很大而压缩土层较薄的情况。

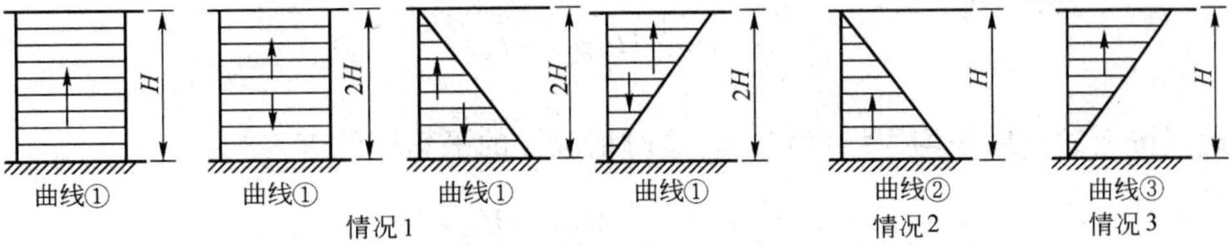

图 5-29　一维渗流固结的三种基本情况

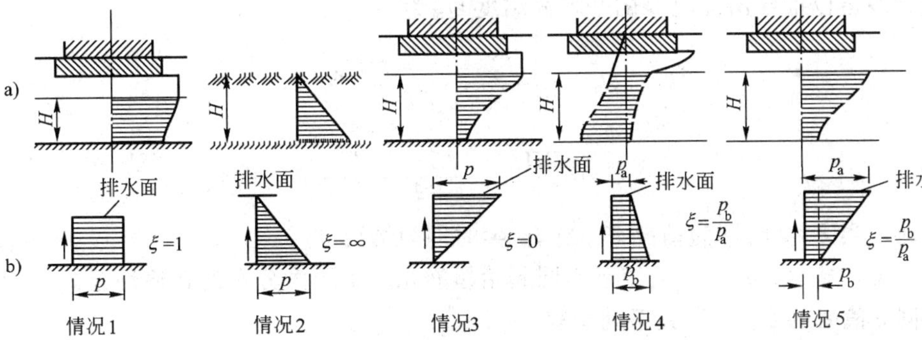

图 5-30　固结土层中的起始压应力分布

a）实际分布图；b）简化分布图（箭头表示水流方向）

情况 2：相当于无限大面积的水力冲填土层，由于自重应力而产生固结的情况。

情况 3：相当于基础底面积较小，在压缩土层底面的附加应力已接近于零的情况。

情况 4：相当于地基在自重作用下尚未固结完毕就在上面修建结构物基础的情况。

情况 5：与情况 3 相类似，但相当于压缩土层底面的附加应力还不接近于零的情况。

情况 4 和 5 的固结度 U_{t4} 和 U_{t5}，可以根据土层平均固结度的物理概念，利用情况 1～情况 3 的 U_t—T_v 关系式推算。按式（5-56）的意义，土层在某一时刻 t 的固结度等于该时刻土层中有效应力分布图的面积与总应力分布图的面积之比。

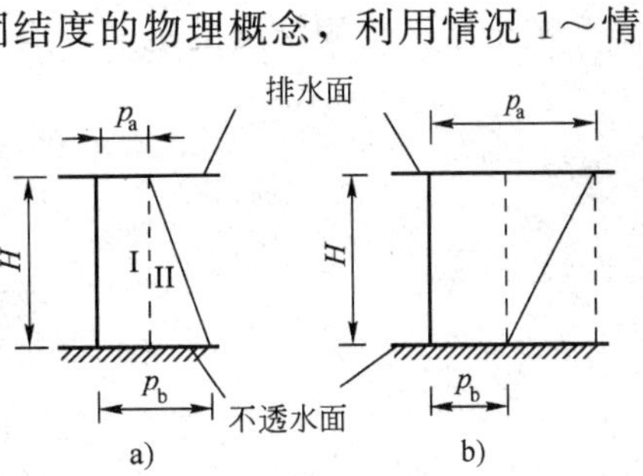

图 5-31　固结度的合成计算方法

a）情况 4；b）情况 5

用虚线将图 5-31a）情况 4 的总应力分布图（亦即起始超静孔隙水压力分布图）分成两部分，第一部分为情况 1，第二部分为情况 2。在 t 时刻，第一部分的固结度 U_{t1} 可用式（5-57）计算，该时刻土层中的有效应力分布图面积 $A_1=U_{t1}p_aH$。

同一时刻，第二部分即情况 2 的固结度 U_{t2} 可用式（5-60）计算，该时刻土层中的有效应力分布图面积为

$$A_2=U_{t2}\cdot\frac{1}{2}H(p_b-p_a)$$

因而 t 时刻土层中有效应力分布图面积之和为 A_1+A_2；而土层中总应力分布面积为

$$A_0 = \frac{1}{2}H(p_b + p_a)$$

因此，按上述土层平均固结度定义，这时情况 4 的平均固结度 U_{t4} 为

$$U_{t4} = \frac{A_1 + A_2}{A_0} = \frac{2U_{t1} + U_{t2}(\xi - 1)}{1 + \xi} \tag{5-62}$$

其中 $\xi = p_b / p_a$

同样方法可以推导出情况 5 的平均固结度 U_{t5} 为

$$U_{t5} = \frac{2U_{t1} - (1 - \xi)U_{t2}}{1 + \xi} \tag{5-63}$$

或

$$U_{t5} = \frac{2\xi U_{t1} + (1 - \xi) U_{t3}}{1 + \xi} \tag{5-64}$$

特别地，当 $\xi = 0$ 时即为情况 3，当 $\xi = \infty$ 时即为情况 2。

由此可见，式 (5-62) 是适用于不同起始超静孔隙水压力分布的普遍性公式。为便于计算，把不同 ξ 值时的 U_t—T_v 关系列于表 5-9。

注意：式 (5-62) ～ (5-64) 中，p_a 恒表示排水面的应力，p_b 恒表示不透水面的应力。

如果压缩土层上下两面均为排水面，则无论压力分布为哪种情况，均可取情况 1 计算，只要以 $H/2$ 代替 H，就可用式 (5-58) 计算土层平均固结度。

4. 沉降与时间关系的计算

以时间 t 为横坐标、沉降 s_t 为纵坐标，可以绘出沉降与时间关系曲线。比较结构物不同点的沉降与时间关系曲线，就可以求出结构物各点在任一时刻 t 的沉降差。

(1) 单层土地基的沉降与时间关系的计算

按土层平均固结度的定义，有

$$U_t = \frac{\text{有效应力分布图面积}}{\text{总附加应力分布图面积}} = \frac{\text{有效应力分布图面积} / \text{土层压缩模量}}{\text{总附加应力分布图面积} / \text{土层压缩模量}} = \frac{t\text{ 时刻土层的沉降量}}{\text{土层的最终沉降量}} = \frac{s_t}{s_\infty}$$

因此

$$s_t = U_t s_\infty \tag{5-65}$$

即知道土层的最终沉降量 s_∞ 和平均固结度 U_t，即求得地基在时间 t 达到的沉降量 s_t。

表 5-9

各种 ξ 值下平均固结度 U_t 与时间因数 T_v（$\times 10^{-2}$）的对照表

ξ \ U(%)	0	5	10	15	20	25	30	35	40	45	50	55	60	65	70	75	80	85	90	95	99.99	情况序号
0	0	0.0324	0.2105	0.5021	0.9400	1.551	2.370	3.446	4.849	6.681	9.087	12.24	16.29	21.32	27.42	34.76	43.79	55.44	71.87	99.97	351.8	3
0.1	0	0.0461	0.2561	0.6071	1.135	1.871	2.856	4.149	5.828	8.001	10.80	14.34	18.69	23.90	30.07	37.43	46.47	58.12	74.56	102.64	354.6	
0.2	0	0.0605	0.3048	0.7198	1.343	2.208	3.362	4.867	6.803	9.267	12.36	16.15	20.66	25.96	32.16	39.53	48.57	60.23	76.66	104.8	356.6	
0.3	0	0.0754	0.3569	0.8390	1.560	2.556	3.876	5.579	7.743	10.45	13.75	17.69	22.29	27.63	33.85	41.23	50.27	61.93	78.36	106.5	358.3	
0.4	0	0.0908	0.4118	0.9638	1.784	2.909	4.386	6.271	8.628	11.51	14.96	19.00	23.66	29.02	35.25	42.63	51.67	63.33	79.79	107.9	359.7	
0.5	0	0.1068	0.4694	1.093	2.013	3.263	4.887	6.932	9.446	12.47	16.02	20.12	24.81	30.19	36.42	43.81	52.85	64.51	80.94	109.1	360.9	5
0.6	0	0.1233	0.5293	1.226	2.243	3.612	5.369	7.553	10.20	13.32	16.95	21.09	25.79	31.19	37.42	44.81	53.85	65.51	81.94	110.1	361.9	
0.7	0	0.1403	0.5912	1.359	2.473	3.954	5.831	8.132	10.88	14.08	17.76	21.93	26.65	32.04	38.29	45.67	54.71	66.37	82.81	110.9	362.8	
0.8	0	0.1578	0.6547	1.496	2.700	4.285	6.269	8.669	11.50	14.76	18.47	22.67	27.40	32.79	39.04	46.42	55.47	67.13	83.56	111.7	363.5	
0.9	0	0.1759	0.7196	1.632	2.923	4.604	6.682	9.164	12.06	15.37	19.11	23.11	28.08	33.46	39.70	47.09	56.13	67.79	84.22	112.3	364.2	
1.0	0	0.1950	0.7854	1.767	3.142	4.909	7.069	9.621	12.57	15.91	19.67	23.89	28.64	34.04	40.28	47.67	56.72	68.38	84.81	112.9	364.7	1
1.5	0	0.2926	1.120	2.417	4.131	6.221	8.657	11.42	14.53	17.96	21.78	26.03	30.79	36.20	42.44	49.83	58.88	70.53	86.97	115.1	367.0	
2.0	0	0.3971	1.444	2.990	4.935	7.214	9.792	12.66	15.82	19.30	23.14	27.39	32.16	37.57	43.82	51.21	60.2E	71.91	88.34	116.5	368.4	
3.0	0	0.6075	2.008	3.883	6.088	8.553	11.26	14.21	17.42	20.93	24.78	29.05	33.82	39.23	45.47	52.86	61.91	73.57	90.00	118.1	370.0	
4.0	0	0.8018	2.449	4.512	6.844	9.391	12.15	15.13	18.36	21.88	25.74	30.01	34.78	40.19	46.44	53.83	62.87	74.53	90.96	119.1	371.0	
5.0	0	0.9714	2.789	4.966	7.368	9.959	12.74	15.74	18.98	22.50	26.36	30.63	35.41	40.82	47.07	54.45	63.50	75.16	91.60	119.7	371.6	4
6.0	0	1.117	3.056	5.305	7.750	10.37	13.17	16.17	19.42	22.94	26.81	31.08	35.85	41.26	47.51	54.90	63.94	75.60	92.04	120.1	372.0	
8.0	0	1.346	3.440	5.755	8.268	10.91	13.73	16.74	19.99	23.52	27.39	31.66	36.43	41.85	48.09	55.48	64.52	76.19	92.62	120.7	372.0	
10.0	0	1.514	3.700	6.083	8.601	11.26	14.08	17.10	20.36	23.89	27.76	32.03	36.80	42.21	48.46	55.85	64.85	76.55	92.99	121.1	372.6	
20.0	0	1.937	4.297	6.761	9.321	12.00	14.84	17.87	21.13	24.66	28.53	32.80	37.58	42.99	49.24	56.63	65.67	77.37	93.77	121.9	373.7	
∞	0	2.507	5.003	7.528	10.12	12.82	15.67	18.70	21.96	25.50	29.37	33.64	38.42	43.83	50.08	57.47	66.51	78.17	94.60	122.7	374.6	2

(2) 成层土地基的沉降与时间关系的计算

上述讨论仅限于地基为均匀土层或地基中只有一层透水性很小的压缩土层的情况。砂层、砾石层等无粘性土层由于透水性大，渗流固结过程迅速，在结构物修建完毕时即已稳定，因此，计算地基的沉降与时间关系一般只考虑粘性土层。如果在成层地基中压缩层范围以内有多层粘性土地基，而两层粘性土中间隔有一层连续分布的透水层（砂层），则可以按照上述方法分别计算每一层土的沉降与时间关系曲线，最后叠加起来即可。但在不少实际工程问题中，可能遇到两层或两层以上粘性土层直接上下叠在一起的情况，这时，应用上述方法就有困难。因为底下一层对于上一层来说，既不是不透水层，也不是完全透水层。对于这个问题，目前一般采用近似解法。如果采用各分层土的平均指标，仍按均匀土层的情况计算，则可以求得相当近似的结果。等效土层的平均指标可按下列公式计算：

$$k_{e}=\frac{\sum h_{i}}{\sum h_{i}/k_{i}} \tag{5-66}$$

$$m_{ve}=\frac{\sum m_{vi}h_{i}}{\sum h_{i}} \tag{5-67}$$

$$C_{ve}=\frac{k_{e}}{m_{ve}\gamma_{w}} \tag{5-68}$$

式中：h_i，k_i 和 m_{vi}——各分层土的厚度、渗透系数和体积压缩系数；

k_e，m_{ve} 和 C_{ve}——等效均匀土层的渗透系数、体积压缩系数和固结系数。

典型例题分析

[例题 5-5] 设饱和粘土层的厚度为 10m，位于不透水坚硬岩层上，由于基底上作用着竖向均布荷载，在土层中引起的附加应力的大小和分布如图 5-32 所示。若土层的初始孔隙比 $e_0=0.8$，压缩系数 $\alpha_v=2.5\times10^{-4}\text{kPa}^{-1}$，渗透系数 $k=0.02$m/年，试问：①加荷一年后，基础中心点的沉降量为多少？②当基础的沉降量达到 20cm 时需要多少时间？

解：(1) 该土层的平均附加（固结）应力为

$$\sigma_z=\frac{240+160}{2}=200\text{kPa}$$

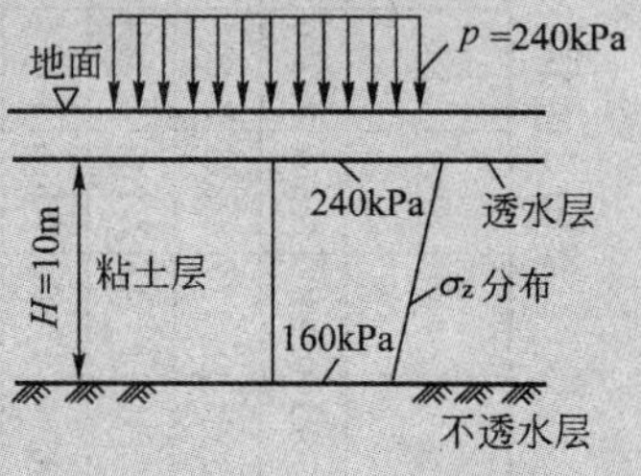

图 5-32　例题 5-5 附图

则基础的最终沉降量为

$$s=\frac{\alpha_v}{1+e_0}\sigma_z H=\frac{2.5}{1+0.8}\times10^{-4}\times200\times1000=27.8\text{cm}$$

该土层的固结系数为

$$C_v=\frac{k(1+e_0)}{\alpha_v\gamma_w}=\frac{0.02\times(1+0.8)}{2.5\times10^{-4}\times10}=14.4\text{m}^2/\text{年}$$

时间因数为

$$T_v=\frac{C_v}{H^2}=\frac{14.4\times1}{10^2}=0.144$$

土层的固结应力为梯形分布，其参数为

$$\xi=\frac{160}{240}=0.667$$

由 T_v 和 ξ 值从表 5-9 中查得土层的平均固结度为 $U_t=0.458$，则加荷 1 年后的沉降量为

$$s_t = U_t s = 0.458 \times 27.8 = 12.73\text{cm}$$

(2) 已知基础的 $s_t=20$cm，最终沉降量 $s=27.8$cm

则土层的平均固结度为

$$U = \frac{s_t}{s} = \frac{20}{27.8} = 0.72$$

由 U 和 ξ 值，从表 5-9 中查得时间因数为 0.4095，则沉降量达到 20cm 所需的时间为

$$t = \frac{T_v H^2}{C_v} = \frac{0.4095 \times 10^2}{14.4} = 2.844\text{ 年}$$

[例题 5-6] 若有一粘土层，厚为 10m，上下两面均可排水。现从粘土层中心取样后切取一厚为 2cm 的试样，放入固结仪做固结试验（上下均有透水石），在某一级固结应力作用下，测得其固结度达到 80%时所需的时间为 10min，问：①该粘土层在现场受到与试验室固结应力同样大小的压力作用下，达到同一固结度所需的时间为多少？②若粘土层改为单面排水，所需时间又为多少？

解：(1) 已知粘土层的厚度 H_1 为 10m，试样厚度 H_2 为 2cm，达到固结度 80%所需的时间 t_2 为 10min。若设粘土层达到固结度 80%时所需的时间为 t_1，由于土的性质和固结度均相同，因而由 $C_{v1}=C_{v2}$ 和 $T_{v1}=T_{v2}$ 的条件可得

$$\frac{t_1}{\left(\frac{H_1}{2}\right)^2} = \frac{t_2}{\left(\frac{H_2}{2}\right)}$$

于是

$$t_1 \frac{H_1^2}{H_2^2} t_2 = \frac{1000^2}{2^2} \times 10 = 2500000\text{min} = 4.756\text{ 年}$$

(2) 当粘土层改为单面排水时，其所需时间为 t_3，则由 T_v 相同的条件可得

$$\frac{t_3}{H_1^2} = \frac{t_1}{\left(\frac{H_1}{2}\right)^2}$$

于是

$$t_3 = 4t_1 = 4 \times 4.756 = 19.024\text{ 年}$$

从以上可知，在其他条件都相同的情况下，单面排水所需的时间为双面排水的 4 倍。

5. 考虑施工期的地基沉降与时间关系的修正

在上述讨论中，均假定基础荷载是一次全部加到地基土上去的，而实际上，结构物荷载是在整个修建期间逐步加上去的。因此，按上述方法求得的沉降与时间关系曲线需作相应修正。图 5-33a）为加载曲线，通常用图 5-33b）代替，即假设加载期间 t_c 内荷载线性增长，并忽略 o' 以前基坑开挖引起的土的变形。太沙基提出了考虑施工期影响的沉降—时间关系曲

线的经验修正方法。

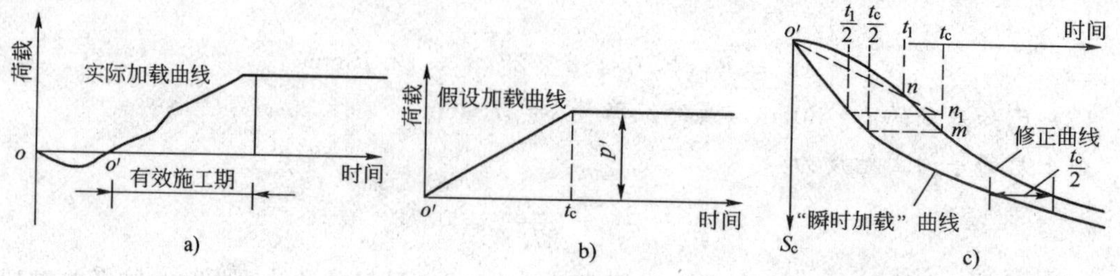

图 5-33　沉降—时间关系曲线的修正

修正方法假定：

(1) 在加载期间 t_c 终了时达到的沉降量等于荷载一次性加上去经过 $t_c/2$ 时间所达到的沉降量，根据这个假定，得点 m（见图 5-33c)）。

(2) 加载期间内某一时间 t_1 达到的沉降量（这时荷载为 p）等于全部荷载 p' 一次加上去经过 $t_1/2$ 时间达到的沉降量乘以 p/p' 值，在图 5-33c) 中，沉降量 $(s_{t1})_n=(s_{t1/2})_{n1}p/p'$。

(3) 在加载期间以后任一时间 t 达到的沉降量等于荷载一次加上去经过 $(t-t_c/2)$ 时间达到的沉降量。

可以看出，随着时间的增长，荷载逐步加上去（施工期间）对沉降值的影响逐渐减小。这种修正方法虽是近似的，但与实际观测结果比较，可以认为在实用上已够准确。

典型例题分析

[例题 5-7]　某 8m 厚粘土层位于两层砂土层之间，上层砂土位于从地表至 4m 深处，下层砂土位于承压水层以下，承压水压力水头高出地表 6m，如图 5-34 所示。粘土层的体积压缩系数 $m_v=0.94\text{MPa}^{-1}$，固结系数 $C_v=1.4\text{m}^2$/年。由于抽水，在 2 年内承压水压力水头下降了 3m。试绘制抽水开始后粘土层的固结沉降—时间曲线。

解： 在本例题中，粘土层固结是由于粘土层下边界孔隙水压力的改变所引起的。粘土层顶面，有效应力的增量为零，粘土层的底面，有效应力增量 $\Delta\sigma'=3\gamma_w=3\times9.8=29.4\text{kPa}$。这个问题是由于有效应力增加所引起的一维固结问题，因为双面排水，可视情况 1 处理。粘土层中点的有效应力增量 $\Delta\sigma'=1.5\gamma_w=1.5\times9.8=14.7\text{kPa}$，因此最终固结沉降量 s_∞ 为

$$s_\infty=m_v\Delta\sigma'H=0.94\times14.7\times8=110.54\text{mm}$$

当 $t=5$ 年时，时间因数 T_v 为

$$T_v=\frac{C_vt}{H^2}=\frac{1.4\times5}{(8/2)^2}=0.4375$$

查表 5-9，相应的平均固结度 $U_t=72.35\%$。为绘制沉降—时间关系曲线，对其他一系列给定的 U_t 值，查表 5-9 得相应的时间因数 T_v，进而由 $t=T_vH^2/C_v$ 求得时间 t，由 $s_t=U_ts_\infty$ 求得相应的沉降 s_t，结果如表 5-10 所示，再对这样计算得到的沉降—时间曲线按太沙基经验方法进行修正，得到相应的沉降—时间关系修正曲线，如图 5-35 所示。

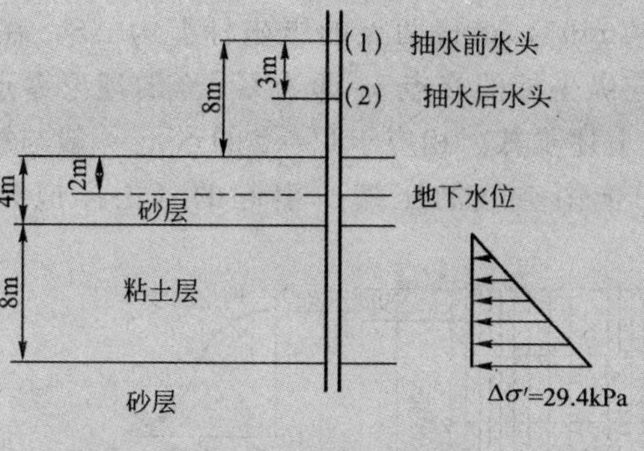

图 5-34　例题 5-7 的已知条件示意图

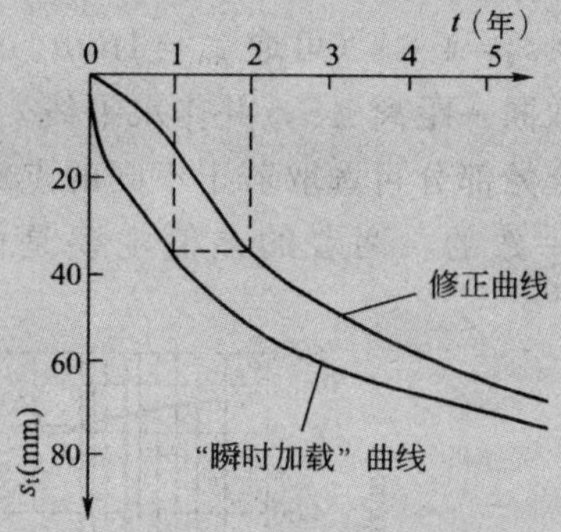

图 5-35　例题 5-7 沉降—时间关系曲线

例题 5-7 计算结果表　　表 5-10

u	T_v	t（年）	S_t（mm）	u	T_v	t（年）	S_t（mm）
0.10	0.007854	0.0898	11.05	0.70	0.4028	4.603	77.38
0.20	0.03142	0.3570	22.11	0.7235	0.4375	5.000	79.98
0.30	0.07069	0.808	33.16	0.8	0.5672	6.482	88.43
0.40	0.1257	1.437	44.22	0.9	0.8481	9.693	99.49
0.50	0.1976	2.248	55.27	0.95	1.129	12.903	105.01
0.60	0.2864	3.275	66.32				

6. 固结系数的测定

前已述及，土层的平均固结度 U 是时间因数 T_v 的单值函数，而 T_v 又与固结系数 C_v 成正比，C_v 越大，土层的固结越快。固结系数是反映土体固结快慢的一个重要指标，它是需要通过试验来确定的。正确地确定土的固结系数对于基础沉降速率的计算有着十分重要的意义。目前，确定土的固结系数的方法很多。由固结系数的定义可知，它是与渗透系数和压缩系数有关的。如果能测出某一孔隙比下土的渗透系数和压缩系数，就可计算出相应的固结系数，但这种方法较少采用。最常用的方法是根据室内固结试验，得到某一级荷载下的试样变形量与时间的关系曲线，然后与单向固结理论中的固结度与时间因数关系曲线（即图 5-28 中的曲线①）进行比较拟合。由于试样变形量与固结度成正比，而时间又与时间因数成正比，因此，这两种曲线应有相似的形态。求固结系数的不同方法，实质上是不同的拟合方法而已。应当注意到，固结系数是对应某一级固结应力而言的。固结应力不同得出的固结系数也会有差别。因此，测定固结系数时，所加固结应力应尽可能与实际工程中产生的固结应力相一致。下面介绍目前最常用的两种方法，也是我国《土工试验方法标准》（GB/T 50123—1999）中推荐的方法。

（1）时间对数法（Casagrande 法）

将平均固结度的理论曲线和固结试验结果绘在半对数坐标纸上，如图 5-36 所示。理论曲线由三部分组成；起始部分接近于抛物线，中间部分接近于直线，水平轴线为末段曲线的渐近线（$U=100\%$）。在试验曲线上，相应于固结度 $U=0$ 的点可由压缩量与时间关系曲线的起始部分近似为抛物线的特征来确定。在曲线上选取两点 A 和 B（见图 5-36），两点的时间比 $t_B : t_A = 4 : 1$（可取 $t_A = 1\text{min}$、$t_B = 4\text{min}$），量得两点的纵坐标差为 ΔS，在 A 点竖直向上量取同一距离 ΔS，并作水平线，它与纵坐标的交点 a_s 即为 $U=0$ 的理论零点。作为校核，在起始部分可选取若干不同的点重复上述步骤。相应于 $U=0$ 的点 a_s 一般与初始读数点 a_0 是不一致的，两者的差值主要是由于土中空气的压缩所引起的（土样饱和度略小于100%），这部分压缩称之为初始压缩。试验曲线的末段是直线，但不是水平线。点 a_{100} 相应于固结度 $U=100\%$，取为两条直线交点的纵坐标值；a_s 和 a_{100} 之间的压缩称之为主固结，代表太沙基理论固结过程部分。过了上述交点后，土样继续以缓慢的速率压缩，直至无限时间，这部分压缩称为次固结。相应于固结度 $U=50\%$ 的点 a_{50}，其纵坐标为点 a_s 和点 a_{100} 纵坐标的中点，相应的横坐标为时间 a_{50}。相应于 $U=50\%$ 的时间因数 $T_v=0.1967$，因此，固结系数 C_v 可按下式求得：

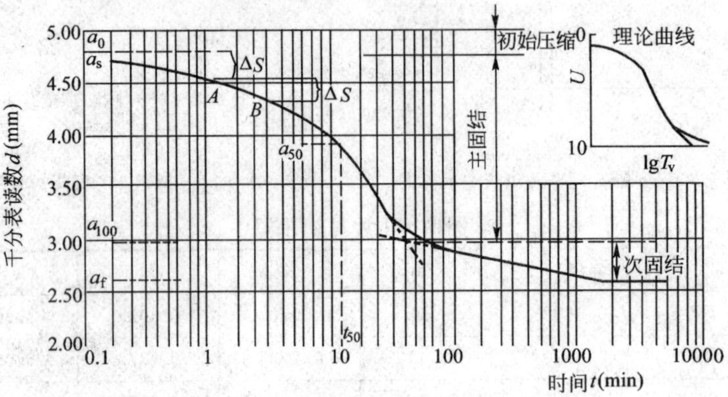

图 5-36　时间对数法

$$C_v = \frac{0.1967H^2}{t_{50}} \tag{5-69}$$

式中：H ——土样在一定压力增量范围内平均高度的一半（双面排水）。

(2) 时间平方根法（Taylor 法）

图 5-37 为平均固结度理论曲线和固结试验曲线，横坐标为时间平方根$\sqrt{t}$。平均固结度 $U<60\%$时理论曲线为一条直线，平均固结度 $U=90\%$所对应的横坐标（AC）为理论曲线的直线部分延伸线 B 点的横坐标（AB）的 1.15 倍。这个特征可用来确定试验曲线上相应于 $U=90\%$的点。

试验曲线由三部分组成：起始部分和末段为曲线，中间部分为直线。起始较短的曲线部分代表初始压缩。相应于 $U=0$ 的点 D 可取为过直线段向上延伸，与纵坐标轴的交点（$t=0$），直线 DE 的横坐标取为试验曲线直线部分横坐标的 1.15 倍，直线 DE

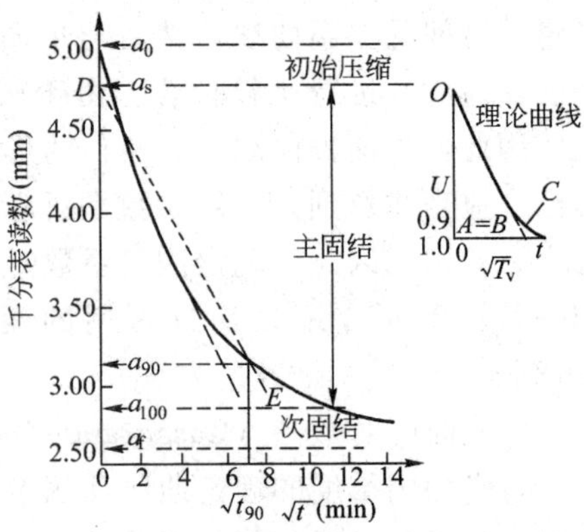

图 5-37　时间平方根法

与试验曲线的交点对应于$U=90\%$相应的坐标（a_{90}，$\sqrt{t_{90}}$）就可以得到。对应于$U=90\%$的时间因数$T_v=0.8481$，因此，固结系数C_v可按下式计算：

$$C_v=\frac{0.848H^2}{t_{90}} \tag{5-70}$$

（3）压缩比

初始压缩、主固结压缩和次固结压缩的相对大小可以通下列压缩比来表示（见图5-35和图5-37）：

初始压缩比
$$r_0=\frac{a_0-a_s}{a_0-a_f} \tag{5-71a}$$

主固结压缩比
$$r_p=\frac{a_s-a_{100}}{a_0-a_f}\text{（时间对数法）} \tag{5-71b}$$

$$r_p=\frac{10(a_s-a_{90})}{9(a_0-a_f)}\text{（时间平方根法）} \tag{5-71c}$$

次固结压缩比
$$r_s=1-(r_0+r_p) \tag{5-71d}$$

典型例题分析

［例题5-8］ 饱和土样做侧限压缩试验，当压力从200kN/m²增加到400kN/m²时，测得的千分表读数如表5-11所示：

千分表读数　　表5-11

时间（min）	0	0.25	0.5	1.0	2.0	4.0	9.0	16.0	25.0
读数（mm）	5.00	4.82	4.77	4.64	4.51	4.32	4.00	3.72	3.49
时间（min）	36.0	49.0	60.0	90.0	120.0	210.0	300.0	1440	
读数（mm）	3.31	3.19	3.10	2.98	2.89	2.78	2.72	2.60	

经过24h（1440min）后，土样厚度为14.10mm。试用时间对数法确定固结系数C_v。

解： 相应于本级荷载增量，土样厚度变化为

$$s=5.00-2.60=2.40\text{mm}$$

固结过程中土样的平均厚度为

$$2H=14.10+\frac{2.40}{2}=15.30\text{mm}$$

最长渗径为

$$H=\frac{15.30}{2}=7.65\text{mm}$$

绘制d—$\lg t$曲线如图5-38所示。

从曲线上求得　$t_{50}=13.0\text{min}$

$$C_v=\frac{0.1967(0.765)^2}{13\times60}=1.478\times10^{-4}\text{cm}^2/\text{s}$$

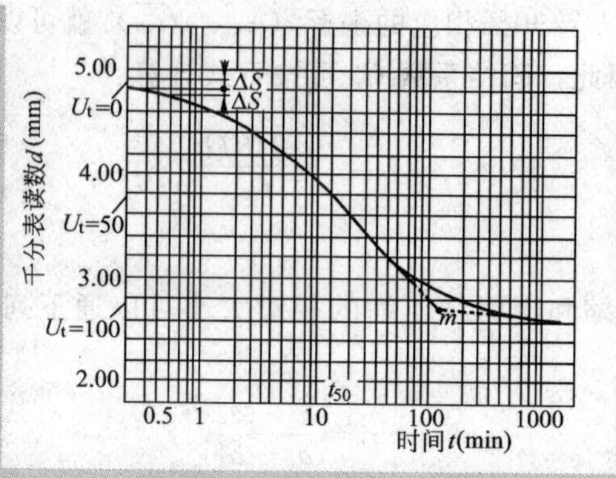

图 5-38 例题 5-8 的 d—$\lg t$ 曲线

思 考 题

1. 简要叙述地基土变形计算的目的、意义与作用。

2. 试从基本概念、计算公式及适用条件等方面比较压缩模量、变形模量与弹性模量，它们与材料力学中的杨氏模量有什么区别？

3. 什么是先期固结应力？简要叙述其如何确定以及在沉降计算中作用。

4. 什么是超固结土、欠固结土和正常固结土。简要说明应力历史对土层压缩性的影响。

5 在正常压密土层中，如果地下水位升降，对建筑物的沉降有什么影响？为什么？

6. 在地基土的沉降计算中，土中附加应力是指有效应力还是总应力？

7. 分层总和法计算沉降的基本概念是什么？

8. 固结度与孔隙水压力之间有什么关系？

9. 试按一维固结理论的基本假设和计算原理来分析，由室内试验结果得出的固结度与实际工程中现场观测得到的固结度不同的原因。

习 题

1. 某饱和土样的原始高度为 20mm，试样面积为 $3\times10^3\text{mm}^2$，在固结仪中做压缩试验。土样与环刀的总重为 175.6×10^{-2}N，环刀重 58.6×10^{-2}N。当压力由 $p_1=100$kPa 增加到 $p_2=200$kPa 时，土样变形稳定后的高度相应地由 19.31mm 减小到 18.76mm。试验结束后烘干土样，称得干土重为 94.8×10^{-2}N。试计算及回答：①与 p_1 及 p_2 相对应的孔隙比 e_1 和 e_2；②该土的压缩系数；③评价该土的压缩性大小。

（答案：$e_1=0.532$，$e_2=0.489$，$a_{1-2}=0.43\text{MPa}^{-1}$，中等压缩性）

2. 某矩形基础尺寸为 $2.5\times4.0\text{m}^2$，上部结构传到地面的荷载 $p=1500$kN，土层厚度、地下水位如图 5-39 所示。各土层的压缩试验数据如表 5-12 所示，试用分层总和法和应力面积法计算基础的最终沉降量。

3. 某基础底面尺寸为 $4.0\times2.5\text{m}^2$，基底附加压力 $P_0=150.0$kPa，土层的平均变形模量 $E_0=4$MPa，泊松比 $\mu=0.3$。试按弹性力学公式计算基础为刚性和柔性时基础中点的沉降量。

（答案：$s_r=94.7$mm；$s_0=118.93$mm）

习题 2 表　　表 5-12

p (kPa) 土层	各级荷载下的孔隙比 e				
	0	50	100	200	300
粘土	0.810	0.780	0.760	0.725	0.690
粉质粘土	0.745	0.720	0.690	0.660	0.630
粉砂	0.892	0.870	0.840	0.805	0.775
粉土	0.848	0.820	0.780	0.740	0.710

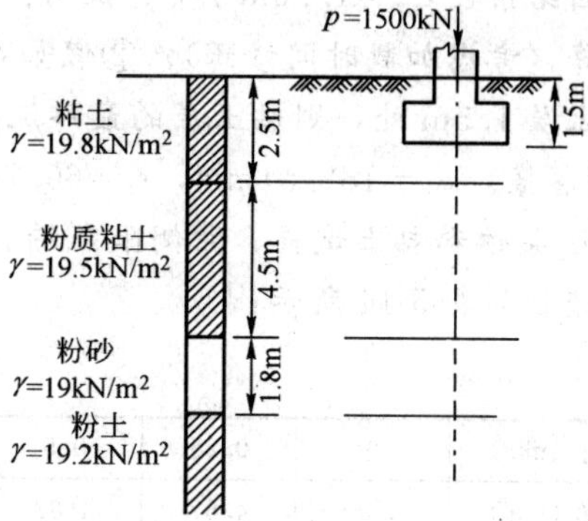

图 5-39　习题 2 示意图

4. 某饱和粘土试样，室内固结试验的结果如表 5-13 所示：

习题 4 表　　表 5-13

压力 (kPa)	0	54	107	214	429	858	1716	3432	0
24h 后千分表读数 (mm)	5.000	4.747	4.493	4.108	3.449	2.608	1.676	0.737	1.480

假设土粒相对密度 $d_s=2.73$，试样原始高度为 19.0mm，试验结束时土样的含水量为 19.8%。试绘制 $e\sim\lg p$ 曲线并确定先期固结压力 p_c；计算固结压力增量区间 10～200kPa 和 1000～1500kPa 的体积压缩系数 m_v，并确定后一压力增量区间的压缩指数 C_c。

（答案：$e_0=0.891$；$p_c=325$kPa；对 $p=100\sim200$kPa，$m_v=0.20\text{MPa}^{-1}$；对 $p=1000\sim1500$kPa，$m_v=0.067\text{MPa}^{-1}$，$C_c=0.31$）

5. 地表 8m 厚的砂层覆盖在 6m 的粘土层上，其下为不透水层（见图 5-40）；地下水位在表层砂 2m 深处。由于大面积抽水，1 年内水位下降了 3m。砂土的饱和重度 $\gamma_{stat}=19\text{kN/m}^3$，水位以上砂的天然重度 $\gamma=17\text{kN/m}^3$，粘土的饱和重度 $\gamma_{sat}=20\text{kN/m}^3$，粘土的孔隙比和有效应力的关系可表示为

$$e=0.88-0.32\lg(p'/100)$$

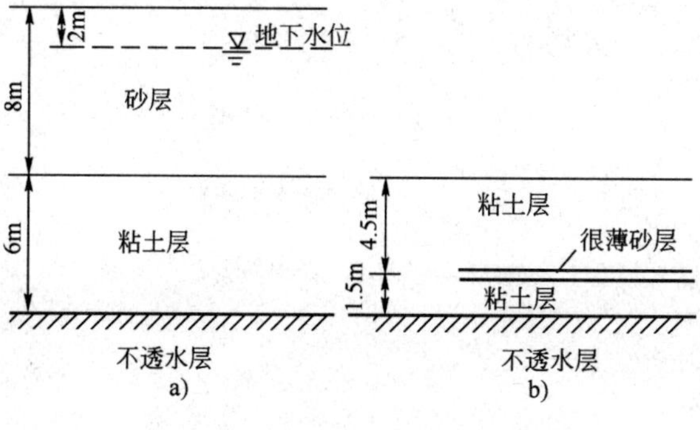

图 5-40　习题 5 示意图

其中固结系数 $C_v=1.26m^2$/年。试问：①粘土层的最终固结沉降量和从抽水开始起算 3 年后的沉降（考虑加载时间修正)；②假如存在一层能自由排水的很薄的砂层，位于不透水层以上粘土层 1.5m 处，则粘土层的最终沉降量和从抽水开始起算 3 年的沉降量又是多大？

（答案：$s_\infty=182.51$mm，$s_t=60.78$mm；$s_\infty=182.51$mm，$s_t=157.18$mm）

6. 某饱和粘土试样，做侧限压缩试验，当压力从 214kPa 增加到 429kPa 时，测得的千分表读数如表 5-14 所示：

习 题 6 表 表 5-14

时间（min）	0	0.25	0.5	1.0	2.25	4.0	9.0	16.0	25.0
读数（mm）	5.00	4.67	4.62	4.53	4.41	4.28	4.01	3.75	3.49
时间（min）	36.0	49.0	64.0	81.0	100.0	200.0	400.0	1440.0	
读数（mm）	3.28	3.15	3.06	3.00	2.96	2.84	2.76	2.61	

经过 1440min（24h）后，土样的厚度为 13.60mm，含水量为 35.9%。试用时间对数法和时间平方根法确定固结系数 C_v 和三个压缩比的大小，并确定体积压缩模量 m_v 和渗透系数 k 的大小。

（答案：时间对数法：$C_v=45m^2$/年，$r_0=0.088$，$r_p=0.757$，$r_s=0.155$；时间平方根法：$C_v=0.46m^2$/年，$r_0=0.080$，$r_p=0.785$，$r_s=0.135$；$m_v=0.70MPa^{-1}$，$k=1.0\times10^{-10}$m/s）

第六章　土的抗剪强度

本章知识点

1. 土体抗剪强度的概念、研究方法；
2. 库仑定律；
3. 摩尔库仑强度条件；
4. 直剪试验、三轴剪切试验、十字板剪切试验以及强度试验方法与指标选用；
5. 有效抗剪强度指标、有效抗剪强度条件；
6. 饱和粘性土的抗剪强度；
7. 无粘性土的抗剪强度。

第一节　概　　述

土的抗剪强度是指土体抵抗剪切破坏的极限能力，是土的重要力学性质之一。在外荷载作用下，建筑物地基或土工构筑物内部将产生剪应力和剪切变形，而土体具有抵抗剪应力的潜在能力——剪阻力或抗剪力，它相应于剪应力的增加而逐渐发挥，当剪阻力完全发挥时，土就处于剪切破坏的极限状态，此时剪阻力也就到达极限。这个极限值就是土的抗剪强度。如果土体内某一局部范围的剪应力达到土的抗剪强度，在该局部范围的土体将就出现剪切破坏，但此时整个建筑物地基或土工构筑物并不因此而丧失稳定性；随着荷载的增加，土体的剪切变形将不断地增大，致使剪切破坏的范围逐渐扩大，并由局部范围的剪切发展到连续剪切，最终在土体中形成连续的滑动面，从而导致整个建筑物地基或土工构筑物丧失稳定性。

工程实践中，与土的抗剪强度直接相关的工程问题主要有三类（图 6-1）：第一，是土作为建筑材料构成的土工构筑物的稳定性问题，如土坝、路堤等填方边坡以及自然边坡的稳定性问题（图 6-1a)）；第二，是土作为工程构筑物的环境的问题，即土压力问题，如挡土

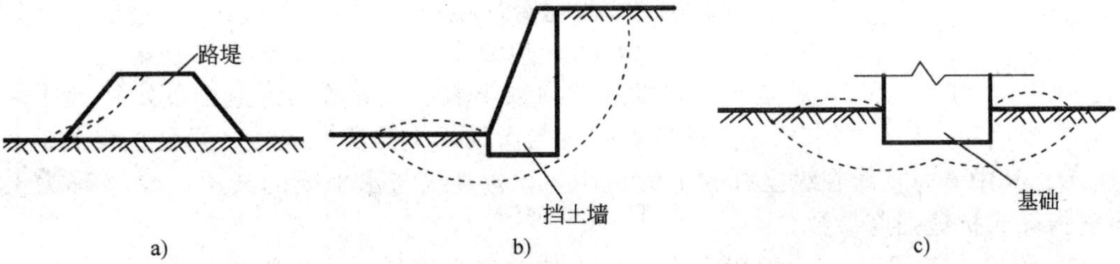

图 6-1　工程中土的强度问题

a）土波滑动；b）挡土墙倾覆；c）地基失稳

墙、地下结构等的周围土体，它的强度破坏将造成对墙体过大的侧向土压力，以至可能导致这些工程构筑物发生滑动、倾覆等破坏事故（图 6-1b））；第三，是土作为建筑物地基的承载力问题，如果基础下的地基土体产生整体滑动或因局部剪切破坏而导致过大的地基变形，都会造成上部结构的破坏或影响其正常使用的事故（图 6-1c））。

本章将介绍土的抗剪强度理论、常用的室内剪切试验和现场试验以及饱和粘性土和无粘性土的抗剪强度性状等问题。必须指出，在初等土力学中，对土的抗剪强度的分析研究和应用是孤立的进行的。这指的是只把土体作为刚塑性体（图 6-2）而与变形问题截然分开，即论及土的强度时，只考虑给定一种破坏准则而不进一步分析或计算所产生的变形大小。

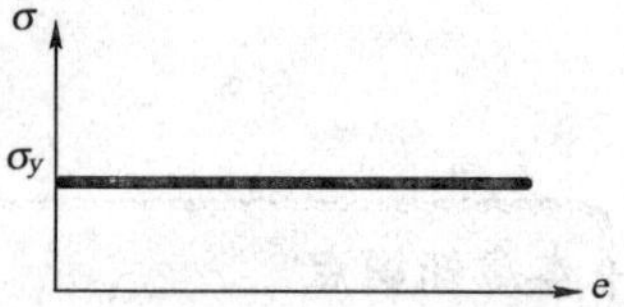

图 6-2 刚塑性体的应力—应变关系

第二节 库仑强度条件

1776 年，法国学者库仑（C. A. Coulomb）根据砂土的试验结果（图 6-3a)），将土的抗剪强度表达为滑动面上法向应力的函数，即

$$\tau_f = \sigma \cdot \tan\varphi \tag{6-1}$$

以后库仑又根据粘土的试验结果（图 6-3b)），提出更为普遍的抗剪强度表达形式：

$$\tau_f = \sigma \cdot \tan\varphi + c \tag{6-2}$$

式中：τ_f——土的抗剪强度（kPa）；

σ——剪切滑动面上的法向应力（kPa）；

c——土的粘聚力（kPa）；

φ——土的内摩擦角（°）。

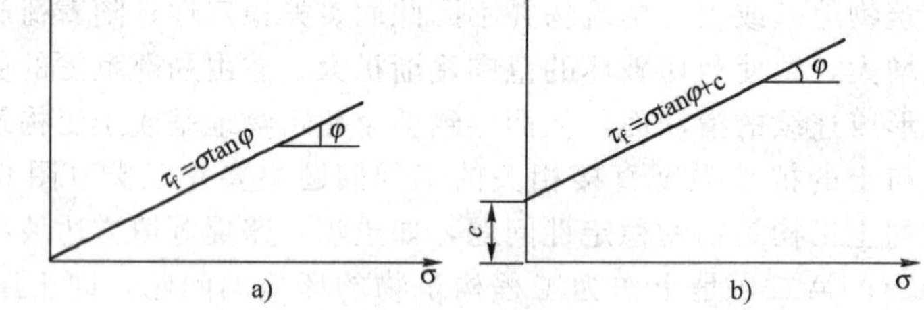

图 6-3 抗剪强度与法向应力之间的关系

a）无粘性土；b）粘性土

式（6-1）和式（6-2）就是土的强度规律的数学表达式，称为库仑强度定律或库仑强度公式，它表明对一般应力水平，土的抗剪强度与滑动面上的法向应力之间呈直线关系，如图 6-3 所示，其中 c 为直线在纵坐标轴上的截距，φ 为直线与水平线的夹角，c、φ 称为土的抗剪强度指标或抗剪强度参数。

由式（6-1）和式（6-2）可以看出，砂土的抗剪强度是由内摩阻力构成，而粘性土的抗剪强度则由内摩阻力和粘聚力两部分构成。

内摩阻力包括土粒之间的表面摩擦力和由于土粒之间的联锁作用而产生的咬合力。咬合力是指当土体相对滑动时，将嵌在其他颗粒之间的土粒拔出所需的力，土越密实，联锁作用则越强。

关于粘聚力，包括有原始粘聚力、固化粘聚力及毛细粘聚力。原始粘聚力主要是由于土粒间水膜受到相邻土粒之间的电分子引力而形成的，当土被压密时，土粒间的距离减小，原始粘聚力随之增大，当土的天然结构被破坏时，原始粘聚力将丧失一些，但会随着时间而恢复其中的一部分或全部。固化粘聚力是由于土中化合物的胶结作用而形成的，当土的天然结构被破坏时，则固化粘聚力随之丧失，而且不能恢复。至于毛细粘聚力，是由于毛细压力所引起的，一般可忽略不计。

砂土的内摩擦角 φ 变化范围不是很大，中砂、粗砂、砾砂一般为 32°～40°；粉砂、细砂一般为 28°～36°。孔隙比越小，φ 越大，但是，含水饱和的粉砂、细砂很容易失去稳定，因此对其内摩擦角的取值宜慎重，有时规定取 20°左右。砂土有时也有很小的粘聚力（约 10kPa 以内），这可能是由于砂土中夹有一些粘土颗粒，也可能是由于毛细粘聚力的缘故。

粘性土的抗剪强度指标的变化范围很大，它与土的种类有关，并且与土的天然结构是否破坏、试样在法向压力下的排水固结程度及试验方法等因素有关。内摩擦角的变化范围大致为 0°～30°；粘聚力则可从小于 10kPa 变化到 200kPa 以上。

需要注意的是，公式（6-1）和（6-2）中的 σ 是总应力。在第四章中介绍的饱和土有效应力原理中，我们知道"土的变形、强度是由有效应力 σ' 控制的"。实际上，由于土中的孔隙水不能承受剪应力作用，土体的抗剪强度只能全部由固体颗粒提供，可以理解土颗粒骨架的变形和强度是不受总应力 σ（$\sigma=\sigma'+u$）而是有效应力 σ' 控制的。因此，土体抗剪强度应该是剪切面上的有效法向应力的函数，表示如下：

$$\tau_f=\sigma'\tan\varphi' \tag{6-1'}$$

$$\tau_f=\sigma'\tan\varphi'+c' \tag{6-2'}$$

式中：c'，φ'——有效粘聚力，有效内摩擦角。

常把 c，φ 称作土的总应力抗剪强度指标；c'，φ' 称作土的有效应力抗剪强度指标。

小贴士

库仑强度条件的有效应力表示及其对砂土振动液化机理的解释

根据有效应力原理，饱和砂土的抗剪强度表达式为：$\tau_f=(\sigma-u)\tan\varphi'=\sigma'\tan\varphi'$

如果在振动力作用下所产生的孔隙水压力 u 接近于总法向应力 σ，则砂土的有效应力 σ' 以及抗剪强度 τ_f 就趋近于零，地基因而也就丧失了承载力。

在振动力作用下，由于荷载的突然作用，土中孔隙水压力突然升高又来不及消散，而砂土体积却在振动荷载作用下有变密的趋势，土体内的应力也会发生变化，原来的有效应力转化为孔隙水压力。随着不断振动，孔隙水压力将会不断变大，当孔隙水压力等于上覆压力时，颗粒间的有效应力趋近于零，此时砂土如液体一样，完全丧失了强度，砂粒与水便一起发生流动。这就是砂土液化现象。

第三节　摩尔库仑强度理论

理论分析和实验研究表明，在各种破坏理论中，对土最适用的是摩尔—库仑理论。1910

年摩尔（Mohr）提出：

（1）材料的破坏是剪切破坏；

（2）任何面上的抗剪强度 τ_f 是作用于该面上的法向应力 σ 的函数，即

$$\tau_f = f(\sigma) \tag{6-3}$$

（3）当材料中任何一个面上的剪应力 τ 等于材料的抗剪强度 τ_f 时，该点便被破坏。

在 $\sigma - \tau_f$ 坐标系中，式（6-3）通常表示为一条向上略凸的曲线，称为摩尔包线（或称为抗剪强度包线），如图 6-4 实线所示。但在一般情况下土的摩尔包线可近似取为直线，即用库仑公式的线性函数来表示，如图虚线所示。

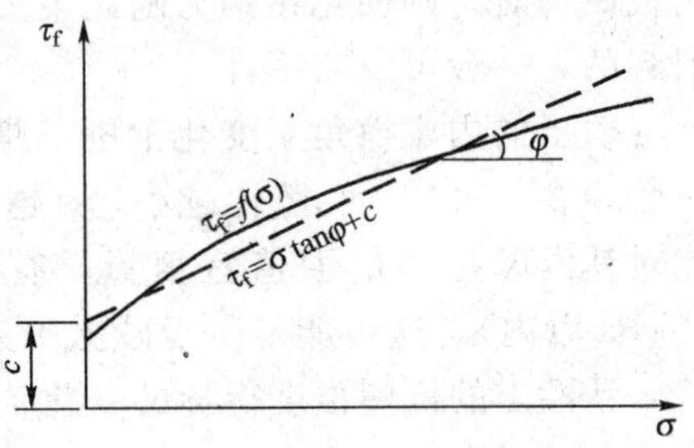

图 6-4　摩尔包线

一、土体中任一点的应力状态

土体内部的滑动可沿任何一个面发生，只要该面上的剪应力达到其抗剪强度。对于复杂应力状态，土体内任意单元体中的各个截面上的应力是相关的，对于平面问题，只要已知任意两个相互垂直的截面上的应力，其他截面上的应力可以用这两个相互垂直的截面上的应力描述。

土体受力后，土体内任意单元体所有截面上，一般都作用着法向应力（正应力）σ 和切向应力（剪应力）τ 两个分量。如果该单元体的某一平面上只有法向应力，没有切向应力，则该平面称为主应力面，作用在主应力面上的法向应力就称为主应力。由材料力学知识可知，对于平面问题，通过任一单元体只有两个主应力面，且它们是正交的。

设某一土体单元体（如图 6-5a)）上作用有大、小主应力 σ_1 和 σ_3，则作用在该单元内与大主应力 σ_1 作用面成任意角 α 的平面 mn 上的法向应力 σ 和剪应力 τ，可从隔离体 abc（图 6-5b)）按静力平衡条件求得：

$$\sigma_3 ds\sin\alpha - \sigma ds\sin\alpha + \tau ds\cos\alpha = 0$$

$$\sigma_1 ds\cos\alpha - \sigma ds\cos\alpha - \tau ds\sin\alpha = 0$$

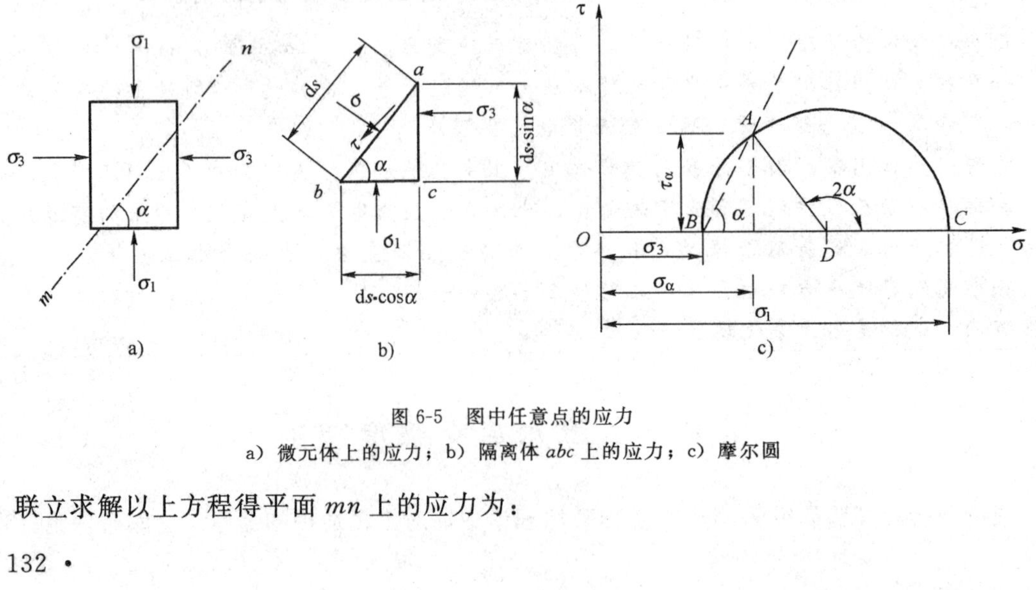

图 6-5　图中任意点的应力

a）微元体上的应力；b）隔离体 abc 上的应力；c）摩尔圆

联立求解以上方程得平面 mn 上的应力为：

$$\left.\begin{aligned}\sigma&=\frac{1}{2}(\sigma_1+\sigma_3)+\frac{1}{2}(\sigma_1-\sigma_3)\cos2\alpha\\ \tau&=\frac{1}{2}(\sigma_1-\sigma_3)\sin2\alpha\end{aligned}\right\}\qquad(6\text{-}4)$$

二、摩尔应力圆

由式（6-4）可知，当平面 mn 与大主应力 σ_1 作用面的夹角 α 变化时，平面 mn 上的 σ 和 τ 亦相应变化。为了表达某一土体单元所有各方向平面上的应力状态，可以引用材料力学中有关表达一点的应力状态的摩尔应力圆方法（6-5c）图），即在 σ—τ 坐标系中，按一定的比例尺，在横坐标上截取 σ_3 和 σ_1 的线段 OB 和 OC，再以 BC 为直径作圆，取圆心为 D，自 DC 逆时针旋转 2α 角，使 DA 与圆周交于 A 点。不难证明，A 点的横坐标即为平面 mn 上的法向应力 σ，纵坐标即为剪应力 τ。由此可见，摩尔应力圆圆周上的任一点都相应代表着与大主应力 σ_1 作用面成一定角度的平面上的应力状态，因此，摩尔应力圆可以完整的表示一点的应力状态。

三、摩尔库仑强度条件

按摩尔—库仑理论判断土中某点是否破坏时，可将摩尔应力圆与抗剪强度包线绘在同一 σ—τ 坐标图上，根据表达该点应力状态的摩尔圆与抗剪强度包线的相互位置关系，有以下三种情况（图 6-6）：

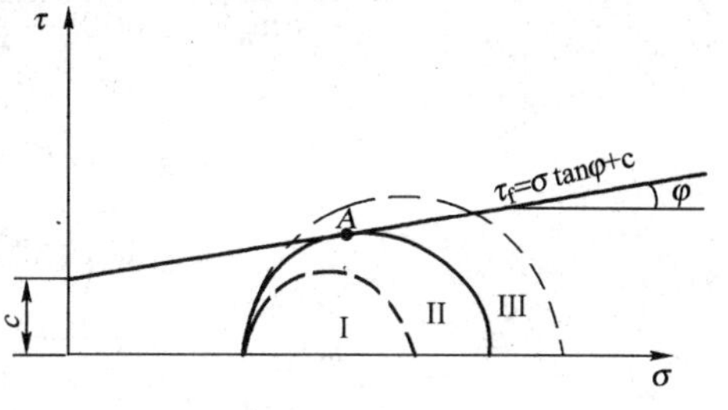

图 6-6　摩尔圆与抗剪强度包线的关系

①整个摩尔圆位于抗剪强度包线的下方（圆 I），表明通过该点任意平面上的剪应力都小于相应面上的抗剪强度（$\tau<\tau_f$），故该点没有发生剪切破坏，而处于弹性状态；

②摩尔圆与抗剪强度相割（圆 III），说明该点某些平面上的剪应力已超过了相应面上的抗剪强度（$\tau>\tau_f$），故该点早已破坏，实际上该应力圆所代表的应力状态是不存在的；

③摩尔圆与抗剪强度包线相切（圆 II），切点为 A，说明在 A 点所代表的平面上，剪应力正好等于相应面上的抗剪强度（$\tau=\tau_f$），因此，该点处于濒临剪切破坏的的极限应力状态，称为极限平衡状态。与抗剪强度包线相切的圆 II 称为极限应力圆。

在分析和计算方面，一般常用大、小主应力 σ_1 和 σ_3 来表示土体中一点的剪切破坏条件，即土的极限平衡条件。为此，设土体某一单元微体（图 6-7a)）中，在与大主应力 σ_1 作用平面成 α_f 角的平面 mn 上，其应力条件处于极限平衡状态（图 6-7b)）。将抗剪强度包线延长与 σ 轴相交于 B 点，由图 6-7 并根据直角三角形 ABO_1 的几何关系得：

$$\sin\varphi=\frac{\overline{O_1A}}{\overline{O_1B}}=\frac{\frac{1}{2}(\sigma_1-\sigma_3)}{\frac{1}{2}(\sigma_1+\sigma_3)+c\cdot\cot\varphi}=\frac{\sigma_1-\sigma_3}{\sigma_1+\sigma_3+2c\cdot\cot\varphi}\qquad(6\text{-}5)$$

化简后得：

$$\sigma_1=\sigma_3\frac{1+\sin\varphi}{1-\sin\varphi}+2c\frac{\cos\varphi}{1-\sin\varphi}\qquad(6\text{-}6)$$

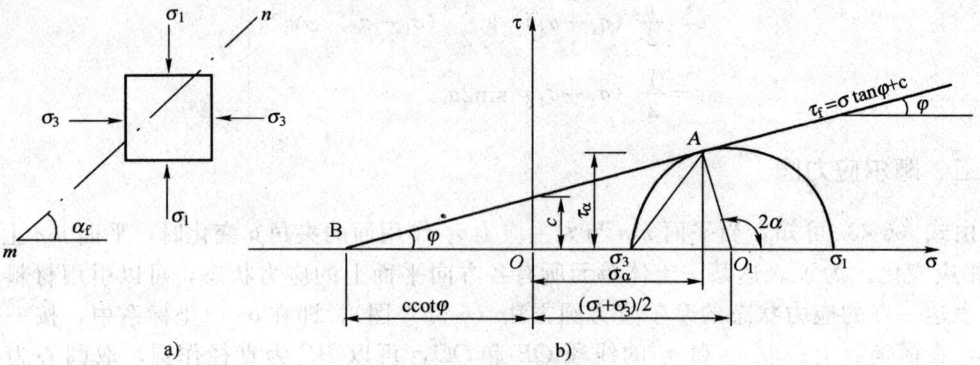

图 6-7 土体中一点达级限平衡状态时的摩尔圆

a）微单元体；b）极限平衡状态时的摩尔圆

或 $$\sigma_3=\sigma_1\frac{1-\sin\varphi}{1+\sin\varphi}-2c\frac{\cos\varphi}{1+\sin\varphi} \tag{6-7}$$

由三角函数可以证明：

$$\frac{1+\sin\varphi}{1-\sin\varphi}=\frac{\sin90°+\sin\varphi}{\sin90°-\sin\varphi}=\frac{2\sin\left(45°+\frac{\varphi}{2}\right)\cos\left(45°-\frac{\varphi}{2}\right)}{2\sin\left(45°-\frac{\varphi}{2}\right)\cos\left(45°+\frac{\varphi}{2}\right)}$$

$$=\frac{\sin^2\left(45°+\frac{\varphi}{2}\right)}{\cos^2\left(45°+\frac{\varphi}{2}\right)}=\tan^2\left(45°+\frac{\varphi}{2}\right)$$

$$\frac{\cos\varphi}{1-\sin\varphi}=\sqrt{\frac{1-\sin^2\varphi}{(1-\sin\varphi)^2}}=\sqrt{\frac{1+\sin\varphi}{1-\sin\varphi}}=\tan\left(45°+\frac{\varphi}{2}\right)$$

$$\frac{1-\sin\varphi}{1+\sin\varphi}=\frac{1}{\tan^2\left(45°+\frac{\varphi}{2}\right)}=\tan^2\left(45°-\frac{\varphi}{2}\right)$$

$$\frac{\cos\varphi}{1+\sin\varphi}=\sqrt{\frac{1-\sin^2\varphi}{(1+\sin\varphi)^2}}=\sqrt{\frac{1-\sin\varphi}{1+\sin\varphi}}=\tan\left(45°-\frac{\varphi}{2}\right)$$

代入式（6-6）和（6-7），可得粘性土的极限平衡条件为：

$$\sigma_1=\sigma_3\tan^2\left(45°+\frac{\varphi}{2}\right)+2c\cdot\tan\left(45°+\frac{\varphi}{2}\right) \tag{6-8}$$

或 $$\sigma_3=\sigma_1\tan^2\left(45°-\frac{\varphi}{2}\right)-2c\cdot\tan\left(45°-\frac{\varphi}{2}\right) \tag{6-9}$$

对于无粘性土，由于粘聚力 $c=0$，由式（6-5）、（6-8）和（6-9）可得无粘性土的极限平衡条件为：

$$\sin\varphi=\frac{\sigma_1-\sigma_3}{\sigma_1+\sigma_3} \tag{6-10}$$

或 $$\sigma_1=\sigma_3\tan^2\left(45°+\frac{\varphi}{2}\right) \tag{6-11}$$

或
$$\sigma_3=\sigma_1\tan^2\left(45°-\frac{\varphi}{2}\right) \tag{6-12}$$

从图 6-7 中三角形 ABO_1 的外角与内角的关系可得：

$$2\alpha_f=90°+\varphi$$

因此，土中出现的破裂面与大主应力 σ_1 作用面的夹角 α_f 为：

$$\alpha_f=45°+\frac{\varphi}{2} \tag{6-13}$$

极限平衡的表达式（6-5）、（6-8）、（6-9）以及式（6-10）～（6-12），并不是在任何应力状态下都能满足的恒等式，而是代表土体处于极限平衡状态时主应力间的相互关系。因此，以上公式可用来判断土体是否达到剪切破坏。例如，已知土中某一点的大、小主应力 σ_1 和 σ_3 以及抗剪强度指标 c 和 φ，可将 σ_1、c 和 φ 值或 σ_3、c 和 φ 值代入这些公式的右侧，求出主应力的计算值 σ_{1j} 或 σ_{3j}，它们代表该点处于极限平衡状态时所能承受的主应力极值。将此主应力计算值与已知的主应力值比较，即可判断出该点是否会发生剪切破坏。如果 $\sigma_{1j}<\sigma_1$（图 6-8a)）或 $\sigma_{3j}>\sigma_3$（图 6-8b)），表明该点已被剪坏；反之，则没有发生剪切破坏；若 $\sigma_{1j}=\sigma$ 或 $\sigma_{3j}=\sigma_3$，表明该点处于极限平衡状态。

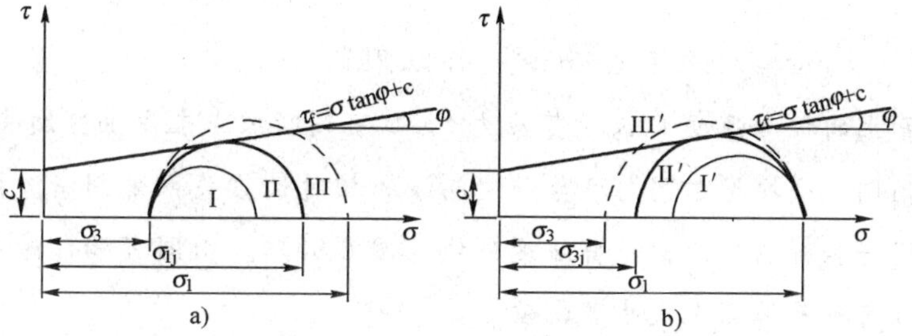

图 6-8　用极限平衡条件判断土体中一点所处的状态

小贴士

摩尔库仑强度条件的有效应力表示

以上摩尔库仑极限平衡条件表达式是用总应力来表示的，也可以用有效应力来表示：

$$\sigma'_1=(\sigma_1-u_f)=\sigma'_3\tan^2\left(45°+\frac{\varphi'}{2}\right)+2c'\cdot\tan\left(45°+\frac{\varphi'}{2}\right)$$

$$=(\sigma_3-u_f)\cdot\tan^2\left(45°+\frac{\varphi'}{2}\right)+2c'\cdot\tan\left(45°+\frac{\varphi'}{2}\right)$$

或 $$\sigma'_3=(\sigma_3-u_f)=\sigma'_1\tan^2\left(45°-\frac{\varphi'}{2}\right)-2C'\cdot\tan\left(45°-\frac{\varphi'}{2}\right)$$

$$=(\sigma_1-u_f)\tan^2\left(45°-\frac{\varphi'}{2}\right)-2c'\cdot\tan\left(45°-\frac{\varphi'}{2}\right)$$

典型例题分析

[例 6-1]　设砂土地基中某点的大主应力 $\sigma_1=400\text{kPa}$，小主应力 $\sigma_3=200\text{kPa}$，砂土的内摩擦角 $\varphi=25°$，粘聚力 $c=0$，试判断该点是否破坏？

解：为加深对本节内容的理解，以下用多种方法解题。

解法一：按某一平面上的 τ 和 τ_f 对比来判断。根据式（6-13）知，破坏时土中出现的破裂面与大主应力作用面的夹角 $\alpha_f = 45° + \frac{\varphi}{2}$。因此，作用在与大主应力作用面成 $45° + \frac{\varphi}{2}$ 角平面上的法向应力 σ、剪应力 τ 和抗剪强度 τ_f，可按式（6-4）和（6-1）计算：

$$\sigma = \frac{1}{2}(\sigma_1 + \sigma_3) + \frac{1}{2}(\sigma_1 - \sigma_3)\cos 2\left(45° + \frac{\varphi}{2}\right)$$

$$= \frac{1}{2}(400 + 200) + \frac{1}{2}(400 - 200)\cos 2\left(45° + \frac{25°}{2}\right) = 257.7\text{kPa}$$

$$\tau = \frac{1}{2}(\sigma_1 - \sigma_3)\sin 2\left(45° + \frac{\varphi}{2}\right)$$

$$= \frac{1}{2}(400 - 200)\sin 2\left(45° + \frac{25°}{2}\right) = 90.6\text{kPa}$$

$$\tau_f = \sigma\tan\varphi = 257.7 \times \tan 25° = 120.2\text{kPa} > \tau$$

由于破裂面上的抗剪强度 τ_f 大于剪应力 τ，故可判断该点未发生剪切破坏。

解法二：用图解法按摩尔圆与抗剪强度包线的相对位置关系来判断。按一定比例作出摩尔圆，并在同一坐标图中绘出抗剪强度包线（图 6-9a)）。由图可知，摩尔圆与抗剪强度包线不相交，故可判断该点未发生剪切破坏。

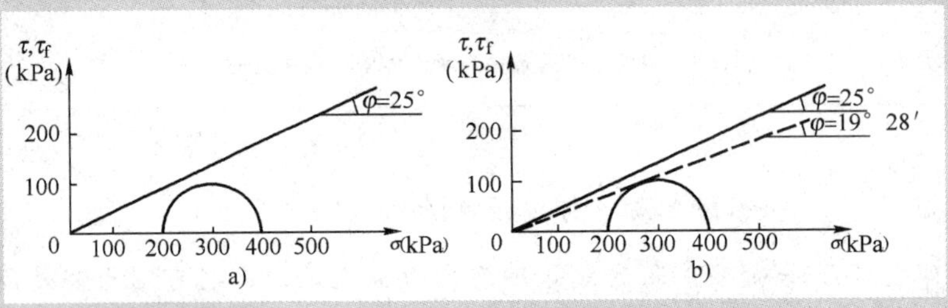

图 6-9 抗剪强度包线

解法三：按式（6-10）判断：

$$\varphi_j = \arcsin\frac{\sigma_1 - \sigma_3}{\sigma_1 + \sigma_3} = \arcsin\frac{400 - 200}{400 + 200} = 19°28'$$

该计算值 φ_j 为该点处于极限平衡状态时所需的内摩擦角，由于 $\varphi_j \leqslant \varphi$，故可判断该点未发生剪切破坏（图 6-9b)）。

解法四：按式（6-11）判断：

$$\sigma_{1j} = \sigma_3\tan^2\left(45° + \frac{\varphi}{2}\right) = 200\tan^2\left(45° + \frac{25°}{2}\right) = 492.8\text{kPa} > \sigma_1$$

故该点未发生剪切破坏。

解法五：按式（6-12）判断：

$$\sigma_{3j}=\sigma_1\tan^2\left(45°-\frac{\varphi}{2}\right)=400\tan^2\left(45°-\frac{25°}{2}\right)=162.3\text{kPa}<\sigma_3$$

故该点未发生剪切破坏。

第四节　抗剪强度指标的测定方法

地基承载力、土坡稳定及土压力大小等均与土的抗剪强度有关。因此，准确测定土的抗剪强度在工程中具有重要意义。

目前土的抗剪强度的测定，可用直接剪切试验、三轴压缩试验、无侧限抗压试验和十字板剪切试验等常用的试验方法进行。除十字板剪切试验在原位进行测试外，其他三种试验均需从现场取回土样，再在室内进行测试。

一、直接剪切试验

测定土的抗剪强度的最简单的方法是直接剪切试验。试验所使用的仪器称为直剪仪，按加荷方式的不同，直剪仪可分为应变控制式和应力控制式两种。前者是以等速水平推动试样产生位移并测定相应的剪应力；后者则是对试样分级施加水平剪应力，同时测定相应的位移。我国目前普遍采用的是应变控制式直剪仪，如图 6-10 所示。该仪器的主要部件由固定的上盒和活动的下盒组成，试样放在盒内上下两块透水石之间。

试验时，由杠杆系统通过加压活塞和透水石对试样施加某一垂直压力 P（如土质松软，宜分次施加以防土样挤出），然后以规定的速率等速转动手轮来对下盒施加水平推力 T，使试样在沿上下盒之间的水平面上产生剪切变形，同时每隔一定时间测记量力环表读数，直至剪坏。根据实验记录，由量力环的变形值计算出剪切过程中剪应力的大小，并绘制出剪应力 τ 和剪切位移 Δl 的关系曲线（图 6-11a)），通常取该曲线上的峰值点或稳定值作为该级垂直压力下的抗剪强度。

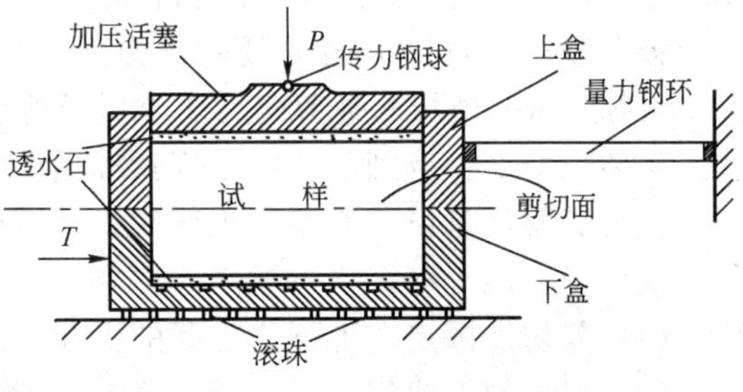

图 6-10　应变控制式直剪仪

对同一种土取 3～4 个试样，分别在不同的垂直压力下剪切破坏，可将试验结果绘制成以抗剪强度 τ_f 为纵坐标，法向应力 σ 为横坐标的平面图上，通过图上各试验点绘一条直线，此即抗剪强度包线，如图 6-11b）所示。该直线与横轴的夹角为内摩擦角 φ，在纵轴上的截距为粘聚力 c，直线方程可用库仑公式（6-2）表示。对于砂性土，抗剪强度与法向应力之间的关系则是一条通过原点的直线，可用式（6-1）表示。

试验和工程实践都表明土的抗剪强度是与土受力后的排水固结状况有关，对同一种土，即使施加同一法向应力，但若剪切前试样的固结过程和剪切时试样的排水条件不同，其强度指标也不尽相同。因而在土工工程设计中所需要的强度指标试验方法必须与现场的施工加荷

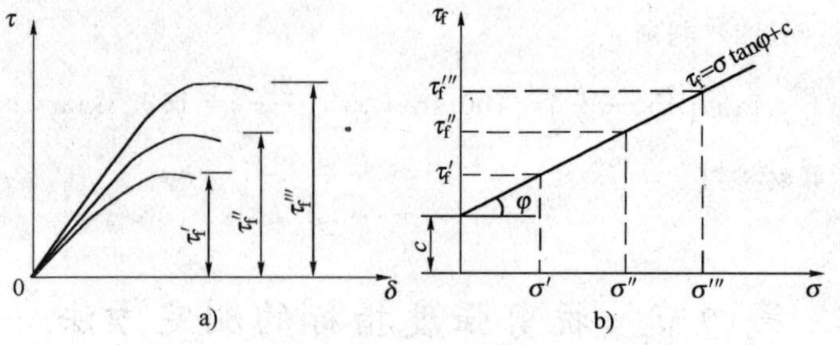

图 6-11　直剪试验成果

a）剪应力—剪切位移关系；b）抗剪强度—法向应力关系

实际相结合。如软土地基上快速堆填路堤，由于加荷速度快，地基土体渗透性低，则这种条件下的强度和稳定问题是处于不能排水条件下的稳定分析问题，这就要求室内的试验条件能模拟实际加荷状况，即在不能排水的条件下进行剪切试验。但是直剪仪的构造无法做到任意控制土样是否排水的要求。为了近似模拟土体在现场受剪的排水条件，按剪切前的固结程度、剪切时的排水条件及加荷速率，把直接剪切试验分为快剪、固结快剪和慢剪三种试验方法。

(1) 快剪。对试样施加竖向压力后，立即以 0.8mm/min 的剪切速率快速施加剪应力使试样剪切破坏。一般从加荷到剪坏只用 3～5min。由于剪切速率较快，可认为对于渗透系数小于 10^{-6}cm/s 的粘性土在这样短暂时间内还没来得及排水固结。得到的抗剪强度指标用 c_q、φ_q 表示。

(2) 固结快剪。对试样施加压力后，让试样充分排水，待固结稳定后，再以 0.8mm/min 快速施加水平剪应力使试样剪切破坏。固结快剪试验同样只适用于渗透系数小于 10^{-6} cm/s 的粘性土，得到的抗剪强度指标用 c_{cq}、φ_{cq} 表示。

(3) 慢剪。对试样施加竖向压力后，让试样充分排水，待固结稳定后，再以 0.6mm/min 的剪切速率施加水平剪应力之至试样剪切破坏，从而使试样在受剪过程中一直充分排水和产生体积变形。得到的抗剪强度指标用 c_s、φ_s 表示。

直剪试验具有设备简单，土样制备及试验操作方便等优点，因而至今仍为国内一般工程所广泛应用。但也存在不少缺点，主要有：

(1) 剪切面限定在上下盒之间的平面，而不是沿土样最薄弱的面剪切破坏；

(2) 剪切面上剪应力分布不均匀，且竖向荷载会发生偏转（上下盒的中轴线不重合），主应力的大小及方向都是变化的；

(3) 在剪切过程中，土样剪切面逐渐缩小，而在计算抗剪强度时仍按土样的原截面积计算；

(4) 试验时不能严格控制排水，并且不能量测孔隙水压力；

(5) 试验时上下盒之间的缝隙中易嵌入砂粒，使试验结果偏大。

二、三轴剪切试验

三轴压缩试验也称三轴剪切试验，是测定抗剪强度的一种较为完善的方法。

1. 三轴试验的基本原理

三轴压缩仪主要由三部分组成：压力室、

加压系统以及量测系统。图 6-12 是三轴压力室的示意图。它是一个由金属上盖、底座以及

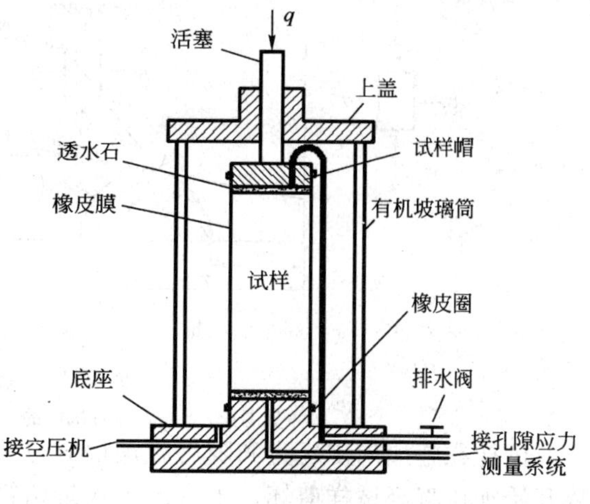

图 6-12　三轴压缩仪

透明有机玻璃圆筒组成的密闭容器，压力室底座通常有三个小孔分别与稳压系统以及体积变形和孔隙水压力量侧重点系统相连。试样为圆柱形，规范要求试样的高度与直径之比为 2～2.5。试样安装在压力室中，外用橡皮膜包裹，橡皮膜扎紧在试样帽和底座上，以防止压力室中的水进入试样。试样上、下两端放置透水石，试验时试样的排水条件由与顶部连通的排水阀来控制。

加压系统由压力泵、调压阀和压力表等组成。试验时通过压力室对试样施加周围压力，并在试验过程中根据不同的试验要求对压力予以控制或调节，如保持恒压或变化压力等等。试样的轴向压力增量，由与顶部试样帽直接接触的活塞杆来传递（轴向力的大小可由经过率定的量力环或压力传感器测定，轴向力除以试样的横断面积后为附加轴向压力 q，亦称偏应力或轴向应力增量 $\Delta\sigma_1$），附加轴向压力 q 增加使试样受剪，直至剪坏。

量测系统由排水管、体变管和孔隙水压力量测装置等组成。试验时分别测出试样受力后土中排出的水量变化以及土中孔隙水压力的变化。对于试样的竖向变形，则利用置于压力室上方的测微表或位移传感器测读。

常规三轴试验的一般步骤是：将土样切制成圆柱体套在橡胶膜内，放在密闭的压力室中，然后向压力室内注入气压或液压，使试件在各向均受到周围压力 σ_3，并使该周围压力在整个试验过程中保持不变，这时试件内各向的主应力都相等，因此在试件内不产生任何剪应力（图 6-13a)）。然后通过轴向加荷系统对试件施加竖向压力，当作用在试件上的水平压力保持不变，而竖向压力逐渐增大时，相应的应力圆也不断增大（图 6-13b)）。当应力圆达到一定大小时，试件终因受剪而破坏，此时的应力圆为极限应力圆。设剪切破坏时轴向加荷系统加在试件上的竖向压应力为 $\Delta\sigma_1$，则试件上的大主应力为 $\sigma_1=\sigma_3+\Delta\sigma_1$，而小主应力为 σ_3，据此可作出一个摩尔极限应力圆，如图 6-13c) 中的圆 I。用同一种土样的若干个试件（三个以上）分别在不同的周围压力 σ_3 下进行试验，可得一组摩尔极限应力圆，并作一条公切线，该线即为土的抗剪强度包线，通常取此包线为一条直线，由此可得土的抗剪强度指标 c、φ 值。

如果要量测试验过程中的排水量，可以打开排水阀，让试样中的水排入排水管，根据排水管中水位的变化可算出试样的排水量；若测出了排水量随时间的变化，还可了解试样的固结过程。如果要量测试样中的孔隙水压力，可打开孔隙水压力阀，在试件上施加压力以后，由于土中孔隙水压力增加迫使零位指示器的水银面下降。为量测孔隙水压力，可用调压筒调整零位指示器的水银面始终保持原来的位置，这样，孔隙水压力表中的读数就是孔隙水压力值。

2. 三轴试验方法

根据土样在周围压力作用下固结的排水条件和剪切时的排水条件，三轴试验可分为以下三种试验方法。

（1）不固结不排水剪（UU 试验）

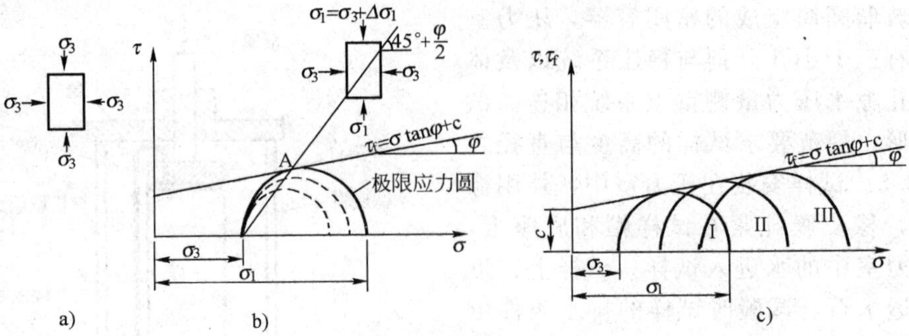

图 6-13　三轴压缩试验原理

a）试样受围压；b）破坏时试样的主应力和极限应力圆；c）摩尔破坏包线

试样在施加周围压力和随后施加偏应力直至剪坏的整个试验过程中都不允许排水，这样从开始加压直至试样剪坏，土中的含水量始终保持不变，孔隙水压力也不可能消散。这种试验方法所对应的实际工程条件相当于饱和软粘土中快速加荷的应力状况，得到的抗剪强度指标用 c_u、φ_u 表示。

(2) 固结不排水剪（CU 试验）

在施加周围压力 σ_3 时，将排水阀门打开，允许试样充分排水，待固结稳定后关闭排水阀门，然后再施加偏应力，使试样在不排水条件下剪切破坏。由于不排水，试样将在剪切过程中没有任何体积变形。若要在受剪过程中量测孔隙水压力，则要打开试样与孔隙水压力量测系统间的管路阀门。得到的抗剪强度指标用 c_{cu}、φ_{cu}表示。

固结不排水剪试验是经常要做的工程试验，它适用的实际工程条件常常是一般正常固结土层在工程竣工或使用阶段受到大量、快速的活荷载或新增加的荷载的作用时所对应的受力情况。

(3) 固结排水剪（CD 试验）

在施加周围压力和随后施加偏应力直至剪坏的整个过程中都将排水阀门打开，并给予充分的时间让试样中的孔隙水压力能够完全消散。得到的抗剪强度指标用 c_d、φ_d 表示。

三轴试验的突出优点是能够控制排水条件以及可以量测土样中孔隙水压力的变化。此外，三轴试验中试件的应力状态比较明确，剪切破坏时的破裂面在试件的最弱处，而不像直剪试验那样限定在上下盒之间。一般来说，三轴试验的结果还是比较可靠的，因此，三轴压缩仪是土工试验不可缺少的仪器设备。三轴压缩试验也存在一些缺点：仪器设备和试验操作较复杂；主应力方向固定不变；试验是在轴对称情况下（即 $\sigma_2=\sigma_3$）进行的，这些与平面变形或三向应力状态的实际情况有所不符。目前已经制成的真三轴仪，可使试件在不同的三个主应力（$\sigma_1\neq\sigma_2\neq\sigma_3$）作用下进行试验，并能独立改变三个主应力的大小，更好的模拟真实的平面变形或三向应力条件。

3. 三轴试验结果的整理与表达

从以上对试验方法的讨论可以看到，同一种土施加的总应力 σ 虽然相同，但若试验方法不同，或者说控制的排水条件不同，则所得的强度指标就不同，故土的抗剪强度与总应力之间没有唯一的对应关系。有效应力原理指出，土中某点的总应力 σ 等于有效应力 σ' 与孔隙水压力 u 之和，即 $\sigma=\sigma'+u$，因此，若在试验时量测土样的孔隙水压力，据此算出土中的有效应力，从而就可以用有效应力与抗剪强度的关系式表达试验结果。

$$\tau_f = c' + (\sigma - u) \cdot \tan\varphi' \tag{6-14}$$

式中：c'、φ'——有效粘聚力和有效摩擦角，统称为有效应力抗剪强度指标。

抗剪强度的有效应力法由于考虑了孔隙水压力的影响，因此，对于同一种土，不论采取哪一种试验方法，只要能够准确量测出土样破坏时的孔隙水压力，则均可用式（6-14）来表示土的强度关系，而且所得的有效抗剪强度指标应该是相同的。换言之，在理论上抗剪强度与有效应力应有一一对应关系，这一点已为许多试验所证实。

下面通过一个实例数据来说明如何用总应力法和有效应力法整理与表达三轴试验的成果。

典型例题分析

［例题 6-2］　设有一组饱和粘土试样作固结不排水试验，3 个试验所分别施加的周围压力 σ_3、剪切破坏时的偏应力 $(\sigma_1-\sigma_3)$ 和孔隙水压力 u_f 等。有关的数据以及计算结果详见表 6-1。

三轴固结不排水试验结果（单位：kPa）　　表 6-1

土样编号	1	2	3	土样编号	1	2	3
σ_3	50	100	150	u_f	23	40	67
$(\sigma_1-\sigma_3)_f$	92	120	164	$\sigma'_3=\sigma_3-u_f$	27	60	83
σ_1	142	220	314	$\sigma'_1=\sigma_1-u_f$	119	180	247
$\frac{1}{2}(\sigma_1+\sigma_3)_f$	96	160	232	$\frac{1}{2}(\sigma'_1+\sigma'_3)_f$	73	120	165
$\frac{1}{2}(\sigma_1-\sigma_3)_f$	46	60	82	$\frac{1}{2}(\sigma'_1-\sigma'_3)_f$	46	60	82

根据表 6-1 中的数据在 τ—σ 坐标图中分别作出一组总应力摩尔圆和一组有效应力摩尔圆（分别为图 6-14 中的实线圆和虚线圆），然后再作出总应力强度包线和有效应力强度包线（分别为图 6-14 中的实直线和虚直线），在图上可量得总应力强度指标 $c=10$kPa、$\varphi=18°$，有效应力抗剪强度指标 $c'=6$kPa、$\varphi'=27°$。从理论上讲，试验所得极限应力圆上的破坏点都应落在公切线即强度包线上，但由于土样的不均匀性以及试验误差等原因，作此公切线并不容易，因此往往需用经验来加以判断。此外，这里所作的强度包线是直线，由于土的强度特性会受某些因素如应力历史、应力水平等的影响，从而使得土的强度包线不一定是直线，这给通过作图确定 c、φ 值带来困难，但非线性的强度包线目前仍未成熟到实用的程度，所以一般包线还是简化为直线。

从上例可知，若用有效应力法整理与表达试验成果时，可将试验所得的总应力摩尔圆利用 $\sigma'=\sigma-u_f$ 的关系，改绘成有效应力摩尔圆，即把图 6-14 实线圆中的对应点向左移动一个坐标值 u_f，圆半径保持不变便可得到虚线圆。例如总应力圆③的圆心坐标为 $\frac{1}{2}(\sigma_1+\sigma_3)_f=232$kPa，土样 3 的 $u_f=67$ kPa，则有效应力圆③的圆心坐标为：

$\frac{1}{2}(\sigma'_1+\sigma'_3)_f=\frac{1}{2}(\sigma_1-u+\sigma_3-u)_f=\frac{1}{2}(\sigma_1+\sigma_3)_f-u_f=232-67=165\text{kPa}$

由于 $\frac{1}{2}(\sigma'_1-\sigma'_3)_f=\frac{1}{2}(\sigma_1-u-\sigma_3+u)_f=\frac{1}{2}(\sigma_1+\sigma_3)_f$

所以有效应力摩尔圆的半径与总应力摩尔圆的半径是相同的。

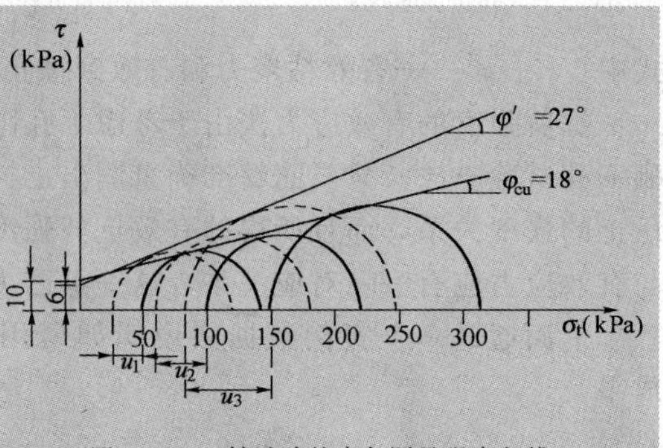

图 6-14 三轴试验的摩尔圆及强度包线

三、无侧限抗压强度试验

无侧限抗压强度试验实际上是三轴压缩试验的一种特殊情况，即周围压力 $\sigma_3=0$ 的三轴试验，所以又称单轴试验。无侧限抗压强度试验所使用的是无侧限压力仪（图 6-15a），但现在也常利用三轴仪作该种试验。试验时，在不加任何侧向压力的情况下（即 $\sigma_3=0$），对圆柱体试样施加轴向压力，直至试样剪切破坏为止。试样破坏时的轴向压力以 q_u 表示，称为无侧限抗压强度。由于不能施加周围压力，因而根据试验结果，只能作一个极限应力圆，难以得到破坏包线（图 6-15b)）。

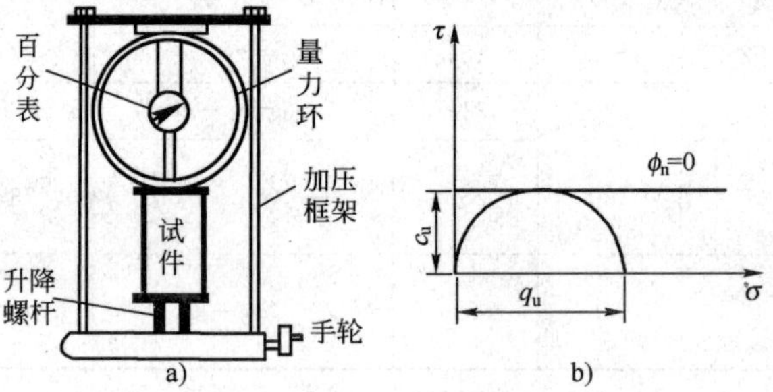

图 6-15 无侧限抗压强度试验

a）无侧限压力仪；b）无侧限抗压强度试验结果

根据试验破坏时的应力状态（$\sigma_3=0$，$\sigma_1=q_u$），由式（6-8）知：

$$\sigma_1=q_u=2c\cdot\tan\left(45°+\frac{\varphi}{2}\right) \tag{6-15}$$

则土的粘聚力为：

$$c=\frac{q_u}{2\cdot\tan\left(45°+\frac{\varphi}{2}\right)} \tag{6-16}$$

按照现行国家标准《土工试验方法标准》，无侧限抗压强度试验宜在 8～10min 内完成。由于试验时间较短，可认为在加轴向压力使试样受剪的过程中，土中水分没有明显的排出，这就相当于三轴不固结不排水试验条件。根据三轴不固结不排水试验结果，饱和粘性土的抗剪强度包线近似于一条水平线，即 $\varphi_u=0$，因此，对无侧限抗压强度试验得到的极限应力圆所作的水平线就是抗剪强度包线（图 6-15b)），即 $\varphi_u=0$。因此，对于饱和粘性土的不排水抗剪强度，就可以利用无侧限抗压强度 q_u 来得到，即

$$\tau_f=c_u=\frac{q_u}{2} \tag{6-17}$$

式中：τ_f——土的不排水剪强度（kPa）；

c_u——土的不排水粘聚力（kPa）；

q_u——无侧限抗压强度（kPa）。

利用无侧限抗压强度试验可以测定饱和粘性土的灵敏度 S_t。土的灵敏度是以原状土的强度与同一土经重塑后（完全扰动但含水量不变）的强度之比来表示的，

即
$$S_t=\frac{q_u}{q_0} \tag{6-18}$$

式中：q_u——原状土的无侧限抗压强度（kPa）；

q_0——重塑土的无侧限抗压强度（kPa）。

根据灵敏度的大小，可将饱和粘性土分为：低灵敏度（$1<S_t\leqslant2$）、中灵敏度（$2<S_t\leqslant4$）和高灵敏度（$S_t>4$）三类。土的灵敏度越高，其结构性越强，受扰动后土的强度降低就愈多。粘性土受扰动而强度降低的性质，一般来说对工程建设是不利的，如在基坑开挖过程中，因施工可能造成土的扰动而会使地基强度降低。

四、十字板剪切试验

前面所介绍的三种试验方法都是室内测定土的抗剪强度的方法，这些试验方法都要求事先取得原状土样，但由于试样在采取、运送、保存和制备等过程中不可避免地会受到扰动，土的含水量也难以保持天然状态，特别是对于高灵敏度的粘性土，因此，室内试验结果对土的实际情况的反映就会受到不同程度的影响。十字板剪切试验是一种土的抗剪强度的原位测试方法，这种试验方法适合于在现场测定饱和粘性土的原位不排水抗剪强度，特别适合于均匀饱和软粘土。

十字板剪切仪的构造如图 6-16 所示。试验时，先把套管打到要求测试的深度以上 75cm，并将套管内的土清除，然后通过套管将安装在钻杆下的十字板压入土中至测试的深度。由地面上的扭力装置对钻杆施加扭矩，使埋在土中的十字板扭转，直至土体剪切破坏，破坏面为十字板旋转所形成的圆柱面。

设土体剪切破坏时所施加的扭矩为 M，则它应该与剪切破坏圆柱面（包括侧面和上下面）上土的抗剪强度所产生的抵抗力矩相等，即

$$M=\pi DH\cdot\frac{D}{2}\tau_v+2\cdot\frac{\pi D^2}{4}\cdot\frac{D}{3}\cdot\tau_H=\frac{1}{2}\pi D^2H\tau_v+\frac{1}{6}\pi D^3\tau_H \tag{6-19}$$

式中：M——剪切破坏时的扭矩（kN·m）；

τ_v、τ_H——分别为剪切破坏时圆柱体侧面和上下面土的抗剪强度（kPa）；

H——十字板的高度（m）；

D——十字板的直径（m）。

天然状态的土体是各向异性的，但实际上为了简化计算，假定土体为各想同性体，即 $\tau_v=\tau_H$，并记作 τ_+，则式（6-19）可写成：

$$\tau_+=\frac{2M}{\pi D^2\left(H+\frac{D}{3}\right)} \tag{6-20}$$

式中：τ_+——十字板测定的土的抗剪强度（kPa）。

十字板剪切试验主要用于测定饱和软粘土的原位不排水抗剪强度，所测得的抗剪强度相当于内摩擦角 $\varphi_u=0$ 时的粘聚力。

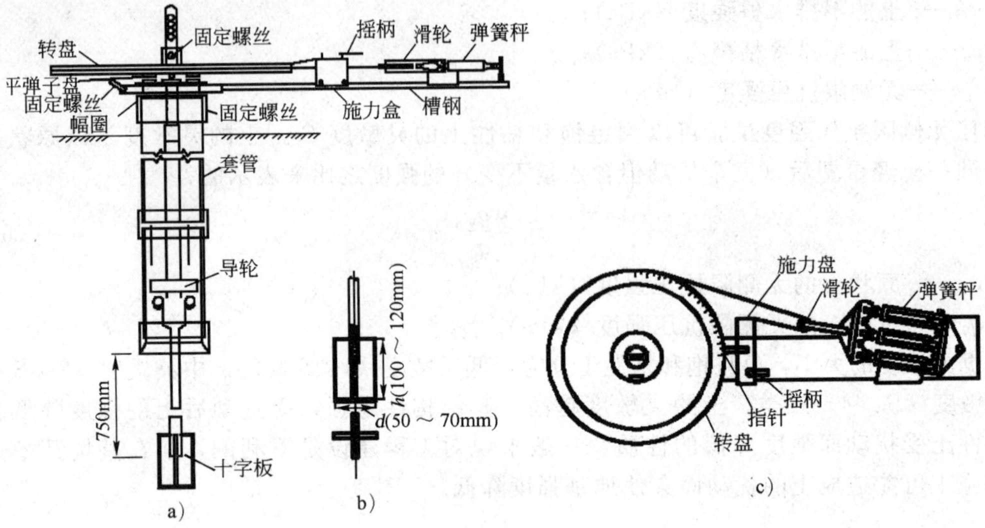

图 6-16　十字板剪力仪

a）剖面图；b）十字板；c）扭力设备

应该指出的是，由于土的固结程度不同和受各向异性的影响，土在水平面和竖直面上的抗剪强度并不一致，因此，推导式（6-19）时假定圆柱体四周和上、下两个端面上土的抗剪强度相等是不够严密的；此外，软粘土在破坏时的变形一般较大，渐进破坏的现象十分显著，因而沿滑动面上的抗剪强度并不是同时达到峰值强度的，而是局部先破坏随变形的发展向周围扩展，因此，十字板剪切试验测得的强度偏高。尽管如此，由于十字板剪切试验是在土的天然应力状态下进行的，避免了取土扰动的影响，同时具有仪器构造简单、操作方便的优点，多年来在我国软土地区的工程建设中应用广泛。

十字板剪切试验也可用于测定饱和软粘土的灵敏度 S_t。

典型例题分析

[例题 6-3]　一饱和粘性土试样在三轴仪中进行固结不排水试验，施加周围压力 $\sigma_3=200$kPa，试样破坏时的主应力差 $\sigma_1-\sigma_3=300$kPa，测得孔隙水压力 $u_f=180$kPa，整理试验结果得有效内摩擦角 $\varphi'=30°$，有效内摩擦角 $c'=75.1$kPa。如果破坏面与水平面的夹角为60°，试问：（1）破坏面上的法向应力与剪应力以及试样中的最大剪应力；（2）说明为什么破坏面发生在 $\alpha=60°$的平面而不发生在最大剪应力的作用面？

解：（1）由试验得

$$\sigma_1=300+200=500\text{kPa} \qquad \sigma_3=200\text{kPa}$$

由式（6-4）计算破坏面上的法向应力 σ 和剪应力 τ：

$$\sigma=\frac{1}{2}(\sigma_1+\sigma_3)+\frac{1}{2}(\sigma_1-\sigma_3)\cos2\alpha=\frac{1}{2}(500+200)+\frac{1}{2}(500-200)\cos120°=275\text{kPa}$$

$$\tau=\frac{1}{2}(\sigma_1-\sigma_3)\sin2\alpha=\frac{1}{2}(500-200)\sin120°=129.9\text{kPa}$$

最大剪应力发生在 $\alpha=45°$的平面上，由式（6-4）得：

$$\tau_{max}=\frac{1}{2}(\sigma_1-\sigma_3)=\frac{1}{2}(500-200)=150\text{kPa}$$

（2）在破坏面上的有效法向应力

$$\sigma'=\sigma-u=275-180=95\text{kPa}$$

抗剪强度

$$\tau_f=\sigma'\tan\varphi'+c'=75.1+95\tan30°=129.9\text{kPa}$$

可见，在 $\alpha=60°$ 的平面上的剪应力等于该面上土的抗剪强度，即 $\tau=\tau_f=129.9\text{kPa}$，因此在该面上发生剪切破坏。

而在最大剪应力的作用面（$\alpha=45°$）上：

$$\sigma=\frac{1}{2}(500+200)+\frac{1}{2}(500-200)\cos90°=350\text{kPa}$$

$$\sigma'=\sigma-u=350-180=170\text{kPa}$$

$$\tau_f=c'+\sigma'\tan\varphi'=75.1+170\tan30°=173.2\text{kPa}$$

由（1）算得在 $\alpha=45°$ 的平面上最大剪应力 $\tau_{max}=150\text{kPa}$，可见，在该面上虽然剪应力比较大，但抗剪强度 τ_f（$=173.2\text{kPa}$）大于剪应力 τ_{max}（$=150\text{kPa}$），故在最大剪应力的作用平面上不发生剪切破坏。

小贴士

抗剪强度指标的选用

土的强度性状是很复杂的，它不仅随剪切条件不同而异，而且还受许多因素（例如土的各向异性、应力历史、蠕变等）的影响。此外对于同一种土，强度指标与试验方法以及试验条件都有关，实际工程问题的情况又是千变万化的，用实验室的试验条件去模拟现场条件毕竟还会有差别。因此，对于某个具体工程问题，如何确定土的抗剪强度指标并不是一件容易的事情。

首先要根据工程问题的性质确定分析方法，进而决定采用总应力或有效应力强度指标，然后选择测试方法。一般认为，由三轴固结不排水试验确定的有效应力强度 c'_{cu}、φ'_{cu}，宜用于分析地基的长期稳定性或长期承载力问题（例如土坡的长期稳定性分析，估计挡土结构物的长期土压力、位于软土地基上结构物的地基长期稳定分析等），即采用有效应力法进行分析；而对于饱和软粘土的短期稳定性或短期承载力问题，则宜采用不固结不排水试验的强度指标 c_u（$\varphi_u=0$），以总应力法进行分析。对于一般工程问题，如果对实际工程土体中的孔隙水压力的估计把握不大或缺乏这方面的数据，则可采用总应力强度指标以总应力法分析，分析时所需的指标应根据实际工程的具体情况，选择与现场土体受剪时的固结和排水条件最接近的试验方法进行测定。指标和测试方法的选择大致如下：

若建筑物施工速度较快，而地基土的透水性和排水条件不良时，可采用三轴仪不固结不排水试验或直剪仪快剪试验的结果；如果地基荷载增长速率较慢，地基土的透水性不太大（如低塑性的粘土）以及排水条件又较佳时（如粘土层中夹砂层），则可以采用固结排水或慢剪试验；如果介于以上两种情况之间，可用固结不排水或固结快剪试验结果。由于实际加荷情况和土的性质是复杂的，而且在建筑物的施工和使用过程中都要经历不同的固结状态，因此，在确定强度指标时还应结合工程经验。

第五节　饱和粘性土的抗剪强度

如前所述，常规三轴试验的试验过程可分为两个阶段：第一阶段是固结阶段，即在压力室作用一定的水压，使试样在周围压力 σ_3 条件下处于各向等压状态；第二阶段是剪切阶段，即通过传力杆对试样施加竖向压力 $\Delta\sigma_1$（$\Delta\sigma_1=\sigma_1-\sigma_3$）至试样受剪破坏。这两个阶段均可通过控制排水阀门的开或关，使试样处于排水或不排水状态。根据试验过程中排水情况的不同，常规三轴试验方法及其试验过程中试样含水量 w 和孔隙水压力 u 的变化见表 6-2。

常规三轴试验方法及其试验过程中试样 w 和 u 的变化　　表 6-2

加荷情况＼试验方法		不固结不排水剪（UU 试验）	固结不排水剪（CU 试验）	固结排水剪（CD 试验）
固结阶段	施加周围压力 σ_3	排水阀：关 $w_1=w_0$（含水量不变） $\Delta u_1=\sigma_3$（不固结）	排水阀：开 $w_1<w_0$（含水量减小） $\Delta u_1=0$（固结）	排水阀：开 $w_1<w_0$（含水量减小） $\Delta u_1=0$（固结）
剪切阶段	施加竖向压力 $\Delta\sigma_1$	排水阀：关 $w_2=w_0$（含水量不变） $\Delta u_2=A(\sigma_1-\sigma_3)$ （不排水）	排水阀：关 $w_2=w_1$（含水量不变） $\Delta u_2=A(\sigma_1-\sigma_3)$ （不排水）	排水阀：开 $w_2<w_1$（正常固结土排水） $w_2>w_1$（超固结土吸水） $\Delta u_2=0$
孔隙水压力的总增量		$u=\Delta u_1+\Delta u_2$ $=\sigma_3+A(\sigma_1-\sigma_3)$	$u=\Delta u_2=A(\sigma_1-\sigma_3)$	$u=0$

由于不同的试验方法在试验过程中控制的排水条件不同，因此，同一土样在不同试验方法中的抗剪强度性状是不同的，所测得的总应力指标也是各异的。

一、不固结不排水抗剪强度（简称 UU 试验）

图 6-17 是饱和粘性土的不固结不排水试验结果。由于试件在周围压力作用下不允许排水固结，因此试样的含水量不变，体积不变，尽管三个试件施加的周围压力 σ_3 不同，但周围压力的增加只能引起孔隙水压力增大同等数值，并不会改变试样中的有效应力，各试件在剪切前的有效应力始终相等；同时在施加竖向压力使试件剪切至破坏的过程中，不允许试件排水，因此试样的含水量、体积以及有效应力仍未改变，所以试样的抗剪强度不变，亦即各试件破坏时的主应力差相等，在 $\tau_f-\sigma$ 图上表现为三个极限总应力圆 A、B、C 的直径相等。于是，总应力强度包线成为一条水平线，由图可得：

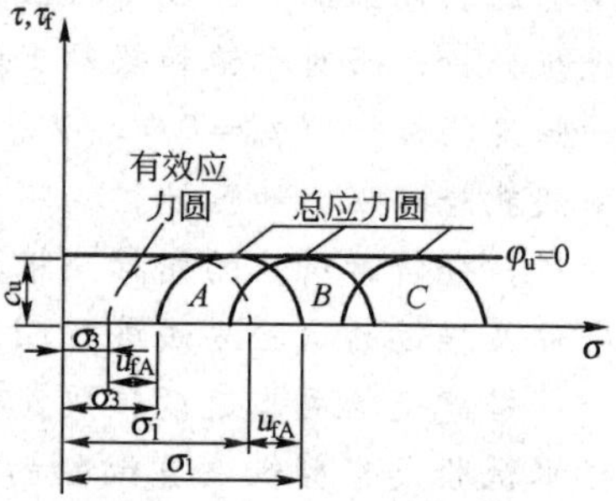

图 6-17　饱和粘性土不固结不排水试验结果

$$\varphi_u=0$$

$$\tau_f=c_u=\frac{1}{2}(\sigma_1-\sigma_3) \tag{6-21}$$

式中：φ_u——不排水内摩擦角（°）；

c_u——不排水粘聚力（kPa）。

在试验中如果分别量测试样破坏时的孔隙水压力 u，试验结果可以用有效应力法整理。由于在进行不排水剪切前各试件的有效应力相等，因此，三个试件只能得到同一个有效应力圆，如图 6-17 中虚线所示，并且有效应力圆的直径与三个总应力圆的直径相等，即

$$\sigma'_1-\sigma'_3=(\sigma_1-\sigma_3)_A=(\sigma_1-\sigma_3)_B=(\sigma_1-\sigma_3)_C$$

由于一组试样的不固结不排水试验结果只能得到一个有效应力圆，因而用这种试验就不能得到有效应力破坏包线和 c'、φ'值。

需要注意的是，不固结不排水试验的“不固结”，是指试样施加周围压力 σ_3 后的不再固结，而保持试样原来的有效应力不变，并不意味着有效应力为零。如果饱和粘性土未在一定压力下固结过，则将呈泥浆状，其有效应力为零，抗剪强度也必然等于零。天然土层中一定深度处的土，取出前在某一压力下已经固结，因而它具有一定的强度，不排水抗剪强度 c_u 正是反映了这种在原有有效固结压力下所产生的天然强度。在天然土层中取出的土样，如果其有效固结压力较大，就会得出较大的不排水抗剪强度 c_u。对于正常固结粘性土，不排水抗剪强度大致随有效固结压力线性增加。由于天然土层的有效固结压力是随深度变化的，因此不排水抗剪强度也随深度变化。饱和的超固结粘性土，其不固结不排水强度包线也是一条水平线，即 $\varphi_u=0$，由于超固结土的前期固结压力的影响，其 c_u 值比正常固结土大。

工程实践中，土的不排水抗剪强度 c_u 通常用于确定饱和粘性土的短期承载力或短期稳定性问题。

二、固结不排水抗剪强度（简称 CU 试验）

饱和粘性土的固结不排水抗剪强度在一定程度上受到应力历史的影响。这里，就来讨论正常固结与超固结粘性土在固结不排水条件下的强度特征。在三轴固结不排水试验中，如果试样所受到的周围固结压力 σ_3 大于它曾受到的最大固结压力 σ_c，则试样处于正常固结状态；反之，$\sigma_3<\sigma_c$ 时试样处于超固结状态。这两种不同固结状态的试样，在不排水剪切过程中的性状是完全不同的。当试样在周围压力 σ_3 作用下充分排水固结时，试样中由 σ_3 产生的孔隙水压力完全消散为零（$\Delta u_1=0$），随着竖向压力 $\Delta\sigma_1$ 的增加，试样开始受剪，在此剪切过程中，正常固结试样的体积有减少的趋势（剪缩），而超固结试样的体积有增加的趋势（剪胀），但由于在剪切过程中不允许排水，试样的体积不变。因此，在不排水条件下剪切时试样中的孔隙水压力将随偏应力的增加而不断变化，即 $\Delta u_2=A(\sigma_1-\sigma_3)$，正常固结试样将产生正的孔隙水压力，而超固结试样开始时产生正的孔隙水压力，以后转为负值，如图 6-18 所示。

图 6-19 表示正常固结饱和粘性土的固结不排水试验结果。由于试样是在周围压力 σ_3 作用下待固结稳定后在不排水条件下施加竖向应力 $\Delta\sigma_1$ 至破坏，因此，试样的剪前固结压力将随 σ_3 的增大而增大，从而试样的抗剪强度相应增加。在 τ_f—σ 图上表现为应力圆 B 的直径比应力圆 A 的直径大，图中实线表示的为总应力圆和总应力破坏包线。在试验中如果量测试样破坏时的孔隙水压力 u_f，试验结果可以用有效应力法整理。根据有效应力原理，$\sigma'_1=\sigma_1-$

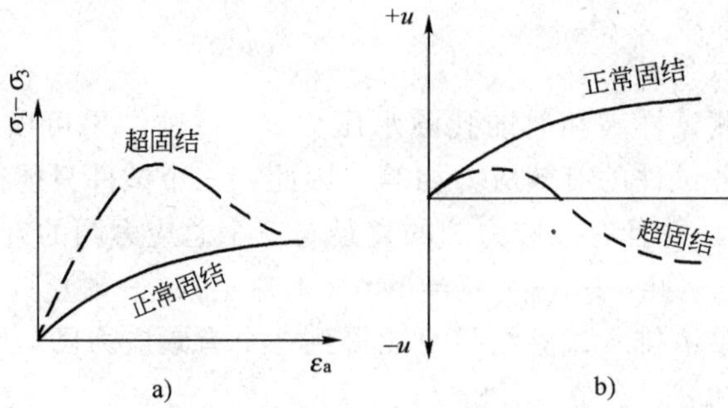

图 6-18　固结不排水试验的孔隙水压力

a）主应力差与轴向应变关系；b）孔隙水压力与轴向应变关系

u_f，$\sigma'_3=\sigma_3-u_f$，因此 $\sigma'_1-\sigma'_3=\sigma_1-\sigma_3$，即有效应力圆的直径与总应力圆的直径相等，但位置不同。由于正常固结试样在剪切破坏时产生正的孔隙水压力，固有效应力圆在总应力圆的左方，两者之间的距离为 u_f，图中以虚线表示的为有效应力圆和有效应力破坏包线。前面已指出，未受过任何固结压力的饱和粘性土是泥浆状土，其抗剪强度为零，因此正常固结饱和粘性土固结不排水的总应力破坏包线和有效应力破坏包线都通过原点，即 $c_{cu}=c'=0$。总应力破坏包线与水平线的夹角以 φ_{cu} 表示，有效应力破坏包线与水平线的夹角 φ' 称为有效内摩擦角，通常 φ' 比 φ_{cu} 大一倍左右。

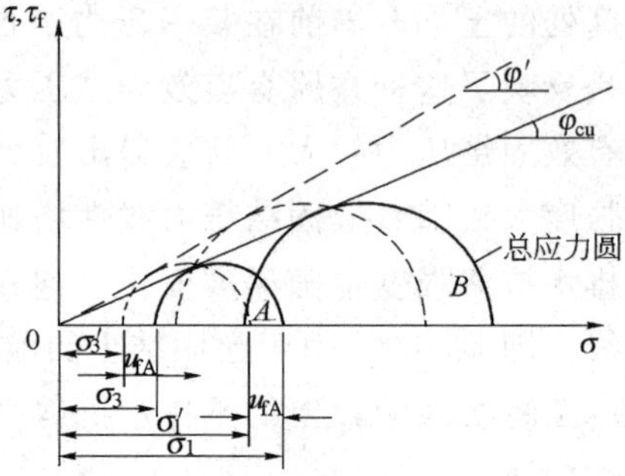

图 6-19　正常固结饱和粘性土不排水试验结果

超固结土的固结不排水的总应力破坏包线如图 6-20a）所示。由于前期固结压力的作用，在剪切前的固结压力小于前期固结压力时，强度将比正常固结土的强度大，总应力强度包线将如图中 ab 段所示，与正常固结破坏包线 bc 相交，bc 线的延长线仍通过原点。实用上将 abc 折线取为一条直线，如图 6-20b）所示，从而可求得总应力强度指标 c_{cu} 和 φ_{cu}。超固结土固结不排水的 $c_{cu}>0$，且前期固结压力越大，c_{cu} 就越大，而 φ_{cu} 则比正常固结土的小。固结不排水剪的总应力破坏包线可表达为：

$$\tau_f=c_{cu}+\sigma\tan\varphi_{cu} \tag{6-22}$$

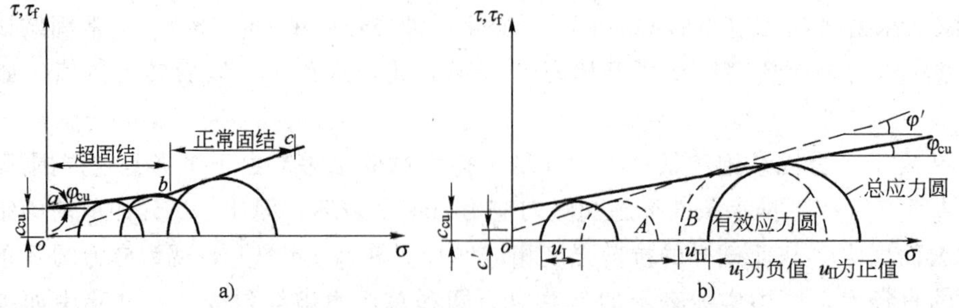

图 6-20　超固结土的固结不排水试验结果

如果在试验中量测试样破坏时的孔隙水压力 u_f，试验结果可用有效应力法整理。由于超固结土样在剪切破坏时产生负的孔隙水压力，有效应应力圆在总应力圆的右方（图中圆 A）；正常固结试验在剪切破坏时产生正的孔隙水压力，故有效应应力圆在总应力圆的左方（图中圆 B）。有效应应力圆和有效应力破坏包线如图中虚线所示，从而可求得固结不排水剪的有效应应力强度指标 c' 和 φ'。于是，有效应应力强度包线可表达为：

$$\tau_f = c' + \sigma' \tan\varphi' \tag{6-23}$$

由图中可见，超固结土 $c' < c_{cu}$，$\varphi' > \varphi_{cu}$。

三、固结排水抗剪强度（简称 CD 试验）

固结排水试验在施加周围压力 σ_3 和竖向应力 $\Delta\sigma_1$ 时均允许试样充分排水固结，因此，在整个试验过程中，试样中的孔隙水压力始终为零（$u=0$），总应力最终全部转化为有效应力，即 $\sigma' = \sigma - u = \sigma$，故总应力圆就是有效应力圆，总应力破坏包线就是有效应力破坏包线。

在排水剪切过程中，随着竖向压力 $\Delta\sigma_1$ 的增加，试样的体积不断变化，如图 6-21 所示，正常固结试样将产生剪缩，而超固结试样则是先压缩，继而主要呈现剪胀的特性。

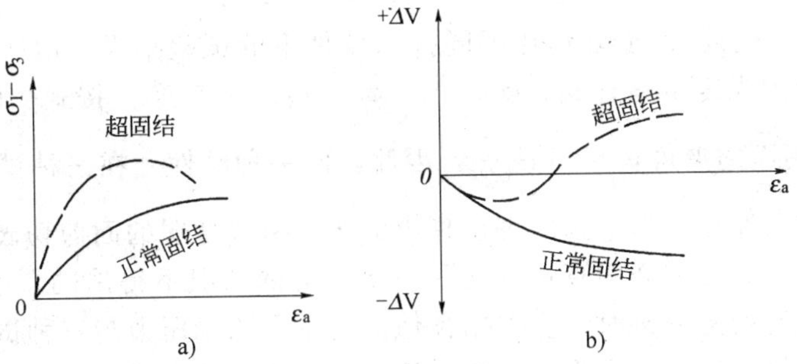

图 6-21　固结排水试验的体积变化

a）主应力差与轴向应变的关系；b）体积变化与轴向应变的关系

饱和粘性土在固结排水剪切试验中的强度规律与固结不排水剪切试验相似。图 6-22 为饱和粘性土固结排水剪切试验结果。正常固结土的破坏包线通过原点，如图 6-22a）所示，粘聚力 $c_d=0$，内摩擦角 φ_d 在 20°～40°之间，塑性指数越大，φ_d 就越小；而超固结土的破坏包线略弯曲，实用上近似取为一条直线，如图 6-22b）所示，粘聚力 $c_d>0$，且前期固结压力越大，c_d 亦越大，但 φ_d 比正常固结土的内摩擦角要小。

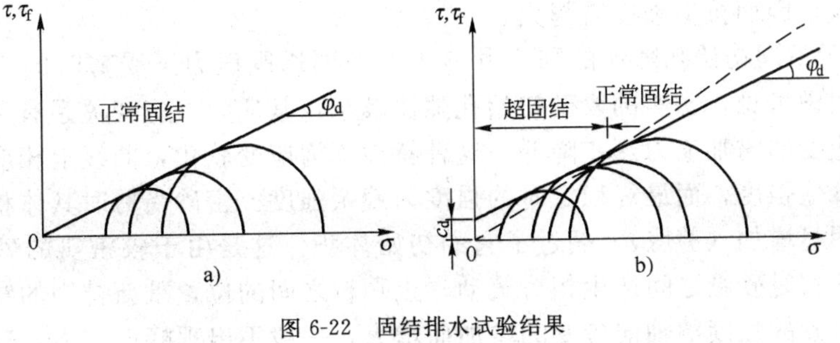

图 6-22　固结排水试验结果

a）正常固结土；b）超固结土

为了保持固结排水试验中试样的孔隙水压力始终为零，剪切时的剪切速率极为缓慢，试验历时长达数天，甚至数星期。而试验结果证明，固结排水试验的强度指标 c_d、φ_d 与固结不排水试验的有效应力强度指标 c'、φ'很接近，因此，除非有必要，一般情况下可不做固结排水试验，而做量测孔隙水压力的固结不排水试验，即用 c'、φ'代替 c_d、φ_d。但两者的试验条件是有差别的，固结不排水试验在剪切过程中试样的体积保持不变，而固结排水试验在剪切过程中试样的体积会发生变化，通常 c_d、φ_d 略大于 c'、φ'，实用上可忽略不计。

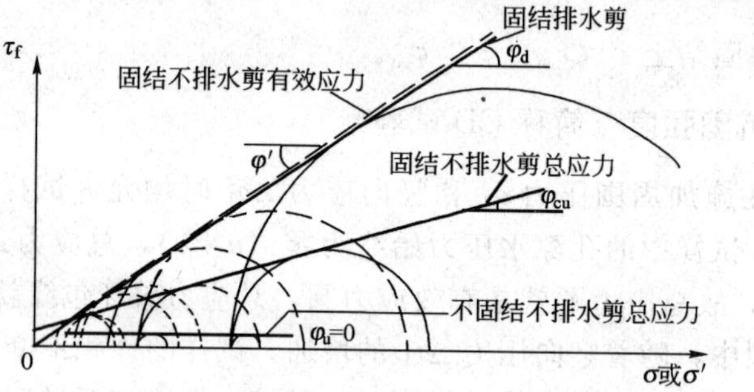

图 6-23　三种试验方法结果比较

图 6-23 表示同一种粘性土分别在不同排水条件下的试验结果。由图可见，如果以总应力法表示，则总应力强度指标有 c_u、φ_u，c_{cu}、φ_{cu}，c_d、φ_d 三套。按式（6-13），破坏面与最大主应力面 σ_1 作用面的夹角 $\alpha_f = 45° + \frac{\varphi}{2}$，因此，同一种粘性土在三种试验方法中将沿不同平面剪切破坏，这与摩尔—库仑强度理论指出的土是沿最薄弱的面剪切破坏的观点不符。这三套总应力强度指标是在试样中存在不同孔隙水压力的情况下得出的，因此在实际工程中，当采用总应力法进行稳定分析时，应根据预估的土中孔隙水压力与三种试验方法中的哪一种最接近来决定采用哪一套总应力强度指标。而以有效应力法表示试验结果时，则不论采用哪种试验方法，都得到近乎同一条有效应力破坏包线（图中虚线所示）。由此可见，土的抗剪强度与总应力没有一一对应关系，而与有效应力有唯一的对应关系。

第六节　无粘性土的抗剪强度

影响无粘性土抗剪强度的主要因素是初始密实度，而初始密实状态可用孔隙比的大小来反映。一般说来，初始孔隙比越小，表明颗粒的接触越紧密，颗粒间的滑动与滚动摩擦和咬合摩阻力就越大，因而抗剪强度就越大。

图 6-24 表示不同初始孔隙比的同一种砂土在相同周围压力下受剪时的应力—应变关系和体积变化。由图可见，密实的紧砂初始孔隙比较小，其应力—应变关系有明显的峰值，超过峰值后，随应变的增加应力逐步降低，这种特性称为应变软化，曲线上相应于峰值（最大值）的强度为峰值强度，而最终稳定时的强度为残余强度。密砂受剪时其体积变化是开始稍有减少，继而明显增加（剪胀），超过了它的初始体积。这是由于较密实的砂土颗粒之间排列比较紧密，剪切时砂粒之间产生相对滚动，土颗粒之间的位置重新排列的结果，这一特性称为剪胀性。松砂的强度随轴向应变的增加而增大，一般不出现峰值应力，这种特性称为应变硬化。松砂受剪时其体积减小，这一特性称为剪缩性。对同一种土，虽然由于其他因素的

影响（如砂土的密实度），可能会产生两种类型的应力—应变曲线，但紧砂和松砂的强度最终趋向同一值。

砂土的剪胀性和剪缩性可用其结构的变化示意说明。图 6-25a）表示松砂的剪缩示意。松砂受剪时，颗粒滚落到平衡位置，将排列得更加紧密些，剪切过程中它的体积缩小，通常把这种因剪切而体积缩小的现象称为剪缩性；密砂颗粒排列紧密，剪切时砂粒要克服颗粒间的咬合，连锁作用，必须向上位移才能离开它们原来的位置而发生剪切变形，这个过程将导致土体体积膨胀，如图 6-25b）所示，通常把这种因剪切而使体积膨胀的现象称为土的剪胀性。然而，应该注意到，随着周围压力的增加，土颗粒的挤碎，密砂的剪胀趋势将逐渐消失。因此，在高周围压力下，不论砂土的松密如何，受剪时都将产生剪缩。

在低周围压力下，不同初始孔隙比的砂土剪切时其体积可能增加，也可能减小。因此，必然存在某一初始孔隙比，剪切时砂土的体积既不膨胀，也不产生收缩，这一初始孔隙比称为临界孔隙比 e_{cr}。研究表明，临界孔隙比与周围压力有关，图 6-26 为不同周围压力下砂土的初始孔隙比与体积变化之间的关系。由图可见，砂土的临界孔隙比随周围压力的增加而减小。

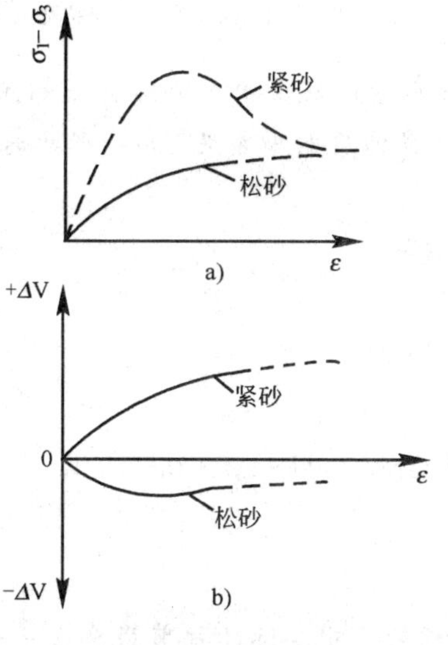

图 6-24 砂土受剪时的应力—应变—体变

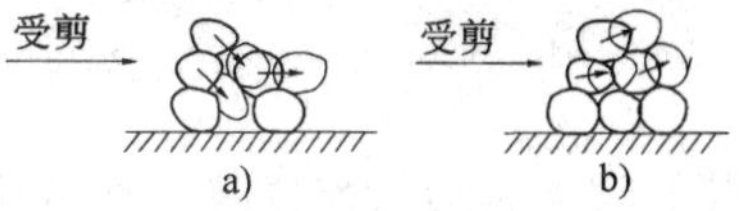

图 6-25 砂土的剪胀和剪缩

a）松砂；b）密砂

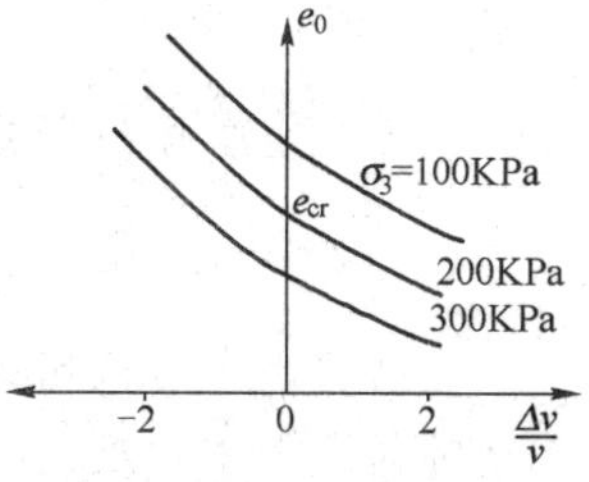

图 6-26 砂土的临界孔隙比

如果饱和砂土的初始孔隙比 e_0 大于临界孔隙比 e_{cr}，在剪应力作用下由于剪缩将产生正的孔隙水压力，孔隙水压力增高，而有效应力降低，致使砂土的抗剪强度降低。当饱和松砂受到动荷载作用（例如地震），由于孔隙水来不及排出，孔隙水压力不断增加，就有可能使有效应力降低到零，因而使砂土像流体那样完全失去抗剪强度，这种现象称为砂土的液化。因此，临界孔隙比对研究砂土液化也具有重要意义。

无粘性土的抗剪强度决定于有效法向应力和内摩擦角。密实砂土的内摩擦角与初始孔隙比、土粒表面的粗糙度以及颗粒级配等因素有关。初始孔隙比小、土粒表面粗糙、级配良好的砂土，其内摩擦角较大。松砂的内摩擦角大致与干砂的天然休止角相等（天然休止角是指干燥砂土堆积起来所形成的自然坡角），可以在实验室用简单的方法测定。

近年来的研究表明，无粘性土的强度性状也十分复杂，它还受各向异性、试样的沉积方法、应力历史等因素影响。

小贴士

软土地基在荷载作用下的强度变化规律

外荷载作用下的软土地基，随着加荷时间的推移，软土中孔隙水逐渐被挤出，孔隙水压力不断消散，有效应力不断增加，软土的抗剪强度随之而增加。图 6-27 表示正常固结土在自重应为 P_0 作用下固结后，再受到附加应力作用时的抗剪强度变化规律。

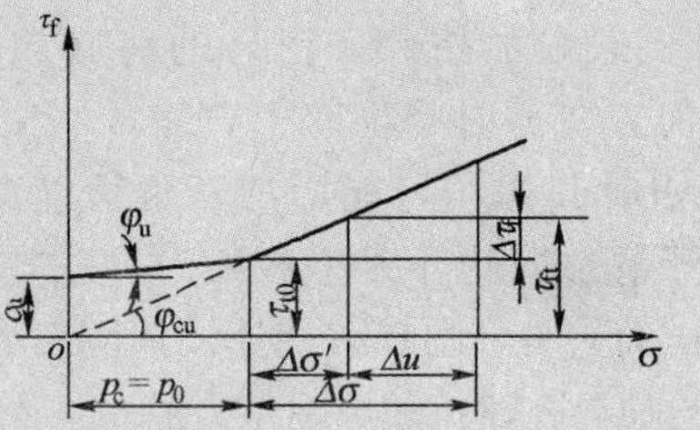

图 6-27　正常固结土的强度变化曲线

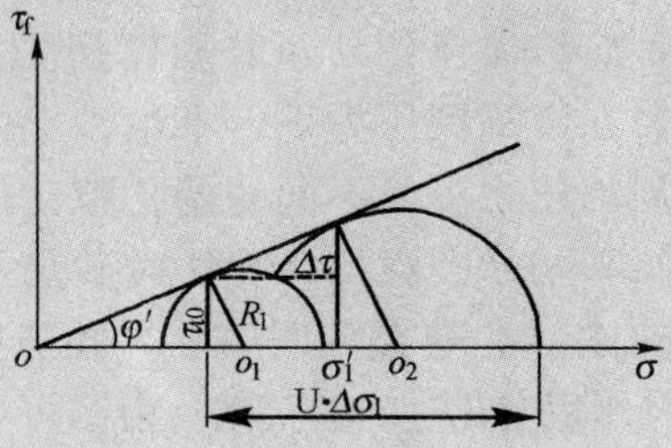

图 6-28　强度增长与固结度的关系

若假设软土的天然强度（即软土的结构，含水量以及土中应力历史等都保持天然原有状态的强度）为 τ_{f0}，在外荷载作用 t 时间后，其抗剪强度的增量为 $\Delta\tau_f$，则此时软土实际的抗剪强度为：

$$\tau_{ft}=\tau_{f0}+\Delta\tau_f \tag{6-24}$$

若荷载作用时间足够长，软土达到完全固结，则

$$\Delta\tau_f=\Delta\sigma\cdot\tan\varphi_{cu} \tag{6-25}$$

若 t 时刻软土的固结度为 U，则

$$\Delta\tau_f=\Delta\sigma'\tan\varphi_{cu}=\frac{\Delta\sigma'}{\Delta\sigma}\cdot\Delta\sigma\cdot\tan\varphi_{cu}=U\cdot\Delta\sigma\cdot\tan\varphi_{cu} \tag{6-26}$$

式中：$\Delta\sigma'$——t 时刻软土中有效附加应力；

U——t 时刻土的固结度。

将式（6-26）代入式（6-24）便可得到 t 时刻软土中实际的抗剪强度另一表达式，即：

$$\tau_{ft}=\tau_{f0}+\Delta\tau_f=c_u+P_0\tan\varphi_u+U\cdot\Delta\sigma\cdot\tan\varphi_{cu} \tag{6-27}$$

式中：c_u、φ_u——不固结不排水剪抗剪强度指标；

φ_{cu}——固结不排水剪抗剪强度指标。

应指出，式（6-27）中所用指标为总应力指标，只是一种近似的估算公式。若考虑到固结度的修正，比较正确的方法是应用有效强度指标估算强度的增长。以图 6-28 中的 o_1 圆表示天然状态下可能发挥的摩尔圆，则强度 τ_{f0} 与半径 R_1 及大主应力 σ' 的关系为：

$$\tau_{f0}=R_1\cos\varphi'=\overline{oo_1}\cdot\sin\varphi'\cdot\cos\varphi'$$

$$\sigma'=R_1+\overline{oo_1}=\frac{\tau_{f0}}{\cos\varphi'}(1+\frac{1}{\sin\varphi'})$$

因此

$$\tau_{f0}=\sigma'\frac{\sin\varphi'\cos\varphi'}{1+\sin\varphi'} \tag{6-28}$$

若总应力增量为$\Delta\sigma_1$，某一时刻达到的固结度为U，则有效应力圆为图 6-28 中的o_2圆。从图中可得

$$\tau_{f0}+\Delta\tau_f=(\sigma'_1+U\Delta\sigma_1)\frac{\sin\varphi'\cos\varphi'}{1+\sin\varphi'} \tag{6-29}$$

强度增长规律：

$$\Delta\tau_f=U\cdot\Delta\sigma_1\cdot\frac{\sin\varphi'\cos\varphi'}{1+\sin\varphi'} \tag{6-30}$$

实际工程中，如能通过实测得到土中孔隙压力，然后运用有效强度指标计算强度增长，是比较可靠的方法。

第七节　影响抗剪强度的主要因素

土的抗剪强度受到多种因素的影响，归纳起来，主要是土的性质（如土的颗粒组成、原始密度、粘性土的触变性等）和应力状态（如前期固结压力等）两个方面。

一、土的矿物成分、颗粒形状和级配的影响

就粘性土而言，主要是矿物成分的影响。不同的粘土矿物具有不同的晶格构造，它们的稳定性、亲水性和胶体特性也各不相同，因而对粘土的抗剪强度（主要是对粘聚力）产生显著的影响。一般来说，粘性土的抗剪强度随着粘粒和粘土矿物含量的增加而增大，或者说随着胶体活动的增强而增大。就无粘性土而言，抗剪强度主要受颗粒的形状、大小及级配的影响。一般来说，土颗粒越大，粗颗粒越多、形状越不规则、表面越粗糙，级配越好，则其内摩擦角越大，因而其抗剪强度也越高。

二、含水量的影响

含水量的增高一般将使土的抗剪强度降低。这种影响主要表现在两个方面，一是水分子在较粗颗粒之间起着润滑作用，使摩阻力降低；二是粘土颗粒表面结合水膜的增厚使原始粘聚力减小。但试验研究表明，砂土在干燥状态时的内摩擦角φ值与饱和状态时的内摩擦角φ值差别很小（仅 1°～2°），即含水量对砂土的抗剪强度的影响是很小的。而对粘性土来说，水分子除在粘性土的较大土粒表面形成润滑剂而使摩阻力降低外，更为重要的是，土的含水量增加时，吸附于粘性土细小土粒表面的结合水膜变厚，使土的粘聚力变低。所以含水量对粘性土的抗剪强度有重大影响，一般随着含水量的增加，粘性土的抗剪强度降低。

三、原始密度的影响

一般来说，土的原始密度越大，其抗剪强度就越高。对于粗颗粒土（如砂土）来说，密度越大则颗粒之间相互嵌锁的作用越强，因而受剪时须克服的咬合摩阻力就越大；对于细颗粒土（如粘性土）来说，原始密度越大则意味着颗粒之间的距离越小，结合水膜越薄，因而原始粘聚力也就越大。

四、土的结构的影响

当土的结构被破坏时，土粒间的联结强度（结构强度）将丧失或部分丧失，致使土的抗剪强度降低。由于无粘性土具有单粒结构，其颗粒较大，土粒间的分子吸引力相对较小，即颗粒间几乎没有联结强度，因此，土的结构对无粘性土的抗剪轻度影响甚微；而粘性土具有蜂窝结构和絮状结构，其土粒间往往由于长期的压密和胶结作用而得到联结强度，所以，土的结构对粘性土的抗剪强度有很大影响。但粘性土的强度会因受扰动而削弱，经过静置又可得到一定程度的恢复，粘性土的这一特性称为触变性。一方面，由于粘性土具有触变性，故在粘性土地基中进行钻探取样时，若土样受到明显的扰动，则试样就不能反映其天然强度，土的灵敏度越大，这种影响就越显著；又如在灵敏度较高的粘性土地基中开挖基坑，地基土也会因施工扰动而发生强度削弱。另一方面，当扰动停止后，粘性土的强度又会随时间而逐渐增长。如在粘性土中进行打桩时，桩侧土因受到扰动而导致强度降低，但在停止打桩以后，土的强度则逐渐恢复，桩的承载力也随之逐渐增加，这种现象就是受到土的触变性的影响的结果。

五、土的应力历史的影响

土的受压过程所造成的土体的应力历史不同，对土的抗剪强度也有影响，如图 6-29 所示。图 6-29a）表示孔隙比与有效应力的关系曲线，图6-29b）则表示抗剪强度与有效应力的关系曲线。天然土层根据前期固结压力 p_c 可分为正常固结土、超固结土和欠固结土三类，现假设由正常固结和超固结两个土层，在现有地面以下同一深度 z 处的现有固结压力相同，均为 $\sigma'_c=\gamma' z$，但由于他们所经历的应力历史不同，在压缩曲线上将处于不同的位置，如图 6-29 中 1 点和 2 点所示。由此可见，正常固结土和超固结土在相同的有效应力下剪切破坏，得到的抗剪强度是不同的，超固结土的强度（2 点）大于正常固结土的强度（1 点）。这是因为超固结土在历史上受过比现有压力 σ'_c 大的有效应力 p_c 的压密，其孔隙比 e 较相同压力 σ'_c 的正常固结土小，这意味着超固结土的颗粒密度比相同压力 σ'_c 的正常固结土大，因而土中摩阻力和粘聚力较大。

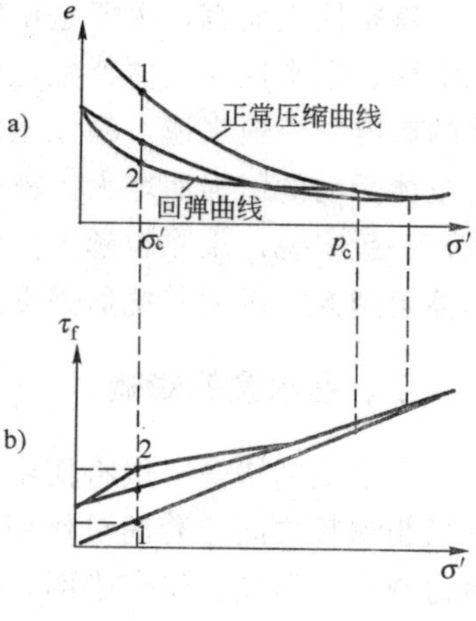

图 6-29　应力历史对土体强度的影响

思　考　题

1. 简述土体强度的概念、强度的研究目的意义。
2. 初等土力学中研究土体强度时的基本假设是什么？
3. 试比较直剪试验和三轴试验的土样的应力状态有什么不同？
4. 试比较直剪试验的三种方法及其相互间的主要异同点。
5. 如何从库仑定律和摩尔应力圆原理说明：当 σ_1 不变，而 σ_3 变小时土可能破坏；反之，当 σ_3 不变，而 σ_1 变大时土也可能破坏的现象。

习 题

1. 已知地基中某点受到大主应力 $\sigma_1=460\text{kPa}$，小主应力 $\sigma_3=220\text{kPa}$，试：

(1) 绘制摩尔应力圆；

(2) 求最大剪应力值及最大剪应力作用面与大主应力面的夹角；

(3) 计算作用在与小主应力面成30°的面上的正应力和剪应力。

(答案：(2) $\tau_{max}=120\text{kPa}$，$\alpha=45°$；(3) $\sigma=280\text{kPa}$，$\tau=103.92\text{kPa}$)

2. 已知作用在通过土体中某点的切面 A—A 上的法向应力为 250kPa，剪应力为 40.8kPa，作用在与它相垂直的切面 B—B 上的法向应力为 50kPa。该点处于极限平衡状态，破坏面与小主应力面成 30°角。试用图解法求：

(1) 作用在该点上的大主应力和小主应力；

(2) 大主应力面与平面 B—B 的夹角（从大主应力面顺时针方向至平面 B—B）；

(3) 小主应力面与平面 A—A 的夹角（从小主应力面顺时针方向至平面 A—A）；

(4) 土的粘聚力 c 和内摩擦角 φ。

(答案：(1) $\sigma_1=258\text{kPa}$，$\sigma_3=42\text{kPa}$；(2) 78°54′；(3) 78°54′ (4) $c=38.1\text{kPa}$，$\varphi=30°$)

3. 某土样进行直剪试验，在法向应力为 100、200、300、400kPa 时，测得抗剪强度 τ_f 分别为 51、87、124、161kPa，求：

(1) 用作图方法确定该土样的抗剪强度指标 c 和 φ；

(2) 如果在土中的某一平面上作用的法向应力为 200kPa，剪应力为 105kPa，该平面是否会剪切破坏？为什么？

(答案：(1) $c=15\text{kPa}$，$\varphi=20°$；(2) $\tau_f=87.8\text{kPa}<\tau=105\text{kPa}$，会剪切破坏)

4. 某条形基础下地基土体中一点的应力为：$\sigma_z=250\text{kPa}$，$\sigma_x=100\text{kPa}$，$\tau_{xz}=40\text{kPa}$，已知土的 $\varphi=30°$，$c=0$，问该点是否剪切破坏？如 σ_z 和 σ_x 不变，τ_{xz} 增至 60kPa，则该点又如何？

(答案：未剪切破坏；剪切破坏)

5. 某饱和粘性土无侧限抗压强度试验得不排水抗剪强度 $c_u=30\text{kPa}$，如果对同一土样进行三轴不固结不排水试验，施加周围压力 $\sigma_3=300\text{kPa}$，问试件将在多大的轴向压力作用下发生破坏？

(答案：360kPa)

6. 某粘土试样在三轴仪中进行固结不排水试验，破坏时的孔隙水压力为 u_f，两个试件的试验结果如下：

试件 I：$\sigma_3=200\text{kPa}$，$\sigma_1=350\text{kPa}$，$u_f=140\text{kPa}$；

试件 II：$\sigma_3=400\text{kPa}$，$\sigma_1=700\text{kPa}$；$u_f=280\text{kPa}$

试求：(1) 用作图法确定该粘土试样的 c_{cu}、φ_{cu} 和 c'、φ'；

(2) 试件 II 破坏面上的法向有效应力和剪应力。

(答案：(1) $c_{cu}=0$，$\varphi_{cu}=16°$，$c'=0$，$\varphi'=34°$；(2) $\sigma'=186.12\text{kPa}$，$\tau=124.35\text{kPa}$)

7. 某正常固结饱和粘性土试样进行不固结不排水试验得 $\varphi_u=0$，$c_u=30\text{kPa}$，对同样的土进行固结不排水试验，得有效应力指标 $c'=0$，$\varphi'=30°$。

(1) 如果试样在不排水条件下破坏，试求剪切破坏时的有效大主应力和小主应力。

(2) 如果某一平面上的法向应力 σ 突然增加到 250kPa，法向应力刚增加时沿这个面的抗剪强度是多少？经很长时间后这个面的抗剪强度又是多少？

（答案：(1) $\sigma'_1=90\text{kPa}$，$\sigma'_3=30\text{MPa}$；(2) 刚增加时 $\tau_f=30\text{KPa}$，经很长时间后，$\tau_f=144.34\text{kPa}$）

8. 某粘性土进行三轴固结不排水试验得有效应力强度指标 $c'=0$，$\varphi''=30°$。如果对同一土样进行三轴不固结不排水试验，施加的周围压力均为 $\sigma_3=300\text{kPa}$，问：

(1) 若不固结不排水试验中试样破坏时的孔隙水压力 $u_f=150\text{kPa}$，则试样破坏时的竖向压力 $\Delta\sigma_1$ 为多少？

(2) 在固结不排水试验中，试样在竖向压力 $\Delta\sigma_1=420\text{kPa}$ 下发生破坏，则破坏时的孔隙水压力 u_f 是多少？

（答案：(1) $\Delta\sigma_1=300\text{kPa}$；(2) $u_f=90\text{kPa}$）

第七章　土压力计算

本章知识点

1. 土压力的分类；
2. 静止土压力概念及计算；
3. 朗金土压力理论；
4. 库仑土压力理论；
5. 特殊情况下的土压力计算；
6. 埋管土压力。

第一节　概　　述

在土木、水利、交通等工程中，经常遇到修建挡土结构物的问题，它是用来支撑天然或人工斜坡不致坍塌，保持土体稳定的一种建筑物，在工程中把这种建筑物称为“挡土墙”。例如，堤岸挡土墙、联结路堤与桥梁的桥台、隧道的侧墙、道路边坡的挡土墙、地下室的外墙等等（图 7-1）。挡土墙的作用就在于挡住墙后填土并承受来自填土侧向的压力。

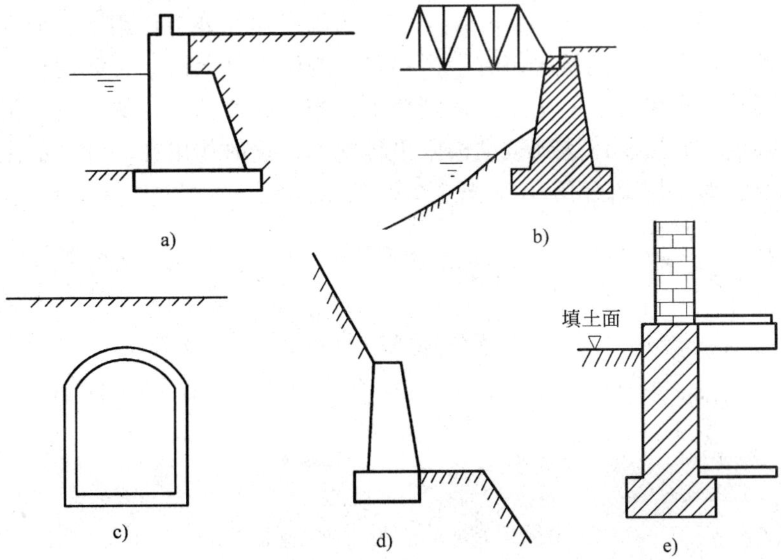

图 7-1　挡土结构物

a）堤岸挡土墙；b）桥台；c）隧道侧墙；d）道路边坡的挡土墙；e）地下室的外墙

土压力（earth pressure）通常是指挡土墙后的填土因自重或外荷载作用对墙背产生的侧向压力。就像在水中作用有水压力一样，在土中也作用着土压力。水在静止状态下没有抗剪强度，所以水在任何方向的压力都相等。然而，因为土有抗剪强度，所以具有在不同的方向上，或者根据变形的不同土压力的大小也不同这样奇妙的性质。

形成挡土结构物与土体界面上侧向压力的主要荷载包括：土体自重引起的侧向压力、水压力、影响区范围内的构筑物荷载、施工荷载以及必要时应考虑的地震荷载等引起的侧向压力。

土压力是设计挡土墙（retaining wall）结构物断面及验算其稳定性的主要外荷载，因此，设计挡土墙时首先要确定土压力的性质、大小、方向和作用点。土压力的计算是个比较复杂的问题，影响因素很多。土压力的大小和分布，除了与土的性质有关外，还和墙体的位移方向、位移量、土体与结构物间的相互作用以及挡土墙的结构类型有关，在影响土压力的诸多因素中，墙体位移条件是最主要的因素。墙体位移的方向和位移量决定着所产生的土压力的性质和大小，因此，根据挡土墙的位移方向、大小及墙后填土所处的应力状态，将土压力分为静止土压力、主动土压力、被动土压力三种。

（1）静止土压力（earth pressure at rest）。当挡土墙在墙后填土的推力作用下，不产生任何移动或转动时，墙后土体没有破坏，而处于弹性平衡状态，此时，作用于墙背上的土压力称为静止土压力，用 E_0 表示，如图 7-2a）所示。

（2）主动土压力（active earth pressure）。挡土墙在土压力作用下背离填土方向移动或转动时，墙后土体由于侧面所受限制的放松而有下滑趋势，为阻止其下滑，土体内潜在的滑动面上的剪应力将逐渐增加，从而使作用在墙背上的土压力逐渐减小，当墙的移动或转动达到一定数值时，滑动面上的剪应力等于土的抗剪强度，墙后土体达到主动极限平衡状态，此时作用在墙背上的土压力达到最小值，称为主动土压力，用 E_a 表示，如图 7-2b）所示。

（3）被动土压力（passive earth pressure）。当挡土墙在外力作用下，向着填土方向移动或转动时，墙后土体由于受到挤压，有上滑趋势，为阻止其上滑，土体内滑动面上的剪应力反向增加，使得作用在墙背上的土压力逐渐增加，当墙的移动量足够大时，滑动面上的剪应力又等于抗剪强度，墙后土体达到被动极限平衡状态，这时作用在墙背上的土压力达到最大值，称为被动土压力，用 E_p 表示，如图 7-2c）所示。

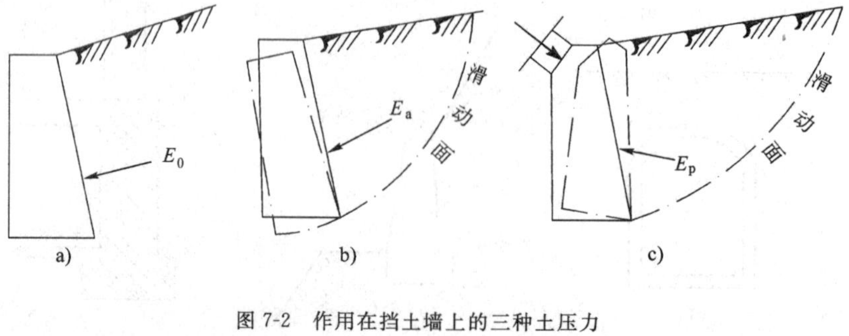

图 7-2　作用在挡土墙上的三种土压力

a）静止土压力；b）主动土压力；c）被动土压力

太沙基于 1929 年通过挡土墙模型试验，研究了土压力与墙体位移之间的关系，得到了如图 7-3 所示的关系曲线，由图可知：

(1) 挡土墙所受的土压力类型首先取决于墙体是否发生位移以及位移的方向，据此可将土压力分为静止土压力 E_0、主动土压力 E_a 和被动土压力 E_p 三种类型。

(2) 墙所受土压力的大小并非恒定不变，而是随着墙体位移量的变化而变化。

(3) 产生主动土压力所需的墙体位移量很小，而产生被动土压力则需要较大的墙体位移量。经验表明：土推墙前移，土体达到主动极限平衡状态所需的相对位移量（墙体位移量与墙高的比值）约为 0.001～0.005；而墙在外力作用下推向土体（墙后移），使墙后土体达到被动极限平衡状态所需的相对位移量约为 0.01～0.05。可见，产生被动土压力比产生主动土压力要困难得多。

(4) 在相同的墙高和填土条件下，$E_p > E_0 > E_a$。

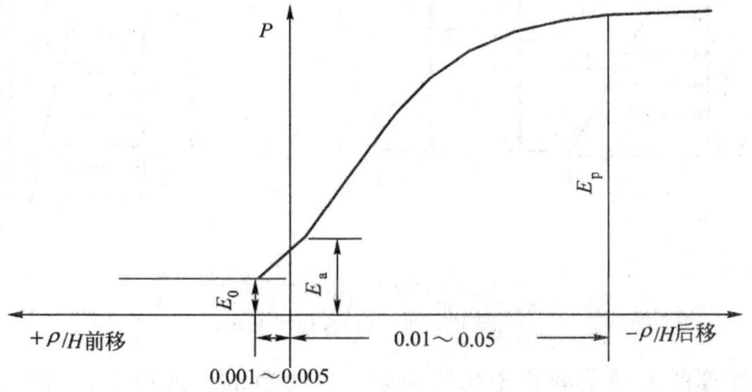

图 7-3　墙体位移与土压力关系曲线

本章将对三种土压力的计算进行详细的介绍。静止土压力 E_0 属于弹性状态土压力，可用弹性理论计算；主动土压力 E_a 和被动土压力 E_p 则属于极限平衡状态土压力，目前对这两种土压力的计算仍是以抗剪强度理论和极限平衡理论为基础的古典土压力理论，即朗金土压力（Rankine）和库仑土压力理论（Coulomb）。然而，由于实际工程中，很多挡土结构的位移量并未达到土体发生主动或被动极限平衡状态所需的位移量，因而，其土压力的大小可能介于主动与被动之间的某一数值，这主要取决于墙体、土体和地基三者的变形、强度特性以及相互作用。为了比较真实准确的反映任意墙体位移下的土压力的大小，可根据土的实际应力—应变关系，利用有限元方法来确定墙体位移量与土压力大小的定量关系。

第二节　静止土压力计算

静止土压力只发生在挡土墙为刚性、墙体不发生任何位移的情况下。在实际工程中，作用在深基础侧墙或者 U 形桥台上的土压力，可近似看作静止土压力。

静止土压力的计算较为简单，由于墙静止不动，土体无侧向位移，墙后土体处于侧限压缩应力状态，与土的自重应力状态相同。若墙后填土为均质体，则单位面积上的静止土压力强度 p_0 为

$$p_0 = K_0 \gamma z \tag{7-1}$$

式中：K_0——静止土压力系数；

γ——土的重度（kN/m^3）；

z——土压力计算点的深度（m）。

由上式可以看出，静止土压力强度 p_0 沿深度呈线性变化，其分布规律如图 7-4a）所示。作用在每延米挡墙上的静止土压力合力为

$$E_0=\frac{1}{2}K_0\gamma H^2 \tag{7-2}$$

式中：H 为挡墙高度，合力的作用点位于土压力分布图形的形心位置，即合力作用于 $H/3$ 处。

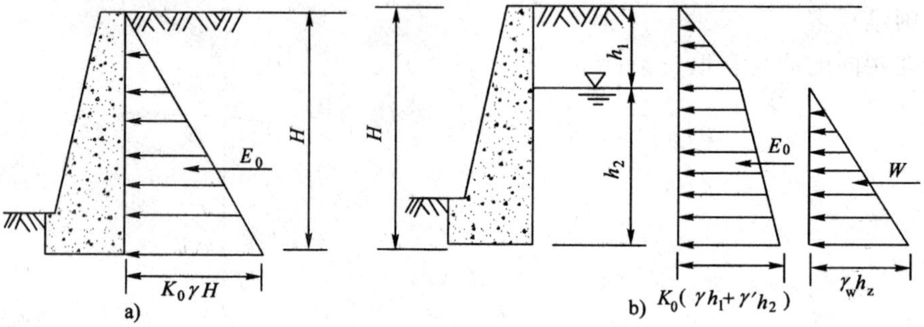

图 7-4　静止土压力的分布

a）均匀土；b）有地下水时

静止土压力计算的关键是静止土压力系数 K_0 的确定。理论上，可根据弹性理论进行计算，$K_0=v/(1-v)$，v 为泊松比。实际 K_0 由试验确定，室内可由三轴仪或应力路径三轴仪测得，在原位可用自钻式旁压仪测得。由于 K_0 的测试较为困难，也可采用经验公式估算。研究证明，K_0 除与土性及密度有关外，粘性土的 K_0 还与应力历史有关系。下列经验公式可用于 K_0 的估算

砂性土：$K_0=1-\sin\varphi'$；粘性土 $K_0=0.95-\sin\varphi'$；超固结土：$K_0=OCR^{0.5}(1-\sin\varphi')$。式中，$\varphi'$ 为土的有效内摩擦角；OCR 为土的超固结比。

我国《公路桥涵地基与基础设计规范》（JTJ 024—85）给出了静止土压力系数的参考值，见表 7-1 所示。

规范给出的静止土压力系数 K_0 参考值　　表 7-1

土　类	砾石、卵石	砂土	粉土	粉质粘土	粘土
K_0	0.20	0.25	0.35	0.45	0.55

小贴士

某些特殊情况下的静止土压力计算

1. 成层土和填土表面有无限均布荷载的情况

对于成层土和有超载的情况，静止土压力强度可按下式计算

$$p_0=K_0(\sum\gamma_i h_i+q) \tag{7-3}$$

式中：γ_i——计算点以上第 i 层土的重度；

h_i——计算点上第 i 层土的厚度；

q——填土面上的均布荷载。

2. 墙后填土中有地下水

对于墙后填土有地下水情况计算静止土压力时，地下水位以下对于透水性的土应采用有效重度 γ' 计算，同时考虑作用于挡土墙上的静水压力，如图 7-4b）所示。

3. 墙背倾斜的情况

对于墙背倾斜情况，作用在单位长度上的静止土压力 E_0 为 E'_0 和土楔体 ABD' 自重的合力，如图 7-5 所示。

静止土压力的计算通常采用下面的步骤：

（1）计算静止土压力系数 K_0；

（2）计算各土层界面上（包括地下水位线）的静止土压力强度 p_{0i}；

（3）根据计算的 p_{0i} 绘出土压力强度分布曲线图；

（4）计算土压力强度分布图的面积即静止土压力的合力 E_0；

（5）计算土压力分布图的形心位置即静止土压力的合力作用点。

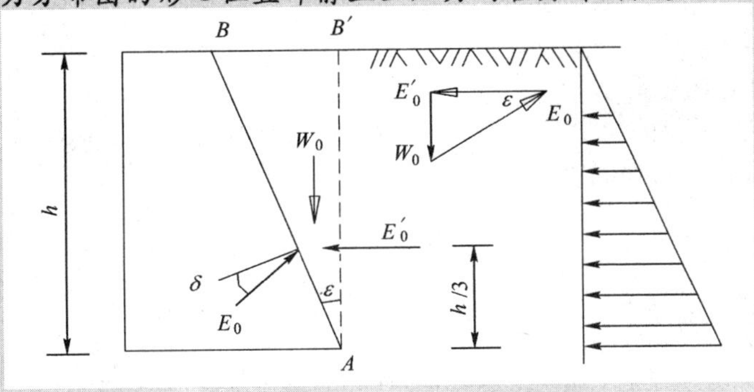

图 7-5 墙背倾斜时的静止土压力

典型例题分析

［例题 7-1］ 计算作用在如图 7-6 所示挡土墙上的静止土压力的大小和分布。图中 q 为无限均布荷载。

解：（1）计算静止土压力系数

$$K_0 = 1 - \sin\phi' = 1 - \sin 30° = 0.5$$

（2）计算土中各点静止土压力强度

由已知条件：$q = 20\text{kPa}$，$\gamma_1 = \gamma = 16\text{kN/m}^3$，$\gamma_2 = \gamma' = \gamma_{sat} - \gamma_w = 18 - 9.81 = 8.19\text{kN/m}^3$，$h_1 = 2\text{m}$，$h_2 = 3\text{m}$，则根据公式（7-3）有

a 点：$p_{0a} = K_0 q = 0.5 \times 20 = 10\text{kPa}$

b 点：$p_{0b} = K_0\ (q + \gamma_1 h_1)\ = 0.5 \times\ (20 + 16 \times 2)\ = 26\text{kPa}$

c 点：$p_{0a} = K_0\ (q + \gamma_1 h_1 + \gamma_2 h_2)\ = 0.5 \times\ (20 + 16 \times 2 + 8.2 \times 3)\ = 38.3\text{kPa}$

（3）绘制静止土压力强度分布图（如图 7-6 所示）

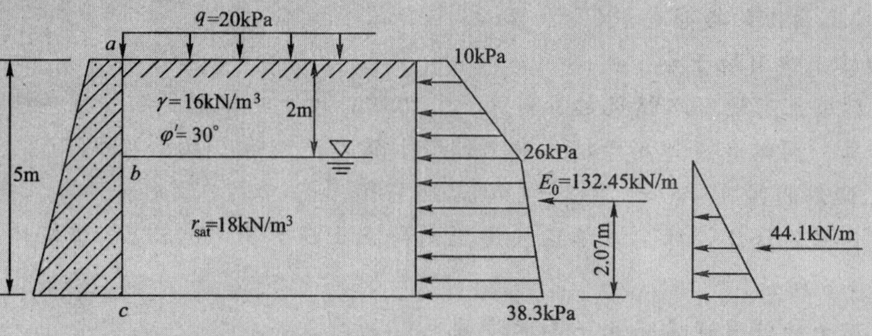

图 7-6　例题 7-1 图

(4) 计算静止土压力的合力 E_0

$$E_0 = \frac{1}{2}(p_{0a} + p_{0b})h_1 + \frac{1}{2}(p_{0b} + p_{0c})h_2$$

$$= \frac{1}{2} \times (10 + 26) \times 2 + \frac{1}{2} \times (26 + 38.3) \times 3$$

$$= 132.45\text{kN/m}$$

(5) 求土压力合力 E_0 作用点位置

E_0 的作用点离墙底的距离 y_0 为

$$y_0 = \frac{1}{E}\left[p_{0a}h_1\left(\frac{h_1}{2} + h_2\right) + \frac{1}{2}(p_{0b} - p_{0a})h_1\left(\frac{h_1}{3} + h_2\right) + p_{0b} \times \frac{h_2^2}{2} + \frac{1}{2}(p_{0c} - p_{0b})\frac{h_2^2}{3}\right]$$

$$= \frac{1}{132.45}\left[10 \times 2 \times 4 + 0.5 \times 16 \times 2 \times \left(\frac{2}{3} + 3\right) + 26 \times 4.5 + 0.5 \times 12.3 \times 3\right]$$

$$= 2.07\text{m}$$

(6) 计算作用于挡墙上的静水压力 p_w

$$P_w = \frac{1}{2}\gamma_w h_2^2 = 0.5 \times 9.8 \times 9 = 44.1\text{kN/m}$$

静水压力分布如图 7-6 所示。

第三节　朗金土压力理论

朗金土压力理论是土压力计算中两个著名的古典土压力理论之一，由英国科学家朗金（W. J. MRanKine）于 1857 年提出。它是根据墙后填土处于极限平衡状态，应用极限平衡条件，推导出主动土压力和被动土压力的计算公式。

朗金土压力理论的基本假设条件是：挡土墙墙背竖直、光滑，墙后填土面水平。

一、基本理论

朗金研究自重应力作用下，半无限土体内各点的应力从弹性平衡状态发展为极限平衡状态的条件，提出计算挡土墙土压力的理论，其分析方法如下。

考察半无限土体中深度 z 处一点的应力状态。由于土体内任一竖直面都是对称面，对称面上的剪应力均为零，按照剪应力互等定理，可知任意水平面上的剪应力也等于零。因此，竖直面和水平面上的剪应力都等于零，相应截面上的法向应力 σ_z 和 σ_x 都是主应力，大主应力 $\sigma_1=\sigma_z=\gamma z$，小主应力 $\sigma_3=\sigma_x=K_0\gamma z$。此时的应力状态用摩尔圆表示为图 7-7c）和 7-7d）所示的圆①，由于该点处于弹性平衡状态，故摩尔圆没有和抗剪强度包线相切。

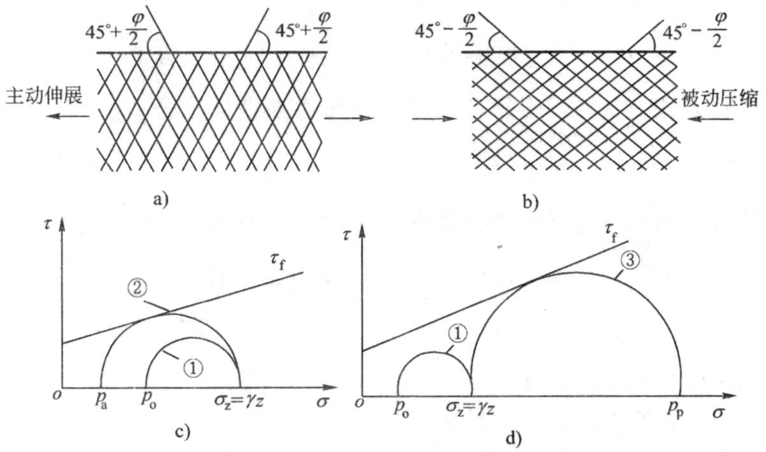

图 7-7　半空间的极限平衡状态

a）主动朗金状态的剪切破坏面；b）被动朗金状态的剪切破坏面；c）用摩尔圆表示主动朗金状态；d）用摩尔圆表示被动朗金状态

若由于某种原因使整个土体在水平方向均匀地伸展，即墙体背离土体移动，如图 7-7a）所示，则作用在微分体上的竖向应力 σ_z 保持不变，而水平向应力 σ_x 逐渐减小，直至土体达到主动极限平衡状态（称为主动朗金状态），此时 σ_x 达最小值 p_a。此时，应力圆与土的抗剪强度线相切，如图 7-7c）中的圆②所示，p_a 是小主应力，而 σ_z 是大主应力。若土体继续伸展，土压力也不会进一步减少，这时土体进入破坏状态，土体中的抗剪强度已全部发挥出来。土体达到极限平衡时形成的剪切破坏面与水平线的夹角为 $\left(45^\circ+\dfrac{\varphi}{2}\right)$，形成图 7-7a）所示的两簇互相平行的破坏面。

反之，如果土体在水平方向压缩，即墙体向土体方向移动，这时作用在微分体上的竖向应力 σ_z 保持不变，而水平向应力 σ_x 则由静止土压力逐渐增大，直至土体达到极限平衡状态（称为被动朗金状态），此时，σ_x 达最大值 p_p，应力圆与土的抗剪强度线相切，如图 7-7d）中的圆③所示，p_p 是大主应力，σ_z 是小主应力。土体破坏后，若土体继续压缩，土压力也不会进一步增大。土体达到极限平衡时形成的剪切破坏面与水平面的夹角为 $\left(45^\circ+\dfrac{\varphi}{2}\right)$（见图 7-7b)），形成两簇互相平行的破坏面。

朗金将上述原理应用于挡土墙土压力计算中，若忽略墙背与填土之间的摩擦作用（为了满足剪应力为零的边界条件），对于挡土墙墙背竖直、墙后填土面水平的情况（为了满足水平面与竖直面上的正应力分别为大、小主应力），作用于其上的土压力大小可用朗金理论计算。

二、主动土压力

根据上述分析，当墙后土体处于主动极限平衡状态时，作用于任意深度 z 处土体单元上的大主应力等于竖向应力，小主应力等于主动土压力强度，即

$$\sigma_1 = \sigma_z = \gamma z, \sigma_3 = p_a \tag{7-4}$$

根据极限平衡条件下大小主应力的关系，有

$$\sigma_3 = \sigma_1 \tan^2\left(45° - \frac{\varphi}{2}\right) - 2c\tan\left(45° - \frac{\varphi}{2}\right) \tag{7-5}$$

将式（7-4）代入式（7-5），可得朗金主动土压力强度计算公式

$$p_a = \gamma z \tan^2\left(45° - \frac{\varphi}{2}\right) - 2c\tan\left(45° - \frac{\varphi}{2}\right) = \gamma z K_a - 2c\sqrt{K_a} \tag{7-6}$$

式（7-6）适合于墙后土体为粘性土的情况，对于无粘性土，由于 $c=0$，则有

$$p_a = \gamma z \tan^2\left(45° - \frac{\varphi}{2}\right) = rzK_a \tag{7-7}$$

式中：p_a——主动土压力强度（kPa）；

γ——土的重度（kN/m^3）；

z——计算点深度（m）；

c、φ——土的粘聚力（kPa）及内摩擦角（°）；

K_a——主动土压力系数，$K_a = \tan^2\left(45° - \frac{\varphi}{2}\right)$。

对于无粘性土，由式(7-7)可知，主动土压力强度 p_a 沿深度 z 呈线性分布，如图 7-8b）所示，从图可见，作用在墙背上单位长度挡墙的主动土压力 E_a 即为 p_a 分布图形的面积，其作用点位置在主动土压力强度分布图形的形心处，故有

$$E_a = \frac{1}{2}\gamma K_a H^2 \tag{7-8}$$

E_a 作用于距墙底 $H/3$ 处。

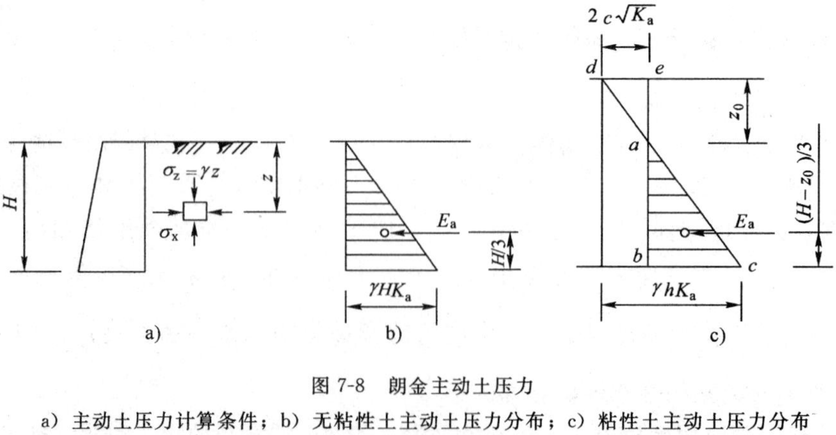

图 7-8　朗金主动土压力

a）主动土压力计算条件；b）无粘性土主动土压力分布；c）粘性土主动土压力分布

对于粘性土，由式（7-6）可知，主动土压力强度由两部分组成：一部分是由于土体自重引起的土压力强度 $\gamma z K_a$，沿墙高呈三角形分布；另一部分是由于粘聚力 c 引起的负侧压

力 $2c\sqrt{K_a}$，沿墙高呈矩形分布。这两部分叠加的结果如图 7-8c）所示。正是由于粘聚力的存在，使得主动土压力在某一深度范围内会出现负值，即存在拉力区，拉力区的深度 z_0 为 $p_a=0$ 的 z 值，令式（7-7）中 $p_a=0$，得到

$$z_0 = \frac{2c}{\gamma\sqrt{K_a}} \tag{7-9}$$

由于土体不能承受拉力，所以主动土压力强度分布图形为图 7-8c）所示的下部阴影三角形，单位墙长的土压力即为该三角形的面积

$$E_a = \frac{1}{2}(H - z_0)(\gamma H K_a - 2c\sqrt{K_a}) \tag{7-10}$$

将式（7-9）代入（7-10），得

$$E_a = \frac{1}{2}\gamma H^2 K_a - 2cH\sqrt{K_a} + \frac{2c^2}{\gamma} \tag{7-11}$$

E_a 作用于离墙底（$H-z_0$）/3 处。

典型例题分析

［例题 7-2］　如图 7-9 所示，挡墙墙高 4m，墙背直立光滑、填土水平，填土的物理力学性能指标为 $\gamma=17\text{kN//m}^3$，$\varphi=22°$，$c=6\text{kPa}$ 。试计算其主动土压力。

解：(1) 计算主动土压力系数

$$K_a=\tan^2\left(45°-\frac{\varphi}{2}\right)=\tan^2(45°-22°/2)=0.45$$

(2) 计算主动土压力强度

由已知条件：$\gamma=17\text{kN/m}^3$，$H=4\text{m}$，$c=6\text{kPa}$，则根据公式（7-6）有

$$p_a = \gamma H K_a - 2c\sqrt{K_a} = 17\times4\times0.45 - 2\times6\times\sqrt{0.45} = 22.8\text{kPa}$$

(3) 计算临界深度 z_0

$$z_0 = \frac{2c}{\gamma\sqrt{K_a}} = \frac{2\times6}{17\times\sqrt{0.45}} = 1.05\text{m}$$

(4) 绘出主动土压力强度分布图（如图 7-9 所示）

(5) 计算主动土压力

主动土压力在数值上等于 p_a 分布图的面积

$$E_a = 0.5\times(4-1.05)\times22.8 = 33.7\text{kN/m}$$

(6) 计算主动土压力作用点位置

E_a 距墙底的距离 y_a 为

$$y_a = (H - z_0)/3 = 0.98\text{m}$$

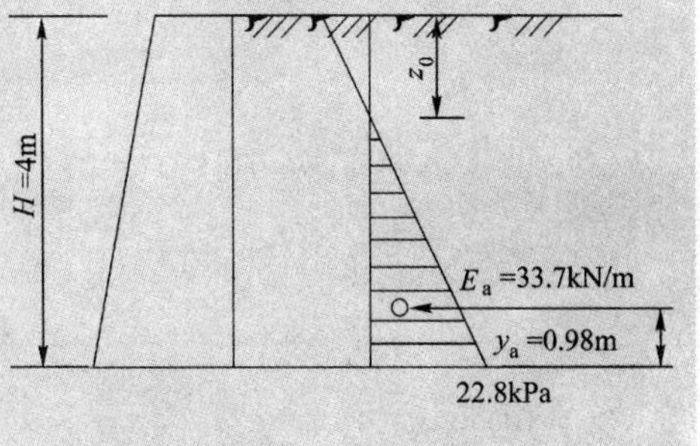

图 7-9　例题 7-2 图

三、被动土压力

当墙后土体达到被动极限平衡状态时，水平压力比竖直压力大，此时，作用于任意深度 z 处土体单元上的大主应力等于被动土压力强度 p_p，小主应力等于 σ_z，即

$$\sigma_1 = p_p,\quad \sigma_3 = \sigma_z = \gamma z \tag{7-12}$$

根据极限平衡条件下大小主应力的关系，有

$$\sigma_1 = \sigma_3 \tan^2\left(45^\circ + \frac{\varphi}{2}\right) + 2c\tan\left(45^\circ + \frac{\varphi}{2}\right) \tag{7-13}$$

将式（7-12）代入式（7-13），可得朗金被动土压力强度计算公式

$$p_p = \gamma z \tan^2\left(45^\circ + \frac{\varphi}{2}\right) + 2c\tan\left(45^\circ + \frac{\varphi}{2}\right) = \gamma z K_p + 2c\sqrt{K_p} \tag{7-14}$$

式（7-14）适合于墙后土体为粘性土的情况，对于无粘性土，由于 $c=0$，则有

$$p_a = \gamma z \tan^2\left(45^\circ + \frac{\varphi}{2}\right) = \gamma z K_p \tag{7-15}$$

式中：p_p——被动土压力强度（kPa）；

K_p——被动土压力系数，$K_p = \tan^2 (45^\circ + \frac{\varphi}{2})$。

由式（7-14）和式（7-15）可知，无粘性土的被动土压力强度 p_p 沿深度 z 呈三角形分布（如图 7-10b）所示）；而粘性土的被动土压力强度仍旧由两部分组成，土体自重引起的土压力强度 $\gamma z K_p$ 和粘聚力引起的正侧压力 $2c\sqrt{K_p}$，二者叠加使 p_p 沿深度呈梯形分布（如图 7-10c））。单位墙长的被动土压力 E_p 在数值上等于 p_p 分布图的面积，即

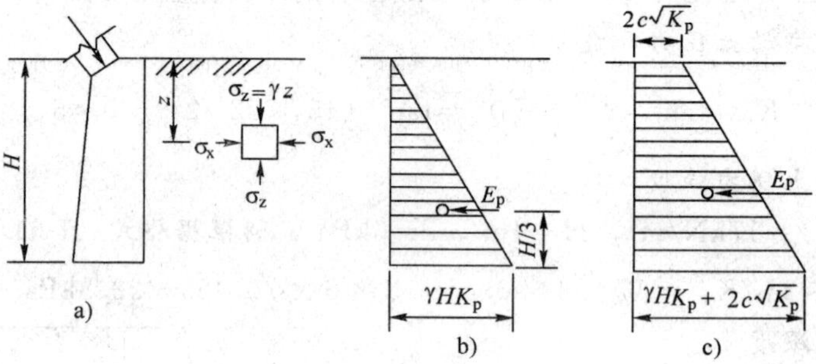

图 7-10　朗金被动土压力

a）被动土压力计算条件；b）无粘性土被动土压力分布；c）粘性土被动土压力分布

对于无粘性土，有

$$E_p = \frac{1}{2}\gamma K_p H^2 \tag{7-16}$$

对于粘性土，有

$$E_p = \frac{1}{2}\gamma K_p H^2 + 2cH\sqrt{K_p} \tag{7-17}$$

被动土压力 E_p 的作用方向垂直于墙背，作用点位于 p_p 分布图形的形心，可通过一次求矩得到 E_p 合力作用点到墙底的距离 y_p 通过下式进行计算

$$y_p = \frac{H}{3}\,\frac{2p_{p上} + p_{p下}}{p_{p上} + p_{p下}} \tag{7-18}$$

式中：$p_{p上}$，$p_{p下}$——分别为作用于墙背顶面和底面的被动土压力强度（kPa）。

典型例题分析

[例题 7-3]　计算例题 7-2 中所示挡墙的被动土压力。

解：(1) 计算被动土压力系数

$$K_p = \tan^2(45° + \frac{\varphi}{2}) = \tan^2(45° + 22°/2) = 2.20$$

(2) 计算墙背土体中各点的被动土压力强度

由已知条件：$\gamma=17\text{kN/m}^3$，$H=4\text{m}$，$c=\text{kPa}$，则根据公式 (7-14) 有

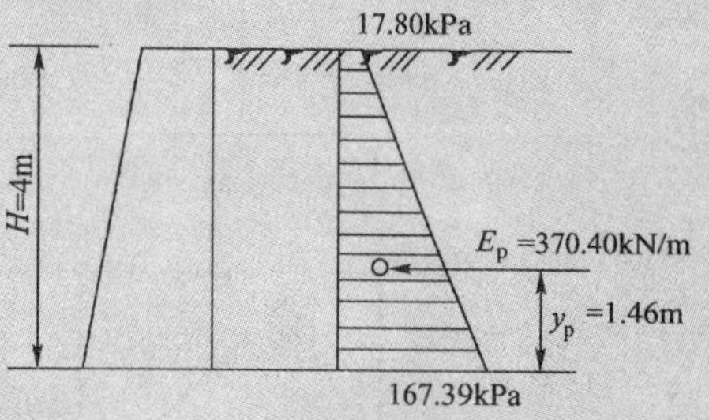

图 7-11　例题 7-3 图

$$p_{p上} = 2c\sqrt{K_p} = 2\times6\times\sqrt{2.20} = 17.80\text{kPa}$$

$$p_{p下} = \gamma HK_p + 2c\sqrt{K_p} = 17\times4\times2.20 + 2\times6\times\sqrt{2.20} = 167.39\text{kPa}$$

(3) 绘出被动土压力强度分布图（如图 7-11 所示）

(4) 计算被动土压力。被动土压力在数值上等于 p_p 分布图的面积，由式 (7-17)

$$E_p = \frac{1}{2}\gamma K_p H^2 + 2cH\sqrt{K_p} = 0.5\times17\times2.20\times4^2 + 2\times6\times4\times\sqrt{2.20} = 370.40\text{kN/m}$$

(5) 计算被动土压力作用点位置

根据式 (7-18)，E_p 距墙底的距离 y_p 为

$$y_p = \frac{H}{3}\frac{2p_{p上} + p_{p下}}{p_{p上} + p_{p下}} = \frac{4}{3}\times\frac{2\times17.80 + 167.39}{17.80 + 167.39} = 1.46\text{m}$$

小贴士

关于朗金土压力理论的适用条件的讨论

朗金土压力理论根据弹性半空间的应力状态和极限平衡理论分析来确定土压力，由于其基于弹性半空间应力状态的假定，故有一定的适用范围，通常与填土面的形状、墙背的倾角和粗糙度等因素有关。以下是朗金土压力公式的适用范围（如图 7-12)：

(1) 墙背竖直、光滑、墙后填土面水平，即 $\alpha=0$，$\delta=0$，$\beta=0$（图 7-12a)）；

(2) 墙背竖直，填土面为倾斜平面，即 $\alpha=0$，$\beta\neq0$，但 $\beta<\varphi$ 且 $\delta>\beta$（图 7-12b)）；

(3) 坦墙，$\alpha>\alpha_{cr}$，计算面如图 7-12c) 所示；

(4) L 形钢筋混凝土挡墙，计算面如图 7-12d)) 所示。

α 为墙背倾角，δ 为墙背与土的摩擦角，β 为填土坡度，φ 为土的内摩擦角，α_{cr} 为临界倾斜角。研究表明：α_{cr} 为 δ、β、φ 的函数，$\alpha_{cr}=f(\delta,\varphi,\beta)$。当 $\delta=\varphi$ 时，α_{cr} 通过下式确定

$$\alpha_{cr}=45°-\varphi/2+\beta/2-\sin^{-1}(\sin\beta/\sin\varphi)/2 \tag{7-19}$$

朗金公式对于无粘性土与粘性土均可采用，除情况 (2) 且填土为粘性土外，均有公式直接求解。

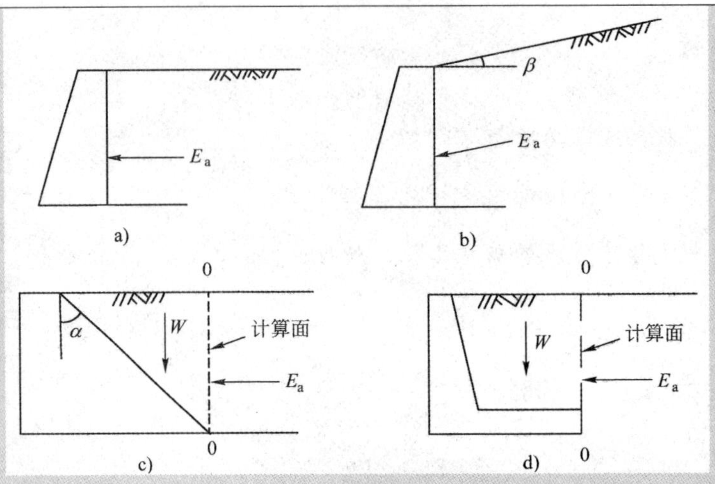

图 7-12 朗金公式的适用范围

第四节 库仑土压力理论

库仑土压力理论是由法国科学家库仑（C. A. Coulomb）于 1776 年提出的。它是根据墙后土体处于极限平衡状态并形成一滑动土楔体，根据楔体的静力平衡条件得出的土压力计算理论。

一、基本理论

与朗金理论相比，库仑理论在其推导的出发点上有两个主要的区别：首先，在挡土墙的边界条件上，库仑理论考虑的挡土墙，可以是墙背倾斜，具有倾角 α；墙背粗糙，与填土之间存在摩擦力，摩擦角为 δ；墙后填土面有倾角 β，如图 7-13 所示。其次，库仑理论不是从土体中一点的应力状态出发，而是从考虑墙后某个楔形滑体的整体平衡条件出发，直接求作用在墙背上的总土压力。

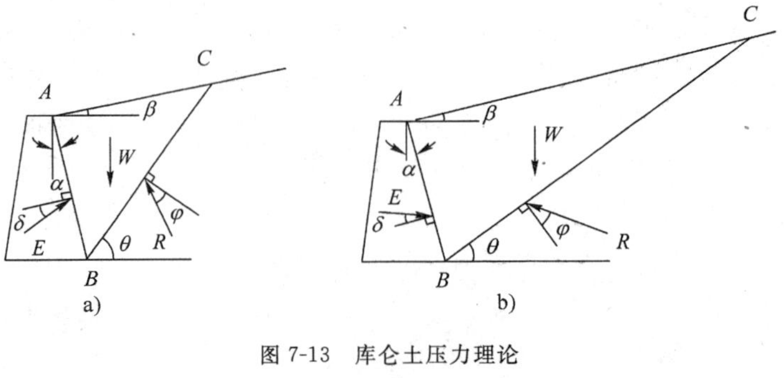

图 7-13 库仑土压力理论

a）主动状态；b）被动状态

库仑理论的基本假设为：

（1）墙后填土是均质的无粘性土，$c=0$。

（2）平面滑裂面假设。当墙背离土体移动或推向土体移动，使墙后土体达到极限平衡状态时，填土将沿两个平面同时下滑或上滑，一个是墙背 AB 面，另一个是土体内某一滑动面 BC，BC 与水平面成 θ 角。

（3）刚体滑动假设。将破坏土楔 ABC 视为刚体，不考虑滑动楔体内部的应力和变形。

（4）楔体 ABC 整体处于极限平衡状态。在 AB 和 BC 滑动面上，抗剪强度均已充分发挥，即滑动面上的剪应力 τ 均已达到抗剪强度 τ_f。

二、主动土压力

取单位长度挡土墙进行分析，设挡土墙高为 H，墙背俯斜与垂线夹角为 α，墙后填土为砂土，填土重度为 γ，内摩擦角为 φ，填土表面与水平面成 β 角，墙背与土的摩擦角为 δ。

挡土墙在土压力作用下将向前移动，当墙后填土处于极限平衡状态时，墙后填土形成一滑动土楔 ABC，其滑裂面为平面 BC，与水平线成 θ 角（见图 7-14a)），土楔 ABC 在其自重 W 和反力 R、E 的作用下平衡，组成力矢三角形（见图 7-14b)）。

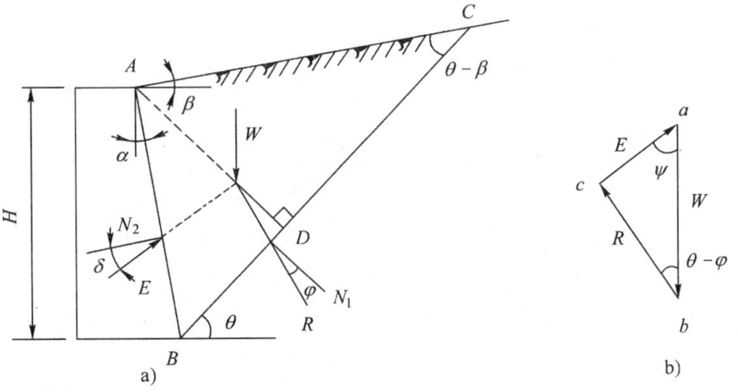

图 7-14　库仑主动土压力计算图式

a）土楔体 ABC 上的作用力；b）力矢三角形

根据楔体静力平衡条件，取处于极限平衡状态的滑动楔体△ABC 作为隔离体来进行分析，可得库仑主动土压力计算公式，其表达式为

$$E_a=\frac{1}{2}\gamma H^2 K_a \tag{7-20}$$

其中，

$$K_a=\frac{\cos^2(\varphi-\alpha)}{\cos^2\alpha\cos(\alpha+\delta)\left[1+\sqrt{\dfrac{\sin(\varphi+\delta)\sin(\varphi-\beta)}{\cos(\alpha+\delta)\cos(\alpha-\beta)}}\right]} \tag{7-21}$$

式中：K_a——库仑主动土压力系数，由式（7-21）计算或者查表 7-2 确定；

H——挡土墙高度（m）；

γ——墙后填土重度（kN/m³）；

φ——墙后填土的内摩擦角（°）；

α——墙背与竖直线之间的夹角（°），以竖直线为准，逆时针为正，称为俯斜墙背，顺时针为负，称为仰斜墙背；

β——墙后填土面的倾角（°）；

δ——墙背与填土之间的摩擦角（°），其值可由试验确定，无试验资料时，可按表7-3选用。

当挡土墙满足朗金理论假设，即墙背垂直（$\alpha=0$）、光滑（$\delta=0$）、填土面水平（$\beta=0$）时，式（7-20）改写为

$$E_a=\frac{1}{2}\gamma H^2\tan^2\left(45°-\frac{\varphi}{2}\right) \tag{7-22}$$

这样，该公式和朗金主动土压力计算公式（7-8）完全相同，可见，满足朗金理论假设时，朗金理论是库仑理论的特殊情况。

关于土压力强度沿墙高的分布形式，可通过对式（7-20）求导得出，即

$$p_a=\frac{dE_a}{dz}=\frac{d}{dz}\left(\frac{1}{2}\gamma\frac{2}{z^2K_a}\right)=\gamma zK_a \tag{7-23}$$

由式（7-23）可见，库仑主动土压力强度沿墙高呈三角形分布（如图7-15b)）。值得注意的是，这种分布形式只表示土压力大小，并不代表实际作用于墙背上的土压力方向。土压力合力 E_a 的作用方向仍在墙背法线上方，并与法线成 δ 角或与水平面成（$\alpha+\delta$）角，如图7-15a）所示；E_a 作用点在距墙底 $H/3$ 处。

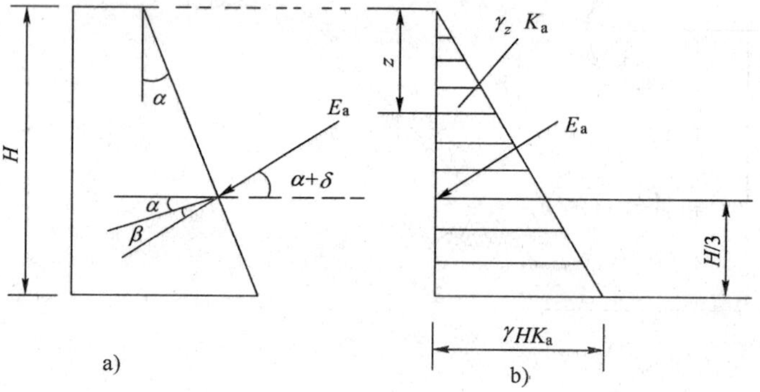

图7-15　库仑主动土压力强度分布图

库仑主动土压力系数 K_a 值　　表7-2

δ	α	β \ φ	15°	20°	25°	30°	35°	40°	45°	50°
0°	−20°	0°	0.497	0.380	0.287	0.212	0.153	0.106	0.070	0.043
		10°	0.595	0.439	0.323	0.234	0.166	0.114	0.074	0.045
		20°		0.707	0.401	0.274	0.188	0.125	0.080	0.047
		30°				0.498	0.239	0.147	0.090	0.051
	−10°	0°	0.540	0.433	0.344	0.270	0.209	0.158	0.117	0.083
		10°	0.644	0.500	0.389	0.301	0.229	0.171	0.125	0.088
		20°		0.785	0.482	0.353	0.261	0.190	0.136	0.094
		30°				0.614	0.331	0.226	0.155	0.104
	0°	0°	0.589	0.490	0.406	0.333	0.271	0.271	0.172	0.132
		10°	0.704	0.569	0.462	0.374	0.300	0.238	0.186	0.142
		20°		0.883	0.573	0.441	0.344	0.267	0.204	0.154
		30°				0.750	0.436	0.318	0.235	0.172

续上表

δ	α	β \ φ	15°	20°	25°	30°	35°	40°	45°	50°
0°	10°	0°	0.562	0.560	0.478	0.407	0.343	0.288	0.238	0.194
		10°	0.784	0.655	0.550	0.461	0.384	0.318	0.261	0.211
		20°		1.015	0.685	0.548	0.444	0.360	0.291	0.231
		30°				0.925	0.566	0.433	0.337	0.262
	20°	0°	0.736	0.648	0.569	0.498	0.434	0.375	0.322	0.274
		10°	0.896	0.768	0.663	0.572	0.492	0.421	0.358	0.302
		20°		1.205	2.834	0.688	0.576	0.484	0.405	0.337
		30°				1.169	0.740	0.586	0.474	0.385
10°	−20°	0°	0.427	0.330	0.252	0.188	0.137	0.096	0.064	0.039
		10°	0.529	0.388	0.286	0.209	0.149	0.103	0.068	0.041
		20°		0.675	0.364	0.248	0.170	0.114	0.073	0.044
		30°				0.475	0.220	0.135	0.082	0.047
	−10°	0°	0.477	0.385	0.309	0.245	0.191	0.146	0.109	0.078
		10°	0.590	0.455	0.354	0.275	0.211	0.159	0.116	0.082
		20°		0.773	0.450	0.328	0.242	0.177	0.127	0.088
		30°				0.605	0.313	0.212	0.146	0.098
	0°	0°	0.533	0.447	0.373	0.309	0.253	0.204	0.163	0.127
		10°	0.664	0.531	0.431	0.350	0.282	0.225	0.177	0.136
		20°		0.897	0.549	0.420	0.326	0.254	0.195	0.148
		30°				0.762	0.423	0.306	0.226	0.166
	10°	0°	0.603	0.520	0.448	0.384	0.326	0.275	0.230	0.185
		10°	0.759	0.626	0.524	0.440	0.369	0.307	0.253	0.206
		20°		1.064	0.674	0.534	0.432	0.351	0.284	0.227
		30°				0.969	0.564	0.427	0.332	0.258
	20°	0°	0.695	0.615	0.543	0.478	0.419	0.365	0.316	0.271
		10°	0.890	0.752	0.646	0.558	0.482	0.414	0.354	0.300
		20°		1.308	0.844	0.687	0.573	0.481	0.403	0.337
		30°				1.268	0.758	0.594	0.478	0.388
15°	−20°	0°	0.405	0.314	0.240	0.180	0.132	0.093	0.062	0.038
		10°	0.509	0.372	0.275	0.201	0.144	0.100	0.066	0.040
		20°		0.667	0.352	0.239	0.164	0.110	0.071	0.042
		30°				0.470	0.214	0.131	0.080	0.046
	−10°	0°	0.458	0.371	0.298	0.237	0.186	0.142	0.106	0.076
		10°	0.576	0.442	0.344	0.267	0.205	0.155	0.114	0.081
		20°		0.776	0.441	0.320	0.237	0.174	0.125	0.087
		30°				0.607	0.308	0.209	0.143	0.097
	0°	0°	0.518	0.434	0.363	0.301	0.248	0.201	0.160	0.125
		10°	0.656	0.522	0.423	0.343	0.277	0.222	0.174	0.135
		20°		0.914	0.546	0.415	0.323	0.251	0.194	0.147
		30°				0.777	0.422	0.305	0.225	0.165

续上表

δ	α	β \ φ	15°	20°	25°	30°	35°	40°	45°	50°
15°	10°	0°	0.592	0.511	0.441	0.378	0.323	0.273	0.228	0.189
		10°	0.760	0.623	0.520	0.437	0.366	0.305	0.252	0.206
		20°		1.103	0.679	0.535	0.432	0.351	0.284	0.228
		30°				1.005	0.571	0.430	0.334	0.260
	20°	0°	0.690	0.611	0.540	0.476	0.419	0.366	0.317	0.273
		10°	0.904	0.757	0.649	0.560	0.484	0.416	0.357	0.303
		20°		1.383	0.862	0.697	0.579	0.486	0.408	0.341
		30°				1.341	0.778	0.606	0.487	0.395
20°	−20°	0°			0.231	0.174	0.128	0.090	0.061	0.038
		10°			0.266	0.195	0.140	0.097	0.064	0.039
		20°			0.344	0.233	0.160	0.108	0.069	0.042
		30°				0.468	0.210	0.129	0.079	0.045
	−10°	0°			0.291	0.232	0.182	0.140	0.105	0.076
		10°			0.337	0.262	0.202	0.153	0.113	0.080
		20°			0.437	0.316	0.233	0.171	0.124	0.086
		30°				0.614	0.306	0.207	0.142	0.096
	0°	0°			0.357	0.297	0.245	0.199	0.160	0.125
		10°			0.419	0.340	0.275	0.220	0.174	0.135
		20°			0.547	0.414	0.322	0.251	0.193	0.147
		30°				0.798	0.425	0.306	0.225	0.166
	10°	0°			0.438	0.377	0.322	0.273	0.229	0.190
		10°			0.521	0.438	0.367	0.306	0.254	0.208
		20°			0.690	0.540	0.436	0.354	0.286	0.230
		30°				1.051	0.582	0.437	0.338	0.264
	20°	0°			0.543	0.479	0.422	0.370	0.321	0.277
		10°			0.659	0.568	0.490	0.423	0.363	0.309
		20°			0.891	0.715	0.592	0.496	0.417	0.349
		30°				1.434	0.807	0.624	0.501	0.406

墙背与填土之间的摩擦角 δ 值 表 7-3

挡土墙情况	摩擦角 δ	挡土墙情况	摩擦角 δ
墙背平滑，排水不良	$(0\sim0.33)\varphi_k$	墙背很粗糙，排水良好	$(0.50\sim0.67)\varphi_k$
墙背粗糙，排水良好	$(0.33\sim0.50)\varphi_k$	墙背与填土间不可能滑动	$(0.67\sim1.00)\varphi_k$

注：φ_k 为墙背填土的内摩擦角标准值。

典型例题分析

[例题 7-4] 某重力式挡墙，$H=4.0$m，$\alpha=10°$，$\beta=10°$，墙后回填砂土，$c=0$，$\varphi=30°$，$\gamma=18\text{kN/m}^3$，试分别求出当 $\delta=\varphi/2$ 和 $\delta=0$ 时，作用在墙背上的总主动土压力。

解：(1) 求 $\delta=\frac{\varphi}{2}$ 时的 E_{a1}。用库仑土压力理论计算。根据 $\alpha=10°$，$\beta=10°$，$\varphi=30°$，

$\delta=\alpha/2=15^{\circ}$，查表 7-2，得库仑主动土压力系数

$$K_{a1}=0.437$$

由公式（7-20）有

$$E_{a1}=\frac{1}{2}\gamma H^2 K_{a1}=\frac{1}{2}\times18\times4^2\times0.437=62.9\text{kN/m}$$

E_{a1} 作用点位置距墙底的距离为 $y_{a1}=H/3=1.33\text{m}$，E_{a1} 作用方向与墙背法线成 $\delta=15^{\circ}$ 角，如图7-16所示。

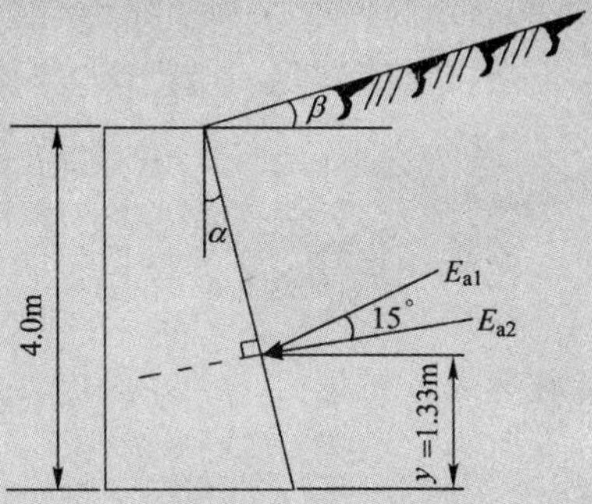

图 7-16　例题 7-4 图

（2）求 $\delta=0$ 时的 E_{a2}。根据 $\alpha=10^{\circ}$，$\beta=10^{\circ}$，$\varphi=30^{\circ}$，$\delta=0^{\circ}$，查表 7-2，得库仑主动土压力系数

$$K_{a2}=0.461$$

由公式（7-20）有

$$E_{a2}=\frac{1}{2}\gamma H^2 K_{a2}=\frac{1}{2}\times18\times4^2\times0.461=66.4\text{kN/m}$$

E_{a2} 作用点位置距墙底的距离为 $y_{a2}=H/3=1.33\text{m}$，E_{a1} 作用方向与墙背垂直。

可见，当 δ 减小时，作用于墙背上的主动土压力 E_a 将增大。

三、被动土压力

与产生主动土压力情况相反，当挡土墙受到外力向填土方向移动直至墙后土体达到被动极限平衡状态，产生沿平面 BC 向上滑动的土楔 ABC（如图 7-17a)），此时土楔 ABC 在其自重 W 和反力 R、E 的作用下平衡，组成力矢三角形（见图 7-17b)）。为阻止楔体上滑，土压力 E 和反力 R 均位于法线的上侧。根据静力平衡条件，可得被动土压力 E_p 的表达式为

$$E_p=\frac{1}{2}\gamma H^2 K_p \tag{7-24}$$

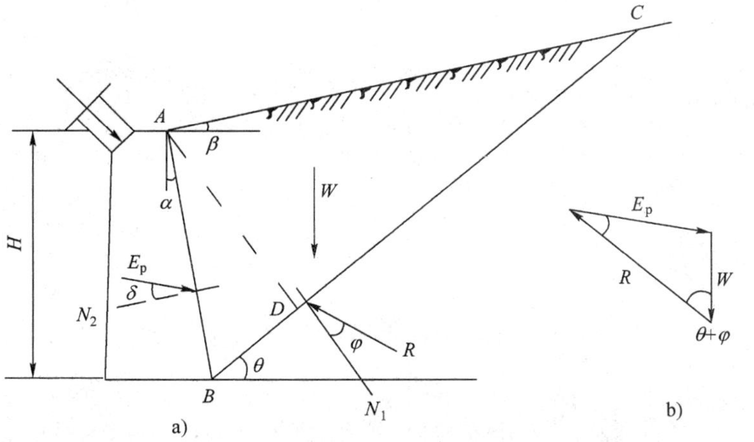

图 7-17　库仑被动土压力计算图式

a）土楔体 ABC 上的作用力；b）力矢三角形

其中，
$$K_p=\frac{\cos^2(\varphi+\alpha)}{\cos^2\alpha\cos(\alpha-\delta)\left[1-\sqrt{\frac{\sin(\varphi+\delta)\sin(\varphi+\beta)}{\cos(\alpha-\delta)\cos(\alpha-\beta)}}\right]^2} \tag{7-25}$$

式中：K_p 为库仑被动土压力系数，其余符号意义同前。

当挡土墙满足朗金理论假设时，式（7-24）改写为

$$E_p=\frac{1}{2}\gamma H^2\tan^2\left(45°+\frac{\varphi}{2}\right) \tag{7-26}$$

显然，此时，库仑理论与朗金理论的被动土压力的计算公式也相同。

对式（7-24）求导，同样可得土压力强度 p_p 沿墙高的分布形式

$$p_p=\frac{dE_p}{dz}=\frac{d}{dz}\left(\frac{1}{2}\gamma z^2K_p\right)=\gamma zK_p \tag{7-27}$$

可见，被动土压力强度 p_p 沿墙高也呈三角形分布，合力 E_p 的作用方向在墙背法线下方，与法线成角 δ，与水平面成（$\delta-\alpha$）角，如图 7-18 所示，作用点在距墙底 $H/3$ 处。

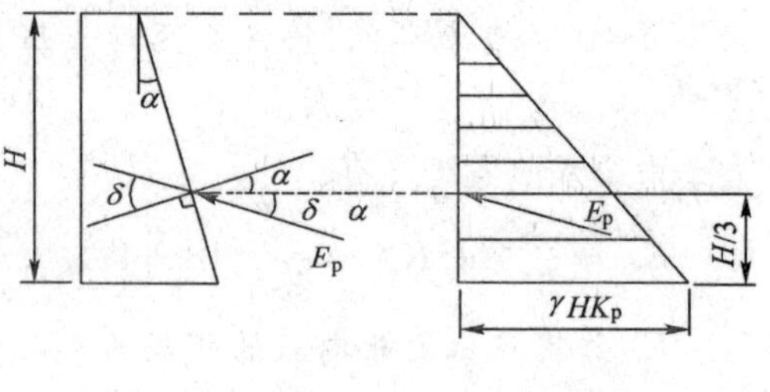

图 7-18 库仑被动土压力强度分布

典型例题分析

［例题 7-5］ 计算作用在例题 7-4 所示挡墙墙背的被动土压力。

解：（1）求 $\delta=\frac{\varphi}{2}$ 时的 E_p。用库仑土压力理论计算。由已知 $\alpha=10°$，$\beta=10°$，$\varphi=30°$，$\delta=\frac{\varphi}{2}=15°$，根据公式(7-25)，得库仑被动土压力系数

$$K_{p1}=\frac{\cos^2(\varphi+\alpha)}{\cos^2\alpha\cos(\alpha-\delta)\left[1-\sqrt{\frac{\sin(\varphi+\delta)\sin(\varphi+\beta)}{\cos(\alpha-\delta)\cos(\alpha-\beta)}}\right]^2}$$
$$=\frac{\cos^2(30°+10°)}{\cos^2 10°\cos(10°-15°)\left[1-\sqrt{\frac{\sin(30°+15°)\sin(30°+10°)}{\cos(10°-15°)\cos(10°-10°)}}\right]^2}$$
$$=5.77$$

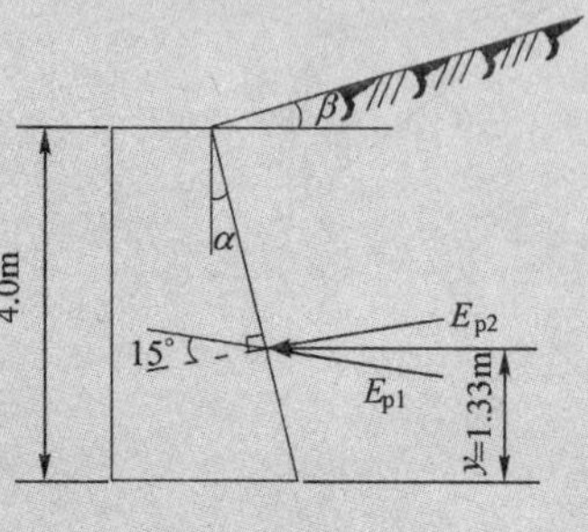

图 7-19 例题 7-5 图

由公式（7-24）有

$$E_{p1}=\frac{1}{2}\gamma H^2K_{p1}=\frac{1}{2}=18\times4^2\times5.77=830.9\text{kN/m}$$

E_{p_1} 作用点位置距墙底的距离为 $y_{p1}=H/3=1.33$m，E_{p1} 作用方向在墙背法线下方，与墙背法线成 $\delta=15°$ 角，如图 7-19 所示。

（2）求 $\delta=0$ 时的 E_{p2}。根据 $\alpha=10°$，$\beta=10°$，$\varphi=30°$，$\delta=0°$，由公式（7-25）计算得库仑被动土压力系数

$$K_{p2}=3.34$$

由公式（7-24）有

$$E_{p2}=\frac{1}{2}\gamma H^2 K_{p2}=\frac{1}{2}\times 18\times 4^2\times 3.44=480.96\text{kN/m}$$

E_{p2}作用点位置距墙底的距离为 $y_{p2}=H/3=1.33\text{m}$，E_{p2}作用方向与墙背垂直。

可见，当 δ 减小时，作用于墙背上的被动土压力 E_p 将减小。

四、图解法确定库仑主动土压力

设挡土墙及其填土条件如图 7-20a)。根据库仑土压力理论，若在墙后填土中任选一与水平面夹角为 θ_1 的滑裂面 AC_1，则可求出土楔 ABC_1 重量 W_1 的大小及方向，以及反力 E_1 及 R_1 的方向，从而可绘出闭合的力三角形，并进而求出 E_1 的大小，如图 7-20b)。然后任选多个不同的滑裂面 AC_2、AC_3、…、AC_n；用同样方法可连续绘出多个闭合的力三角形，并得出相应的 E_2、E_3、E_n 值。连接各力三角形的顶点得到曲线$\widehat{m_1m_n}$，作曲线$\widehat{m_1m_n}$ 的竖直切线（平行于 W 方向），得到切点 m，自 m 点作 E 方向的平行线交 oW 于 n 点，则 mn 所代表的 E 值为诸多 E 值中的最大值，即为主动土压力 E_a 值。

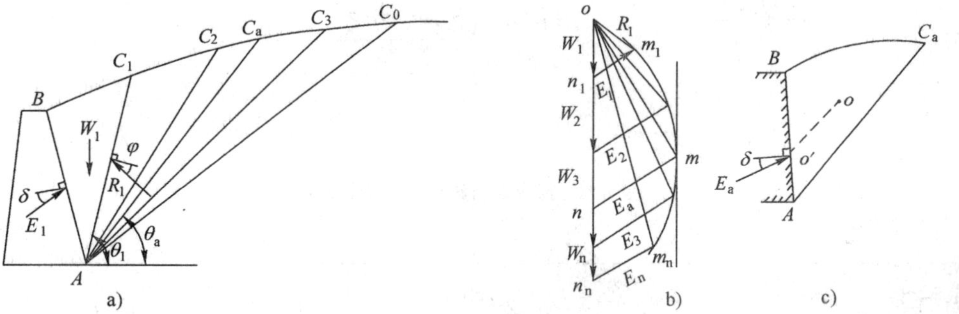

图 7-20 图解法求库仑主动土压力的原理

为找出填土中真正滑裂面的位置，考虑图 7-20b）中的力三角形 omn，根据面前图 7-14 可知，对应于土压力 E_a 的 R_a（om）与 W_a（on）之间的夹角应为（$\theta_a-\varphi$），土的内摩擦角 φ 已知，故可求出 θ_a 角，从而可在图 7-20a）中确定出滑裂面$\overline{AC_a}$。

值得注意的是，由图解法只能确定总土压力 E_a 的大小和滑裂面的位置，而不能求出 E_a 的作用点位置。为此，太沙基（1943）提出了作用点位置的近似确定方法：如图 7-20c）所示，在得到滑裂面位置$\overline{AC_a}$ 后，找出滑裂体 ABC_a 的重心 O，过 O 点做滑裂面$\overline{AC_a}$ 的平行线，交墙背于 O'点，可以认为 O'点就是 E_a 的作用点。

库尔曼（C・Culmann）对上述基本方法进行改进与简化，即所谓库尔曼图解法，其简化之处在于库尔曼把图 7-20b）中的闭合三角形的顶点 o 直接放在墙根 A 处，并使之逆时针方向旋转（$90°+\varphi$）角度，使得力三角形中矢量 R 的方向与所假定的滑裂面相一致，如图 7-21a）所示。此时矢量 W 的方向与水平线之间的夹角应为 φ；W 与 E 之间夹角应为 ψ，均为常数。然后沿 W 方向即可画出图 7-21b）所示的一系列闭合三角形，从而使上述基本图解法得到简化。库尔曼图解法的具体步骤为：

(1) 过 A 点作两条辅助线：一条为 AL，令其与水平线成夹角 φ，代表矢量 W 的方向；另一条为 AM，与 AL 线成夹角 ψ，代表矢量 E 的方向。

(2) 任意假定一破裂面 AC_1，算出滑裂体 ABC_1 的重量 W_1，并按一定比例在 AL 线上截取 An_1 代表 W_1，自 n_1 点作 AM 的平行线交破裂面于 m_1 点，则 m_1n_1A 即为滑裂体 ABC_1 的闭合力三角形，m_1n_1 的长度就等于破裂面为 AC_1 时的土压力 E_1。

(3) 同理，再任意假定其他破裂面 AC_2、AC_3、……求得 n_2、n_3、……各点，并得出 m_2n_2、m_3n_3、……等线。

(4) 连接 $m_1m_2m_3$ 各点得到一曲线，此线即称为库尔曼线。作该曲线与 AL 平行的切线，得切点 m，过切点 m 引 AM 平行线交 AL 于 n，线段$\overline{mn}$就是所求的主动土压力 E_a。

(5) 连接$\overline{Am}$，并延长与填土面交于 C_a，则$\overline{AC_a}$ 即为真正的破裂面。

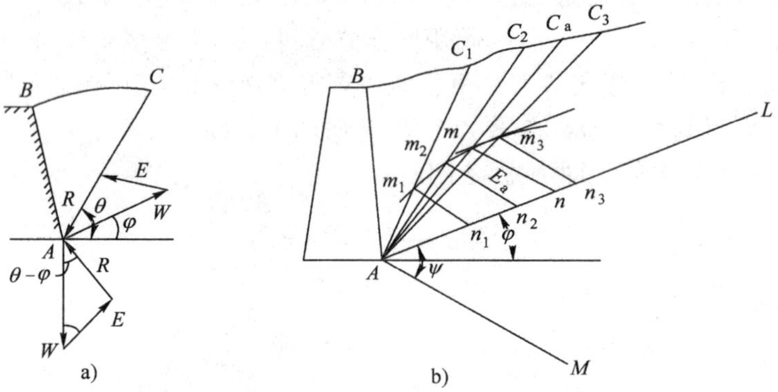

图 7-21 库尔曼图解法求主动土压力

小贴士

粘性填土的库仑土压力理论

库仑理论假设墙后填土是均质的无粘性土，也就是填土只有内摩擦角而没有内聚力 c。但在实际工程中墙后土体有时为粘性土，为了考虑粘性土的内聚力 c 对土压力数值的影响，就必须采取一些办法进行修正，使库仑土压力理论公式也可用来计算粘性土土压力。目前已提出了多种修正方法，下面对以下两种方法进行简要介绍。

1. 等值内摩擦角法

这是一种近似计算方法，即把原具有 c、φ 值的粘性填土代换成仅具有等值内摩擦角 φ_D 的无粘性土，然后用库仑公式求解。这样，计算简单，但关键在于怎样确定等值内摩擦角。在理论上，该法是解释不通的；实用上，对一般粘性土，地下水位以上常取 35°或 30°，地下水位以下用 30°～25°。但是，等值内摩擦角并非是一个定值，随墙高而变化，墙高越小，等值内摩擦角越大。如墙高为定值，则等值内摩擦角将随粘聚力的增加而迅速递增。计算表明：对于高墙而填土土质较差时，用 $\varphi_D=35°$计算偏于不安全；对于低墙而填土土质较好时，用 $\varphi_D=35°$计算，却又偏于保守。可见用一个等值内摩擦角来代替填土的实际抗剪强度，不能很好符合实际情况，也并不都偏于安全。

2. 图解法——楔体试算法

楔体试算法假设填土中的破裂面是平面，以简化代替实际的曲面破裂面，这可以计算粘性填土的库仑主动土压力而不致引起太大的误差，但在计算库仑被动土压力时误差较大。

根据前述朗金理论可知，在无荷载作用的粘性土半无限体表层 z_0 深度内，由于存在拉应力，将导致裂缝出现（见图 7-22a），故在 z_0 深度内的墙背面上和破裂面上无粘聚力 c 的作用。$z_0=2c/(\gamma\sqrt{K_a})$，但该表达式不因地表倾角不同而变化。

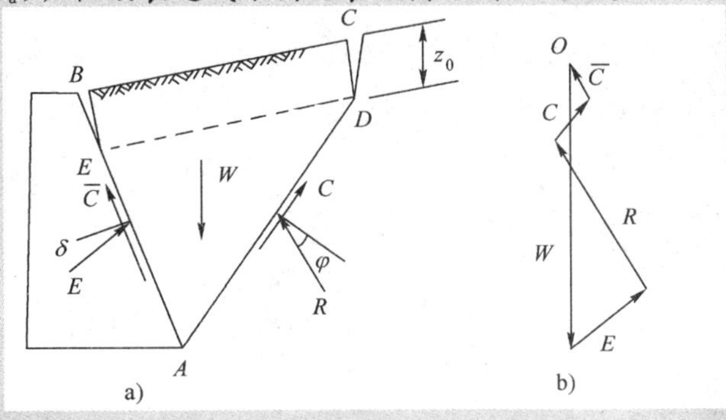

图 7-22　用图解法求粘性土主动土压力

假设破裂面为 ADC，作用在滑动楔体上的力有：

(1) 滑动土楔体 $BEADC$ 自重 W，大小已知，方向向下。

(2) 滑动面 AD 上的反力 R，与 $\overline{AD}$ 面的法线成 φ 角。

(3) AD 面上的总粘聚力 $C=c\overline{AD}$，c 为填土内单位面积上的粘聚力，方向沿接触面。

(4) 沿墙背 AE 上的总粘聚力 $\bar{C}=\bar{c}\,\overline{AD}$，$\bar{c}$ 为墙背与填土接触面上单位面积粘聚力，方向沿接触面。

(5) 墙背对填土的反力 E，与墙背法线方向成 δ 角。

上述五个力的作用方向均为已知，且 W、$\bar{C}$ 和 C 的大小也已知。根据力系平衡的力多边形闭合的条件，即可确定出 E 的大小，如图 7-22b）所示。

试算多个滑裂面，根据矢量 E 与 R 的交点的轨迹，画出一条光滑曲线，找到最大 E 值，即为主动土压力 E_a。

小贴士

关于库仑土压力理论的适用条件的讨论

库仑理论根据墙背和滑裂面之间的土楔处于极限平衡状态，用静力平衡条件，推导出土压力计算公式，考虑了墙背与填土间的摩擦力，并可用于墙背倾斜、填土面倾斜的情况。由于该理论假设填土是无粘性土，故不能用库仑理论直接计算粘性土的土压力；同时，其假定滑动面为平面，而实际上却是曲面，该平面假定往往使计算结构产生很大误差。以下是库仑理论的应用范围：

(1) 可用于包括朗金条件在内的各种倾斜墙背的陡墙（$\alpha<\alpha_{cr}$），填土面不限（图 7-23a)），

即α、δ、β可以不为零，但也可以等于零，故较朗金公式应用范围更广；

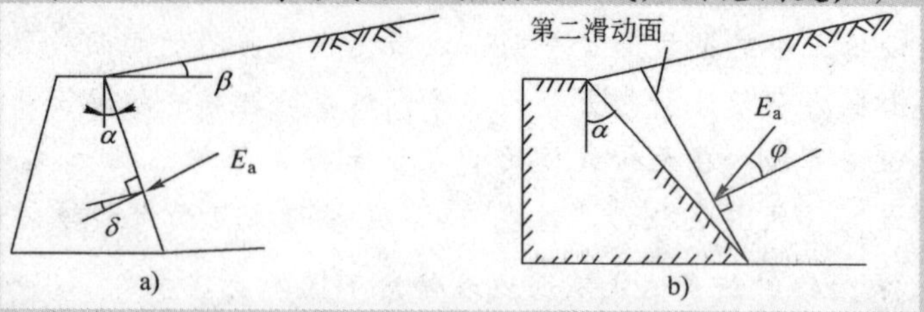

图 7-23　库仑公式的适用范围

(2) 坦墙，填土形式不限，计算面为第二滑裂面如图 7-23b) 所示，具体计算见相关文献。

(3) 数解法一般只用于无粘性土，粘性土的数解法由于表达式过于复杂，目前很少应用。图解法则对于无粘性土或粘性土均可方便应用。

第五节　特殊情况下的土压力计算

一、填土面有均布超载

若挡土墙墙背垂直，在水平填土面上有连续均布荷载 q 作用时（图 7-24a)），也可用朗金理论计算主动土压力。此时填土面下，墙背面 z 深度处土体单元所受的应力 $\sigma_1=q+\gamma z$，则 $\sigma_3=p_a=\sigma_1 K_a$，即

$$p_a = qK_a + \gamma z K_a \tag{7-28}$$

由上式可以看出，作用在墙背面的土压力 p_a 由两部分组成：一部分由均布荷载 q 引起，是常数，其分布与深度 z 无关；另一部分由土重引起，与深度 z 成正比。总土压力 E_a 即为图 7-24a) 所示的梯形分布图的面积。

若挡土墙墙背及填土面均为倾斜平面，如图 7-24b) 所示时，为了求解作用在墙背上的总土压力 E_a，可以采用库伦图解法。此时可认为滑裂面位置不变，仍与没有荷载 q 作用时相同，只是在计算每一滑动楔体重量 W 时，应将该滑动楔体范围内的总荷载重 $G=ql$ 考虑在内（图 7-24d)），然后即可按照图解法求解总主动土压力 E_a。

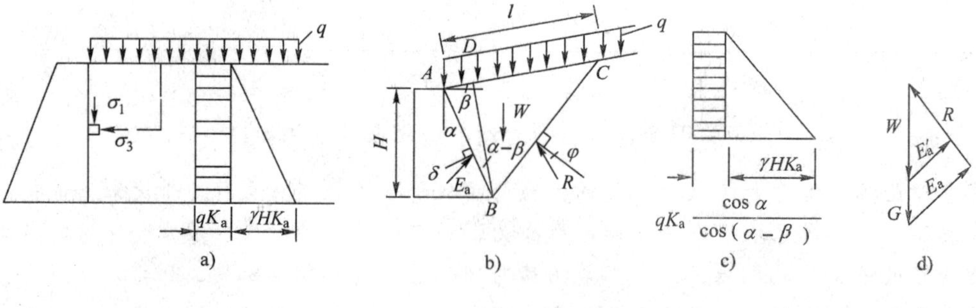

图 7-24　填土面上有连续均布荷载作用

此外，也可用数解法，直接由库仑理论在计入作用于滑动楔体上的荷载 $G=ql$ 后，即可

推导出计算总土压力 E_a 的公式，其表达式为

$$E_a = E'_a + \Delta E_a = \frac{1}{2}\gamma H^2 K_a + qHK_a \frac{\cos\alpha}{\cos(\alpha-\beta)} \tag{7-29}$$

式中：E'_a——土重引起的总土压力；

ΔE_a——填土表面均布荷载 q 引起的土压力增量；

其余符号意义同前。

土压力沿墙高的分布如图 7-24c）所示。

典型例题分析

[例题 7-6] 如图 7-25 所示，挡墙墙高 4m，墙背直立光滑、填土水平，填土表面作用一无限均布荷载 q=20kPa，填土的物理力学性能指标为 γ=20kN/m³，φ=30°，c=0kPa 。试计算其主动土压力。

解：(1) 计算主动土压力系数

$$K_a = \tan^2\left(45° - \frac{\varphi}{2}\right) = \tan^2(45° - 30°/2) = 0.33$$

(2) 计算主动土压力强度

根据公式（7-28），有

$$p_{a1} = qK_a = 20 \times 0.33 = 6.6\ \text{kPa}$$

$$p_{a2} = qK_a + \gamma z K_a = 20 \times 0.33 + 20 \times 4 \times 0.33 = 33\text{kPa}$$

(3) 绘出土压力强度分布图如图 7-25 所示。

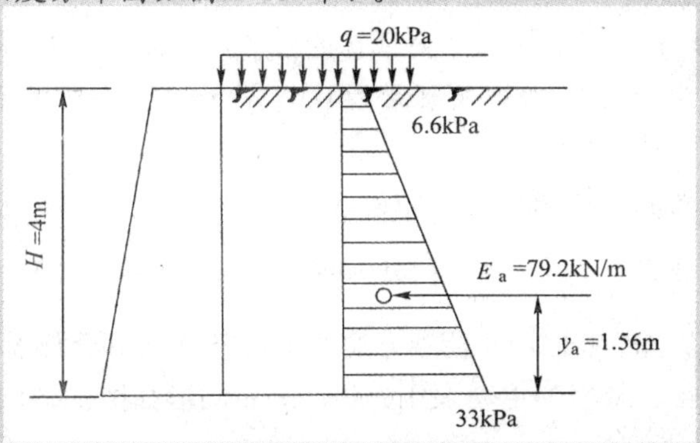

图 7-25 例题 7-6 图

(4) 计算主动土压力

$$E_a = \frac{1}{2}(p_{a1} + p_{a2})H = \frac{1}{2} \times (6.6 + 33) \times 4 = 79.2\text{kN/m}$$

(5) 计算土压力作用点位置

$$y_p = \frac{H}{3}\frac{2p_{a1} + p_{a2}}{p_{a1} + p_{a2}} = \frac{4}{3} \times \frac{2 \times 6.6 + 33}{6.6 + 33} = 1.56\text{m}$$

[例题 7-7] 如图 7-26 所示，某重力式挡墙，H=4.0m ，α=10° ，β=10°，δ=10°，填土面作用一无限均布荷载 q=25kPa，墙后填土为砂土，c=0，φ=30°，γ=18kN/m³，试计算作用在墙背上的总主动土压力。

解：(1) 计算主动土压力系数

根据 $\alpha=10°$，$\beta=10°$，$\varphi=30°$，$\delta=10°$，查表 7-2，得库仑主动土压力系数

$$K_{a1}=0.440$$

(2) 计算主动土压力

采用数解法，由公式 (7-29) 有

$$E_a=E'_a+\Delta E_a=\frac{1}{2}\gamma H^2K_a+qHK_a\frac{\cos\alpha}{\cos(\alpha-\beta)}$$

$$=\frac{1}{2}\times18\times4^2\times0.440+25\times4\times0.440\times\frac{\cos/0°}{\cos(10°-10°)}$$

$$=106.69\text{kN/m}$$

土压力强度分布如图 7-26 所示。

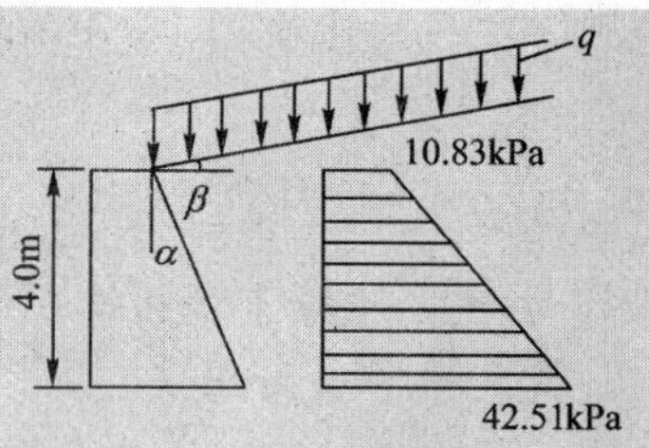

图 7-26　例题 7-7 图

二、填土表面有局部均布荷载

若填土表面有局部荷载 q 作用时（图 7-27a)），则对墙背产生的附加土压力强度值仍可用朗金公式计算，但其分布范围缺乏在理论上的严格分析。一种近似方法认为，地面局部荷载产生的土压力是沿平行于破裂面的方向传递至墙背上的，可按下述方法进行计算：自局部荷载 q 的两个端点 O、O' 分别作与水平面成 $\theta=45°+\frac{\varphi}{2}$ 的斜线交墙背于 C、D 两点，认为 C 点以上和 D 点以下的土压力都不受局部荷载 q 的影响，荷载 q 仅在墙背 CD 范围内引起附加土压力，C、D 之间的土压力按均布荷载计算，作用于 AB 墙背的土压力分布如图 7-27a) 中的阴影部分。

若填土表面的均布荷载 q 从墙后某一距离开始（图 7-27b)），此时，土压力的计算可按下述方法进行：从均布荷载起点 O 作 OC 及 OD 两条直线，分别与水平线成 φ 和 $45°+\frac{\varphi}{2}$ 角，交墙背于 C、D 点。C 点以上不考虑均布荷载 q 的作用，D 点以下全部考虑的作用，C 点和 D 点之间的土压力用直线连接，最后的主动土压力强度分布图形如图 7-27b) 中的阴影部分。

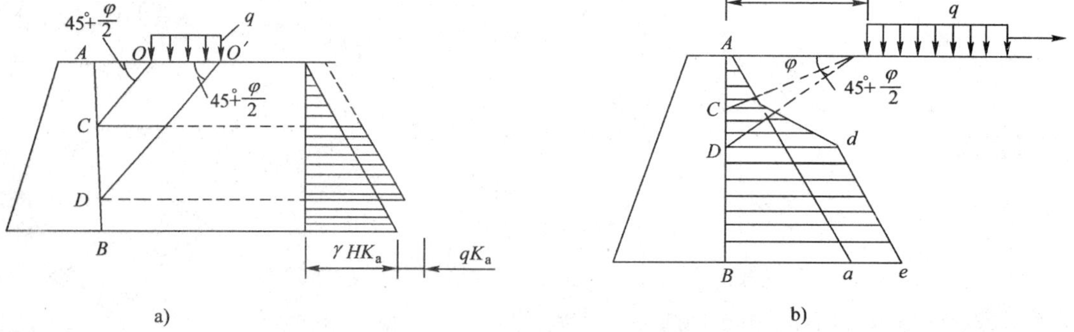

图 7-27　填土表面有局部均布荷载作用时的土压力计算

a) 距墙背某个距离外的局部均布荷载作用；b) 距墙背某个距离外的均布荷载作用

典型例题分析

[例题 7-8]　如图 7-28 所示，挡墙高 6m，墙背直立、光滑，填土水平，在距墙背 1.0m 处开始的 2.0m 范围内作用了局部均布荷载 $q=20\text{kPa}$，填土性质为 $\gamma=20\text{kN/m}^3$，$\varphi=30°$，$c=0\text{kPa}$。试绘出主动土压力分布图形。

解：(1) 计算主动土压力系数

$$K_a=\tan^2(45°-\varphi/2)=\tan^2(45°-30°/2)=0.33$$

(2) 计算主动土压力强度

自局部荷载 q 的两个端点 O、O' 分别作与水平面成 $\theta=45°+\varphi/2=60°$ 的斜线交墙背于 C、D 两点，认为 C 点以上和 D 点以下的土压力都不受局部荷载 q 的影响，荷载 q 仅在墙背 CD 范围内引起附加土压力，C、D 之间的土压力按均布荷载计算。则 A、B、C、D 各点的土压力强度为：

$$p_A=0$$

$$p_C^{上}=\gamma z_C K_a=20\times\sqrt{3}\times0.33=11.43\text{kPa}$$

$$p_C^{下}=\gamma z_C K_a+qK_a=20\times\sqrt{3}\times0.33+20\times0.33=18.03\text{kPa}$$

$$p_D^{上}=\gamma z_D K_a+qK_a=20\times3\sqrt{3}\times0.33+20\times0.33=40.89\text{kPa}$$

$$p_D^{下}=\gamma z_D K_a=20\times3\sqrt{3}\times0.33=34.29\text{kPa}$$

$$p_B=\gamma z_B K_a=20\times6\times0.33=39.6\text{kPa}$$

(3) 绘出土压力强度分布图如图 7-28 所示。

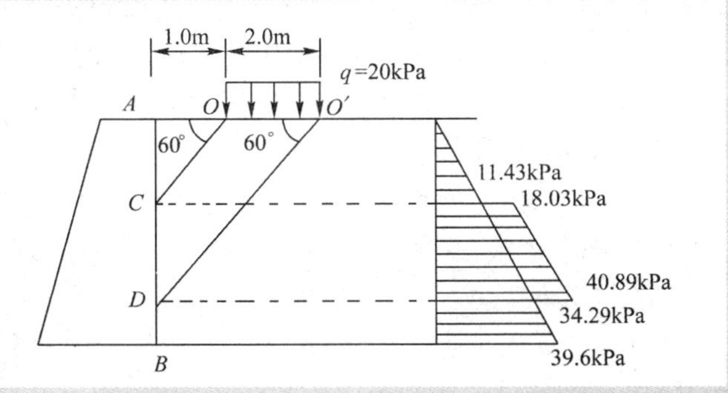

图 7-28　例题 7-8 图

[例题 7-9] 在上例中，若 q 为无限均布荷载，试绘出主动土压力分布图形。

解：(1) 计算主动土压力系数

$$K_a=\tan^2(45-\varphi/2)=\tan^2(45°-30°/2)=0.33$$

(2) 计算主动土压力强度

从均布荷载起点 O 作 OC 及 OD 两条直线，分别与水平线成 φ 和 $45°+\varphi/2$ 角，交墙背于 C、D 点。C 点以上不考虑均布荷载 q 的作用，D 点以下全部考虑的作用，C 点和 D 点之间的土压力用直线连接。则 A、B、C、D 各点的土压力强度为：

$p_A=0$

$p_C=\gamma z_C K_a=20\times0.577\times0.33=3.81\text{kPa}$

$p_D=\gamma z_D K_a+qK_a=20\times\sqrt{3}\times0.33+20\times0.33=18.03\text{kPa}$

$p_B=\gamma z_B K_a+qK_a=20\times6\times0.33+20\times0.33=46.2\text{kPa}$

(3) 绘出土压力强度分布图如图 7-29 所示。

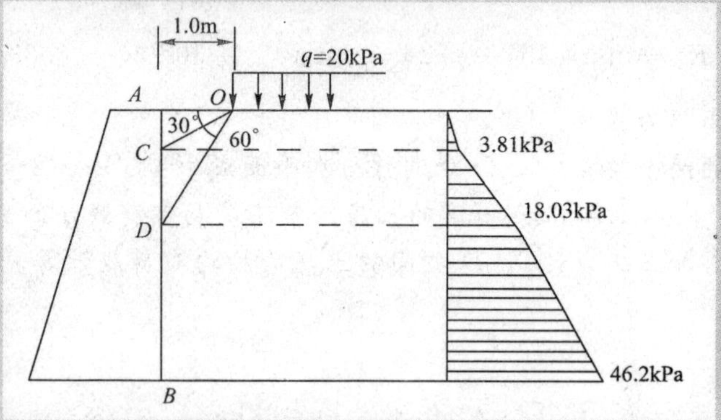

图 7-29 例题 7-9 图

三、成层填土

当墙后填土是由多层不同种类的水平分布的土层组成时，可用朗金理论计算土压力。此时填土面下，任意深度 z 处土体单元所受的竖向应力为其上覆土的自重应力之和，即 $\sum_{i=1}^{n}\gamma_i h_i$、$\gamma_i$、$h_i$ 为第 i 层土的重度和厚度。以无粘性土为例，成层土产生的主动土压力强度为 $p_a=\sigma_1 K_a$，σ_1 为任意深度处土体单元所受的竖向应力。图 7-30 所示的挡土墙各层面的主动土压力强度为：

第一层土：填土表面 A 处 $p_{aA}=0$

层底 B 处 $p_{aB}^{上}=\gamma_1 h_1 K_{a1}$

第二层土：$p_{aB}^{下}=\gamma_1 h_1 K_{a2}$

$p_{aC}^{上}=(\gamma_1 h_1+\gamma_2 h_2)K_{a2}$

第三层土：$p_{aC}^{下}=(\gamma_1 h_1+\gamma_2 h_2)K_{a3}$

$p_{aD}=(\gamma_1 h_1+\gamma_2 h_2+\gamma_3 h_3)K_{a3}$

图 7-30 成层填土的土压力计算

由于各层土的性质不同，主动土压力系数也不同，因此在土层的分界面处，主动土压力强度会出现两个值。图 7-30 所示为 $\varphi_2>\varphi_1$、$\varphi_2>\varphi_3$ 时土压力强度分布图。

总结以上计算方法可得出如下规律，作用在第一层土范围内的墙背 AB 段上的土压力分布仍按均质土层挡墙计算，并采用第一层土的指标和土压力系数 K_{a1}。考虑作用在第二层土范围内的墙背 BC 段上的土压力分布时，可将第一层土的重力 $\gamma_1 h_1$ 看成作用在第二层土面上的超载，用第二层土的指标和土压力系数 K_{a2} 计算，但仅适用于第二层范围，这样在 B 点土压力强度有一个突变。在第一层底面土压力强度为 $\gamma_1 h_1 K_{a1}-2c_1\sqrt{K_{a1}}$，在第二层顶面为 $\gamma_1 h_1 K_{a2}-2c_2\sqrt{K_{a2}}$。同样地，考虑第三层土范围内的墙背 CD 段时，将第一、第二层土的重力作为超载作用在第三层土面上，用第三层土的指标和土压力系数计算，但仅适用于第三层土，当有更多土层时，依此类推。

典型例题分析

[例题 7-10]　某挡土墙墙高 $H=6\text{m}$，墙背竖直、光滑，填土面水平，并作用均布荷载 $q=30\text{kPa}$，填土分两层，上层 $\gamma_1=17\text{kN/m}^3$，$\varphi_1=26°$，$c_1=0\text{kPa}$；下层 $\gamma_2=19\text{kN/m}^3$，$\varphi_2=16°$，$c_2=10\text{kPa}$。试求墙背主动土压力及作用点位置，并绘出土压力强度分布图。

解：墙背竖直光滑，填土面水平，符合朗金条件，故

$$K_{a1}=\tan^2(45°-\varphi_1/2)=0.390$$

$$K_{a2}=\tan^2(45°-\varphi_2/2)=0.568$$

计算第一层土的主动土压力强度

$$\sigma_{aA}=qK_{a1}=30\times0.390=11.7\text{kPa}$$

$$\sigma_{aB}^{上}=(q+\gamma_1 h_1)K_{a1}=(30+17\times3)\times0.390=31.6\text{kPa}$$

第一层土的主动土压力为

$$E_{a1}=\frac{1}{2}\times(11.7+31.6)\times3=65.0\text{kN/m}^3$$

E_{a1} 距墙底的距离为

$$x_1=3+\frac{11.7\times3\times\frac{3}{2}+\frac{1}{2}\times(31.6-11.7)\times3\times\frac{3}{3}}{65}=4.27\text{m}$$

计算第二层土的主动土压力强度

$$\begin{aligned}\sigma_{aB}^{下}&=(q+\gamma_1 h_1)K_{a2}-2c_2\sqrt{K_{a2}}\\&=(30+17\times3)\times0.568-2\times10\times\sqrt{0.568}\\&=30.9\text{kPa}\end{aligned}$$

$$\begin{aligned}\sigma_{aC}&=(q+\gamma_1 h_1+\gamma_2 h_2)K_{a2}-2c_2\sqrt{K_{a2}}\\&=(30+17\times3+19\times3)\times0.568-2\times10\times\sqrt{0.568}\\&=63.3\text{kPa}\end{aligned}$$

第二层土的主动土压力为

$$E_{a2}=\frac{1}{2}\times(30.9+63.3)\times3=141.3\text{kN/m}$$

E_{a2} 距墙底的距离为

$$x_2=\frac{30.9\times3\times\frac{3}{2}+\frac{1}{2}\times(63.3-30.9)\times3\times\frac{3}{3}}{141.3}=1.33\text{m}$$

各点土压力强度绘于图 7-31 中，故总土压力为

$$E_a=\frac{1}{2}\times(11.7+31.6)\times3+\frac{1}{2}\times(30.9+63.3)\times3=206.3\text{kN/m}$$

总土压力离墙底的距离为

$$x=\frac{E_{a1}x_1+E_{a2}x_2}{E_a}=\frac{65\times4.27+141.3\times1.33}{206.3}=2.26\text{m}$$

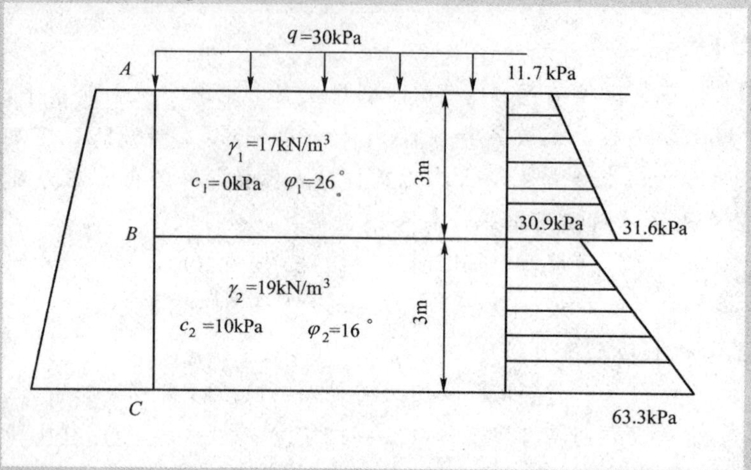

图 7-31 例题 7-10 图

四、墙后填土中存在地下水

挡土墙后的填土常会部分或全部处于地下水位以下，此时要考虑地下水位对土压力的影响，具体表现在：①地下水位以下填土重量将因受到水的浮力而减小，计算土压力时用浮重度 γ'；②由于地下水的存在将使土的含水率增加，抗剪强度降低，而使土压力增大；③地下水对墙背产生静水压力。

当墙后填土有地下水时，作用在墙背上的侧压力有土压力和水压力两部分，计算土压力时，假设水位上下土的内摩擦角、粘聚力都相同，水位以下取有效重度进行计算。以图 7-32 所示的挡土墙为例，若墙后填土为无粘性土，地下水位在填土表面下 H_1 处，作用在墙背上的水压力 $E_w=\gamma_w H_2^2/2$，其中 γ_w 为水的重度，H_2 为水位以下的墙高。作用在挡土墙上的总压力为主动土压力 E_a 与水压力 E_w 之和。

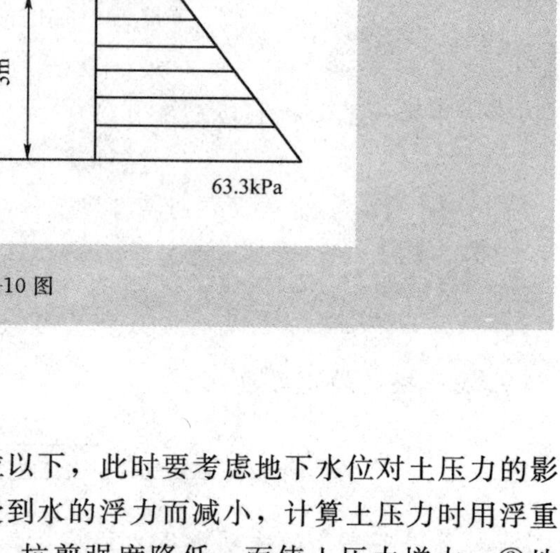

图 7-32 墙后有地下水时的土压力计算

典型例题分析

[例题 7-11] 某重力式挡土墙墙高 $H=6$m，墙背竖直、光滑，填土面水平，填土的有关物理性质力学指标如图 7-33 所示。试求挡土墙的总侧向压力（c、φ 水上下相同）。

解： 主动土压力系数

$$K_a=\tan^2(45°-\varphi/2)=0.33$$

填土表面的主动土压力强度为

$\sigma_{aA}=-2c\sqrt{K_a}=-2\times10\times\sqrt{0.33}$

$=-11.5\text{kPa}$

地下水位处的主动土压力强度为

$\sigma_{aB}=\gamma h_1 K_a-2c\sqrt{K_a}=20\times2\times0.33-11.5$

$=1.79\text{kPa}$

墙底处的主动土压力强度为

$\sigma_{aC}=(\gamma h_1+\gamma' h_2)K_a-2c\sqrt{K_a}$

$=[20\times2+(21-9.81)\times4]\times0.33-11.5$

$=16.47\text{kPa}$

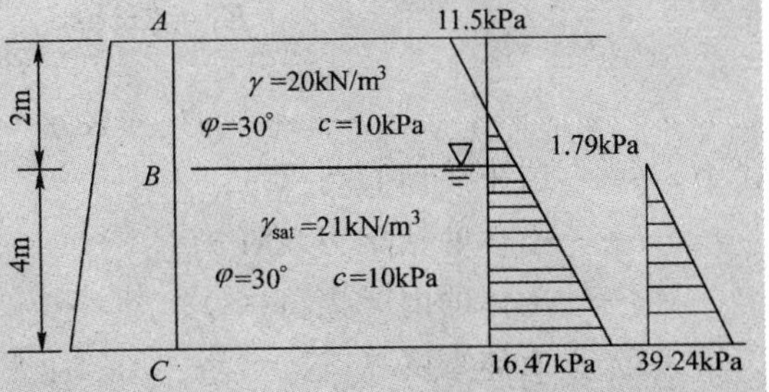

图 7-33　例题 7-11 图

设临界深度为 z_0，则有

$$\sigma_a=\gamma z_0 K_a-2c\sqrt{K_a}=0$$

$$z_0=\frac{2c}{\gamma\sqrt{K_a}}=\frac{2\times10}{20\times\sqrt{0.33}}=1.74\text{m}$$

总的主动土压力为

$$E_a=\frac{1}{2}\times1.79\times(2-1.74)+\frac{1}{2}\times(1.79+16.47)\times4=36.8\text{kPa}$$

静水压力强度为

$$\sigma_w=\gamma_w h_2=9.81\times4=39.24\text{kPa}$$

静水压力为

$$E_w=\frac{1}{2}\times39.4\times4=78.48\text{kN/m}$$

总侧向压力

$$E=E_a+E_w=36.8+78.48=115.28\text{kN/m}$$

五、墙后填土面不规则情况

当填土表面为折线时，按照《建筑边坡工程技术规范》（GB50330—2002），主动土压力可按如图 7-34 和下列公式进行计算：

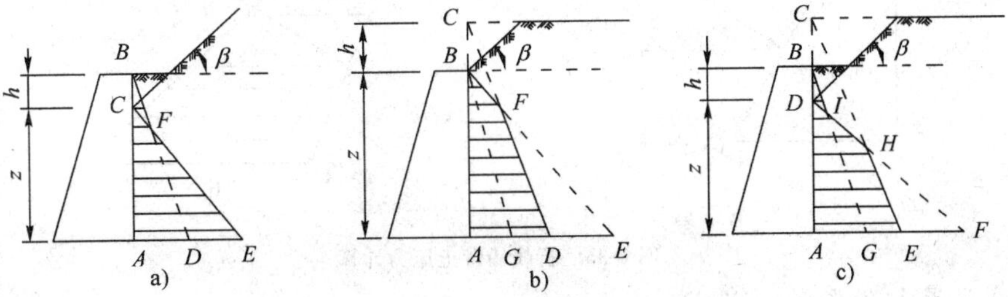

图 7-34　填土面为折线时土压力计算

(1) 图 7-34a) 的情况，墙上的主动土压力可按下式计算：

$$E_a=\gamma z\cos\beta\frac{\cos\beta-\sqrt{\cos^2\beta-\cos^2\varphi}}{\cos\beta+\sqrt{\cos^2\beta-\cos^2\varphi}}$$

$$E'_a=K_a\gamma\ (z+h)\ -2c\sqrt{K_a}$$

式中：β——填土表面倾角（°）；

c——土体的粘聚力（kPa）；

φ——土体的内摩擦角（°）；

γ——土体重度（kN/m^3）；

K_a——主动土压力系数；

E_a，E'_a——主动土压力强度（kPa）；

z——计算点深度（m）；

h——地表水平面与填土面和挡墙顶点相交点的距离（m）。

（2）图 7-34b）的情况，计算墙上的主动土压力时，可将填土斜面延长至 C 点，则 $BADFB$ 为主动土压力的近似分布图形。

（3）图 7-34c）的情况，可按图 7-30a）和 7-30b）的方法叠加计算，$BAEHIB$ 为主动土压力的近似分布图形。

六、异形挡土墙

1. 折线形墙背

当挡土墙墙背不是一个平面而是折面时（图 7-35a)），可用墙背转折点为界，分成上墙与下墙，然后分别按库仑理论计算主动土压力 E_a。

首先将上墙 AB 当作独立挡土墙，计算出主动土压力 E_{a1}，这时不考虑下墙的存在。然后计算下墙的土压力。计算时，可将下墙墙背 BC 向上延长交地面线于 D 点，以 DBC 为假想墙背，算出墙背土压力分如图 7-35b）中 DCE 所示。再截取 BC 段相应的部分，即 $BCEF$ 部分，算出其合力，即为作用于下墙 BC 段的总主动土压力 E_{a2}。

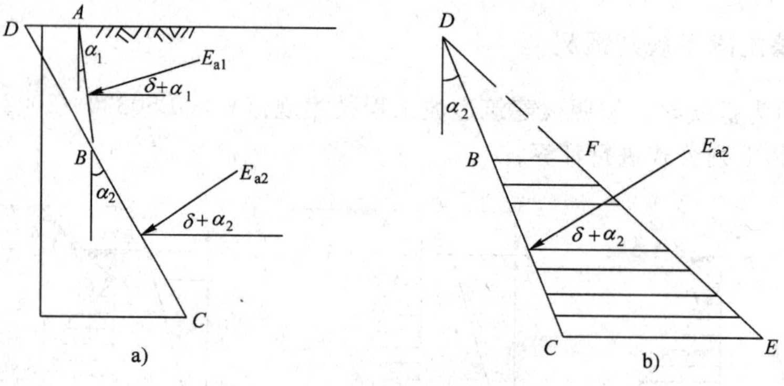

图 7-35　折线墙背土压力计算

2. 墙背设置卸荷平台

为了减少作用在墙背上的主动土压力，有时采用在墙背中部加设卸荷平台的办法，见图 7-36a)。此时，平台以上 H_1 高度内，可按朗金理论计算作用在 AB 面上的土压力，其分布如图 7-32b）所示。由于平台上土重 W 已由卸荷台 BCD 承，故平台下 C 点处土压力变为零，从而起到减少平台下 H_2 段内土压力的作用。减压范围，一般认为至滑裂面与墙背交点 E 处为止。连接图 7-36b）中相应的 C' 和 E'，则图中阴影部分即为减压后的土压力分布。显然卸荷平台伸出越长，则减压作用越大。

3. 悬臂式钢筋混凝土挡墙

工程中经常采用悬臂式钢筋混凝土挡墙（又称 L 形挡墙），如图 7-37 所示，当墙底板足够宽，使得由墙顶 D 与墙踵 B 的连线形成的夹角 α 大于 α_{cr} 时，作用在挡土墙上的土压力通常按如下方法计算，根据朗金理论求出作用在经过墙踵 B 点的竖直面 AB 上的土压力 E_a。在进行稳定分析时，底板以上 $DCEA$ 范围内的土重 W，可作为墙身重量的一部分来考虑。

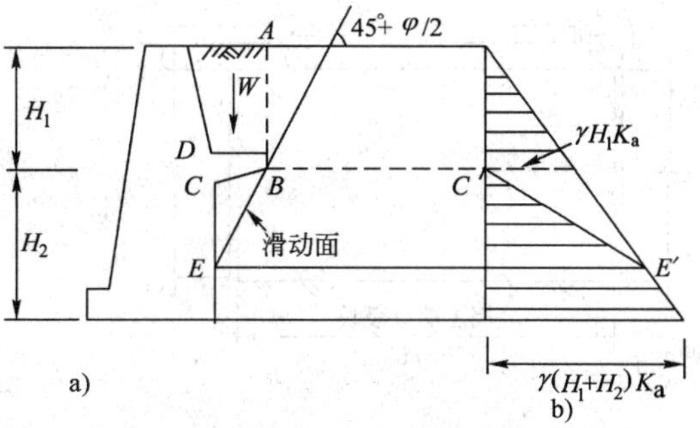

图 7-36　带卸荷平台的挡土墙土压力计算

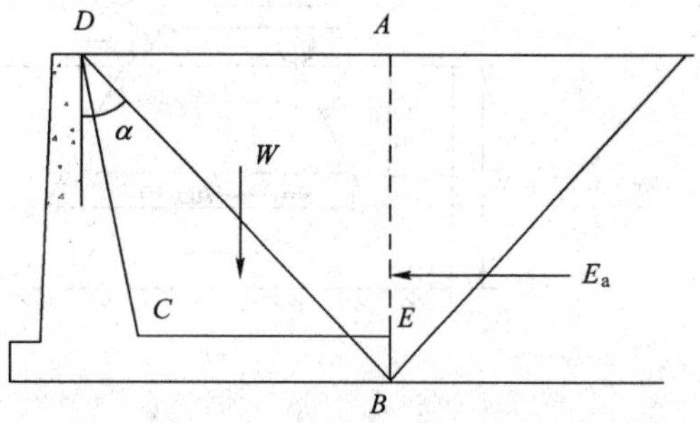

图 7-37　悬臂式钢筋混凝土挡墙土压力计算

七、车辆荷载引起的土压力

在挡土墙或桥台设计时，应考虑车辆荷载引起的土压力。《公路桥涵设计通用规范》(JTG D60—2004）中对车辆荷载引起的土压力计算方法，作出了具体规定。计算原理是按照库仑土压力理论，把填土破坏棱体范围内的车辆荷载，换算成等代均布土层厚度 h_e 来计算，然后用库仑土压力公式计算，如图 7-38 所示。

1. 汽车荷载

《公路桥涵设计通用规范》（JTGD 60—2004）中的汽车荷载以汽车车队表示，分为汽车—10 级、汽车—15 级、汽车—20 级、汽车—超 20 级四个等级。

2. 等代均布土层厚度

等代均布土层厚度由下式计算

$$h_e=\frac{\sum G}{Bl_0\gamma} \tag{7-30}$$

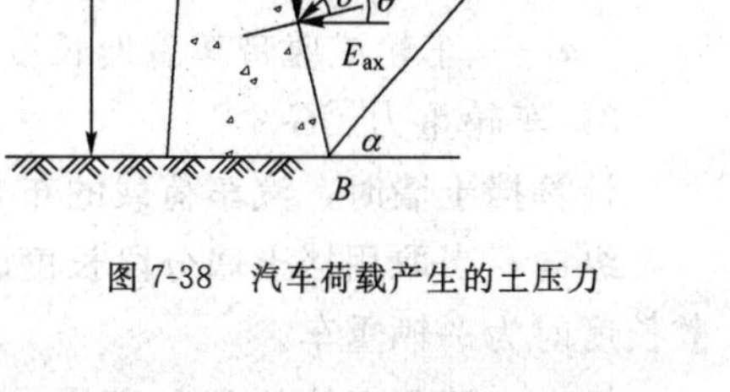

图 7-38　汽车荷载产生的土压力

式中：γ——土的重度（kN/m^3）；

l_0——桥台或挡土墙墙后填土的破坏棱体长度（m）；

B——桥台的计算宽度或挡土墙的计算长度（m）；

$\sum G$——布置在 $B\times l_0$ 面积内的车辆车轮重力（kN）。

1）破坏棱体长度 l_0

破坏棱体长度按下式计算

$$l_0 = H\ (\tan\varepsilon + \cot\alpha) \tag{7-31}$$

式中：ε——墙背倾角；

α——滑动面的倾角；

H——挡土墙高度。

2）桥台的计算宽度或挡土墙的计算长度 B

《公路桥涵设计通用规范》对桥台计算宽度或挡土墙计算长度作了如下规定：

（1）桥台的计算宽度。桥台的计算宽度为桥台横桥向全宽。

（2）挡土墙的计算长度。挡土墙的计算长度可按以下四种情况计算（见图 7-39）：

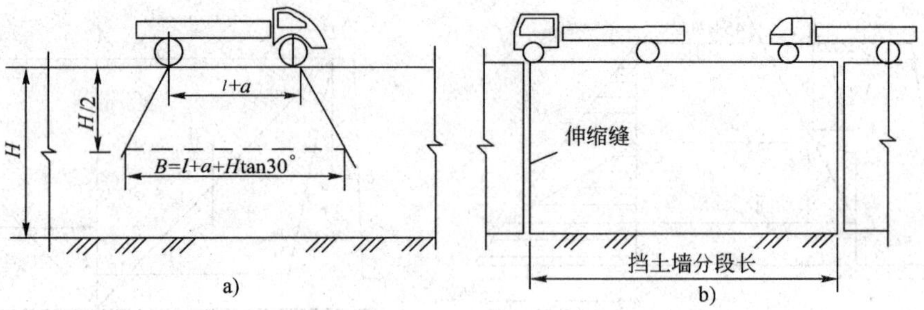

图 7-39　挡土墙计算长度 B 的计算

a）重车的扩散长度；b）挡土墙的分段长度

①汽车—10 级或汽车—15 级作用时，取挡土墙分段长度，但不大于 15m。

②汽车—20 级作用时，取重车的扩散长度。当挡土墙分段长度在 10m 以下时，扩散长度不超过 10m；当挡土墙分段长度在 10m 以上时，扩散长度不超过 15m。

③汽车超—20 级作用时，取重车的扩散长度，但不超过 20m。

④平板挂车或履带车作用时，取挡土墙的分段长度和车辆的扩散长度两者较大者，但不大于 15m。

各级汽车荷载的重车、平板挂车或履带车的扩散长度 B（见图 7-39）按下式计算

$$B = l + a + H\tan 30^\circ \tag{7-32}$$

式中，l——汽车重车或平板挂车的前后轴轴距（对于履带车为零）（m）；

α——车轮或履带车着地长度（m）。

3）车轮重力 $\sum G$

计算挡土墙时，汽车荷载的布置规定如下：

纵向：当取用挡土墙分段长度时，为分段长度内可能布置的车轮；当取用一辆重车的扩散长度时为一辆重车。

横向：破坏棱体长度 l_0 范围内可能布置的车轮。车辆外侧车轮中线距路面（或硬路肩）或安全带边缘的距离为 0.5m。

平板挂车或履带车在纵向只考虑一辆，横向为破坏棱体长度 l_0 范围内可能布置的车轮或履带。车辆外侧或履带中线距路面（或硬路肩）或安全带边缘的距离为 1.0m。

3. 主动土压力计算

墙后填土和汽车荷载引起的土压力由下式计算

$$E_a=\frac{1}{2}\gamma H\ (H+2h_e)\ K_a \tag{7-33}$$

$$E_{ax}=E_a\cos\theta \tag{7-34}$$

$$E_{ay}=E_a\sin\theta \tag{7-35}$$

式中：θ——E_a 与水平线的夹角，$\theta=\delta+\varepsilon$；

δ——墙背的外摩擦角；

K_a——主动土压力系数。

E_{ax}的作用点距墙脚的竖直距离为 C_y 为

$$C_y=\frac{H}{3}\frac{H+3h_e}{H+2h_e} \tag{7-36}$$

E_{ay}的作用点距墙脚的水平距离 C_x 为

$$C_x=C_y\tan\varepsilon \tag{7-37}$$

典型例题分析

[例题 7-12]　某公路路肩挡土墙如图 7-40a）所示。路面宽为 7m，荷载为汽车—15 级，填土重度为 18kN/m^3。内摩擦角为 35°，粘聚力为 0，挡土墙高度为 8m，墙背摩擦角为 $2\varphi/3$，伸缩缝间距为 10m，计算作用于挡土墙上的土压力。

解：(1) 计算破坏棱体长度 l_0。滑动面的倾角为 α，则

$$\begin{aligned}\cos\alpha &=-\tan(\varphi+\delta+\varepsilon)+\sqrt{[\cot\varphi+\tan(\varphi+\delta+\varepsilon)][\tan(\varphi+\delta+\varepsilon)-\tan\varepsilon]}\\ &=-\tan73.3^\circ+\sqrt{(\cot35^\circ+\tan73.3^\circ)\times(\tan73.3^\circ-\tan15^\circ)}\\ &=0.487\end{aligned}$$

破坏棱体长度　　$l_0=H\ (\tan\varepsilon+\cot\alpha)\ =8\times\ (\tan15^\circ+0.487)\ =6.04\text{m}$

(2) 求挡土墙的计算长度 B。汽车荷载为汽车—15 级时，取挡土墙的分段长度。已知挡土墙的分段长度为 10m，小于 15m，故 $B=10\text{m}$。

(3) 求等代均布土层厚度 h_e。$l_0=6.04\text{m}$ 长度范围内可布置两列汽车—15，而在挡土墙的长度方向，可布置 1 个标准车和 1 辆加重车的后轴，如图 7-40b）所示。所以在 $B\times l_0$ 面积内可布置的车轮重力 $\sum G$ 为

$$\sum G=2\times\ (130+50+100)\ =56\text{kN}$$

$$h_e=\frac{\sum G}{Bl_0\gamma}=\frac{560}{10\times6.04\times18}=0.52$$

$$\theta=\delta+\varepsilon=23.3^\circ+15^\circ=38.3^\circ$$

水平方向及垂直分量分别为

$$E_{ax}=E_a\cos\theta=242.1\times\cos38.3^\circ=190.0\text{kN/m}$$

$$E_{ay}=E_a\sin\theta=242.1\times\sin38.3^\circ=150.0\text{kN/m}$$

作用点位置分别为

$$C_x=\frac{H}{3}\frac{H+3h_e}{H+2h_e}=\frac{8\times(8+3\times0.52)}{3\times(8+2\times0.52)}=2.82\text{m}$$

$$C_y=C_x\tan\varepsilon=2.82\times\tan15^\circ=0.76\text{m}$$

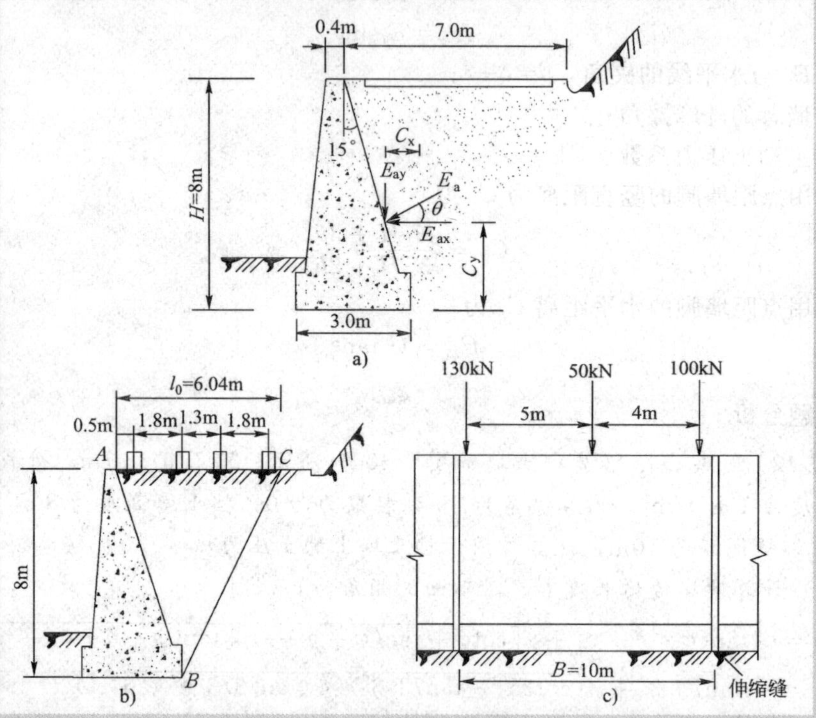

图 7-40　例题 7-12 图

小贴士

有限范围填土的挡土墙土压力

当挡墙后土体破裂面以内有较陡的稳定岩石坡面时，称为有限范围填土，如图 7-41 所示。此时主动土压力的计算按下式进行：

$$E_{ak}=\frac{1}{2}\gamma H^2K_a$$

$$K_a=\frac{\sin(\alpha+\beta)}{\sin(\alpha-\delta+\theta-\delta_R)\sin(\theta-\beta)}\times\left[\frac{\sin(\alpha+\beta)\sin(\theta-\delta_R)}{\sin^2\alpha}-\eta\frac{\cos\delta_R}{\sin\alpha}\right]$$

式中：θ—— 稳定岩石坡面的倾角（°）；

δ_R——稳定且无软弱层的岩石坡面与填土间的摩擦角（°），宜根据试验确定。

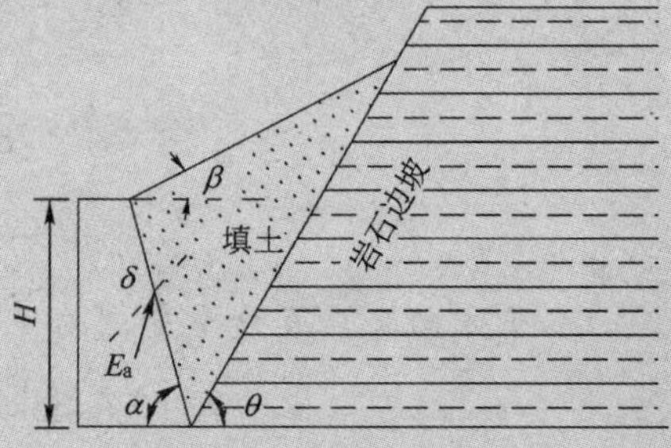

图 7-41　有限范围填土土压力计算

第六节　埋管土压力

地下埋管用途广泛，如水利工程中的坝下埋管，市政工程和能源工程中的给排水管、煤气管、输油管等。为了分析地下埋管的内力，从而选择合理的设计断面，必须首先计算作用于埋管上的各种外荷载，其中，埋管四周填土作用于埋管上的土压力，是设计中的主要荷载。埋管所受土压力大小与许多因素有关，例如埋置方式、埋置深度、管道刚度、管周填土性质以及管座与基础形式等。在上述诸因素中，埋置方法是首先要考虑的因素，埋置方法不同，受力特点不同，则作用于埋管上的土压力计算方法也不相同。涵管的埋置方法主要有沟埋式与上埋式两种，如图 7-42 所示。本节将简要介绍这两种埋管的土压力计算。

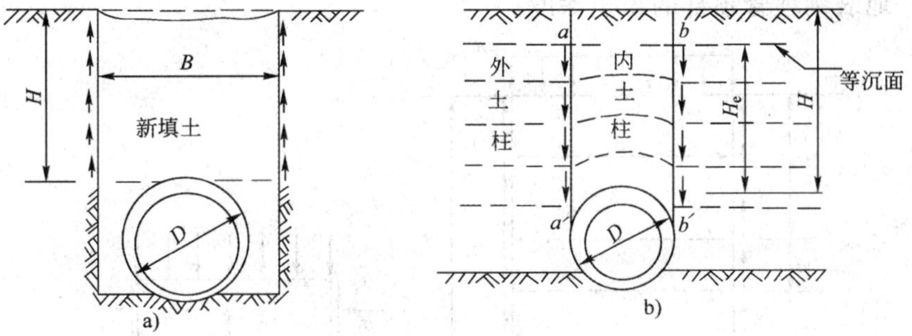

图 7-42　涵管的埋置方式

a）沟埋式；b）上埋式

一、沟埋式管道的土压力

沟埋式是先在天然场地中开挖沟槽至设计高程，放置涵管后，再用土回填沟槽至地面高程。分析这类埋管所受的竖直向土压力时，沟槽外原有的土体，可以认为不再发生变形，而沟内管顶上回填的新土，在自重及外荷载作用下要产生沉降变形。因此，槽壁将对新填土的下沉产生摩阻力，方向向上，如图 7-42a）所示。这样，沟内回填土的一部分重力将被两旁沟壁的摩阻力所抵消，从而使得作用于管顶上的竖直土压力 σ_z 一般均小于涵管之上沟内回填土柱的重量，即 $\sigma_z<\gamma H$。这是沟埋式埋管上土压力的一个重要特点。

1. 沟埋式竖直土压力计算

马斯顿（A. Marston）1913 年利用散体极限平衡条件提出一个计算沟内埋管上竖直土压力的简单模型，在各国广泛使用，马氏公式被认为是计算埋管土压力的一般通用公式，下面对其作简要介绍。

图 7-43 表示一沟埋式埋管，沟槽宽度为 B，填土表面作用有均布荷载 q，填土在自重和外荷载 q 作用下向下沉陷，在两侧沟壁处产生向上的剪切力 τ，它等于土的抗剪强度 τ_f。取填土面下 z 深度处，dz 厚度土层进行受力情况分析（图 7-43b)），可得出深度 z 处竖直土压力 σ_z 为：

$$\sigma_z=\frac{B\left(\gamma-\frac{2c}{B}\right)}{2K\tan\varphi}\left(1-e^{-2K\frac{z}{B}\tan\varphi}\right)+qe^{-2K\frac{z}{B}\tan\varphi} \tag{7-38}$$

式中：γ——沟中填土重度；

c、φ——填土与沟壁之间的粘聚力与内摩擦角；

B——沟槽宽度；

K——土压力系数，介于主动土压力系数 K_a 与静止土压力系数 K_0 之间，马斯顿采用主动土压力系数 K_a。

若 $\varphi=0$，则

$$\sigma_z = \left(\gamma - \frac{2c}{B}\right)z + q \tag{7-39}$$

根据 σ_z 可知，作用在管顶的竖直向总土压力 G 为：

$$G = \sigma_z D = D\frac{\gamma B - 2c}{2K\tan\varphi}\left(1 - e^{-2K\frac{H}{B}\tan\varphi}\right) + qe^{-2K\frac{H}{B}\tan\varphi} \tag{7-40}$$

式中：D——埋管直径；

H——地表到埋管顶部的填土深度。

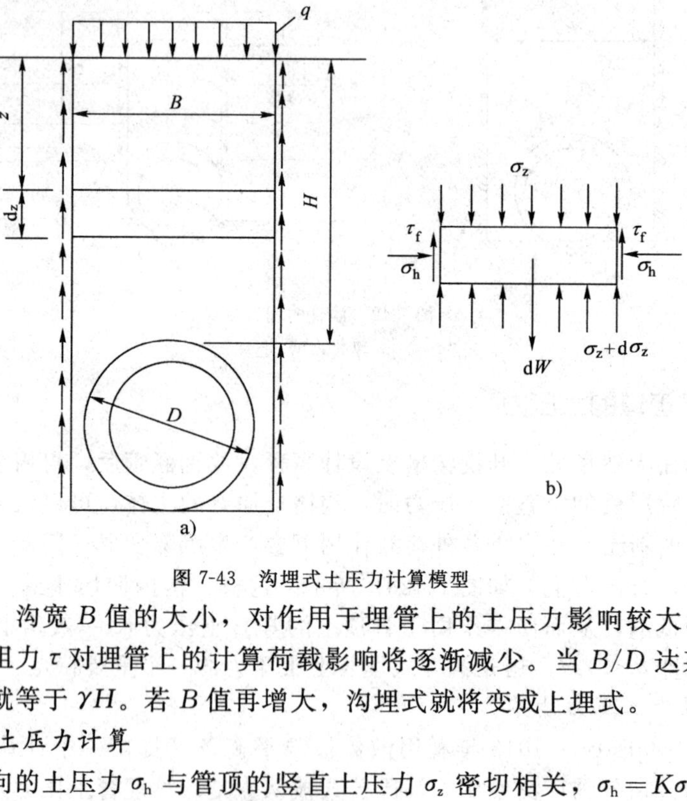

图 7-43　沟埋式土压力计算模型

值得提出的是，沟宽 B 值的大小，对作用于埋管上的土压力影响较大。显然，随着 B 值的增大，沟壁摩阻力 τ 对埋管上的计算荷载影响将逐渐减少。当 B/D 达某一值时，作用于埋管上的土压力就等于 γH。若 B 值再增大，沟埋式就将变成上埋式。

2. 沟埋式侧向土压力计算

作用在埋管侧向的土压力 σ_h 与管顶的竖直土压力 σ_z 密切相关，$\sigma_h = K\sigma_z$，马斯顿建议：对于刚性埋管土压力系数可采用主动土压力系数，即 $K=K_a$，则

$$\sigma_h = \frac{B\left(\gamma - \frac{2c}{B}\right)}{2\tan\varphi}\left(1 - e^{-2K\frac{z}{B}\tan\varphi}\right) + Kqe^{-2K\frac{z}{B}\tan\varphi} \tag{7-41}$$

二、上埋式管道的土压力

上埋式是将管道直接敷设在天然地面或浅沟内，然后再在上面回填土至设计地面。这时，作用在管顶的土压力特点与沟埋式不同。由于地面以上都是新填土，在自重及外荷载作

用下，都要产生沉降。但管道直径（或宽度）以外的填土厚度大于管顶填土厚度，且涵管填土的压缩性又较刚性管本身的压缩性大得多，因而使得直接位于涵管上部土柱的沉降量小于涵管以外土柱的沉降量。在土柱界面 aa'、bb'，上就要产生向下的摩擦力如图 7-42b）所示。由于这种向下的摩擦力，使得埋管所受到的垂直土压力，除了管顶以上的土柱重量外，还应包括靠近 aa'、bb'面以外的部分土重通过摩擦力传到管顶上的附加压力。因此，竖直土压力 σ_z 将大于管上回填土柱的重量，即 $\sigma_z>\gamma H$。这是上埋式埋管土压力的重要特点。

应该指出，管顶填土与其四周填土沉降的差异，是随填土厚度的增加而逐渐减小的。当填土厚度到达某一界限值 H_e 后，这种沉降差异已可忽略，H_e 以上，土体的沉降均一，相应于 H_e 的平面，称为等沉面。因此，在计算管顶土压力时，只需考虑等沉面以下 aa'、bb' 范围内的摩擦力（图 7-42b））。

1. 上埋式竖直土压力计算

图 7-44a）表示上埋式管道。马斯顿假定：管上土体与周围土体发生相对位移的滑动面为竖直平面 aa'、bb'。采用与沟埋式管道受力分析相同的方法，即可导出作用于上埋式涵管顶部的竖直向土压力公式，所不同的只是作用于假定滑动面 aa'、bb' 上的剪切力 τ_f 方向向下。其 σ_z 表达式为：

$$\sigma_z=\frac{D\left(\gamma+\dfrac{2c}{D}\right)}{2K\tan\varphi}\left(e^{2K\frac{H}{D}\tan\varphi}-1\right)+qe^{2K\frac{H}{D}\tan\varphi} \tag{7-42}$$

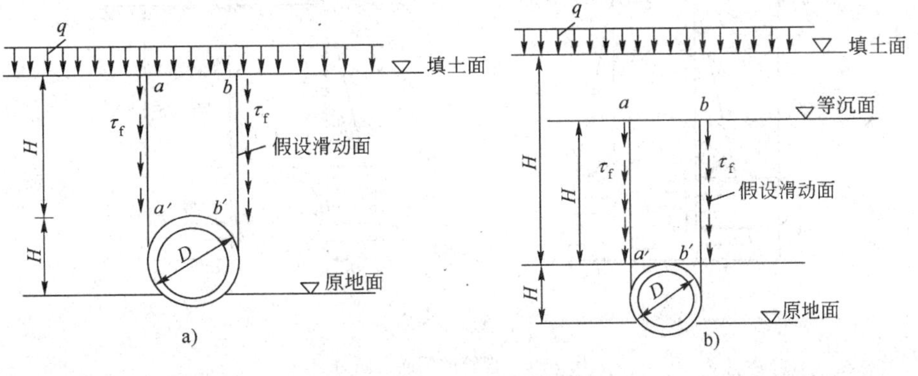

图 7-44 上埋式土压力计算模型

同样，根据式（7-42）可求出作用在埋管顶部的总土压力 $G=\sigma_z D$。

式（7-42）适用于埋管顶部填土厚度较小的情况。若填土厚度 H 较大，等沉面将在填土面以下，即发生相对位移的土层厚度 $H_e<H$，滑动面为 aa'和 bb'，如图 7-44b）所示。这时，作用于埋管上的垂直土压力 σ_z 应为

$$\sigma_z=\frac{D\left(\gamma+\dfrac{2c}{D}\right)}{2K\tan\varphi}\left(e^{2K\frac{H_e}{D}\tan\varphi}-1\right)+[q+\gamma(H-H_E)]e^{2K\frac{H_e}{D}\tan\varphi} \tag{7-43}$$

式中，H_e 可按下式计算：

$$e^{2K\frac{H_e}{D}\tan\varphi}-2K\tan\varphi\frac{H_e}{D}=2K\tan\varphi\gamma_{sd}\zeta+1 \tag{7-44}$$

式中：γ_{sd}——沉降比，为一实验系数，对于埋设在一般土基上的刚性管，可取 0.5～0.8；

ζ——突出比，指埋管顶部突出于原地面以上的高度 H' 与埋管外径 D 之比，即 $\zeta=H'/D$。

需特别指出的是，由于上述马斯顿土压力公式是建立在管顶两侧发生竖直滑动面的假设基础上推导出来的，与实际情况并不完全符合。因而用马氏公式计算出的 σ_z 大小和分布常常带来误差，一般比实测值偏大，故在使用时，可参阅有关规程进行修正。

2. 上埋式侧向土压力计算

根据马斯顿的建议，上埋式埋管的侧向土压力为：

$$\sigma_h=\frac{D\left(\gamma+\frac{2c}{D}\right)}{2\tan\varphi}\left(e^{2K\frac{z}{D}\tan\varphi}-1\right)+Kqe^{2K\frac{z}{D}\tan\varphi} \tag{7-45}$$

需要特别提出的是，由于精确计算埋管侧向土压力比较困难，在实际工程中常采用简化计算，即不论对沟埋式还是上埋式刚性埋管，均近似按朗金主动土压力计算。这样，对于直壁涵管的侧向土压力的分布如图 7-45a）所示。

管顶处
$$\sigma_{h1}=\gamma H\tan^2（45°-\varphi/2） \tag{7-46}$$
管底处
$$\sigma_{h2}=\gamma（H+h）\tan^2（45°-\varphi/2） \tag{7-47}$$
式中：h——埋管高度；

其余符号意义同前。

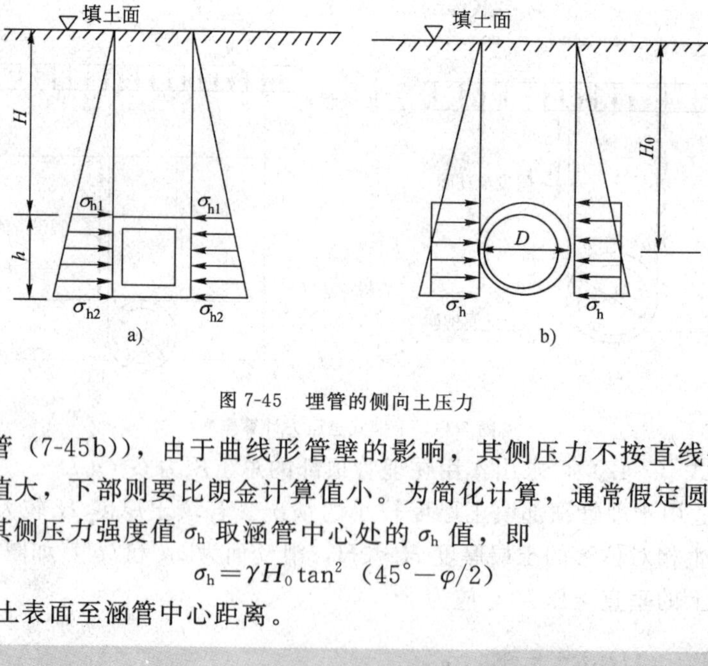

图 7-45　埋管的侧向土压力

对于圆形涵管（7-45b)），由于曲线形管壁的影响，其侧压力不按直线分布，上部要比用朗金公式计算值大，下部则要比朗金计算值小。为简化计算，通常假定圆形涵管侧压力按矩形均布分布，其侧压力强度值 σ_h 取涵管中心处的 σ_h 值，即

$$\sigma_h=\gamma H_0\tan^2（45°-\varphi/2） \tag{7-48}$$

式中：H_0——填土表面至涵管中心距离。

典型例题分析

［例题 7-13］　已知某输水渠道涵管如同 7-46 所示，涵管外径 $D=0.8$m，采用沟埋式施工方法，槽宽 $B=2.0$m，回填稍湿粘土，$c=0$，$\varphi=30°$，$\gamma=16.5$kN/m³。试求当管顶填土厚度分别为 $H=2.0$、3.0、4.0m 时，作用于管顶上的竖直土压力 σ_z 及总土压力 G。

解：（1）由已知条件，按式（7-38）和（7-40）可得

$$\sigma_2=\frac{B\gamma}{2K\tan\varphi}\left(1-e^{-2K\frac{H}{B}\tan\varphi}\right)$$

$$G=\sigma_z D$$

采用 $K=K_a=\tan^2(45°-\varphi/2)=0.333$

下面分别计算 $H=2.0$、3.0、4.0m 时的 σ_z 和 G：

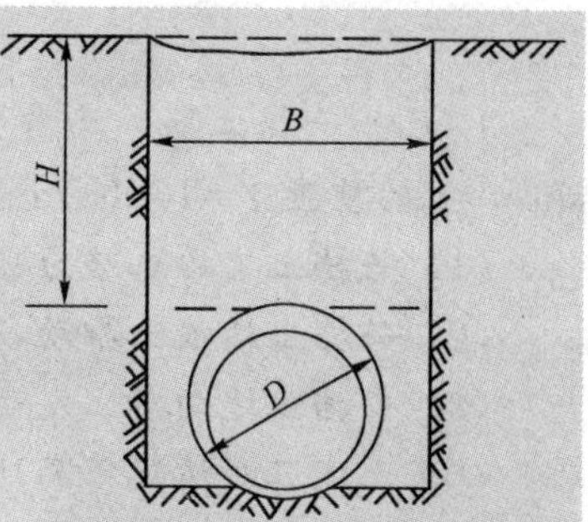

图 7-46　例题 7-13 图

(1) $H=2.0$m 时

$$\sigma_z=\frac{2\times16.5}{2\times0.333\times\tan30°}\left(1-e^{-2\times0.33\times\frac{2.0}{2.0}\tan30°}\right)=27.4\text{kN/m}^2$$

$$G=27.4\times0.8=21.9\text{kN/m}$$

(2) $H=3.0$m 时

$$\sigma_z=\frac{2\times16.5}{2\times0.333\times\tan30°}\left(1-e^{-2\times0.333\times\frac{3.0}{2.0}\tan30°}\right)=37.64\text{kN/m}^2$$

$$G=37.64\times0.8=30.11\text{kN/m}$$

(3) $H=4.0$m 时

$$\sigma_z=\frac{2\times16.5}{2\times0.333\times\tan30°}\left(1-e^{-2\times0.333\times\frac{4.0}{2.0}\tan30°}\right)=46.\text{kN/m}^2$$

$$G=46.1\times0.8=36.9\text{kN/m}$$

[例题 7-14]　若上题中的涵管采用上埋式施工方法铺设，且填土性质相同时，计算 $H=3.0$ m 时，作用于管顶上的竖直土压力 σ_z 及总土压力 G。

解：由已知条件，按式（7-42）可得

$$\sigma_z=\frac{D\gamma}{2K\tan\varphi}\left(e^{2K\frac{H}{D}\tan\varphi}-1\right)$$

$$=\frac{0.8\times16.5}{2\times0.333\times0.577}\left(e^{2\times0.333\times\frac{3.0}{0.8}\times0.577}-1\right)$$

$$=110.4\text{kN/m}^2$$

$$G=\sigma_z D=110.4\times0.8=88.3\text{kN/m}$$

思　考　题

1. 土压力有哪几种？影响土压力大小的因素有哪些？其中最主要的影响因素是什么？
2. 试阐述主动、静止、被动土压力的定义及产生的条件，并比较三者的数值大小。
3. 静止土压力的墙背填土处于哪一种平衡状态？它与主动、被动土压力状态有何不同？
4. 挡土墙的位移及变形对土压力有何影响？
5. 试比较朗金土压力理论和库仑土压力理论的基本假定、计算原理及适用条件。
6. 分别指出下列变化对主动土压力和被动土压力各有什么影响？①内摩擦角 φ 变大；②外摩擦角 δ 变小；③填土面倾角 β 增大；④墙背倾斜角 α 减小。
7. 朗金土压力理论和库仑土压力理论是如何建立土压力计算公式的？它们在什么条件下具有相同的计算结果？
8. 影响土压力大小的主要因素有哪些？

习　题

1. 已知一挡土墙，墙背竖直光滑，墙后填土面水平，土的 $c=0$，$\varphi=25°$，$K_0=1-\sin\phi$，土的重度 $\gamma=18\text{kN/m}^3$。

(1) 若挡土墙的位移为 0；

(2) 若挡土墙被土推动，发生一微小位移；

(3) 若挡土墙向着土发生一微小位移；

试求上述三种情况下离地面以下 4m 处的土压力。

(答案：(1) $E_0=83.14\text{kN/m}$；(2) $E_a=58.44\text{kN/m}$；(3) $E_p=354.8\text{kN/m}$)

2. 计算作用在如图 7-47 所示挡土墙上的静止土压力分布值及其合力 E_0，其中 q 为无限分布均布荷载。

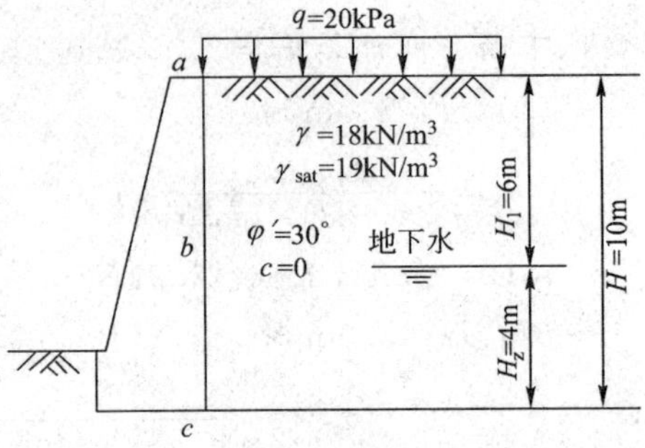

图 7-47　习题 2 图

(答案：$E_0=514.8\text{kN/m}$；$y_0=3.84\text{m}$)

3. 挡土墙高 6m，墙背竖直、光滑，墙后填土面水平，填土的重度 $\gamma=18\text{kN/m}^3$，$c=0$，$\varphi=30°$。试求：

(1) 墙后无地下水时的总主动土压力。

(2) 当地下水位离墙底 2m 时，作用在挡土墙上的总压力（包括土压力和水压力），地下水位下填土的饱和重度 $\gamma_{sat}=19\text{kN/m}^3$。

(答案：(1) $E_a=108\text{kN/m}$；(2) $E_a=102.13\text{kN/m}$；(3) $E_a=19.62\text{kN/m}$)

4. 如图 7-48 所示挡墙符合朗金土压力力量的基本假定。试计算作用于墙背的主动土压力大小。

(答案：$E_a=127.48\text{kN/m}$)

5. 某挡土墙墙高 5m，墙背直立、光滑，墙后填土水平，填土重度 $\gamma=19\text{kN/m}^3$，$c=10\text{kPa}$，$\varphi=30°$，试确定：

(1) 主动土压力强度沿墙高的分布；

(2) 主动土压力的大小和作用点位置。

(答案：(1) $p_{a1}=-11.54\text{kPa}$，$p_{a2}=20.12\text{kPa}$；(2) $E_a=31.96\text{kN/m}$，$y_a=1.059\text{m}$)

6. 挡土墙高 4m，填土面倾角 $\beta=10°$，填土的重度 $\gamma=20\text{kN/m}^3$，$c=0$，$\phi=30°$，填土与墙背的摩擦角 $\delta=10°$，试用库仑理论分别计算墙背倾角 $\alpha=10°$和 $\alpha=-10°$时的主动土压力并绘图表示其分布与合力作用点的位置和方向。

(答案：(1) $E_{a1}=70.4\text{kN/m}$，$y_{a1}=1.33\text{m}$；(2) $E_{a2}=44\text{kN/m}$，$y_{a2}=1.33\text{m}$)

7. 挡土墙墙高 4m，墙背倾斜角 $\alpha=20°$，填土面倾角 $\beta=10°$，填土重度 $\gamma=20\text{kN/m}^3$，$c=0$，$\varphi=30°$，填土与墙背的摩擦角 $\delta=15°$，试按库仑理论计算：

(1) 主动土压力强度沿墙高的分布；

(2) 主动土压力的大小、作用点位置和方向。

(答案：(1) $p_{a1}=0$，$p_{a2}=44.8\text{kPa}$；(2) $E_a=89.6\text{kN/m}$，$y_a=1.33\text{m}$，方向为位于墙背法线上方与法线成 15°)

8. 如图 7-49 所示，一挡土墙墙背竖直光滑，填土面水平，且作用一条形均布荷载，计算作用在墙背的主动土压力。

（答案：$p_A=0$，$p_a^{上}=12.59\text{kPa}$，$p_a^{下}=32.19\text{kPa}$，$p_b^{上}=57.38\text{kPa}$，$p_b^{下}=33.78\text{kPa}$，$p_B=52.92\text{kPa}$）

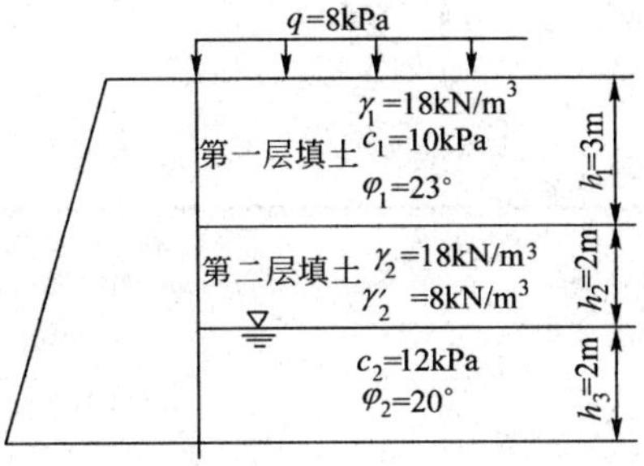

图 7-48　习题 7 图

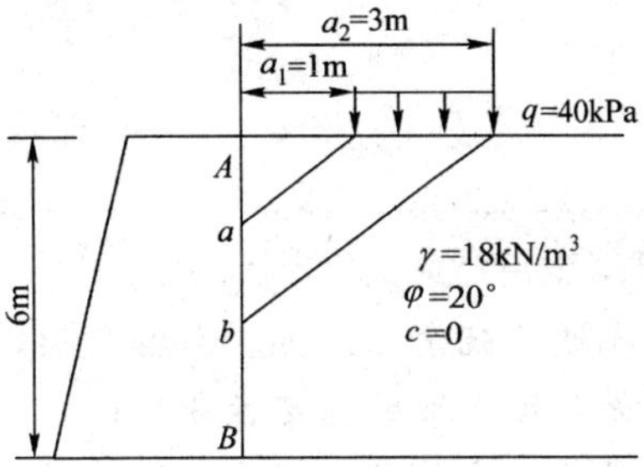

图 7-49　习题 8 图

9. 计算如图 7-50 所示 U 型桥台上的主动土压力值。考虑台后填土上有汽车荷载作用。已知：

（1）桥面净宽—7，两侧各设 0.75m 人行道，台背宽度 $B=9\text{m}$；

（2）荷载等级为汽车—15 级；

（3）台后填土性质：$\gamma=18\text{kN/m}^3$，$\varphi=30°$，$c=0$；

（4）桥台构造如图，台背摩擦角 $\delta=15°$。

（答案：$E_a=107.6\text{kN/m}$）

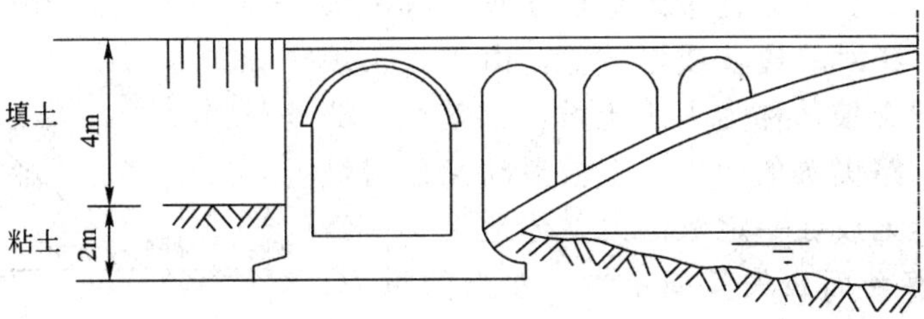

图 7-50　习题 9 图

第八章　土坡稳定计算

本章知识点

1. 土坡的概念、分类、土坡失稳的主要原因；
2. 无粘性土坡的稳定性分析；
3. 粘性土坡稳定分析法；
4. 瑞典圆弧法，简单条分法，Bishop 条分法，Janbu 条分法；
5. 复合滑动面的土坡稳定性分析。

第一节　概　　述

在工程建设中，常会遇到土坡稳定性问题。土坡是指具有倾斜面的土体，其简单的外形和各部位名称如图 8-1 所示。

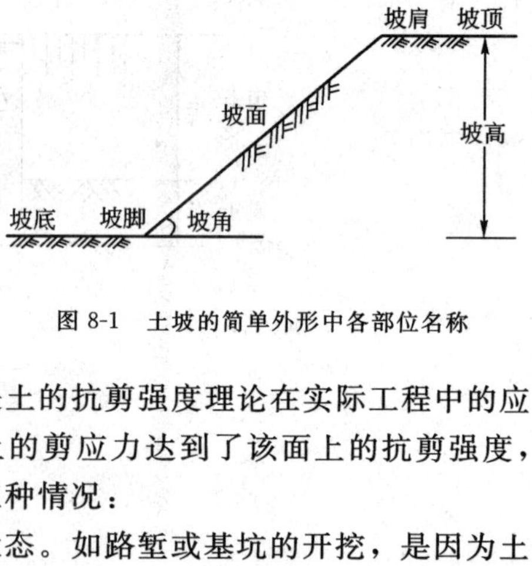

图 8-1　土坡的简单外形中各部位名称

由于地质作用在自然条件下形成的土坡，称为天然土坡，如山坡、江河的边坡或岸坡等；由于人工填筑或开挖而形成的土坡，称为人工土坡，如基坑、路堑、基槽、土坝、路堤等的边坡。土坡滑动又称滑坡或土坡失稳，是指土坡在一定范围内整体地沿某一滑动面向下和向外移动而丧失其稳定性。在土的重力、雨水渗透、坡顶堆载等外力作用下，坡体内将产生剪应力，如果某平面剪应力大于其作用方向上的抗剪强度，土体就会产生剪切破坏，对土坡进行稳定性分析是土的抗剪强度理论在实际工程中的应用。土坡发生滑动的根本原因在于土坡体内部某个面上的剪应力达到了该面上的抗剪强度，土体的稳定平衡遭到破坏。土坡失稳具体原因有以下三种情况：

（1）外界力的作用破坏了土体内原来的应力平衡状态。如路堑或基坑的开挖，是因为土自身重力发生变化，从而改变了土体原来的应力平衡状态；此外，路堤的填筑或土体顶面上作用外荷载，以及土体内水的渗流力、地震力的作用时，也都会破坏土体内原有的应力平衡状态，促使土坡坍塌。

（2）坡体中剪应力的增加。在坡顶堆载或修筑建筑物使坡顶荷载增加，降水使土体的重量增加，渗透引起的动水力及土裂缝中的静水压力等，地下水位大幅度下降导致土体内有效应力增大或因打桩、地震、爆破等振动引起的动力荷载都会导致坡体内部剪应力增大。

（3）坡体中抗剪强度的降低。自然界气候变化引起土体干裂和冻融，粘土夹层因雨水的浸入而软化，膨胀土反复胀缩及粘性土的蠕变效应或因振动使土的结构破坏或孔隙水压力升高等都会导致土的抗剪强度降低。

在工程建设中，经常需要验算所拟定的土坡是否稳定、合理或根据实际的土坡高度和土的性质等已知条件设计出合理的土坡断面，对建成后的土坡还应采取必要的工程措施，加强工程管理，以消除某些可能导致滑坡的不利因素，确保土坡安全。在防灾工程中，还要对可能产生滑坡并对人类生命财产造成危害或重大损失的自然土坡进行稳定性分析，研究其潜在的滑动面的位置并给出安全性评价及相应的加固措施。因此，要了解土坡在各种因素作用下是否具有足够的稳定性和工程经济性，需要对土坡进行稳定性分析。

土坡稳定分析是一个比较复杂的问题，边坡稳定分析方法几十年来已有长足的进展，提出多种计算方法，但尚有一些不定因素有待研究。如滑动面形式的确定、按实际情况合理地取用土的抗剪强度参数、土的非均匀性及土坡内有水渗流时的影响等。

土坡失稳时滑动面的形状要具体分析。呈散粒体的均质无粘性土土坡，其滑动面常接近一平面，而均质粘性土土坡的滑动面通常是一光滑的曲面，该曲面底部曲率大、形状平滑，而靠近坡顶曲率半径较小，近乎垂直于坡顶。经验表明，在稳定分析中，所假设的滑动面的形状对安全系数高低影响不大。为方便起见，一般假设均质粘性土土坡破坏时的滑动面为一圆柱面，它在横断面上的投影就是一个圆弧，即滑动面是圆弧。对于非均质的多层土或含软弱夹层的土坡，往往沿着软弱夹层面发生滑动，此时整个土坡的滑动面常常是由直线和曲线组合而成的不规则滑动面。

第二节　无粘性土土坡的稳定性分析

在分析无粘性土的土坡稳定时，根据实际观测，同时为简化计算，一般均假定滑动面是平面。

图 8-2a）是一坡角为 β 的均质无渗透力作用的无粘性土土坡。对于该种情况，无论是在干坡还是在完全浸水条件下，由于无粘性土土粒间无粘聚力，只有摩擦力；因此只要位于坡面上的土单元能保持稳定，则整个土坡就是稳定的。

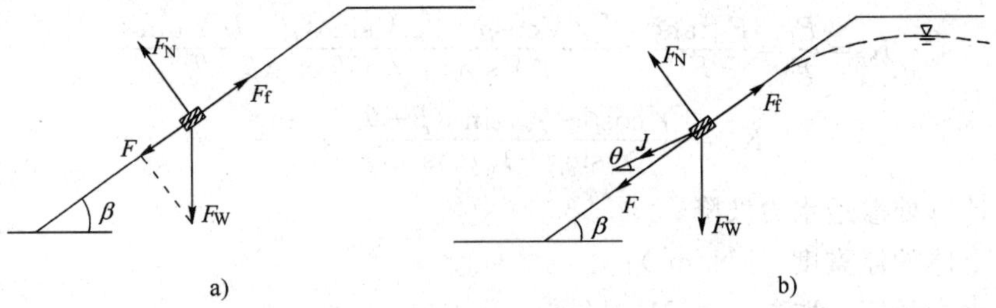

图 8-2　无粘性土土坡沿平面滑动的受力分析
a）无渗透力作用的无粘性土土坡；b）有顺坡渗流作用的无粘性土土坡

一、无渗透力作用时的无粘性土坡稳定性分析

从坡面上任取一底面与坡面平行的六面体土体单元，假设不考虑单元体侧表面上各种应

力和摩擦力对单元体的影响。设单元体所受重力为 F_W，无粘性土土坡的内摩擦角为 φ，则使单元体下滑的滑动力就是 F_W 沿坡面的分力 F，即

$$F=F_W\sin\beta$$

阻止单元体下滑的力是该单元体与它下面土体之间的摩擦力，也称抗滑力，它的大小与法向分力 F_N 有关，抗滑力的极限值即最大静摩擦力值，即

$$F_f=F_N\tan\varphi=F_w\cos\beta\tan\varphi$$

抗滑力与滑动力之比称为土坡稳定安全系数，用 K_s 表示，即

$$K_s=\frac{F_f}{F}=\frac{F_w\cos\beta\tan\varphi}{F_w\sin\beta}=\frac{\tan\varphi}{\tan\beta} \tag{8-1}$$

由式（8-1）可知，当 $\beta=\varphi$ 时，$K_s=1.0$，抗滑力等于滑动力，土坡处于极限平衡状态；当 $\beta<\varphi$ 时，$K_s>1.0$ 时，土坡处于安全稳定状态。因此，土坡稳定的极限坡角等于无粘性土的内摩擦角 φ，此坡角又称天然休止角。式（8-1）表明，均质无粘性土土坡的稳定性与坡高无关，而仅与坡角 β 有关，只要 $\beta<\varphi$，则必有 $K_s>1.0$，满足此条件的土坡在理论上就是稳定的。φ 值愈大，则土坡安全坡角就愈大。为了保证土坡具有足够的安全储备，可取 $K_s=1.1\sim1.5$，即 $\frac{\tan\varphi}{\tan\beta}=1.1\sim1.5$，可推出 $\tan\beta=\frac{\tan\varphi}{1.5}\sim\frac{\tan\varphi}{1.1}$。

二、有渗流作用时的无粘性土坡稳定性分析

土坡（或土石坝）在很多情况下，会受到由于水位差的改变所引起的水力坡降或水头梯度，从而在土坡（或土石坝）内形成渗流场，对土坡稳定性带来不利影响，如图 8-2b）所示。假设水流方向顺坡而下并与水平面夹角为 θ，则沿水流方向作用在单位体积土骨架上的渗透力为 $j=\gamma_w i$。在下游坡面上取体积为 V 的土体单元为隔离体，其实际重力为 $\gamma' V$，即图中的 F_w，作用在土体单元上的渗透力为 $J=jV=\gamma_w iV$，则沿坡面上的下滑力为

$$F=\gamma' V\sin\beta+\gamma_w iV\cos(\beta-\theta)$$

坡面的正压力由 $\gamma' V$ 和 J 共同引起，将 $\gamma' V$ 和 J 分解，可得

$$F_N=\gamma' V\cos\beta-\gamma_w iV\sin(\beta-\theta)$$

抗滑力 F_f 为摩擦力，$F_f=F_N\tan\varphi$，则土体沿坡面滑动的稳定安全系数为

$$K_s=\frac{F_f}{F}=\frac{F_N\tan\varphi}{F}=\frac{[\gamma' V\cos\beta-\gamma_w iV\sin(\beta-\theta)]\tan\varphi}{\gamma' V\sin\beta+\gamma_w iV\cos(\beta-\theta)}$$

$$K_s=\frac{[\gamma'\cos\beta-\gamma_w i\sin(\beta-\theta)]\tan\varphi}{\gamma'\sin\beta+\gamma_w i\cos(\beta-\theta)} \tag{8-2}$$

式中：i ——计算处渗透水力坡降；

γ'——土体的浮重度（kN/m^3）；

γ_w——水的重度，取 $\gamma_w=9.81kN/m^3$；

φ——土的内摩擦角（°）。

当 $\theta=\beta$ 时，水顺坡渗流，则渗透水力坡降

$$i=\frac{d_h}{d_s}=\sin\beta \tag{8-3}$$

式中：d_s——顺坡流经路径；

d_h——水头损失。

将式（8-3）代入式（8-2）得

$$K_s=\frac{\gamma'\cos\beta\tan\varphi}{\gamma'\sin\beta+\gamma_w\sin\beta}=\frac{\gamma'\cos\beta\tan\varphi}{\gamma_{sat}\sin\beta}=\frac{\gamma'\tan\varphi}{\gamma_{sat}\tan\beta} \tag{8-4}$$

对比式（8-4）和式（8-1）可见，当溢出段为顺坡渗流时，安全系数降低了$\left(1-\frac{\gamma'}{\gamma_{sat}}\right)$，通常$\frac{\gamma'}{\gamma_{sat}}$近似等于0.5，也就是安全系数降低了一半。若要使$K_s=1.1\sim1.5$，以保证土坡稳定和足够的安全储备，则$\tan\beta=\frac{\gamma'\tan\varphi}{1.5\gamma_{sat}}\sim\frac{\gamma'\tan\varphi}{1.1\gamma_{sat}}$。可见，有渗透力作用时所要求的安全坡角要比无渗透力作用时的相应坡角平缓得多。

典型例题分析

［例题 8-1］ 一均质无粘性土土坡，土的饱和重度$\gamma_{sat}=20.2\text{kN/m}^3$，内摩擦角$\varphi=30°$，若要该这个土坡的稳定安全系数为1.2，试问在干坡或完全浸水条件下及沿坡面有顺坡渗流时，土坡的安全坡角分别是多少？

解：干坡或完全浸水时，由式（8-1）得

$$\tan\beta=\frac{\tan\varphi}{K_s}=\frac{0.557}{1.2}=0.464$$

所以
$$\beta=24°54'$$

有顺坡渗流时，由式（8-4）得

$$\tan\beta=\frac{\gamma'\tan\varphi}{\gamma_{sat}K_s}=\frac{10.39\times0.557}{20.2\times1.2}=0.239$$

所以
$$\beta=13°25'$$

上述计算结果表明，在稳定安全系数相同的条件下，有顺坡渗流作用的土坡稳定角要比无渗流作用时的稳定坡角小得多。也就是说，在相同坡角的情况下，有顺坡渗流的土坡，其安全系数必然小。

第三节　粘性土土坡的稳定性分析

由于粘聚力的存在，粘性土土坡不会像无粘性土土坡那样沿坡面表面滑动（滑动面是平面），粘性土坡危险滑动面深入土体内部。基于极限平衡理论可以推导出，均质粘性土土坡发生滑坡时，其滑动面形状为对数螺旋线曲面，形状近似于圆柱面，在断面上的投影则近似为一圆弧曲面，如图 8-3a）所示。通过对现场土坡滑坡、失稳实例的调查表明，实际滑动面也与圆弧面相似，因此，工程设计中常把滑动面假定为圆弧面来进行稳定分析。根据滑动面在坡身位置的不同，圆弧滑动面有坡脚圆（滑动面通过坡脚）、坡面圆（滑动面通过坡面上某一点）和中点圆（滑动面发生在坡脚以外的某一点）三种形式。整体圆弧滑动法、条分法、瑞典条分法、Bishop 法等均基于滑动面是圆弧这一假定。整体圆弧滑动法（又称整体稳定分析方法）主要适用于简单土坡（简单土坡是指土坡上、下两个土面是水平的，坡面是一个平面）。条分法则适用于非均匀性土坡、外形复杂土坡和部分在水下的土坡。

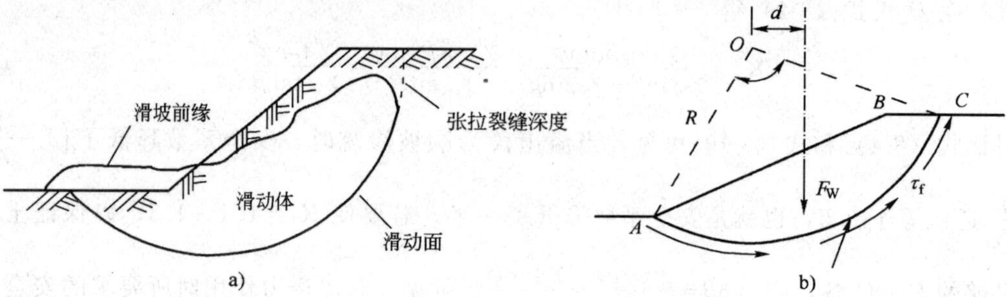

图 8-3　均质粘性土土坡滑动面

a）实际滑坡体的组成；b）假设滑动面投影是圆弧的滑动体

一、瑞典圆弧法

瑞典圆弧法是最常用的方法之一，又称整体圆弧滑动法，是由瑞典的彼得森（K. E. Petterson）1915 年提出，后被广泛应用于实际工程。

瑞典圆弧法将滑动面以上的土体视作刚体，即计算中不考虑滑动土体内部的相互作用力，分析其在极限平衡条件下的整体受力情况，以整个滑面上的平均抗剪强度与平均剪应力之比来定义土坡的安全系数，即

$$K_s=\frac{\tau_f}{\tau} \tag{8-5}$$

对于均质的粘性土土坡，其实际滑动面与圆柱面接近。计算时一般假定滑动面为圆柱面，在土坡断面上投影即为圆弧。其安全系数也可用滑动面上的最大抗滑力矩与滑动力矩之比来定义，其最终结果与式（8-5）的定义完全相同，即

$$K_s=\frac{M_f}{M_s}=\frac{\tau_f\cdot L_{AC}\cdot \mathrm{R}}{\tau\cdot L_{AC}\cdot \mathrm{R}} \tag{8-5a}$$

式中：τ_f——滑动面上的平均抗剪强度（kPa）；

τ——滑动面上的平均剪应力（kPa）；

M_f——滑动面上的最大抗滑力矩（kN·m）；

M_s——滑动面上的滑动力矩（kN·m）；

L_{AC}——滑弧 AC 长度（m）；

R——滑弧半径（m）。

对于如图 8-4a）所示的简单粘性土土坡，根据式（8-5a）可以写出具体的安全系数 K_s 计算公式。AC 为假定的圆弧，O 点为其圆心，半径为 R。滑动土体 ABC 可视为刚体，在自重作用下，将绕圆心 O 沿 AC 弧转动下滑。假设滑动面上的抗剪强度完全发挥，即 $\tau=\tau_f$，则其抗滑力矩 $M_f=\tau_f L_{AC}R$，滑动力矩 $M_s=F_w d$，将 M_f、M_s 代入式（8-5a）可得

$$K_s=\frac{M_f}{M_s}=\frac{\tau_f L_{AC}R}{F_w d} \tag{8-5b}$$

式中：L_{AC}——滑动圆弧 AC 长度（m）；

d——滑动土体重心到滑弧圆心 O 的水平距离（m）；

F_w——滑动土体自重力（kN）。

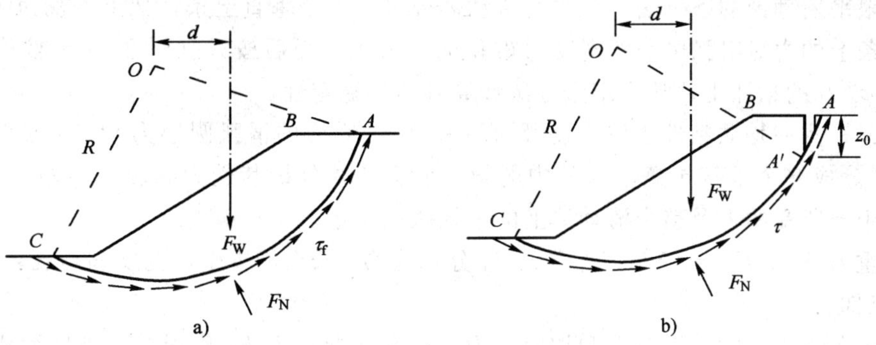

图 8-4 均质粘性土土坡的整体圆弧滑动

a）整体圆弧法的计算简图；b）存在开裂深度的整体圆弧法简图

根据摩尔—库仑强度理论，粘性土的抗剪强度 $\tau_f = c + \sigma\tan\varphi$。因此，对于均质粘性土土坡，其 c、φ 虽然是常数，但滑动面上法向应力 σ 却是沿滑动面不断改变的，并非常数，只要 $\sigma\tan\varphi \neq 0$，式（8-5b）中的 τ_f 就不是常数。所以式（8-5b）只能给出一个定义式，并不能确定 K_s 的大小，至少对整体圆弧法是这样的。但对于饱和软粘土，在不排水剪条件下，其内摩擦角 φ_u 等于 0，τ_f 等于 c_u，即粘聚力 c_u 就是土的抗剪强度，此时，抗滑力为 $c_u L_{AC} R$。于是，式（8-5b）可写为

$$K_s = \frac{cL_{AC}R}{F_w d} \tag{8-6}$$

用式（8-6）可直接计算边坡稳定的安全系数，这种方法通常称为 $\varphi_u = 0$ 的分析法。或者说式（8-6）适用于 $\varphi_u = 0$ 的粘性土土坡稳定性计算。

粘性土土坡在发生滑坡前，坡顶常出现竖向裂缝并存在开裂深度 z_0，如图 8-4b）所示。$z_0 = \frac{2c}{\gamma\sqrt{K_a}}$，$\gamma$ 表示土坡质的天然重度，K_a 表示主动土压力系数。当 $\varphi_u = 0$ 时，$K_a = \tan^2\left(45° - \frac{\varphi}{2}\right) = 1$，故 $z_0 = \frac{2c}{\gamma}$。裂缝的出现使滑弧长度由 AC 减小到 $A'C$。$A'C$ 段的稳定分析仍可用式（8-6）。

以上求出的 K_s 是与任意假定的某个滑动面相对应的安全系数，而土坡稳定分析要求的是与最危险的滑动面相对应的最小安全系数。为此，通常需要假定一系列滑动面进行多次试算，才能找到所需要的最危险滑动面对应的安全系数。随着计算技术的广泛应用和数值方法的普及，通过大量计算快速确定最危险滑动面的问题已得到很好的解决。

实际上，当 $\sigma\tan\varphi \neq 0$ 时或土质变化时，还要确定各点的抗剪强度指标 c 和 φ，从而计算滑面上各点的抗剪强度 τ_f。至于法向应力 σ 的确定，可以采用有限元法和极限平衡分析法，目前常用极限平衡分析法中的条分法计算 σ。整体圆弧滑动法的另一个缺陷就是对于外形比较复杂，特别是土坡由多层土构成时，要确定滑动体的自重及形心位置就较困难。可见整体圆弧滑动法的应用存在局限性，仅适合解决简单土坡的稳定计算问题。

二、条分法基本原理

由于整体圆弧法存在一些不足，瑞典的费兰纽斯等人在整体圆弧法的基础上，提出了基

于刚体极限平衡理论的条分法。该法将滑动体分成若干个垂直土条，把土条视为刚体，分别计算各土条上的力对滑弧中心的滑动力矩和抗滑力矩，而后按式（8-6）求土坡稳定安全系数。对于 $\varphi>0$ 的粘性土，常采用条分法计算其整体稳定性。

图 8-5a）为一均质粘性土坡，设滑动面为 AC，对应的滑弧圆心为 O，半径为 R，将滑动体 ABC 分成 n 个垂直土条，取其中的第 i 个土条并分析其受力状况，如图 8-5b）所示。下面分析土条所受的力及整个滑动体上的未知数的个数。

（1）重力 F_{wi}。$F_{wi}=\gamma_i b_i h_i$，γ_i、b_i、h_i 分别为第 i 条土的重度、宽度和高度，为已知量，所以 F_{wi} 已知。

（2）土条底面上的法向反力和切向反力。假设法向反力 F_{Ni} 作用在土条底面中点，切向反力 F_{Ti} 作用线平行于土条的底面，即滑动面。考虑滑动面的受力时，一个土条上含两个未知数 F_{Ni} 和 F_{Ti}，则 n 个土条有 $2n$ 个未知数。如果假设土条滑动安全系数为 K_s，按照摩尔—库仑强度理论，F_{Ni} 和 F_{Ti} 关系为

$$F_{Ti}=\frac{c_i l_i+F_{Ni}\tan\varphi_i}{K_s} \qquad (i=1,\ 2,\ 3,\ \cdots,\ n) \tag{8-7}$$

可见，在确定了土性参数 c_i、φ_i 和指定某一安全系数的条件下，同一土条上的法向反力 F_{Ni} 和切向反力 F_{Ti} 是线性相关的，即二者不相互独立。所以，考虑滑动面的受力时，n 个土条实际上共有 n 个独立未知数。

（3）土条间法向作用力 F_{hi} 和 F_{hi+1} 的大小和作用点均为未知量，原则上每个土条有 4 个未知量。但由于相邻两个土条间的法向作用力大小相等，方向相反，所以未知量个数减少一半，即 n 个土条有 $2n$ 个未知量。必须注意入坡土条 7 的右侧面和出坡土条（－3）的左侧面上的作用力为 0 或已知，如图 8-5a）所示。因此，考虑土条间法向作用力大小和作用点时，实际上 n 个土条共有 $2n-2$ 个独立未知数。

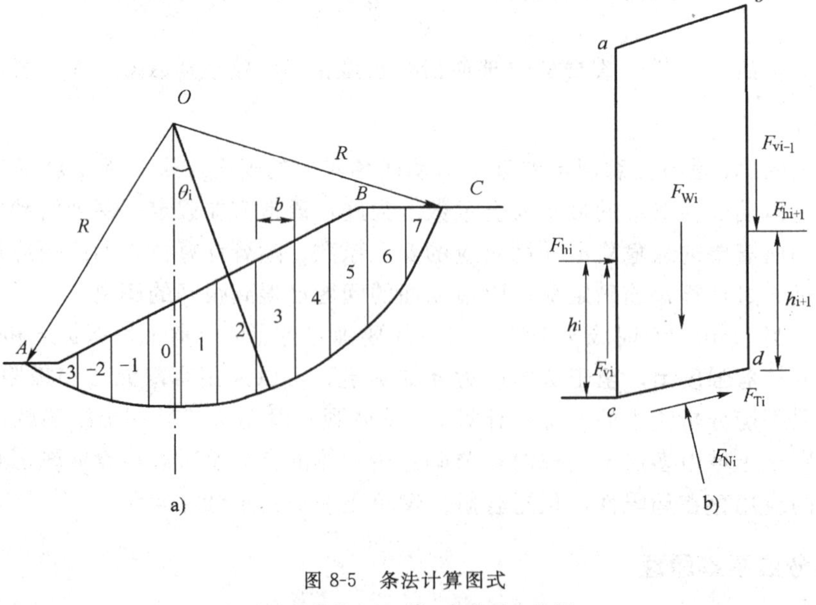

图 8-5　条法计算图式

a）土坡分条；b）第 i 条土受力分析

(4) 土条间的切向作用力 F_{Vi} 和 F_{Vi+1}。分析方法同法向力情况，但因切向力无作用点，所以 n 个土条未知量数目共有 $n-1$ 个。

(5) 安全系数 K_s。当滑动面确定，土体抗剪强度指标已知，外力及自重确定时，滑动面上的剪应力和抗剪强度均可确定，进而可计算各个土条的安全系数。为方便起见，假定各个土条的安全系数相等并等于整个滑动面的安全系数。

上述分析表明，基于极限平衡理论的条分法共有 $n+(2n-2)+(n-1)+1$，即 $4n-2$ 个未知数。如果仅考虑土条在断面上的静力平衡条件，那么每个土条可分别列出两个方向互相垂直的力平衡方程和一个绕圆心的力矩平衡方程，共计 3 个独立平衡方程。那么，n 个土条应该有 $3n$ 个独立的平衡方程。可见，对整个滑动体而言，未知数比方程数多 $(n-2)$ 个，所以土坡稳定问题属于超静定问题。在这种情况下，应考虑增加 $(n-2)$ 个独立的补充条件，问题才能解决。但由于极限平衡方法假设滑动体是刚体，所以不考虑土体的变形特征，只考虑土体的静力平衡条件。所以，应考虑增加 $(n-2)$ 个附加的假设条件作为补充条件，使方程数恰好等于未知数个数，这种结果才是比较严密的。当然如果增加多于 $(n-2)$ 个假设条件，问题会更容易解决。下面几种方法均基于条分法的基本思路，但又分别给出了不同的附加条件，使问题得以解决。这几种方法的结果存在差异，所能解决的实际问题也有所不同。

条分法具体又分为瑞典条分法、简化 Bishop 条分法、普遍条分法（N. Janbu 条分法）等多种。这几种方法的假设和适用条件不同，以下将分别叙述。

三、瑞典条分法

瑞典条分法是条分法中最简单最古老的一种，是由瑞典的贺尔汀（H. Hultin）和彼得森（Petterson）于 1916 年首先提出，后经费兰纽斯（W. Fellenius）等人不断改进，在工程上得到了广泛应用。

1. 一般计算公式

瑞典条分法假设滑动面为圆弧面，将滑动体分为若干个竖向土条，并忽略各土条之间的相互作用力。根据这一假设，任意土条只受自重力 F_{wi}、滑动面上的剪切力 F_{Ti} 和法向力 F_{Ni}，如图8-6所示。现以均质土为例，说明瑞典条分法基本原理及其安全系数的计算。将 F_{wi} 分解为沿滑动面切向方向分力和垂直于切向的法向分力，并由第 i 条土的静力平衡条件可得 $F_{Ni}=F_{wi}\cos\theta_i$，其中，$F_{wi}=b_i h_i \gamma_i$。

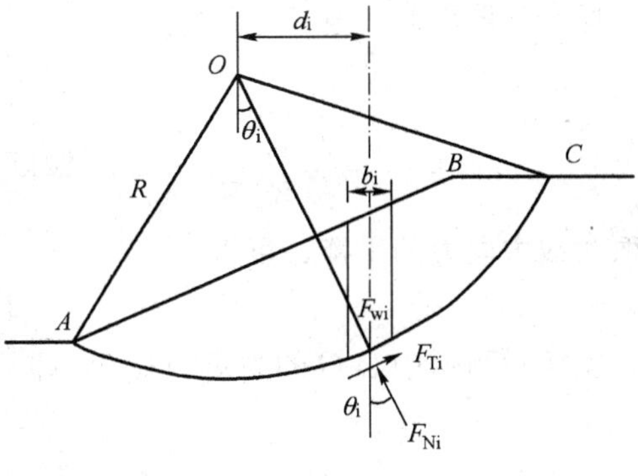

图 8-6　瑞典条分法的一般计算图式

设土坡安全系数为 K_s，它等于 i 个土条的安全系数，由库仑强度理论有

$$F_{Ti}=\frac{c_i l_i+F_{Ni}\tan\varphi_i}{K_s} \tag{8-8}$$

式中：F_{Ti}——土条 i 在其滑动面上的抗滑力；

K_s——土坡和土条的安全系数。

按整体力矩平衡条件，滑动体 ABC 上所有外力对圆心的力矩之和应为 0。在各土条上作用的重力产生的滑动力矩之和为

$$\sum_{i=1}^{n} F_{\mathrm{Wi}} d_{\mathrm{i}} = \sum_{i=1}^{n} F_{\mathrm{Wi}} R \sin\theta_{\mathrm{i}} \tag{8-8a}$$

滑动面上法向力 F_{Ni}通过圆心，不引起力矩，滑动面上抗滑力 F_{Ti}产生的抗滑力矩为

$$\sum_{i=1}^{n} F_{\mathrm{Ti}} R = \sum_{i=1}^{n} \frac{c_{\mathrm{i}} l_{\mathrm{i}} + F_{\mathrm{Ni}} \tan\varphi_{\mathrm{i}}}{K_{\mathrm{s}}} R \tag{8-8b}$$

由于极限情况下滑动力矩和抗滑力矩相平衡，令式（8-8a）和（8-8b）相等，则

$$\sum_{i=1}^{n} F_{\mathrm{Wi}} R \sin\theta_{\mathrm{i}} = \sum_{i=1}^{n} \frac{c_{\mathrm{i}} l_{\mathrm{i}} + F_{\mathrm{Ni}} \tan\varphi_{\mathrm{i}}}{K_{\mathrm{s}}} R \tag{8-8c}$$

$$K_{\mathrm{s}} = \frac{\sum_{i=1}^{n} (c_{\mathrm{i}} l_{\mathrm{i}} + F_{\mathrm{Ni}} \tan\varphi_{\mathrm{i}})}{\sum_{i=1}^{n} F_{\mathrm{wi}} \sin\theta_{\mathrm{i}}} \tag{8-8d}$$

式（8-8d）是最简单的条分法的计算公式。由于忽略了土条之间的相互作用力，由土条上的 3 个力 F_{Wi}、F_{Ti} 和 F_{Ni} 组成的力多边形不闭合，所以瑞典条分法不满足静力平衡条件，只满足滑动土体的整体力矩平衡条件。由于该方法计算结果偏于安全，目前在工程上仍有很广泛的应用。

需要注意的是，使用瑞典条分法仍然要假设很多滑面并通过试算分析，才能找到最小的 K_{s} 的值，从而找到相应的最危险的滑动面。

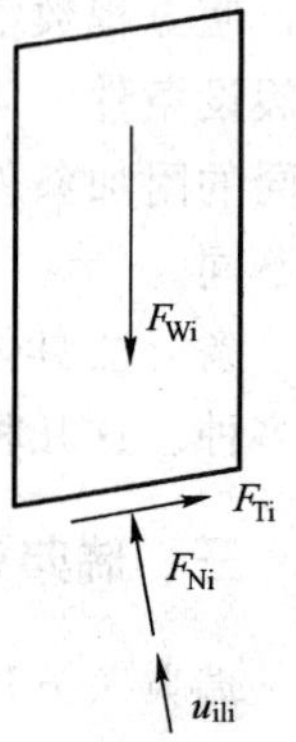

图 8-7 土条上有孔隙水压力时的计算图式

2. 考虑孔隙水压力时土坡稳定分析

当已知第 i 个土条在滑动面上的孔隙水压力为 u_{i} 时（如图 8-7 所示），用有效指标 c'_{i} 及 φ'_{i} 代替原来的 c_{i} 和 φ_{i}。考虑土的有效强度，根据摩尔—库仑强度理论，有

$$\tau_{\mathrm{fi}} = c'_{\mathrm{i}} + (\sigma_{\mathrm{i}} - u_{\mathrm{i}}) \tan\varphi'_{\mathrm{i}}$$

$$F_{\mathrm{Ti}} = \tau_{\mathrm{li}} = \frac{\tau_{\mathrm{fi}}}{K_{\mathrm{s}}} l_{\mathrm{i}} = \frac{c'_{\mathrm{i}} l_{\mathrm{i}}}{K_{\mathrm{s}}} + \frac{(c_{\mathrm{i}} l_{\mathrm{i}} - u_{\mathrm{i}} l_{\mathrm{i}}) \tan\varphi'_{\mathrm{i}}}{k_{\mathrm{s}}} = \frac{c'_{\mathrm{i}} l_{\mathrm{i}}}{K_{\mathrm{s}}} + \frac{(F_{\mathrm{Ni}} - u_{\mathrm{i}} l_{\mathrm{i}}) \tan\varphi'_{\mathrm{s}}}{K_{\mathrm{s}}} \tag{8-9}$$

取法线方向力的平衡，可得

$$F_{\mathrm{Ni}} = F_{\mathrm{Wi}} \cos\theta_{\mathrm{i}}$$

各土条对圆弧中心 O 的力矩和为 0，即

$$\sum_{i=1}^{n} F_{\mathrm{Wi}} x_{\mathrm{i}} - \sum_{i=1}^{n} F_{\mathrm{Ti}} R = 0 \tag{8-9a}$$

式中：x_{i}——圆心 O 至 F_{Wi}作用线的水平距离，$x_{\mathrm{i}} = R\sin\theta_{\mathrm{i}}$。

将式（8-9）代入式（8-9a），可得

$$K_{\mathrm{s}} = \frac{\sum_{i=1}^{n} [c_{\mathrm{i}}' l_{\mathrm{i}} + (F_{\mathrm{wi}} \cos\theta - u_{\mathrm{i}} l_{\mathrm{i}}) \tan\varphi'_{\mathrm{i}}]}{\sum_{i=1}^{n} F_{\mathrm{wi}} \sin\theta_{\mathrm{i}}} \tag{8-9b}$$

式（8-9b）是用有效应力方法表示的瑞典条分法计算 K_{s} 的公式。

经过多年工程实践，瑞典条分法已积累了大量的经验。用该法计算的安全系数一般比其

他较严格的方法低10%～20%；在滑动面圆弧半径较大且孔隙水压力较大时，安全系数计算值估计会比其他严格的方法小一半。因此，这种方法是偏于安全的。

3. 坡顶有超载和土成层时稳定性分析

当土坡由多层土构成（如图8-8所示），在使用公式（8-8d）时，需作必要的修正。

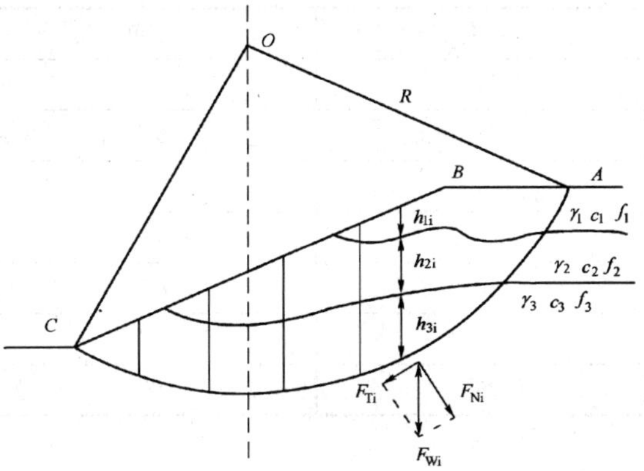

图8-8 土成层时的计算图式

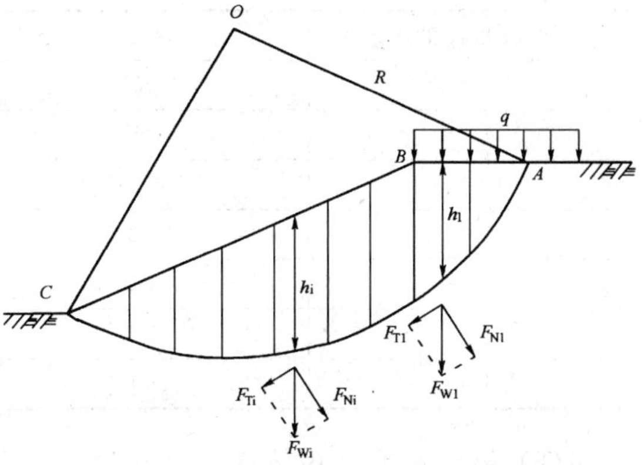

图8-9 坡顶有超载时的计算图式

（1）如果同一土条跨越多层土，计算其重量时应分层取相应的高度和厚度，计算相应重力后叠加。如第i个土条包括k层土，则

$$F_{Wi}=b_i(\gamma_{1i}h_{1i}+\gamma_{2i}h_{2i}+\cdots\cdots+\gamma_{ki}h_{ki}) \tag{8-10}$$

（2）计算滑动面上的抗剪强度时，所用的土性参数c、φ应按土条滑动面所在的具体土层位置来选取相应的数值。如当第i个土条的滑动面在第m层内时，则

$$F_{Tfi}=c_{mi}l_{mi}+F_{Ni}\tan\varphi_{mi} \tag{8-10a}$$

当第i个土条的滑动面跨越m层土，则

$$F_{Tfi}=(c_{1i}l_{1i}+c_{2i}l_{2i}+\cdots\cdots c_{mi}l_{mi})+F_{Ni}(\tan\varphi_{1i}+\tan\varphi_{2i}+\cdots\cdots+\tan\varphi_{mi}) \tag{8-10b}$$

注意：F_{Ni}是第i条土滑动面上的法向反力之和，$F_{Ni}=F_{Wi}\cos\theta_i$，与土条自重有关，而与滑动面上土层土性没有直接关系。因此，对于成层土坡，可用式（8-10c）计算其安全系数。

$$K_s=\frac{\sum\limits_{i=1}^{n}F_{Tfi}}{\sum\limits_{i=1}^{n}F_{Ti}} \tag{8-10c}$$

式中，F_{Tfi}根据实际情况按式（8-10a）或（8-10b）计算，$F_{Ti}=F_{wi}\sin\theta_i$，$F_{wi}$按式(8-10)取值。

若土坡坡顶作用有超载q，如图8-9所示，计算的基本原则和程序不变，只是在土条受力分析时，需要将土条上的超载加进土条的自重中去考虑；如果超载作用在坡面上，处理方法相似。当然可能某些土条上并没有超载，则该土条仅考虑自重。当仅在坡顶有超载时，则有

$$K_s=\frac{\sum[c_il_i+(F_{wi}+qb_i)\cos\theta_i\tan\varphi_i]}{\sum(F_{wi}+qb_i)\sin\theta_i} \tag{8-11}$$

4. 简单土坡最危险滑动面的确定方法

最危险的滑动面可用以下方法快速求出（见图 8-10）。

(1) 根据土坡坡度或坡角 β，由表 8-1 查出相应 α_1、α_2 数值。

α_1、α_2 数值表　　表 8-1

土坡坡度	坡角 β	α_1 角	α_2 角
1∶0.58	60°	29°	40°
1∶1	45°	28°	37°
1∶1.5	33°41′	26°	35°
1∶2	26°34′	25°	35°
1∶3	18°26′	25°	35°
1∶4	14°02′	25°	37°
1∶5	11°19′	25°	37°

(2) 根据 α_1 角，由坡脚 A 点作线段 AE，使∠EAB＝α_1；根据 α_2 角，由坡顶 B 点作线段 BE，使该线段与水平夹角为 α_2。

(3) 线段 AE 与线段 BE 的交点为 E，这一点是 $\varphi=0$ 的粘性土土坡最危险的滑动面的圆心。

(4) 由坡脚 A 点竖直向下取坡高 H 值，然后向右沿水平方向线上取 $4.5H$，并定义该点为 D 点。连接线段 DE 并向外延伸，在延长线上距 E 点附近为 $\varphi>0$ 的粘性土坡最危险的滑动面的圆心位置。

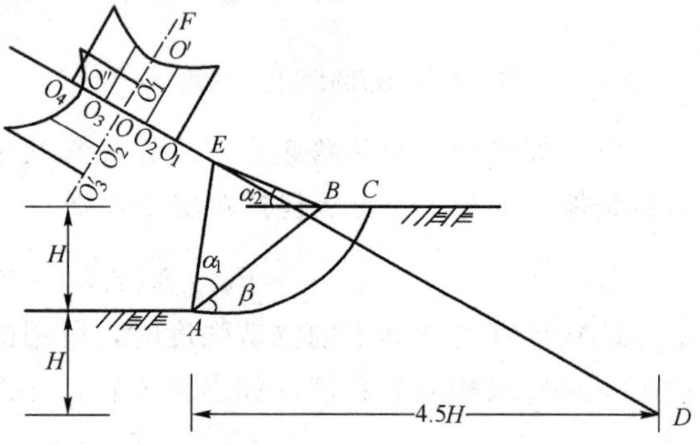

图 8-10　粘性土最危险滑动面的确定

(5) 在 DE 的延长线上选 3～5 个点作为圆心 O_1、O_2、O_3…，计算各自的土坡稳定安全系数 K_1、K_2、K_3…。而后按一定的比例尺，将 K_i 的数值画在过圆心 O_i 与 DE 正交的线上，并成曲线（由于 K_1、K_2、K_3…数值一般不等）。取曲线下凹处的最低点 O'，过 O' 作直线 $O'F$ 与 DE 正交。$O'F$ 与 DE 相交于 O 点。

(6) 同理，在 $O'F$ 直线上，在靠近 O 点附近再选 3～5 个点，作为圆心 O'_1、O'_2、O'_3…，计算各自的土坡稳定安全系数 K'_1、K'_2、K'_3…。之后按相同的比例尺，将 K'_1 的数值画在通过各圆心 O'_i 并与 $O'F$ 正交的直线上，并连成曲线（因为 K'_1、K'_2、K'_3…数值一般不等）。取曲线下凹处的最低点 O'' 点，该点即为所求最危险滑动面的圆心位置。

典型例题分析

[例题 8-2]　某工程在准备开挖路堑边坡时，经现场勘察知，地基土分为两层，第一层为粉质粘土，天然重度 $\gamma_1=18\text{kN/m}^3$，粘聚力 $c_1=6.0\text{kPa}$，内摩擦角 $\varphi_1=25°$，层厚 2.0m；第二层为粘土，天然重度 $\gamma_2=18.9\text{kN/m}^3$，粘聚力 $c_2=9.2\text{kPa}$，内磨擦角 $\varphi_2=17°$，层厚 8.0m；路堑边坡高 5.0m。试用瑞典条分法计算该土坡放坡的角度 β。

解：(1) 根据经验初步确定路堑开挖边坡为 1 ：1，即坡角 β 为 45°。

(2) 用坐标纸按照一定比例绘制基坑剖面图，如图 8-11 所示。

(3) 取圆弧半径 $R=10.0\text{m}$，滑动圆弧下端通过坡脚 A 点。取圆心 O，使过 O 的垂线距离 A 点的水平距离为 0.5m，线段 OO' 的长度近似等于 10m。以 O 为圆心，半径为 10m 画圆弧，即是滑动面 AC。

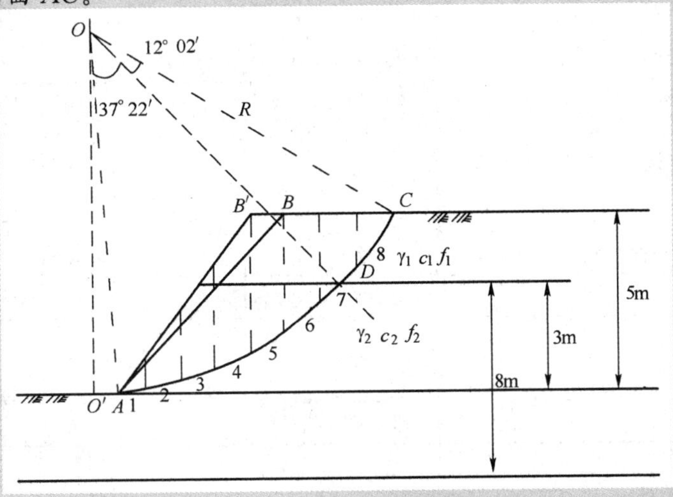

图 8-11 路堑开挖边坡计算

(4) 取土条宽度 $b=\frac{1}{10}R=1.0\text{m}$ 。

(5) 土条分条编号。以过圆心 O 的垂线处为第 0 条，向上依次编为 1，2，3…，共 8 条。

(6) 分段计算两层土各自的弧长。依照按一定比例绘的剖面图，量出 $\angle AOD$ 和 $\angle COD$ 的大小（弧度），则

$$L_{AD}=\angle AOD\times 10=6.52\text{m}$$

$$L_{CD}=\angle COD\times 10=2.09\text{m}$$

(7) 各土条的自重力计算。土条自重等于土条的横断面面积乘单位长度 1m，再乘土条的重度。土条的横断面面积可取土条的平均高度 h_1（可在按比例所画的图上量取，再按比例折合成实际的高度）乘土条的宽度 $b=1\text{m}$，即 $F_{wi}=h_i\times b\times\gamma$，详见表 8-2。

(8) 各土条的滑动力和摩擦力结果见表 8-2。对于第 7 条土的滑动面上粘聚力的处理，其粘聚力 c 近似取第二层土的粘聚力。

(9) 路堑开挖稳定安全系数计算，由公式 (8-8d) 得

$$K_s=\frac{\sum_{i=1}^{8}(c_i l_i+F_{ni}\tan\varphi_i)}{\sum_{i=1}^{8}F_{wi}\sin\varphi_i}=\frac{\sum_{i=1}^{2}c_i L_i b+\sum_{i=1}^{8}F_{Ni}\tan\varphi_i}{\sum_{i=1}^{8}F_{Wi}\sin\theta_i}=\frac{72.524+84.453}{140.803}=1.115>1.1$$

所以当路堑开挖放坡 45°时，土坡是安全经济的。

计 算 结 果								表 8-2
土条编号	土条片重力 F_{Wi}（kN）	$\sin\theta_i$	切向力 $F_{Wi}\sin\theta_i$（kN）	$\cos\theta_i$	法向力 $F_{Wi}\cos\theta_i$（kN）	$\tan\varphi_i$	切向力 $F_{Ni}\tan\theta_i$（kN）	滑面上总的粘聚力 $\sum_{j=1}^{2}c_jL_jb$（kN）
1	0.4615×18.9=8.723	0.1	0.872	0.995	8.679	0.3057	2.6532	$L_{AD}\times c_2\times b$ =6.52×9.2×1 =59.984
2	1.3×18.9=24.570	0.2	4.914	0.980	24.079	0.3057	7.3610	
3	2.3×18.9=43.470	0.3	13.041	0.954	41.470	0.3057	12.6775	
4	1.08×18+2.15×18.9=60.075	0.4	24.030	0.917	55.089	0.3057	16.8407	
5	1.84×18+1.54×18.9=62.226	0.5	31.113	0.866	53.888	0.3057	16.4736	
6	1.84×18+0.769×18.9=47.654	0.6	28.592	0.800	38.123	0.3057	11.6542	
7	1.84×18+0.3×18.9=38.790	0.7	27.153	0.714	27.696	0.3053	12.9146	
8	0.77×18=13.860	0.8	11.088	0.600	8.316	0.3053	8.8778	$L_{AD}\times c_1\times b$ =2.09×6.0×1 =12.54
合计			140.803				84.4526	72.524

四、Bishop 条分法

A. W. Bishop 于 1955 年提出了一个可以考虑土条侧面作用力的土坡稳定分析方法，称 Bishop 法。这种方法假定滑动面为圆弧面，并假定各土条底部滑动面上的抗滑安全系数均相同（均等于整个滑动面上的平均安全系数），土条之间只有法向力而无切向力，满足整体力矩平衡条件。Bishop 方法可以采用有效应力的形式表达，也可以用总应力的形式表达。

1. *有效应力表达式*

图 8-12 为一个具有圆弧滑动面的滑动体，将滑动体从 1 到 n 进行分条编号。

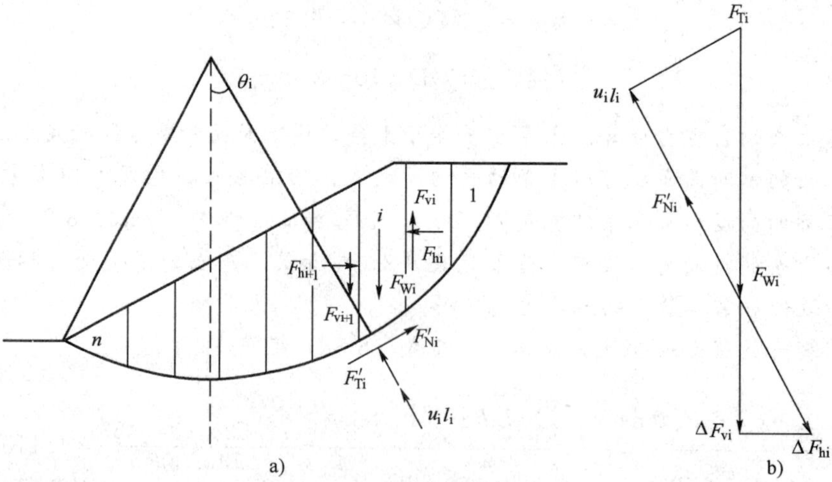

图 8-12　Bishop 条分法计算图式

a）受力分析；b）闭合多边形

任取一土条 i 并分析其受力。设土条高度为 h_i、宽度为 b_i、滑动面弧长为 l_i。土条上作用有自重力 F_{wi}、土条底面的切向抗剪力 F_{Ti}、有效法向反力 F_{Ni}'、孔隙水压力合力 $u_i l_i$，土条侧面的法向力 F_{hi}、$F_{h(i+1)}$ 及切向 F_{vi}、F_{vi+1}。

令 $\Delta F_{vi}=F_{vi-1}-F_{vi}$，根据摩尔—库仑强度理论，在极限状态下，任意土条 i 的滑动面上的抗剪力为

$$F_{Tfi}=c'_i l_i+F_{Ni}\tan\varphi'_i \tag{8-12}$$

则 F_{Ti} 与 F_{Tfi} 及 K_s 之间必满足

$$F_{Ti}=\frac{F_{Tfi}}{K_s}=\frac{c'_i l_i+F'_{Ni}\tan\varphi'_i}{K_s} \tag{8-12a}$$

在极限条件下，土条应当满足静力平衡条件，即

$$F_{wi}+\Delta F_{vi}-F_{Ti}\sin\theta_i-F'_{Ni}\cos\theta_i-u_i l_i\cos\theta_i=0 \tag{8-12b}$$

将式（8-12b）代入式（8-12a），可得

$$F'_{Ni}=\frac{F_{vi}+\Delta F_{vi}-u_i b_i-\dfrac{c'_i l_i\sin\theta_i}{K_s}}{m_i} \tag{8-12c}$$

式中，$m_i=\cos\theta_i+\dfrac{\tan\varphi'_i}{K_s}\sin\theta_i$。

下面考虑在整个极限状态下，整个滑动体对圆心 O 的力矩平衡条件。此时，相邻土条之间侧壁上的作用力（切向或法向）由于其大小相等方向相反，所以对 O 点的力矩将相互抵消，而各土条滑动面上的有效法向应力合力 F'_{Ni} 的作且线通过圆心，也不产生力矩，故有

$$\sum_{i=1}^{n}F_{Wi}x_i-\sum_{i=1}^{n}F_{Ti}R=\sum_{i=1}^{n}F_{Wi}R\sin\theta_i-\sum_{i=1}^{n}F_{Ti}R=0 \tag{8-12d}$$

由式（8-12a）、(8-12c）和（8-12d）可得

$$K_s=\frac{\sum\limits_{i=1}^{n}\dfrac{1}{m_i}\left[c'_i b_i+(F_{Wi}-u_i b_i+\Delta F_{vi})\tan\varphi'_i\right]}{\sum\limits_{i=1}^{n}F_{Wi}\sin\theta_i} \tag{8-12e}$$

式中，$m_i=\cos\theta_i+\dfrac{\tan\varphi'_i}{K_s}\sin\theta_i$。

式（8-12e）是 Bishop 条分法计算边坡稳定安全系数的基本公式。尽管考虑了侧面的法向力 F_{hi}、$F_{h(i-1)}$，但式（8-12e）中并未出现该项。值得注意的是式（8-12e）中 ΔF_{vi} 仍是未知数。为使问题得到简化，并给出确定的 K_s 的大小，Bishop 假设 $\Delta F_{vi}=0$，经证明，这种简化对安全系数 K_s 影响系数仅在 1%左右，且分条时土条宽度愈小，这种影响就愈小。因此，假设 $\Delta F_{vi}=0$，计算的结果能满足工程设计对精度的要求。简化的 Bishop 条分法基本公式得到广泛应用，即

$$K_s=\frac{\sum\limits_{n=1}^{n}\dfrac{1}{m_i}\left[c'_i b_i+(F_{Wi}-u_i b_i)\tan\varphi'_i\right]}{\sum\limits_{n=1}^{n}F_{Wi}\sin\theta_i} \tag{8-12f}$$

需要说明的是：

(1) Bishop 解法并未考虑土条水平方向的力平衡条件，所以从严格意义上讲，Bishop

方法并不完全满足静力平衡条件，它仅仅满足整个滑动体的力矩平衡条件和各土条的竖向静力平衡条件；

(2) 简化 Bishop 条分法，实际上也就是认为土条间只有水平相互作用力 E_i，而无切向力 F_{vi}。假定 $\Delta F_{vi}=0$，说明简化后的方法又忽略了 ΔF_{vi}的影响。

上述简化产生的误差约为 2%～7%，说明 Bishop 方法并非是一个严密的方法，但由于其比较简捷实用，所以在工程中得到广泛应用。式（8-12f）又称为简化 Bishop 公式，式中 m_i 包含了安全系数 K_s，故由式（8-12f）尚不能直接计算 K_s，而需要采用试算的方法迭代求解 K_s 值。基本过程是：先假定 $K_s=1.0$，由图 8-13 查出各 θ_i 所对应的 $m_{\theta i}$的值，代入式(8-12)，再一次计算出 K''_s。看 K'_s 和 K''_s 是否接近。如此反复迭代计算，直至前后两次计算的安全系数十分接近，达到规定要求的精度标准为止。通常迭代总是收敛的，一般只要迭代 3～4 次就可以满足精度要求。

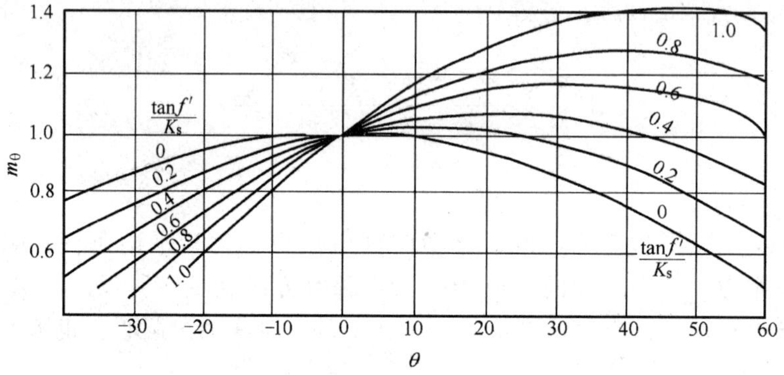

图 8-13　迭代法求解 K_s 的 m_θ 的值曲线图

2. 总应力表达式

依据有效应力原理和式（8-12e），可以给出 Bishop 条分法的总应力计算公式，即

$$K_s \frac{\sum_{i=1}^{n}\frac{1}{m_i}\left[c_i b_i+(F_{Wi}+\Delta F_{vi})\tan\varphi_i\right]}{\sum_{i=1}^{n}F_{Wi}\sin\theta_i} \tag{8-13}$$

式中，$m_i=\cos\theta_i+\frac{\tan\varphi_i}{K_s}\sin\theta_i$。

用总应力形式表示的简化 Bishop 条分法计算公式为

$$K_s=\frac{\sum_{i=1}^{n}\frac{1}{m_i}(c_i b_i+F_{Wi}\tan\varphi_i)}{\sum_{i=1}^{n}F_{Wi}\sin\theta_i} \tag{8-14}$$

式中，m_i 同式（8-13）中的含义。

与瑞典条分法相比，简化的 Bishop 法假定 $\Delta F_{vi}=0$，这实际上未考虑土条的切向力，并在此条件下满足力多边形闭合条件。也就是说，这种方法虽然在最终计算 K_s 的表达式中未出现水平力，但实际上考虑了土条之间的水平相互作用力。在满足整体力矩平衡和土条之间只有法向力面无切向力两个条件下，满足各个土条的力多边形闭合条件，而不满足各个土条的力矩平衡条件。

从计算结果上分析，由于考虑了土条间的水平作用力，Bishop 条分法的安全系数比瑞典分析法略高一些。实际工程应用时可根据具体工程和土性参数情况选用适当形式（有效应力或总应力）的公式。

典型例题分析

［例题 8-3］题目条件基本同例 8-2，如果放坡角为 45°，试用简化 Bishop 方法计算该土坡的安全系数 K_s。

解：根据 8-2 瑞典条分法计算结果 $K_s=1.115$，又知 Bishop 法的安全系数一般高于瑞典条分法；故先假设 $K_{s1}=1.25$，按简化 Bishop 法列表计算，结果如表 8-3 所示。

计 算 结 果 表 8-3

土条编号	$\cos\theta_i$	$\sin\theta_i$	$\sin\theta_i\tan\varphi_i$	$\dfrac{\sin\theta_i\tan\varphi_i}{K_{s1}}$	$m_i=\cos\theta_i+\dfrac{\sin\theta_i\tan\varphi_i}{K_{a1}}$	切向力 $F_{Ti}=F_{wi}\sin\theta_i$ (kN)	c_ib_i (kN)	$F_{Wi}\tan\varphi_i$ (kN)	$\dfrac{c_ib_i+F_{wi}\tan\varphi_i}{m_i}$ (kN)
1	0.995	0.1	0.03057	0.02445	1.0195	0.872	9.2	2.6666	11.6401
2	0.980	0.2	0.06114	0.04891	1.0289	4.914	9.2	7.5111	16.2415
3	0.95	0.3	0.09171	0.07337	1.0274	13.041	9.2	13.2888	21.8897
4	0.917	0.4	0.12228	0.09782	1.0148	24.030	9.2	18.3649	27.1622
5	0.886	0.5	0.15285	0.12228	0.9883	31.113	9.2	19.0225	28.5572
6	0.800	0.6	0.18342	0.14674	0.8467	28.592	9.2	14.5679	25.1051
7	0.714	0.7	0.32641	0.26113	0.9751	27.153	7.2	18.0878	25.9328
8	0.600	0.8	0.37304	0.29843	0.8984	11.088	6.0	6.4629	13.8719
合计						140.803			170.4005

安全系数
$$K_{s2}+\frac{\sum_{i=1}^{8}\frac{1}{m_i}(c_ib_i+F_{Wi}\tan\varphi_i)}{\sum_{i=1}^{8}F_{Wi}\sin\theta_i}=\frac{170.4005}{140.803}=1.21$$

$$K_{s2}-K_{s1}=1.25-1.21=0.04$$

误差较大。按照 $K_{s2}=1.21$ 进行第二次迭代计算，结果如表 8-4 所示。

第二次迭代计算结果 表 8-4

土条编号	$\cos\theta_i$	$\sin\theta_i$	$\sin\theta_i\tan\varphi_i$	$\dfrac{\sin\theta_i\tan\varphi_i}{K_s}$	$m_i=\cos\theta_i+\dfrac{\sin\theta_i\tan\varphi_i}{K_{s2}}$	切向力 $F_{Wi}\sin\theta_i$ (kN)	c_ib_i (kN)	$F_{Wi}\tan\varphi_i$ (kN)	$\dfrac{c_ib_i+F_{Wi}\tan\varphi_i}{m_i}$ (kN)
1	0.995	0.1	0.03057	0.02526	1.0203	0.872	9.2	2.6666	11.6305
2	0.980	0.2	0.06114	0.05053	1.0305	4.914	9.2	7.5111	16.2164
3	0.954	0.3	0.09171	0.07579	1.0298	13.041	9.2	13.2888	21.8382
4	0.917	0.4	0.12228	0.10106	1.0181	24.030	9.2	18.3649	27.0749
5	0.866	0.5	0.15285	0.12632	0.9923	31.113	9.2	19.0225	28.4415
6	0.800	0.6	0.18342	0.15159	0.9516	28.592	9.2	14.5679	24.9768
7	0.714	0.7	0.32641	0.26976	0.9838	27.153	7.2	18.0878	25.7053
8	0.600	0.8	0.37304	0.30830	0.9086	11.088	6.0	6.4629	13.7894
合计						140.803			169.673

安全系数 $K_{s3}=\dfrac{\sum\limits_{i=1}^{8}\dfrac{1}{m_i}\ (c_ib_i+F_{Wi}\tan\varphi_i)}{\sum\limits_{i=1}^{8}F_{Wi}\sin\theta_i}=\dfrac{169.673}{140.803}=1.205$

两次迭代的误差为 1.21－1.205＝0.005，K_{s2} 与 K_{s3} 十分接近，可以认为，$K_s=1.205$。

计算结果表明，简化 Bishop 方法的安全系数较瑞典条分法高，大约高出 10％左右，因此，用简化的 Bishop 法求出的最危险滑动面位置并不一定和瑞典条分法求出的完全一致。

五、Janbu 条分法

在实际工程中，常遇见的滑动面是非圆弧滑动面（如土坡下面有软弱夹层，或倾斜岩层上面的土坡等），这时仍采用圆弧滑动面分析土坡稳定性显然不符合实际，为此，许多专家和学者对非圆弧滑动面土坡稳定性进行了研究，具有代表性的是 N. Janbu 提出的非圆弧普遍条分法。

1. 基本假设和受力分析

图 8-14a）为已知其滑动面的任意边坡，当划分土条后，N. Janbu 假设土条间合力作用点位置已知。这样可以减少 $n-1$ 个未知量，而且每个条块都满足全部静力平衡条件和极限平衡条件，滑动土体也满足整体力矩平衡条件。这种方法适用于任何形状的滑动面，称为 Janbu 条分法，又称普遍条分法或简布条分法。分析表明，条间力作用点的位置对土坡稳定安全系数的大小影响不大，一般可假定其作用于土条底面以上 1/3 高度处，这些作用点的连线称为推力线。取任一土条，其上作用力如图 8-14b）所示，图中 h_i 为土条间力人作用点的位置，α_i 为推力线与水平线的夹角，这些均为已知量。

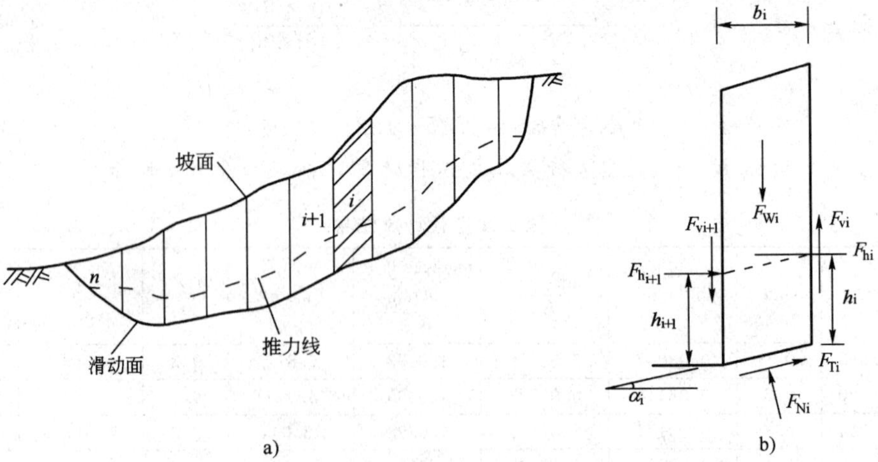

图 8-14　Janbu 条分法受力计算图式

a）滑动面和推力线；b）土条受力分析

2. Janbu 条分法计算公式的建立

对每一土条取竖直方向力的平衡，则

$$F_{\mathrm{Ni}}\cos\alpha_i = F_{\mathrm{Wi}} + \Delta F_{\mathrm{vi}} - F_{\mathrm{Ti}}\sin\alpha_i$$

或

$$F_{\mathrm{Ni}} = (F_{\mathrm{Wi}} + \Delta F_{\mathrm{vi}})\sec\alpha_i - F_{\mathrm{Ti}}\tan\alpha_i \tag{8-15}$$

再取水平方向力的平衡，得

$$\Delta F_{\mathrm{hi}} = F_{\mathrm{Ni}}\sin\alpha_i - F_{\mathrm{Ti}}\cos\alpha_i \tag{8-15a}$$

将式（8-15）代入式（8-15a），得

$$\Delta F_{\mathrm{hi}} = (F_{\mathrm{Wi}} + \Delta F_{\mathrm{vi}})\tan\alpha_i - F_{\mathrm{Ti}}\sec\alpha_i \tag{8-15b}$$

再对第 i 个土条底面中点取力矩平衡，并略去高阶微量，可得

$$F_{\mathrm{vi}} b_i = -F_{\mathrm{hi}} b_i \tan\alpha_i + h_i \Delta F_{\mathrm{hi}}$$

或

$$F_{\mathrm{vi}} = -F_{\mathrm{hi}}\tan\alpha_i + h_i \frac{\Delta F_{\mathrm{hi}}}{b_i} \tag{8-15c}$$

由边界条件 $\sum_{i=1}^{n}\Delta F_{\mathrm{hi}} = 0$ 和式（8-15b）可得

$$\sum_{i=1}^{n}(F_{\mathrm{Wi}} + \Delta F_{\mathrm{vi}})\tan\alpha_i - \sum_{i-1}^{n}F_{\mathrm{Ti}}\sec\alpha_i = 0 \tag{8-15d}$$

利用安全系数的定义和摩尔—库仑破坏准则可得

$$F_{\mathrm{Ti}} = \frac{\tau_{\mathrm{fi}} l_i}{K_s} = \frac{c_i b_i \sec\alpha_i + F_{\mathrm{Ni}}\tan\varphi_i}{K_s} \tag{8-15e}$$

联合求解式（8-15）和式（8-15e）可得

$$F_{\mathrm{Ti}} = \frac{1}{K_s}\left[c_i b_i + (F_{\mathrm{Wi}} + \Delta F_{\mathrm{vi}})\tan\varphi_i\right]\frac{1}{m_i} \tag{8-15f}$$

式中，$m_i = \cos\alpha_i + \frac{\sin\alpha_i \tan\varphi_i}{K_s}$。

再将式（8-15f）代入式（8-15d），得 Janbu 法安全系数计算公式为

$$K_s = \frac{\sum_{i=1}^{n}\left[c_i b_i + (F_{\mathrm{Wi}} + \Delta F_{\mathrm{vi}})\tan\varphi_i\right]\frac{1}{m_i\cos\alpha_i}}{\sum_{i=1}^{n}(F_{\mathrm{Wi}} + \Delta F_{\mathrm{vi}})\tan\alpha_i} = \frac{\sum_{i=1}^{n}\left[c_i b_i + (F_{\mathrm{Wi}} + \Delta F_{\mathrm{vi}})\tan\varphi_i\right]\frac{1}{m_i}}{\sum_{i=1}^{n}(F_{\mathrm{Wi}} + \Delta F_{\mathrm{vi}})\sin\alpha_i} \tag{8-15g}$$

比较式（8-15g）和式（8-14）知，二者很相似，但有差别。在 Janbu 公式中含有 ΔF_{vi} 项次，并且 ΔF_{vi} 是待定的未知量。Bishop 没有解出 ΔF_{vi}，而是令 $\Delta F_{\mathrm{vi}} = 0$，使其成为简化的 Bishop 公式，而 Janbu 利用了条块的力矩平衡条件，同时满足了整个滑动土体的力矩平衡条件。

3. 用 Janbu 法计算安全系数的迭代步骤

在用 Janbu 法计算过程中，如果要同时计算出安全系数、侧向土条间力 F_{vi} 和 F_{hi}，需要用迭代法，其步骤如下。

（1）假设 $\Delta F_{\mathrm{vi}} = 0$。相当于简化的 Bishop 方法，用公式（8-15g）计算安全系数。这时，由于 m_i 中包含了 K_s，所以需要先假定 $K_s = 1.0$。算出 m_i，再代入公式（8-15g）来计算安全系数 K_s，与假定值进行比较，如果相差较大，则由计算出的 K_s 求出 m_1，再计算 K_s。如此逐步逼近，求出 K_s 的第一次近似值 K_{s1}，并用这个值计算每一个土条的 F_{Ti}。

(2) 将所得的 F_{Ti} 代入公式 (8-15b)，求出每一个土条的 ΔF_{hi}。由 $F_{hi}=\sum_{i=1}^{i}\Delta F_{hj}$，利用此式可以求出每一土条侧面的 F_{hi}；由式 (8-15c) 求出 F_{vi}，并由 $\Delta F_{vi}=F_{v(i+1)}-F_{vi}$ 公式计算 ΔF_{vi} 值。

(3) 将新求出的 ΔF_{vi} 代入公式 (8-15g)，计算新的安全系数，求出 K_s 的第二次近似值 K_{s2}，并依据此值计算每一个土条的 F_{Ti}。

(4) 如果 $K_{s2}-K_{s1}$ 的差值较大，超过了安全系数的计算精度，则重复上述步骤 (2) ~ (4)，直到 $K_{S(k)}-K_{S(k-1)}$ 小于允许的精度值。此时，K_{s2} 即为所假定的某一滑动面下的安全系数。对边坡的真正安全系数还要通过计算很多滑动面，进行分析比较找出最危险的滑动面，此时所对应的安全系数才是真正的安全系数。由于计算工作量很大，一般需要编制程序并通过计算机来完成。

第四节　复合滑动面稳定性分析

在许多情况下，稳定性问题的几何条件或地质条件可能使土坡滑动面不能用圆弧来近似考虑。如在填方土坡地基中有软弱夹层，或在倾斜的岩层面上填筑土堤，或在挖方中遇到裂隙比较发育的土层，或有老滑坡体等薄弱环节，此时，土坡将在软弱层中发生破坏，其滑动面可能和圆柱面相差甚远，这就形成复合滑动面。复合滑动面稳定性分析除了前面介绍的 N. Janbu 法外还有简化计算法和传递系数法。

一、简化计算法

假如土坡地基中存在一层或几层软弱薄层，滑动面就可能有三部分或三部分以上组成，且这几部分的曲线并不平滑连接。这种情况下的稳定性计算中，滑动面就不可能由一条连续曲线来代替，由此引入的误差是偏于安全的。

图 8-15 代表下卧层不排水强度为 c_u 的极软弱薄粘土层的土坡，是最简单的一种计算方

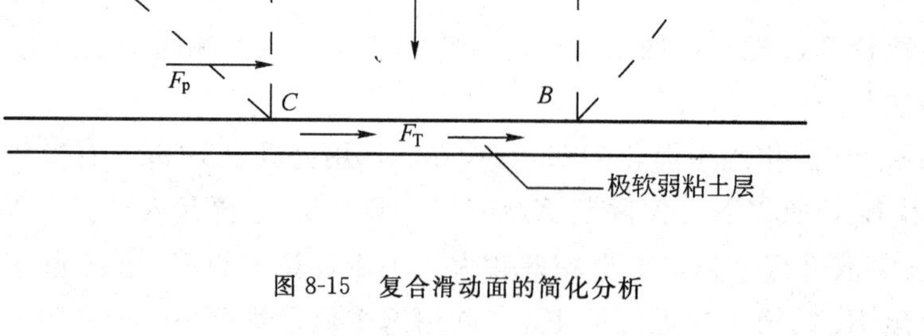

图 8-15　复合滑动面的简化分析

法。假如土坡发生破坏，则滑动将沿着复合滑动面 $ABCD$ 发生。由面积 ABF 代表的滑动体的右边部分，由于土体在自重作用下向水平方向的伸展，将发生主动破坏；滑动体的中间部分 $BCEF$ 受作用在 BF 边上的主动土压力的影响，产生向左的移动；而滑动体的左边部分 CDE 由于中间部分 $BCEF$ 的刺入，将发生被动破坏。

对于这种复合滑动面的稳定分析，首先要计算位于坡脚附近试选的竖直截面 EC 左边的被动土压力 F_p，并假设 F_p 作用在水平方向；其次，估计潜在滑动面水平部分 CB 的右边界 B 的位置和计算作用在竖直截面 BF 右边的主动土压力 F_a，也假设作用在水平方向。滑动体 $BCEF$ 发生向左移动的趋势受到被动土压力 F_p 和沿 BC 边总的抗剪力 F_T 的抵抗作用。若土坡稳定，则这些抗力之和必须大于主动土压力 F_a。因此，土坡的抗滑稳定安全系数为：

$$K_s=\frac{F_p+F_T}{F_a} \tag{8-16}$$

其中，$F_T=c'l+F_W\tan\varphi'$，l 为滑动面在软弱薄层面 CB 段的长度。

同样，由于三部分滑动面的连接点 C 和 B 的位置是任选的，因此，应选择不同的 C、B 点的位置重复进行计算，直到找到抗滑稳定安全系数最小的面。

典型例题分析

［例题 8-4］ 如图 8-16 中的土坡坡高 9m，软弱土层在坡底以下 2m，$l=16$m。土坡本身土的重度 $\gamma=19\text{kN/m}^3$，有效抗剪强度指标 $c'=10$kPa、$\varphi'=30°$，软弱土层的不排水抗剪强度 $c_u=12.5$kPa、$\varphi_u=0°$。试求该土坡沿复合滑动面的抗滑稳定安全系数。

解：假定复合滑动面的交接点在坡肩和坡脚的竖线下端，如图 8-16 所示。而 F_a 与 F_p 分别为 AC 与 BD 面上的主动土压力和被动土压力，按朗金土压力理论计算，则

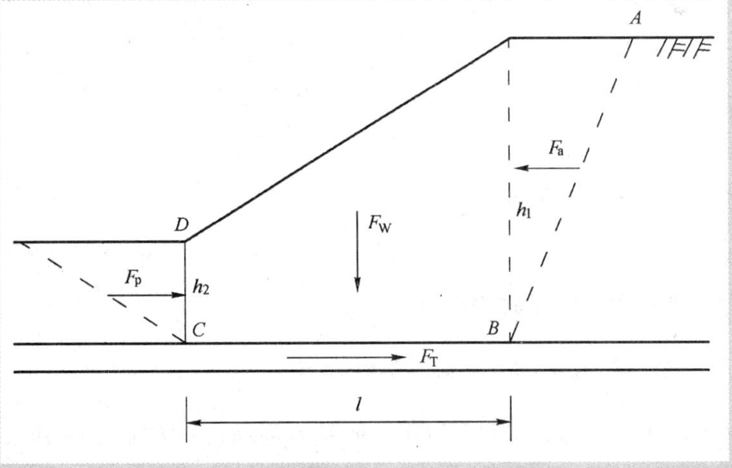

图 8-16 复合滑动面稳定性分析示意图

$$h_0=\frac{2c'}{\gamma\tan\left(45°-\frac{\varphi'}{2}\right)}=1.82\text{m}$$

因此 $$F_a=\frac{1}{2}\gamma\,(h_1-h_0)^2\tan^2\,(45°-\varphi'/2)\,=327.8\text{kN/m}$$

$$F_p=\frac{1}{2}\gamma h_2^2\tan^2(45°+\varphi'/2)+2c'h_2\tan(45°+\varphi'/2)=183.3\text{kN/m}$$

而总的不排水抗剪力

$$F_T=c_u l=12.5\times16=200\text{kN/m}$$

所以，抗滑稳定安全系数

$$K_s=\frac{F_p+F_T}{F_a}=1.17$$

二、不平衡力传递法

山区一些土坡常常覆盖在起伏变化的岩基面上，土坡滑动多数沿这些界面发生，形成折线滑动面，对这类土坡的稳定分析可采用不平衡力传递法。

按折线滑动面将滑动土体分成条块，假定条间力的合力与上一条土条底面平行，如图 8-17 所示，然后根据力的平衡条件，逐条向下推求，直到最后一条的推力为零。

对任一土条，取竖向与平行于土条底面方向力的平衡：

$$F_{Ni}-F_{Wi}\cos\alpha_i-F_{hi-1}\sin(\alpha_{i-1}-\alpha_i)=0 \tag{8-17}$$

$$F_{Ti}+F_{hi}-F_{Wi}\sin\alpha_i-F_{hi-1}\cos(\alpha_{i-1}-\alpha_i)=0 \tag{8-18}$$

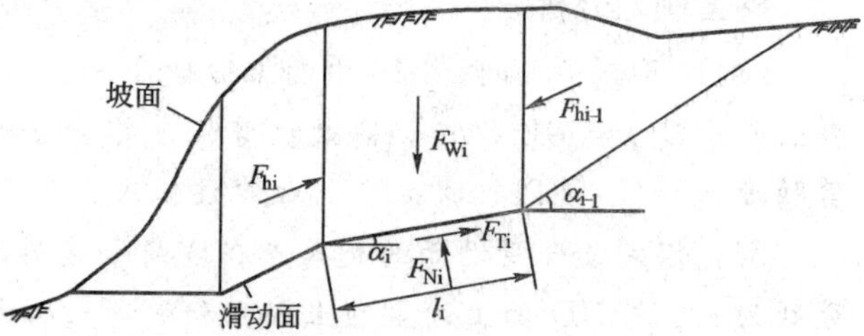

图 8-17　折线滑动面稳定计算简图

根据抗滑稳定安全系数 K_s 的定义，有：

$$F_{Ti}=\frac{c_i l_i+F_{Ni}\tan\varphi_i}{K_s} \tag{8-19}$$

联合解以上三式并消去 F_{Ni}、F_{Ti} 得：

$$F_{hi}=F_{Wi}\sin\alpha_i-(c_i l_i+F_{Wi}\cos\alpha_i\tan\varphi_i)/K_s+F_{hi-1}\psi_i \tag{8-20}$$

式中，ψ_i 为传递系数，用下式表示：

$$\psi_i=\cos(\alpha_{i-1}-\alpha_i)-\tan\varphi_i\sin(\alpha_{i-1}-\alpha_i)/K_s \tag{8-21}$$

在解题时要先假定 K_s，然后从坡顶第一条开始逐条向下推求，直到求出最后一条的推力 F_n。F_n 必须为零，否则，要重新假定 K_s，进行试算。

c、φ 值可根据土的性质及当地经验，采用试验和滑坡反算相结合的方法确定。另外，因为土条之间不能承受拉力，所以任何土条的推力 F_i 如果为负值，该 F_i 就不再向下传递，而对下一土条取 $F_{i-1}=0$。本法也常用来按照设定的安全系数，反推各土条和最后一条土条承受的推力大小，以便确定是否需要和如何设置挡土结构物。K_s 值根据滑坡现状及其对工程的影响可取 1.05～1.25。

第五节 饱和粘性土土坡稳定性分析的讨论

一、填方土坡稳定性问题

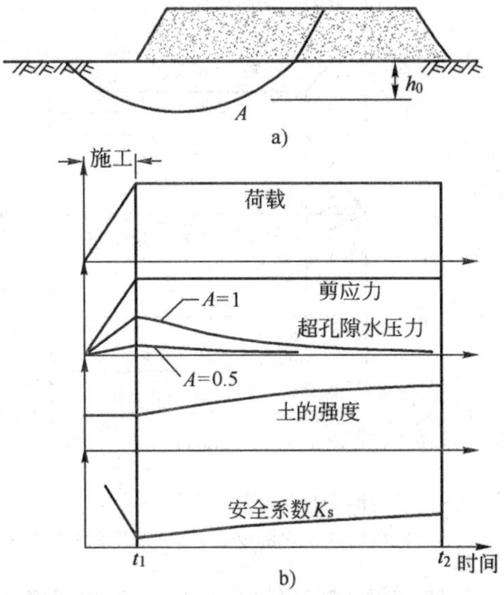

图 8-18 填方土坡的稳定性分析

a) 饱和粘性土上的土堤；b) 土堤的稳定性条件

假设土坡由同一种饱和粘性土组成。土中 A 点的应力状态如图 8-18 所示。A 点的剪应力随填土高度增加而增大，并在竣工时达到最大值。初始的孔隙水压力 u_0 等于静水压力 $h_0\gamma_w$，由于粘土具有低渗透性，假定在施工过程中不发生排水，孔隙水压力 u 也不消散。一直到竣工前孔隙水压力随填土增高而增大，如图 8-18b）所示。按照复杂应力状态下孔隙水压力计算式：$u=B\left[\Delta\sigma_3+A\left(\Delta\sigma_1-\Delta\sigma_3\right)\right]$（$A$、$B$ 为孔隙水压力系数。对饱和土，$B=1$），除非 A 具有较大的负值，孔隙水压力 u 总是正值。竣工时土的抗剪强度继续保持与施工开始时的不排水强度 c_u 相等。

竣工以后，总应力保持常数，而超静孔隙水压力 u 则由于固结而消散。固结使孔隙水压力下降，同时使有效应力与抗剪强度增加。在较长的一段时间之后，在时间 t_2 时超静孔隙水压力 $u=0$ 即排水条件。只要孔隙水压力已知，任何时间的抗剪强度就可由有效应力指标 c' 和 φ' 估计而得。由于在时间 t_2 时超静孔隙水压力为零，因此，有效应力可从外荷载、土体重力和静水压力算出。

竣工时土坡的稳定性用总应力法和不排水强度 c_u 来分析；而土坡的长期稳定性则用有效应力法和有效应力指标 c' 和 φ' 来分析。从图 8-18b）可清楚地看出，在时间 t_1 即施工刚结束时，土坡的稳定性是最小的。如果超过了这个状态，则安全系数会迅速增加。

二、挖方土坡的稳定性问题

假设土坡由同一种饱和粘性土组成。挖土使 A 点的平均上覆压力减小，并引起孔隙水压力的降低，即出现负值的超静孔隙水压力，如图 8-19 所示。这种下降取决于孔隙压力系数 A 以及应力变化的大小，因土体完全饱和，$B=1$，因此，孔隙水压力的变化量 $\Delta u=\Delta\sigma_3+A(\Delta\sigma_1-\Delta\sigma_3)$。开挖过程中土中的小主应力 $\Delta\sigma_3$ 要比大主应力 $\Delta\sigma_1$ 下降得多。于是，$\Delta\sigma_3$ 为负值，而（$\Delta\sigma_1-\Delta\sigma_3$）为正值。

A 点的剪应力在施工结束时达到最大值。假定施工期间土处于不排水状态，则竣工时土的抗剪强度等于土的不排水强度 c_u。负的超静孔隙水压力随时间增长而消散，同时伴随着粘性土的膨胀和抗剪强度的下降。在开挖后较长时间土中负的超静孔隙水压力完全消散，$\Delta u=0$。因此，竣工时土坡的稳定性用总应力法和不排水强度 c_u 来分析；而土坡的长期稳定性则用有效应力法和有效应力指标 c' 和 φ' 来分析。但是，最不利的条件是土坡的长期稳定性。

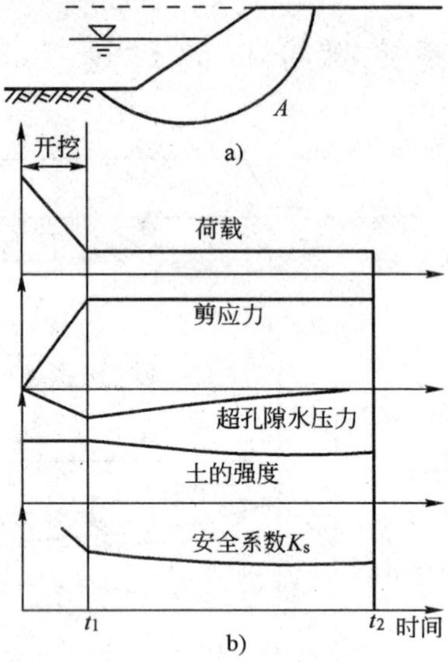

图 8-19　挖方土坡的稳定性分析

a）饱和粘性土中的挖方；b）开挖的稳定性条件

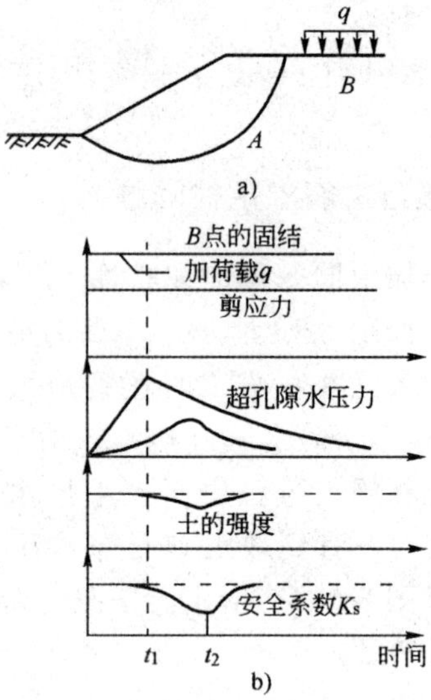

图 8-20　邻近土坡加载引起的土坡稳定性条件

a）邻近土坡的荷载；b）受荷土坡的稳定性条件

三、堆载引起的土坡稳定性问题

土坡的稳定性条件如图 8-20 所示。假设有一饱和粘性土土坡，在离坡顶一定距离处作用有荷载 q。由于荷载 q 作用在一定距离处，故它并不改变沿滑弧上的应力，且剪应力随时间恒为常数。荷载 q 的施加使 B 点的孔隙水压力瞬时上升，又随固结而消散。A 点的孔隙水压力由于从 B 点开始的辐射向排水而暂时增大；孔隙水压力的增大使土的抗剪强度和安全系数下降。可以看到，在某一中间时间 t_2，抗滑稳定安全系数达到最小值。这种情况潜伏着很大的危险，因为，不管土坡具有足够的瞬时或长期的稳定性，土坡的滑动仍然有可能会发生。

图 8-20b）说明了一种孔隙水压力随时间而先增大后减小的情况，这种条件产生在由于建造建筑物或打桩引起超静孔隙水压力的情况。在荷载 q 作用下的超静孔隙水压力沿辐射向排水而消散，从而使水从 B 点向 A 点流动，并使 A 点的孔隙水压力增加。

四、土坡稳定性分析时强度指标的选用和容许安全系数

1. 强度指标的选用

用安全系数 K_S 来衡量土坡的稳定性的指标。从理论上讲，最小安全系数大于 1 时，土坡稳定；最小安全系数小于 1 时，则土坡不稳定；而当安全系数等于 1 时，则土坡正好处于极限平衡状态。但在实际工程中，有时会出现一些反常的现象，即当安全系数小于 1 时，土坡稳定；当安全系数等于 1 时，则土坡正好处于极限平衡状态；而当安全系数大于 1 时，土坡反而产生了滑动现象。造成这种现象的原因是多方面的，如设计、稳定分析方法和管理等方面。但就设计方面而言，主要有稳定分析方法和计算条件的确定及强度指标的选择等原因。关于稳定分析法虽然存在一些问题，例如常用的瑞典条分法或 Bishop 法，由于它们都

作了这样或那样的假定，都不能完全满足力的平衡条件，但大多认为计算方法本身不是主要的，而主要在于如何模拟现场实际，正确地选择土的抗剪强度指标 c、φ 值的问题。因为同一种计算方法，由于强度指标选择不当所引起的误差远远超过方法本身之间的差别。

强度指标的选择较为复杂，它受计算方法、土质情况、施工速率以及排水条件等多种因素的影响。总的原则是，一方面应与计算方法相配合，例如，当采用有效应力分析时，应采用有效强度指标 c'和 φ'值；当采用总应力分析时，应选用不同的总应力强度指标。另一方面应考虑工程的施工阶段，合理选用强度指标。表 8-5 列出的情况可供实际边坡稳定分析强度指标选择时参考。

稳定计算时抗剪强度指标的选用 表 8-5

<table>
<tr><th>稳定计算期</th><th>强度计算方法</th><th colspan="2">土 类</th><th>使用仪器名称</th><th>试验方法</th><th>采用的强度指标</th><th>试样初始状态</th></tr>
<tr><td rowspan="8">施工期</td><td rowspan="6">有效应力法</td><td colspan="2" rowspan="2">无粘性土</td><td>直剪仪</td><td>慢剪</td><td rowspan="6">c'、φ'</td><td rowspan="8">填土用填筑时的含水量和填筑密度，地基用原状土</td></tr>
<tr><td>三轴仪</td><td>排水剪</td></tr>
<tr><td rowspan="4">粘性土</td><td rowspan="2">饱和度小于 80%</td><td>直剪仪</td><td>慢剪</td></tr>
<tr><td>三轴仪</td><td>排水剪</td></tr>
<tr><td rowspan="2">饱和度大于 80%</td><td>直剪仪</td><td>慢剪</td></tr>
<tr><td>三轴仪</td><td>固结不排水剪测孔隙应力</td></tr>
<tr><td rowspan="2">总应力法</td><td rowspan="2">粘性土</td><td>渗透系数小 10^{-7}cm/s</td><td>直剪仪</td><td>快 剪</td><td rowspan="2">c_u、φ_u</td></tr>
<tr><td>任何渗透系数</td><td>三轴仪</td><td>不排水剪</td></tr>
<tr><td rowspan="4">稳定渗流期和水库水位骤降期</td><td rowspan="3">有效应力法</td><td colspan="2" rowspan="2">无粘性土</td><td>直剪仪</td><td>慢剪</td><td rowspan="3">c'、φ'</td><td rowspan="4">同上，但要预先饱和</td></tr>
<tr><td>三轴仪</td><td>排水剪</td></tr>
<tr><td colspan="2">粘性土</td><td>直剪仪</td><td>慢剪</td></tr>
<tr><td>总应力法</td><td colspan="2">粘性土</td><td>三轴仪</td><td>固结不排水剪测孔隙应力</td><td>c_{cu}、φ_{cu}</td></tr>
</table>

2. 容许安全系数的确定

容许安全系数是指为了边坡工程或其他土工结构物的安全可靠和正常使用的最低安全系数值，以［K_s］表示。土坡稳定分析时的最小安全系数 K_{smin}必须满足下列条件，即

$$K_{smin} \geqslant [K_s]$$

由上式可知，为保证土坡的安全可靠和正常使用，除了应合理选择强度指标、计算出 K_{smin}值以外，如何合理确定安全系数的容许值也是极为重要的。关于容许安全系数的确定，目前尚无统一标准，且各个部门所考虑的因素也不尽相同。但总的来说，容许安全系数的确定应综合考虑稳定分析所采用的方法、结构物的重要性（或等级）、强度指标的选择以及施工等因素的影响。

《公路路基设计规范》（JTG D30—2004）要求土坡稳定安全系数大于 1.25，但由于试验方法不同，强度指标差异较大，所得安全系数亦不相同。中表 8-6 和 8-7 分别是原水利电力部《水电枢纽工程等级划分及设计安全标准（DL/T 5180—2003)》和交通部《港口工程

技术规范》第五篇地基部分（1978 试行）规定的容许安全系数值。这两表中所列的容许安全系数值，除表中有说明外，均适用于用总应力分析时的瑞典条分法。

碾压式土坝边坡容许安全系数　　表 8-6

荷载组合		坝的级别			
		1	2	3	4、5
		安全系数			
基本组合		1.30	1.25	1.20	1.15
特殊组合	Ⅰ	1.20	1.15	1.10	1.05
	Ⅱ	1.10	1.05	1.05	1.00

港口工程边坡容许安全系数　　表 8-7

抗剪强度指标	容许安全系数	说明
固结快剪	1.1～1.3	采用简化毕肖普法 使用期考虑因固结而强度增长，K_s 可增加 10%
有效剪	1.3～1.5	
十字板剪	1.1～1.3	
快　剪	1.0～1.1	

在设计过程中，若初步采用的土坡断面其稳定性不足，即 K_{smin} 不能满足大于 $[K_s]$ 要求，则应根据具体情况进行技术经济比较，或修改原设计、放缓边坡，或采取其他措施，例如，设置减载平台，分期施加坡顶堆载以及设置防渗棱体或减压井等措施，以保证土坡安全和正常使用。若在施工期土坡的稳定性不足，则应采取增加稳定性的临时措施并在施工中加强监测，以便及时发现可能出现的失稳现象。这些临时措施包括：控制施工速率、分期或间歇填筑、坡脚压载、打抗滑板桩、坡顶减载和削坡等。

思考题

1. 土坡稳定分析方法可以解决哪几类工程实际问题？造成土坡失稳的主要因素有哪些？

2. 试述几种常用的土坡稳定分析方法的基本原理，并比较各自的特点和适用条件，以及对于实际工程而言，每种方法的精确程度如何？

3. 粘性土土坡稳定分析的条分法原理是什么？瑞典条分法和 Bishop 条分法是如何在一般条分法的基础上进行简化的？这两种方法的主要区别是什么？对于同一工程问题，这两种方法计算的 K_s 值哪个更小、更偏于安全？

习　题

1. 有一砂性土坡，其浸水饱和重度 γ_{sat} 为 18.8kN/m^3，土的内摩擦角 φ 为 28°，坡角 θ 为 25°24′。试问在干坡或完全浸水的条件下，土坡的稳定安全系数为多少？当有顺坡方向的渗流时土坡还能保持稳定吗？若要求这个土坡的稳定安全系数为 1.2，计算保持稳定的安全坡角是多少？

（答案：1.12；不能；11°58′）

2. 某简单粘性土坡，高 25m，坡比 1∶2，填土的重度 $\gamma_{sat}=20kN/m^3$，内摩擦角 φ 为 26.6°，粘聚力 c 为 10kPa，假设滑动圆弧半径为 49m，并假设滑动面通过坡脚位置，试用瑞典条分法求该土坡对应这一滑动圆弧的安全系数。(答案：1.327)

3. 题目条件同习题 2，试用简化 Bishop 方法计算土坡的稳定安全系数，并与习题 2 的计算结果进行比较。(答案：1.438)

4. 题目条件同例题 8-2，现增加一个条件：坡顶作用均布超载 $q=8kPa$。如果放坡坡度 1∶2，并假设滑动圆弧半径 $R=10m$。试用瑞典条分法计算该土坡的稳定安全系数。(答案：1.519)

5. 题目条件同习题 4，试用简化 Bishop 方法计算土坡的稳定安全系数。并与习题 4 的计算结果进行比较。(答案：1.657)

第九章　地基承载力

本章知识点

1. 地基承载力的概念；
2. 地基破坏模式；
3. 地基破坏过程；
4. 确定地基承载力的基本方法；
5. 临界荷载的确定；
6. 极限荷载的计算；
7. 运用规范法计算地基容许承载力设计值。

第一节　概　　述

结构物因地基问题引起破坏，一般有两种情形：一是结构物荷载过大，超过了地基所能承受的荷载能力而使地基破坏失稳，即强度和稳定性问题；二是结构物荷载作用下，地基和基础产生了过大的沉降和沉降差，使结构物产生结构性损坏或丧失使用功能，即变形问题。

地基承载力是指地基土单位面积所能承受荷载的能力，以 kPa 计。通常把地基不致失稳时地基土单位面积所能承受的最大荷载称为极限承载力（P_u）。由于工程设计中必须确保地基有足够的稳定性，限制结构物基础基底压力（P），使其不超过地基容许承载力（P_a）。地基容许承载力是指考虑一定安全储备后的地基承载力，同时根据地基承载力进行基础设计时，应考虑不同结构物对地基变形的控制要求，进行地基变形验算。

关于变形计算在本书前面有关章节中已有介绍，本章主要从强度和稳定性角度介绍由于承载力问题引起的地基破坏及地基承载力确定。

地基承载力是地基设计中必须解决的一个非常重要的问题，一般可以采用以下几种方法有：

（1）理论公式计算方法，该方法又分为两大类：

①按极限荷载确定承载力；

②按塑性开展区的发展范围确定承载力。

（2）现场原位试验法。

（3）地基规范查表法（规范经验公式法）。

（4）在地质条件相差不大的情况下，参照临近结构物地基承载力。

第二节　地基的破坏形式

一、破坏形式

在荷载作用下地基因承载力不足引起的破坏一般由地基的剪切破坏引起，试验研究表明，它有三种破坏形式：整体剪切破坏、局部剪切破坏和冲剪破坏（又称刺入破坏），如图 9-1 所示。

1. *整体剪切破坏*

整体剪切破坏是一种在基础荷载作用下地基发生连续剪切滑动面的地基破坏形式，其概念最早由普朗德尔（L. Prandtl）1920 年提出。它的破坏特征是：地基在荷载作用下产生近似线弹性（p—s 曲线呈线性）变形。当荷载达到一定数值时，在基础的边缘以下土体首先发生剪切破坏，随着荷载的继续增加，剪切破坏区逐渐扩大，p—s 曲线由线性开始弯曲，当剪切破坏区在地基中成为连续的滑动面时，基础就会急剧下沉并向一侧倾斜、倾倒，基础两侧的地面向上隆起，地基发生整体剪切破坏，地基、基础均失去了继续承载能力。描述这种破坏形式的典型的荷载沉降曲线（p—s 曲线）具有明显的转折点，破坏前结构物一般不会发生过大的沉降，它是一种典型的土体强度破坏，破坏有一定的突然性，如图 9-1a）示。整体剪切破坏在密砂和坚硬的粘土中发生的可能性较大。

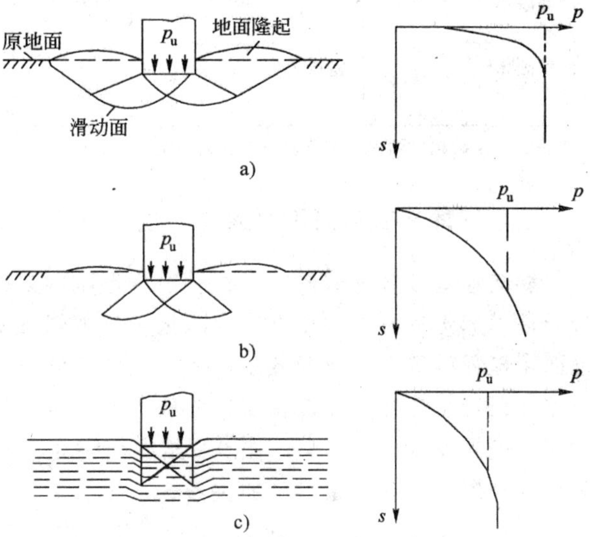

图 9-1　地基的破坏形式

a）整体剪切破坏；b）局部剪切破坏；c）冲剪破坏

2. *局部剪切破坏*

局部剪切破坏是一种在基础荷载作用下地基某一范围内发生剪切破坏区的地基破坏形式，其概念最早由德比尔（E. E. De Beer）1943 年提出。破坏特征是：在荷载作用下，地基在基础的边缘以下开始发生剪切破坏之后，随着荷载的继续增大，地基变形增大，剪切破坏区继续扩大，基础两侧土体有部分隆起，但剪切破坏区没有发展到地面，基础没有明显的倾斜和倒塌。基础由于产生过大的沉降而丧失继续承载能力，地基失去稳定性。描述这种破坏形式的 p—s 曲线一般没有明显的转折点，其直线段范围较小，是一种以变形为主要特征的破坏形式（图 9-1b)）。

3. *冲剪破坏*

冲剪破坏是一种在荷载作用下基础下地基土发生垂直剪切破坏，使其产生较大沉降的一种地基破坏形式，亦称为刺入剪切破坏。冲剪破坏的概念由德尔比和魏锡克（A. S. Vesic）于 1963 年提出，其破坏特征是：在荷载作用下基础产生较大沉降，基础周围的部分土体也产生下陷，破坏时地基中基础好像“刺入”土层，不出现明显的破坏区和滑动面，基础没有明显的倾斜，其 p—s 曲线没有明显的转折点，是一种典型的以变形为特征的破坏形式。在压缩性较大的松砂、软土地基或基础埋深较大时易发生冲剪破坏。

各种破坏形式的特点和比较见表 9-1。

长条基础受铅直中心荷载作用地基破坏形式的特点 表 9-1

破坏形式	地基中滑动面情况	荷载与沉降曲线的特征	基础两侧地面情况	破坏时基础的沉降情况	基础的表现	设计的控制因素	事故出现情况	适用条件	
								基土	相对埋深①
整体破坏	完整（以至露出地面）	有明显的拐点	隆起	较小	倾倒	强度	突然倾倒	密实的	小
局部破坏	不完整	拐点不易确定	有时微有隆起	中等	可能会出现倾倒	变形为主	较慢下沉时有倾倒	松软的	中
冲剪破坏（刺入破坏）	很不完整	拐点无法确定	沿基础出现下陷	较大	只出现下沉	变形	缓慢下沉	软弱的	大

注：①基础相对埋深为基础埋深与基础宽度之比。

二、破坏形式的影响因素和判别

影响地基破坏形式的因素很多，对影响因素的研究至今并不成熟。主要有：地基土自本身条件，如土的种类、密度、含水量、抗剪强度等；基础条件，如基础形式、埋深、尺寸、地面粗糙程度等；上部荷载条件等，其中土的压缩性是影响破坏形式的主要因素。如果土的压缩性低，土体相对比较密实，一般容易发生整体剪切破坏。反之，如果土比较疏松，压缩性高，则易发生冲剪破坏。图 9-2 给出魏锡克在砂土上的模型试验结果，该图说明了地基破坏形式与砂土的相对密实度的关系。

魏锡克主要考虑土压缩性，建议引入临界刚度比作为判断破坏形式的标准。他建议地基土刚度指标 I_r 和临界刚度指标 $(I_r)_{cr}$ 分别按式（9-1）和式（9-2）计算。

$$I_r = \frac{G}{(c + q_0 \tan\varphi)} = \frac{E}{2(1+v)(c + q_0 \tan\varphi)} \tag{9-1}$$

$$I_{r(cr)} = \frac{1}{2} e^{\left(3.30 - 0.45\frac{B}{L}\right)\cot\left(45° - \frac{\varphi}{2}\right)} \tag{9-2}$$

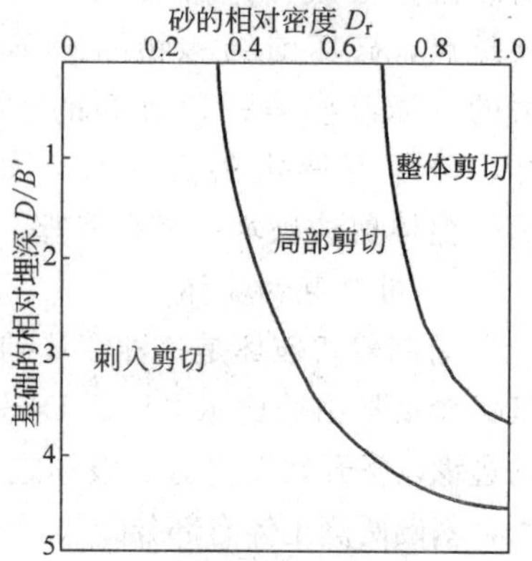

对于方形和圆形基础，$B'=B$（边长或直径）
对于矩形基础，$B'=BL/2(B+L)$

图 9-2 砂中模型基础的破坏形式

式中：L——基础的长度（m）；

G——土的剪切模量（kPa）；

E——土的变形模量（kPa）；

v——土的泊松比；

c——土的粘聚力（kPa）；

φ——土的内摩擦角（°）；

q_0——地基中膨胀区平均超载压力（kPa），一般可取基底以下 $B/2$（B 为基础宽度）深度的上覆土重。

式（9-1）从无限固体内扩孔问题解答得到，考虑材料为理想弹塑性体，当考虑塑性区

的平均体应变为 Δ 时，魏锡克建议对刚度指标进行修正成为 I_{cr}。

$$I_{cr}=\frac{1}{1+I_r\Delta}I_r \tag{9-3}$$

当 $I_{cr}>(I_r)_{cr}$ 时，被认为土是相对不可压缩的，地基产生整体剪切破坏；当 $I_{cr}<(I_r)_{cr}$ 时，被认为土相对可压缩，地基将可能发生局部冲剪破坏。此时，按整体剪切破坏形式理论公式计算地基承载力时需对土的压缩性进行修正。

地基压缩性对破坏形式的影响也会随着其他因素的变化而变化。建在密实土层中的基础，如果基础埋深大或受到瞬时动力冲击荷载，也会发生冲剪破坏，如果在密实砂层下有可压缩的软弱土层，地基也可能发生冲剪破坏。建在饱和正常固结粘土上的基础，若地基土在加载时不发生体积变化，将会发生整体剪切破坏；如果加荷很慢，使地基土固结，发生体积变化，则有可能发生刺入破坏。除了几种典型情况外，对于一具体工程可能会发生何种破坏形式需考虑各方面的因素后综合分析确定。

第三节　地基的临塑荷载和塑性荷载

一、临塑荷载 p_{cr}

1. 地基变形的三个阶段

在现场用标准方法进行载荷试验，可以得到地基的荷载—沉降关系曲线（即 p—s 曲线）。实际工程中地基在荷载作用下的变形是个复杂的过程，与土的性质、荷载板宽度、埋深、试验方法等有关。图 9-3 是一种典型的 p—s 关系曲线。大多数情况下，p—s 曲线可以分为三个阶段：压密阶段、塑性变形阶段和整体剪切破坏阶段。

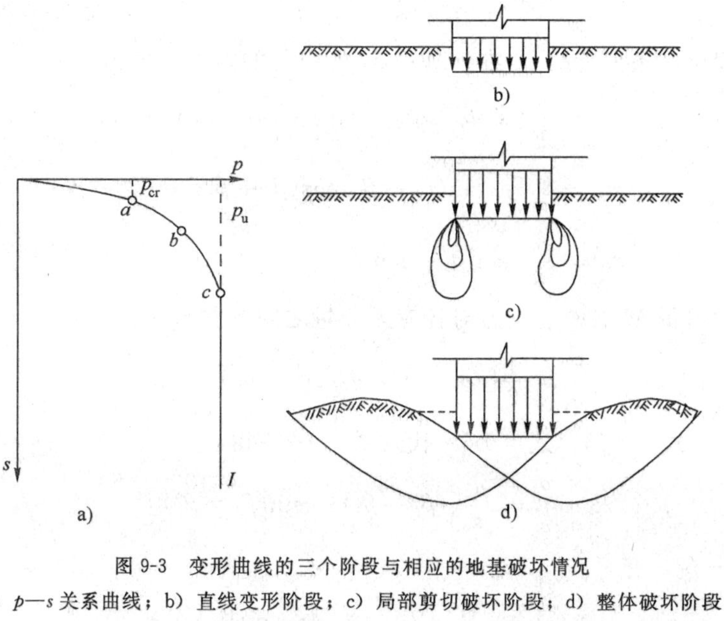

图 9-3　变形曲线的三个阶段与相应的地基破坏情况

a) p—s 关系曲线；b) 直线变形阶段；c) 局部剪切破坏阶段；d) 整体破坏阶段

(1) 压密阶段，又称直线变形阶段，对应 p—s 曲线的 oa 段。在这个阶段外加荷载较小，地基土以压密变形为主，压力与变形之间基本呈线性关系，地基中的应力尚处在弹性平衡阶段，地基中任一点的剪应力均小于该点的抗剪强度。该阶段的应力一般可近似采用弹性理论进行分析。

(2) 塑性变形阶段，又称为局部剪切破坏阶段，对应 $p—s$ 曲线的 ab 段。在这一阶段，从基础两侧底边缘点开始，土中局部剪应力等于该处土的抗剪强度，土体处于塑性极限平衡状态，$p—s$ 曲线呈现非线性的变化。随着荷载的增大，基础下土的塑性平衡区扩大，$p—s$ 曲线的斜率增大。在这一阶段，虽然地基土部分区域发生了塑性极限平衡，但塑性区并未在地基中连成一片，地基基础仍有一定的稳定性，地基的安全度则随着塑性区的扩大而降低。

(3) 整体剪切破坏阶段，有时称为塑性流动阶段、完全破坏阶段，对应 $p—s$ 曲线的 bc 段。该阶段基础以下两侧的地基塑性区贯通并连成一片，基础两侧土体隆起，很小的荷载增量就会引起基础大的沉陷，这个变形主要不是由土的压缩引起，而是由地基土的塑性流动引起，是一种不稳定的变形，其结果是基础往一侧倾斜，地基整体失去稳定性。

相应于地基变形的三个阶段，地基有两个界限荷载，一个是相当于从压密变形阶段过渡到塑性变形阶段的界限荷载，称为地基临塑荷载，一般记为 p_{cr}，对应于 $p—s$ 曲线的 a 点；一个是相应于从塑性变形阶段过渡到整体剪切破坏阶段的界限荷载，称为极限荷载，记为 p_u，对应于 $p—s$ 曲线的 b 点。

2. 临塑荷载

临塑荷载又称比例极限荷载，指基础边缘地基中刚开始出现塑性极限平衡区时相应的基底荷载，对应于 $p—s$ 曲线上的 a 点，是压密变形阶段的终点，塑性变形阶段的起点荷载。下面根据弹性理论和极限平衡条件确定临塑荷载的方法。

设想在均质地基表面作用均布铅直荷载，如图 9-4所示。

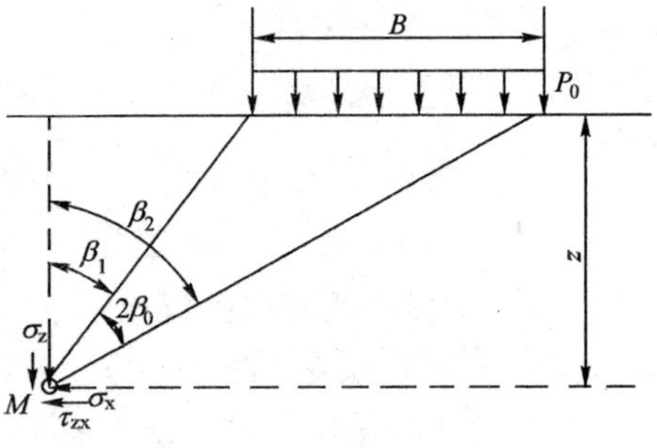

图 9-4 塑性区边界方程推导模型

根据弹性理论，条形荷载 p_0 在地基中 M 处引起的附加应力为：

$$\sigma_z = \frac{p_0}{\pi}[\sin\beta_2\cos\beta_2 - \sin\beta_1\cos\beta_1 + (\beta_2 - \beta_1)] \tag{9-4}$$

$$\sigma_x = \frac{p_0}{\pi}[-\sin(\beta_2 - \beta_1)\cos(\beta_2 + \beta_2) + (\beta_2 - \beta_1)] \tag{9-5}$$

$$\tau_{zx} = \frac{p_0}{\pi}(\sin^2\beta_2 - \sin^2\beta_1) \tag{9-6}$$

从材料力学可得 M 点的主应力与各应力分量之间的关系为：

$$\begin{matrix}\sigma_1\\ \sigma_3\end{matrix} = \frac{1}{2}[(\sigma_z + \sigma_x) \pm \sqrt{(\sigma_z + \sigma_x)^2 + 4\tau_{zx}^2}] \tag{9-7}$$

将式 (9-4)、式 (9-5)、式 (9-6) 代入式 (9-7) 得：

$$\begin{matrix}\sigma_1\\ \sigma_3\end{matrix} = \frac{p_0}{\pi}[(\beta_2 - \beta_1) \pm \sin(\beta_2 - \beta_1)] \tag{9-8}$$

计 $2\beta_0 = \beta_2 - \beta_1$，有：

$$\begin{matrix}\sigma_1\\ \sigma_3\end{matrix} = \frac{p_0}{\pi}[2\beta_0 \pm \sin 2\beta_0] \tag{9-9}$$

作用在 M 点的应力除了由基底附加应力 p_0 引起的外，还有自重所引起的应力，实际工程中基础埋深为 D，则 M 点的土自重应力为：

$$\sigma_{cM} = \sigma_{cd} + \gamma z \tag{9-10}$$

$$\sigma_{cd} = \gamma_0 D \tag{9-11}$$

式中：σ_{cd}——基底土自重应力；

γ——持力层土重度；

γ_0——基础埋深范围土重度；

z——M 点距基底距离。

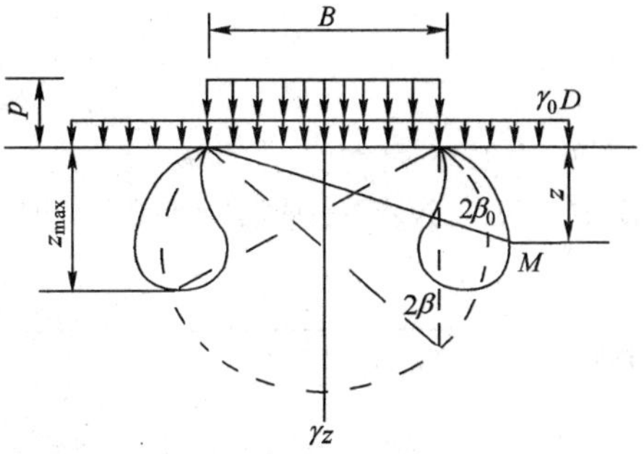

图 9-5 塑性区深度 z_{max} 与张角 $2\beta_0$ 的关系

为了推导方便，假设地基上原有的自重应力场的土侧压力系数 $k_0=1$，如同静水压力，则自重应力场没有改变 M 点的附加应力场的大小和主应力的作用方向，M 点的总大、小主应力为：

$$\begin{matrix}\sigma_1\\ \sigma_3\end{matrix} = \frac{p_0}{\pi}[2\beta_0 \pm \sin 2\beta_0] + \sigma_{cM} \tag{9-12}$$

式中：p_0——基底应力，$p_0 = p - \gamma_0 D$；

其余符号的意义见图 9-5。

若 M 点位于塑性区的边界上，它就处于极限平衡状态。M 点的大、小主应力满足下式极限平衡条件：

$$\sin\varphi = \frac{\sigma_1 - \sigma_3}{\sigma_1 + \sigma_3 + 2c\cot\varphi} \tag{9-13}$$

将式（9-13）代入式（9-12），则有：

$$z = \frac{p_0}{\pi\gamma}\left(\frac{\sin 2\beta_0}{\sin\varphi} - 2\beta_0\right) - \frac{c}{\gamma\tan\varphi} - D\frac{\gamma_0}{\gamma} \tag{9-14}$$

上式为满足极限平衡条件的塑性区边界方程，给出了塑性区边界上任意一点的坐标 z 与 $2\beta_0$ 的关系。

随着基础荷载的增大，在基础两侧以下土中塑性区对称地扩大。在一定荷载作用下，塑性区的最大深度 z_{max} 由 $\frac{dz}{d\beta_0}=0$ 的条件求得：

$$\frac{dz}{d\beta} = \frac{2P_0}{\pi\gamma}\left(\frac{\cos 2\beta_0}{\sin\varphi} - 1\right) = 0$$

$$\cos 2\beta_0 = \sin\varphi$$

$$2\beta_0 = \frac{\pi}{2} - \varphi$$

将它式代入式（9-14）有

$$z_{max} = \frac{p_0}{\pi\gamma}\left(\cot\varphi - \frac{\pi}{2} + \varphi\right) - \frac{c}{\gamma\tan\varphi} - \frac{\gamma_0}{\gamma}D \tag{9-15}$$

根据定义，临塑荷载为地基刚要出现还未出现极限平衡区时的荷载，即 $z_{max}=0$ 时的荷载，则令式（9-15）右侧为零，可得 p_{cr}

$$p_{cr}=\frac{\pi(\gamma_0 d+c\cot\varphi)}{\cot\varphi+\varphi-\frac{\pi}{2}}+\gamma_0 d \tag{9-16}$$

或

$$p_{cr}=N_q\gamma_0 d+N_c c \tag{9-17}$$

$$N_q=\left[\frac{\pi}{\cot\varphi+\varphi-\frac{\pi}{2}}+1\right] \tag{9-18}$$

$$N_c=\frac{\pi\cot\varphi}{\cot\varphi+\varphi-\frac{\pi}{2}} \tag{9-19}$$

式中：N_c、N_d——承载力系数，也可由表 9-2 查得。

承载力系数 N_b、N_c、N_q　　表 9-2

内摩擦角 φ	$N_{b(1/4)}$	$N_{b(1/3)}$	N_q	N_c	内摩擦角 φ	$N_{b(1/4)}$	$N_{b(1/3)}$	N_q	N_c
0	0	0	1.0	3.14	22	0.61	0.81	3.44	6.04
2	0.03	0.04	1.12	3.32	24	0.72	0.95	3.87	6.45
4	0.06	0.08	1.25	3.51	26	0.84	1.11	4.37	6.90
6	0.10	0.13	1.39	3.71	28	0.98	1.30	4.93	7.40
8	0.14	0.18	1.55	3.93	30	1.15	1.52	5.59	7.95
10	0.18	0.24	1.73	4.17	32	1.34	1.77	6.35	8.55
12	0.23	0.31	1.94	4.42	34	1.55	2.06	7.21	9.22
14	0.29	0.39	2.17	4.69	36	1.81	2.40	8.25	9.97
16	0.36	0.47	2.43	5.00	38	2.11	2.79	9.44	10.80
18	0.43	0.57	2.72	5.31	40	2.45	3.25	10.84	11.73
20	0.51	0.68	3.06	5.66					

从式（9-17）可看出，临塑荷载 p_{cr} 由两部分组成，第一部分为基础埋深的影响，第二部分为地基土粘聚力的作用，这两部分都是内摩擦角的函数，随 φ 的增大而增大。p_{cr} 随埋深的增大而增大，随 c 的增大而增大。

二、塑性荷载

允许地基产生一定范围塑性区所对应的基底荷载为塑性荷载，$p_{1/3}$、$p_{1/4}$ 表示地基相应产生 $z_{max}=b/3$ 和 $z_{max}=b/4$（b 为条形基础宽）时的基底荷载。

工程实践表明，除了一些地基土特别软弱等特别情况外，采用不允许地基产生塑性区的临塑荷载 p_{cr} 作为地基承载力特征值的话，不能充分发挥地基的承载能力，取值偏于保守。对于中等强度以上地基土，将控制地基中塑性区在一定深度范围内的塑性荷载作为地基承载力特征值，使地基既有足够的安全度，保证稳定性，又能比较充分地发挥地基的承载能力，从而达到优化设计，减少基础工程量，节约投资目的，符合经济合理的原则。塑性区开展深度的范围大小与结构物的重要性、荷载性质和大小、基础形式和特性、地基土的物理力学性质等有关。根据工程实践经验，在中心荷载作用下，控制塑性区最大开展深度 $z_{max}=b/4$，在偏心荷载控制 $z_{max}=b/3$，对一般结构物是允许的。

根据定义，分别将 $z_{max}=b/4$ 和 $z_{max}=b/3$ 代入式（9-15）得：

$$p_{1/4}=\frac{\pi\gamma}{\cot\varphi+\varphi-\frac{\pi}{2}}\left(\frac{1}{4}b+d+\frac{c}{\gamma}\cot\varphi\right)+\gamma_0 d \tag{9-20a}$$

$$p_{1/4} = N_{b(1/4)}\gamma b + N_q\gamma_0 d + N_c c \tag{9-20b}$$

$$p_{1/3} = \frac{\pi\gamma}{\cot\varphi + \varphi - \frac{\pi}{2}}\left(\frac{1}{3}b + d + \frac{c}{\gamma}\cot\varphi\right) + \gamma_0 d \tag{9-21}$$

$$p_{1/3} = N_{b(1/3)}\gamma b + N_q\gamma_0 d + N_c c \tag{9-22}$$

$$N_{b(1/4)} = \frac{\pi}{4\left(\cot\varphi + \varphi - \frac{\pi}{2}\right)} \tag{9-23}$$

$$N_{b(1/3)} = \frac{\pi}{3\left(\cot\varphi + \varphi - \frac{\pi}{2}\right)} \tag{9-24}$$

式中：N_q、N_c 为承载力系数，见式（9-18）、式（9-19）。

从式（9-20）、式（9-21）可以看出，塑性荷载由三部分组成，第一部分表现为基础宽度的影响，实际上是塑性区开展深度的影响，第二、三部分分别反映了基础埋深和地基土粘聚力对承载力的影响，后两部分组成了临塑荷载。N_b、N_c、N_q 是塑性荷载的承载力系数。它们都随内摩擦角 φ 的增大而增大，其值可由表 9-2 查到。分析塑性荷载的组成，可以看到它受地基土的性质、基础埋深、基础尺寸等因素的影响。

以上各式按弹性理论并且假定自重应力场的 $k_0=1$ 情况下从条形均布荷载推导得出，与工程中基底压力非均布、地基土 $k\neq1$、地基已出现塑性区而非弹性、非理想条形基础等实际情况有一定距离。由于按塑性区开展深度确定承载力的方法在国内已使用了多年，积累了不少经验，在修正的基础上仍作为一种经验数值在工程界应用。国家地基规范建议的地基承载力计算公式就是在式（9-20）基础上经修正得到的。

典型例题分析

［例题 9-1］　某条形基础置于一均质地基上，宽 3m，埋深 1m，地基土天然重度 18.0kN/m^3，天然含水量 38%，土粒相对密度 2.73，抗剪强度指标 $c=15\text{kPa}$、$\varphi=12°$，问该基础的临塑荷载 p_{cr}、塑性荷载 $p_{1/3}$、$p_{1/4}$ 各为多少？若地下水位上升至基础底面，假定土的抗剪强度指标不变，其 p_{cr}、$p_{1/3}$、$p_{1/4}$ 有何变化？

解：根据 $\varphi=12°$，查表 9-2 得：

$N_q=1.94$，$N_c=4.42$，$N_{b(1/4)}=0.23$，$N_{b(1/3)}=0.31$。

将 $c=15\text{kPa}$，$\gamma=\gamma_0=18.0\text{kN/m}^3$，$b=3.0\text{m}$，$d=1.0\text{m}$ 及承载力系数代入式（9-16）、式（9-20）、式（9-21）得：

$$p_{cr}=\gamma_0 dN_q+cN_c=18.0\times1.0\times1.94+15.0\times4.42=66.3\text{kPa}$$

$$\begin{aligned}p_{1/4}&=\gamma bN_{b(1/4)}+\gamma_0 dN_q+cN_c\\&=18.0\times3.0\times0.23+18.0\times1.0\times1.94+15.0\times4.42\\&=78.7\text{kPa}\end{aligned}$$

$$\begin{aligned}p_{1/3}&=\gamma bN_{b(1/3)}+\gamma_0 dN_q+cN_c\\&=18.0\times3.0\times0.31+18.0\times1.0\times1.94+15.0\times4.42\\&=83.0\text{kPa}\end{aligned}$$

地下水上升到基础底面，不会对承载力系数产生影响，此时 γ 须取有效重度

$$\gamma'=\gamma_{sat}-\gamma_w$$

$$\gamma_{sat}=\frac{(d_s-1)}{d_s\ (1+w)}+\gamma_w$$

$$\gamma'=\gamma_{sat}-\gamma_w=\frac{(d_s-1)\ \rho}{d_s\ (1+w)}=\frac{(2.73-1.0)\ \times 18.0}{2.73\ (1+0.38)}=8.27\text{kN/m}^3$$

$$p_{cr}=\gamma_0 dN_c+cN_c=66.3\text{kPa}$$

$$p_{1/4}=\gamma' bN_{b(1/4)}+\gamma_0 dN_q+cN_c=8.27\times 3.0\times 0.23+66.3=72.0\text{kPa}$$

$$p_{1/3}=\gamma' bN_{b(1/3)}+\gamma_0 dN_q+cN_c=8.27\times 3.0\times 0.31+66.3=74.0\text{kPa}$$

从比较可知，当地下水位上升到基底时，地基的临塑荷载没有变化，地基的塑性荷载降低，例题中的减小量达7.6%～11.0%。不难看出，当地下水位上升到基底以上时，临塑荷载也将降低。由此可知对工程而言，做好排水工作，防止地表水渗入地基，对保证地基的承载能力具有重要意义。

第四节　地基极限承载力计算

在土力学中，采用理论方法计算地基极限承载力的公式相当多，归纳起来有按极限平衡理论求解和按假定滑动面方法求解两种。第一种方法是假定地基土是刚塑体，计算土中各点达平衡时的应力和滑动方向，由此解出基底极限荷载。该方法在求解时数学上遇到较大困难，到目前为止尚无严格的解析解，仅可对某些边界条件比较简单的情况求出其解析解。第二种方法是先假定在极限荷载作用时土中滑动面的形状，然后根据滑动土体的静力平衡条件求解极限荷载。该方法得出的极限承载力公式较简单，使用方便，目前在实际中得到较多应用。本节仅介绍几种常用的极限承载力计算公式。

一、极限平衡理论原理

当土体中任意一点在某一平面上的剪应力达到土的抗剪强度时，就发生剪切破坏，该点即处于极限平衡状态。为了简化分析，下面仅考虑平面问题来建立土的极限平衡条件，并引用材料力学中有关表达一点应力状态的摩尔圆方法（图9-6）。根据材料力学，设某一土体单元上作用着的大、小主应力分别为 σ_1 和 σ_3，则在土体内与大主应力 σ_1 作用平面成任意角 α。根据极限应力圆与抗剪强度包线之间的几何关系，建立土的极限平衡理论原理如下：

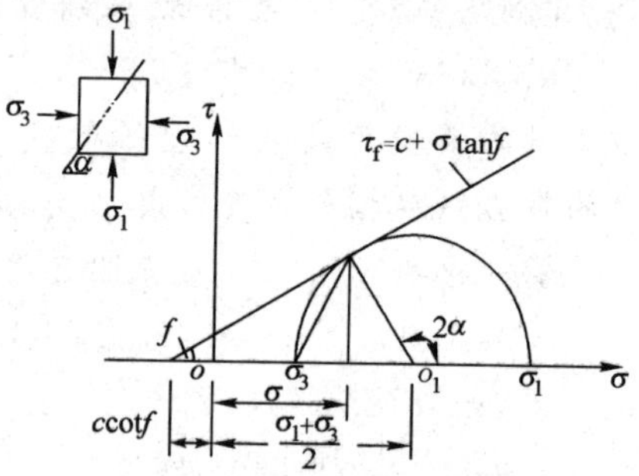

图9-6　土中一点极限平衡状态时的摩尔圆

$$\sigma_1=\sigma_3\tan^2\left(45°+\frac{\varphi}{2}\right)+2c\cdot\tan\left(45°+\frac{\varphi}{2}\right)\tag{9-25a}$$

$$\sigma_3=\sigma_1\tan^2\left(45°-\frac{\varphi}{2}\right)-2c\cdot\tan\left(45°-\frac{\varphi}{2}\right)\tag{9-25b}$$

$$\alpha = 45^\circ + \frac{\varphi}{2} \tag{9-26}$$

因此破裂面与大主应力的作用面成$\left(45^\circ+\dfrac{\varphi}{2}\right)$的夹角。

式（9-25）和式（9-26）是验算土体中某点是否达到极限平衡状态的基本表达式。

二、普朗德尔极限承载力

普朗德尔（L. Prandtl，1920）根据极限平衡理论对刚性模子压入半无限刚塑性体的问题进行了研究。其中，刚性模子的刚度假定无限大，外荷载作用下不产生变形。所谓刚塑性体是指具有图 9-7 所示应力—应变关系的材料，它具有当应力 σ 小于塑性应力 σ_s 时材料不发生变形，当应力达到塑性应力（$\sigma=\sigma_s$）时材料发生持续变形的特性。普朗德尔假定条形基础具有足够大的刚度，等同于条形刚性模子，且底面光滑，地基具有刚塑性性质且地基土重度为零，基础置于地基表面。当作用在基础上的荷载足够大时，基础陷入地基中，地基产生如图 9-8 所示的整体剪切破坏。

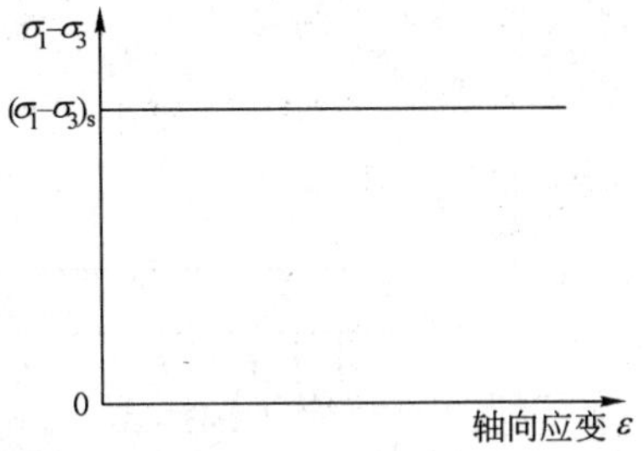

图 9-7　刚塑性材料应力—应变关系曲线（σ_3 = 常数）

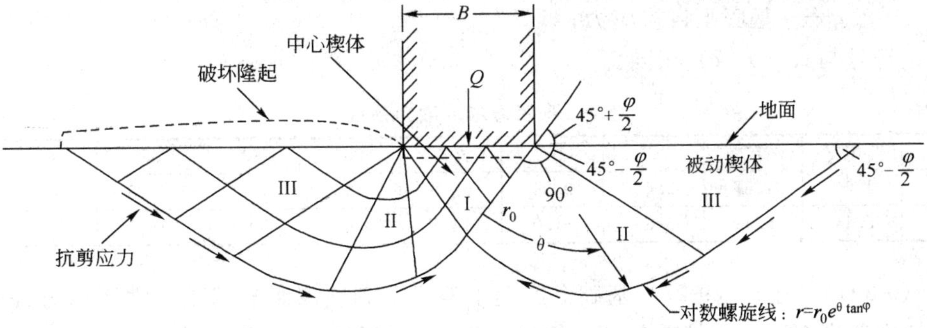

图 9-8　采用普朗德尔对数螺旋线的地基承载力理想化破坏图

图 9-8 所示的塑性极限平衡分为三个区，一个是位于基础以下的中心楔体（I 区），又称主动朗金区，该区的大主应力 σ_3 的作用方向竖向，小主应力 σ_3 作用方向为水平向，根据极限平衡理论，小主应力作用方向与破坏面成（$45^\circ+\varphi/2$）角，此即该区两侧面与水平面的夹角。与中心区相邻的是两个辐射向剪切区，又称普朗德尔区，由一组对数螺线（II 区）和一组辐射向直线（III 区）组成，II 区形似以对数螺旋线 $\gamma_0 e^{\theta\tan\varphi}$ 为弧形边界的扇形，其中心角为直角。与普朗德尔区另一侧相邻的是被动朗金区（III 区），该区大主应力作用方向为水平向，小主应力 σ_3 作用方向为竖向，破裂面与水平面的夹角为（$45^\circ-\varphi/2$）。

普朗德尔导出在图 9-8 所示情况下作用在基底的极限压应力，即极限承载力为：

$$p_u = cN_c \tag{9-27}$$

$$N_c = \cot\varphi\left[e^{\pi\tan\varphi}\tan^2\left(45^\circ+\frac{\varphi}{2}\right)-1\right] \tag{9-28}$$

式中：N_c——承载力系数；

c、φ——土的抗剪强度指标。

上式假定基底光滑，基础埋深为零（$D=0$），地基土无重量情况下导出的极限承载力理论公式，与实际情况有较大的差距。1924 年，雷斯诺（H. Ressiner）在普朗德尔理论解的基础上考虑了基础埋深的影响（如图 9-9 示），导出了地基极限承载力计算公式：

$$p_u = cN_c + qN_q \tag{9-29}$$

$$N_q = e^{\pi\tan\varphi}\tan^2(45° + \varphi/2) \tag{9-30}$$

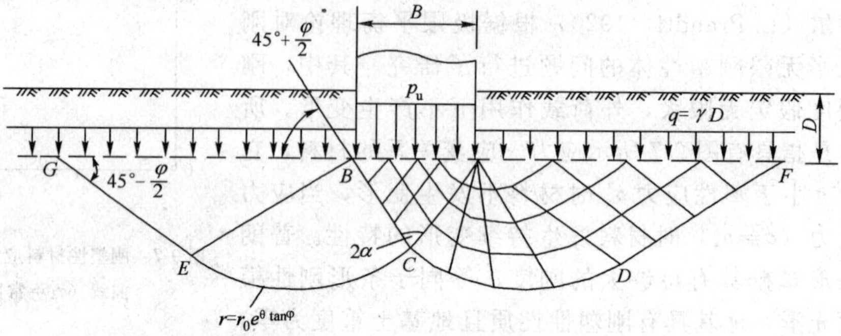

图 9-9　雷斯诺考虑基础埋深对普朗德尔解修正示意图

式中：N_c、N_q——与内摩擦角有关的承载力系数，见表 9-3；

q——基底土自重应力；

其余符号与式（9-27）相同。

普朗德尔承载力系数　　表 9-3

φ	0°	5°	10°	15°	20°	25°	30°	35°	40°	45°
N_q	1.00	1.57	2.47	3.94	6.40	10.7	18.4	33.3	64.2	134.9
N_c	5.14	6.49	8.35	11.0	14.8	20.7	30.1	46.1	75.3	133.9

式（9-29）是在式（9-27）基础上加上了考虑基础埋深影响的项。雷斯诺对普朗德尔的修正不考虑基底以上土的抗剪强度，把基底以上土仅仅采用作用在基底接触面上的柔性超载（$q=\gamma_0 D$）来代替。虽然雷斯诺的修正比普朗德尔理论公式有了进步，但由于没有考虑地基土的重力，没有考虑基础埋深范围内的土的抗剪强度等的影响，其结果与实际工程仍有较大差距。为此，太沙基、斯肯普顿、梅耶霍夫、汉森、魏锡克等先后进行了研究并取得了进展。

三、太沙基极限承载力

对具体工程而言，普朗德尔理论过分的简化使其计算结果和实际有较大距离，太沙基对此进行了修正，他考虑：

（1）地基土有重量，即 $\gamma\neq0$；

（2）基底粗糙；

（3）不考虑基底以上填土的抗剪强度，把它仅看成作用在基底平面上的超载；

（4）在极限荷载作用下地基发生整体剪切破坏；

（5）有三个破坏区，如图 9-10 所示。

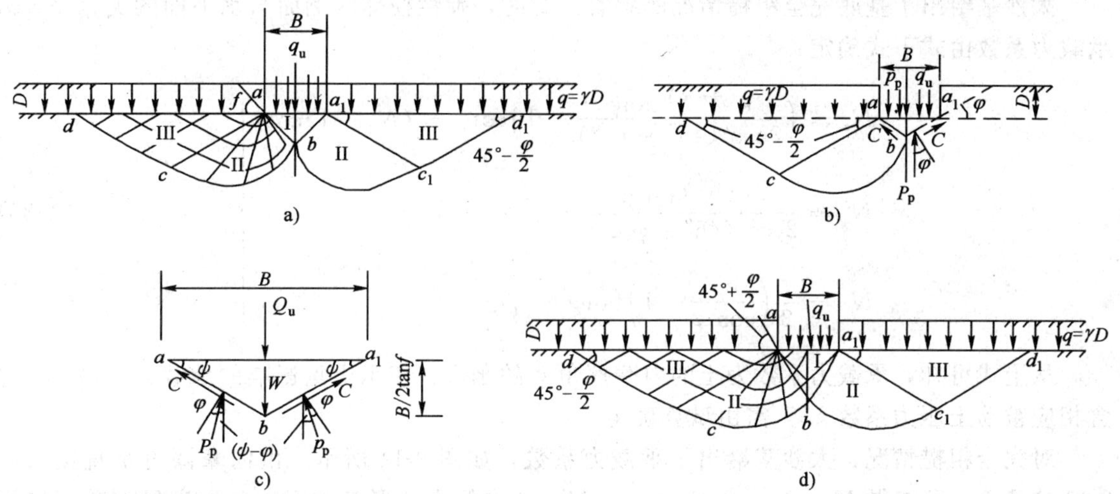

图 9-10 太沙基承载力课题

a）粗糙基底；b）完全粗糙基底；c）弹性楔体受力状态；d）完全光滑基底

由于基底与土之间的摩擦力阻止了剪切位移发生，因此，基底以下的 I 区与 II 区的交界面为一曲面。为计算方便假定为平面，它与水平面的夹角 ψ 界于 φ 与（$45°+\varphi/2$）之间。II 区和 III 区的滑动面假定分别由对数螺旋线和直线组成。除弹性楔体外，在滑动区域范围 II、III 区内的所有土体均处于塑性极限平衡状态。取弹性楔体为脱离体（见图 9-10c)），考虑单位长度基础竖直方向力的平衡方程为：

$$Q_u + W = 2p_p\cos(\psi-\varphi) + cB\tan\psi \tag{9-31}$$

$$W = \frac{1}{4}\gamma B^2\tan\psi \tag{9-32}$$

式中：B——基础宽度；

γ——地基土重度，$\gamma=\rho g$，ρ 为土密度，g 为重力加速度；

ψ——弹性楔体与水平面的夹角，（$45°+\varphi/2$）$>\psi>\varphi$；

c——地基土的粘聚力；

φ——地基土的内摩擦角；

p_p——作用于弹性楔体边界面 ab（或 a_1b）上分别由土的粘聚力 c、超载 q 和土重引起的被动土压力合力，即 $p_p=p_{pc}+p_{pq}+p_{pr}$，它们分别是 c、q、r 项的被动土压力系数 k_{pc}、k_{pq}、k_{pr} 的函数。太沙基建议采用下式简化确定：

$$p_p = \frac{B}{2\cos^2\varphi}\left(ck_{pc} + qk_{pq} + \frac{1}{4}\gamma B\tan\varphi k_{pr}\right) \tag{9-33}$$

将式（9-33）代入式（9-31），可得到

$$p_u = \frac{Q_u}{B} = cN_c + qN_q + \frac{1}{2}\gamma BN_r \tag{9-34}$$

式中：N_c，N_q，N_r——粗糙基底的承载力系数，是 φ、ψ 的函数。

式（9-34）即为基底粗糙情况下太沙基承载力理论公式。其中弹性楔体的两侧对称边界面与水平面的夹角 ψ 为未定值。

太沙基给出了基底完全粗糙情况的解答。此时，弹性楔体两侧面与水平面的夹角 $\psi=\varphi$，承载力系数由式下式确定：

$$\left.\begin{aligned} N_c &= \left(\frac{e^{\left(\frac{3}{2}\pi-\varphi\right)}\tan\varphi}{2\cos^2(45^\circ+\varphi/2)}-1\right)\cot\varphi=(N_q-1)\cot\varphi \\ N_q &= \frac{e^{\left(\frac{3}{2}\pi-\varphi\right)}\tan\varphi}{2\cos^2(45^\circ+\varphi/2)} \\ N_r &= \frac{1}{2}\left(\frac{k_{pr}}{\cos^2\varphi}-1\right)\tan\varphi \end{aligned}\right\} \tag{9-35}$$

从上式可知，承载力系数为土的内摩擦角 φ 的函数，表示土重影响的承载力系数 N_γ 包含相应被动土压力系数 k_{pr}，需由试算确定。

对完全粗糙情况，太沙基给出了承载力系数，如图 9-11 所示。由内摩擦角 φ 直接从图 9-11 或表 9-4 可查得 N_c、N_q、N_γ。式（9-34）是在假定条形基础下地基发生局部剪切破坏情况下得到的，对于实际工程中存在的方形、圆形、矩形基础，或地基发生局部剪切破坏情况，太沙基给出了相应的经验公式。

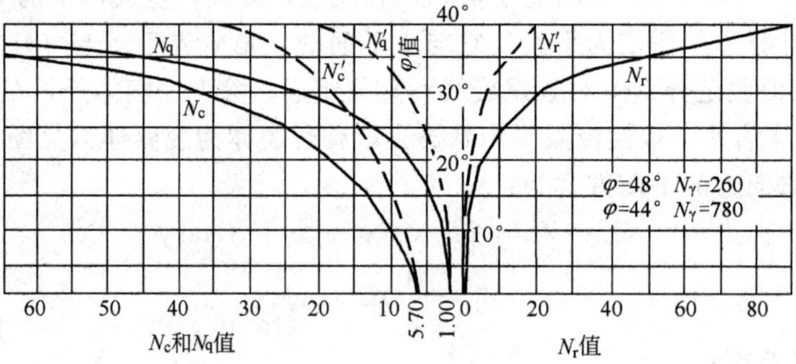

图 9-11　太沙基公式中的承载力系数

太沙基公式承载力系数表　　表 9-4

φ	0°	5°	10°	15°	20°	25°	30°	35°	40°	45°
N_r	0	0.51	1.20	1.80	4.00	11.0	21.8	45.4	125	326
N_q	1.00	1.64	2.69	4.45	7.42	12.7	22.5	41.4	81.3	173.3
N_c	5.71	7.32	9.58	12.9	17.6	25.1	37.2	57.7	95.7	172.2

对地基发生局部剪切破坏的情况，太沙基建议对土的抗剪强度进行折减，通常取原抗剪强度指标的 2/3，即

$$c^*=\frac{2}{3}c \tag{9-36}$$

$$\varphi^*=\tan^{-1}\left(\frac{2}{3}\tan\varphi\right) \tag{9-37}$$

根据调整后的 c^*、φ^*，由图表查得 N_c、N_q、N_r 按式（9-34）计算局部剪切破坏极限承载力。

对于圆形或方形基础，太沙基建议按下列半经验公式计算地基极限载力。

对方形基础（宽度为 B）

整体剪切破坏 $$p_u = 1.2cN_c + qN_q + 0.4\gamma BN_r \tag{9-38}$$

局部剪切破坏 $$p_u = 0.8cN'_c + qN'_q + 0.4\gamma BN'_r \tag{9-39}$$

对圆形基础（半径为 B）

整体剪切破坏 $$p_u = 1.2cN_c + qN_q + 0.6\gamma BN_r \tag{9-40}$$

局部剪切破坏 $$p_u = 0.8cN'_c + qN'_q + 0.6\gamma BN'_r \tag{9-41}$$

对宽度 B、长度 L 的矩形基础，可按 B/L 值在条形基础（$B/L=0$）和方形基础（$B/L=1$）的计算极限承载力之间用插入法求得。

根据太沙基理论求解的是地基极限承载力，一般取它的 1/2～1/3 作为地基承载力特征值，它的取值大小与结构类型、结构物的重要性、荷载的性质等因素有关。

从图 9-11 或表 9-4 可知，当 $\varphi=0$ 时，$N_r=0$。针对这种情况，斯肯普顿建议对作用在软粘土地基（$\varphi=0$）上宽度 B、长度 L、埋深 D 小于 2.5 倍基础宽度的矩形基础，按下式估算地基极限承载力：

$$p_u = 5.14c_u\left(1+0.2\frac{B}{L}\right)+\left(1+0.2\frac{D}{B}\right)+\gamma_0 D \tag{9-42}$$

式中：c_u——土的天然抗剪强度。

式（9-42）即为斯肯普顿极限承载力公式。按斯肯普顿公式估算极限承载力时其安全度一般取 1.1～1.5。

四、梅耶霍夫极限承载力

太沙基理论忽略了覆土的抗剪强度，另外，滑动区被假定与基础底面水平线相交，没有延伸到地表面，这与实际的地基破坏情况不符。针对太沙基承载力理论的局限性，梅耶霍夫（G. G. Meyehoff）开展了工作。他假定滑动面延伸到地表面，使地基土的塑性平衡区随地基埋深增加到最大限度，如图 9-12 示。图示的问题出于数学上的困难而无法得到严格的解答，梅耶霍夫仍采用了假定为基础，用简化的方法推出条形基础在中心荷载作用下均质地基的极限承载力公式。

假定基础底面光滑，发生整体剪切破坏，对称的两组滑动面交与地面 E 点，由直线 AC、对数螺线 CD 和直线 DE 组成，AC 与水平面成（$45°+\varphi/2$）度角。为简化分析，作用在基础侧面 BE 上的合力及上覆土块重量 W 由 BE 面上等代应力 σ_0、τ_0 代替，BE 面与水平面成 β 角。假定基础侧面法向应力 σ_a 按静止土压力分布，基础与侧土摩擦角为 δ，切向力 $\tau_a=\sigma_a\tan\delta$。

根据上述假定，先考虑粘聚力和超载（σ_0，τ_0），不考虑地基土重度对承载力的影响，再考虑地基土重度，不考虑粘聚力和超载（σ_0，τ_0）对承载力的影响，然后将两部分叠加起来，即可得出地基极限承载力公式。

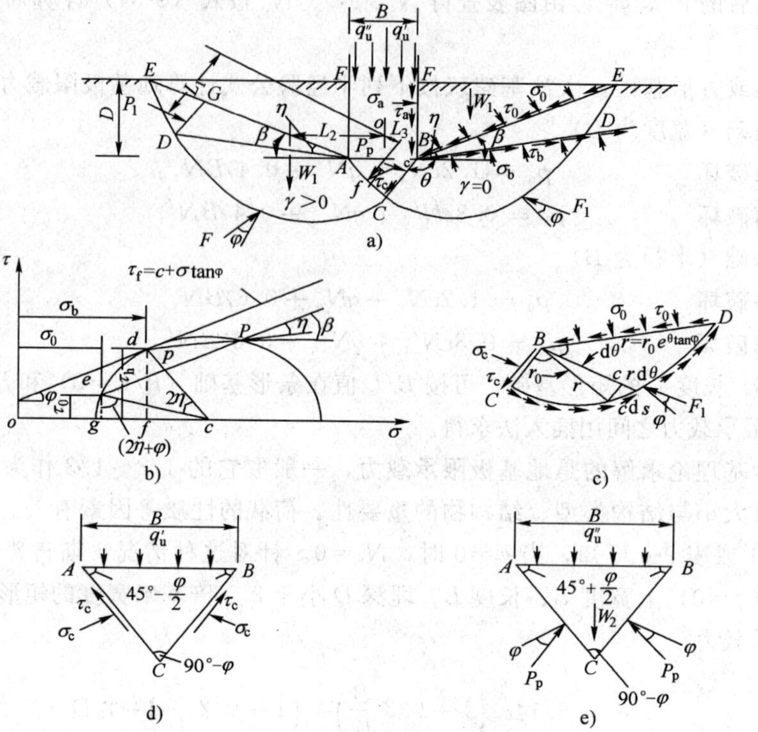

图 9-12 梅耶霍夫承载力课题

$$q_u = cN_c + \sigma_0 N_q + (1/2)\gamma B N_\gamma \tag{9-43}$$

$$\sigma_0 = \frac{1}{2}\gamma D\left(k_0 \sin^2\beta + \frac{1}{2}k_0 \tan\delta \sin 2\beta + \cos^2\beta\right) \tag{9-44}$$

$$\tau_0 = \frac{1}{2}\gamma D\left(\frac{1-k_0}{2}\sin 2\beta + k_0 \tan\delta \sin^2\beta\right) \tag{9-45}$$

$$N_q = [(1+\sin\varphi)e^{2\theta\tan\varphi}]/[1-\sin\varphi\sin(2\eta+\varphi)] \tag{9-46}$$

$$N_c = (N_q - 1)\cot\varphi \tag{9-47}$$

$$N_r = \frac{4p_p\sin(45° + \varphi/2)}{\gamma B^2} - \frac{1}{2}\tan(45° + \varphi/2) \tag{9-48}$$

$$p_p = (p_1 L_1 + W_1 L_2)/L_3 \tag{9-49}$$

$$\theta = 135° + \beta - \eta - \varphi/2 \tag{9-50}$$

式中： k_0——静止土压力系数；

δ——土与基础侧面之间的摩擦角；

p_p——作用在 AC 面上的被动土压力，作用在离点 A 的 $\frac{2}{3}\overline{AC}$ 处，是在假定不同的中心点 o 时求出的最小被动土压力；

L_1、L_2、L_3——分别为 p_1、W_1、p_p 离中心点的距离；

p_1——土体 DEG 引起的压力；

W_1——土体 $ACDG$ 的重量；

η——AD 与 AE 的夹角；

β——AE 与水平面的夹角。

梅耶霍夫承载力系数也可由 β、φ 查图 9-13。

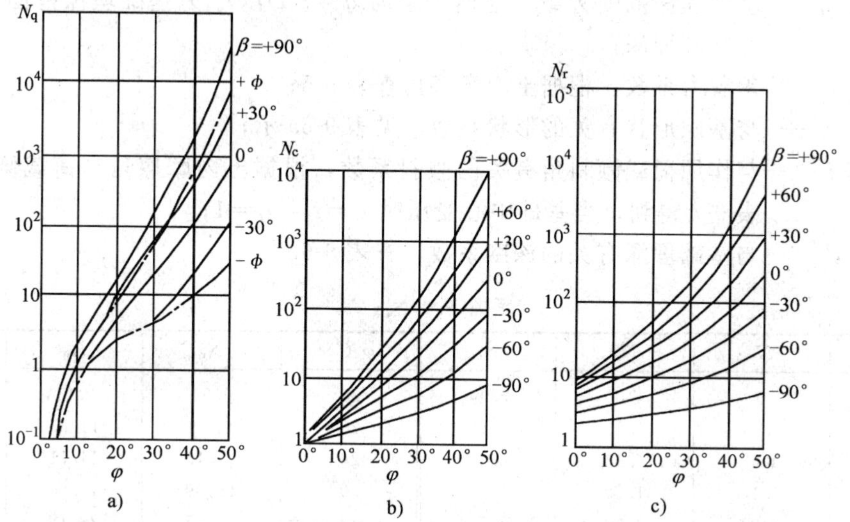

图 9-13　梅耶霍夫公式中的承载力系数（对条形基础，$m=1$）

a）N_q—φ 曲线；b）N_c—φ 曲线；c）N_r—φ 曲线

五、汉森极限承载力

在实际工程中，理想中心荷载作用的情况并不多见，多数情况下荷载偏心甚至是倾斜的，这时情况相对复杂一些，基础可能会整体剪切破坏也可能水平滑动破坏。其理论破坏形式见图 9-14 所示。与中心荷载下不同的是，有水平荷载作用时，地基的整体剪切破坏沿水平荷载作方向一侧发生滑动，弹性区的边界面也不对称，滑动方向一侧为平面，另一侧为圆弧，其圆心即为基础转动中心。随着荷载偏心距的增大，滑动面明显缩小。

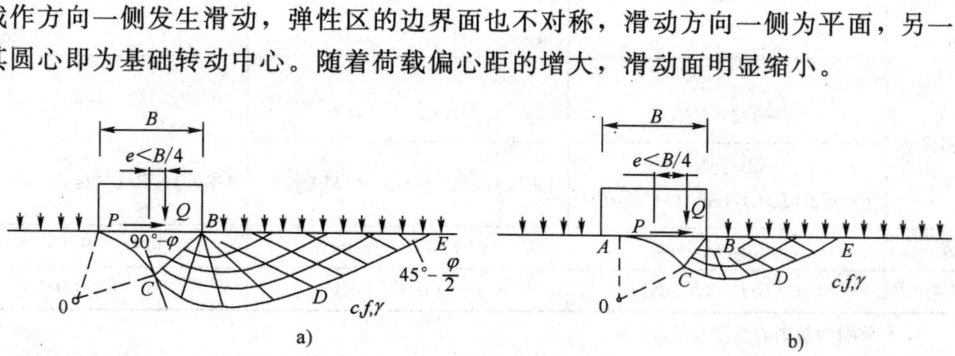

图 9-14　偏心和倾斜荷载下的理论滑动图式

汉森（J. B. Hansen）在太沙基理论基础上考虑偏心、倾斜荷载的影响，对承载力计算提出了修正公式。

$$p_{ur} = N_c s_c d_c i_c c + N_q s_q d_q i_q q + \frac{1}{2}\gamma B N_r s_r d_r i_r \tag{9-51}$$

式中：　p_{ur}——地基极限承载力垂直分力；

c——持力层土粘聚力；

B——基础宽；

q——基础埋深范围旁载，地面平坦时 $q=\gamma_0 D$，γ_0 为基础埋深范围土重度，D 为基础埋深；

N_c，N_q，N_r——承载力系数，根据土内摩擦角查表 9-5；

s_c，s_q，s_r——与基础形状有关的形状系数，见表 9-6a 示；

i_c，i_q，i_r——与作用荷载倾斜角有关的倾斜系数，根据土内摩擦角与荷载倾斜角 δ_0 查表 9-7 得到，当基础中心受压时 $i_c=i_q=i_r=1$；

d_c，d_q，d_r——与基础埋深有关的深度系数，查表 9-6c。

系数 N_c、N_q、N_r　　表 9-5

φ (°)	N_r	N_q	N_c	φ (°)	N_r	N_q	N_c
0	0	1.00	5.14	24	6.90	9.61	19.33
2	0.01	1.20	5.69	26	9.53	11.83	22.25
4	0.05	1.43	6.17	28	13.13	14.71	25.80
6	0.14	1.72	6.82	30	18.09	18.40	30.15
8	0.27	2.06	7.52	32	24.95	23.18	35.50
10	0.47	2.47	8.35	34	35.54	29.45	42.18
12	0.76	2.97	9.29	36	48.08	37.77	50.61
14	1.16	3.58	10.37	38	67.43	48.92	61.36
16	1.72	4.33	11.62	40	95.51	64.23	75.36
18	2.49	5.25	13.09	42	136.72	85.36	93.69
20	3.54	6.40	14.83	44	198.77	115.35	118.41
22	4.96	7.82	16.89	45	240.95	138.86	133.86

基础形状修正系数　　表 9-6a

系数 / 公式来源	s_c	s_q	s_r
梅耶霍夫	$\varphi=0°$，$1+0.2(B/L)$	1.0	1.0
	$\varphi\geqslant 10°$，$1+0.2(B/L)\tan^2(45°+\varphi/2)$	$1+0.1(B/L)\tan^2(45°+\varphi/2)$	$1+0.1(B/L)\tan^2(45°+\varphi/2)$
汉森	$1+0.2i_c(B/L)$	$1+i_q(B/L)\sin\varphi$	$1-0.4i_r(B/L)\geqslant 0.6$
魏锡克	$1+(B/L)(N_q/N_c)$	$1+(B/L)\tan\varphi$	$1-0.4(B/L)$

注：1. B、L 分别为基础的宽度和长度；

2. i 为荷载倾斜系数，见表 9-6b。

荷载倾斜修正系数　　表 9-6b

系数 / 公式来源	i_c	i_q	i_r
梅耶霍夫	$\left(1-\frac{\alpha}{90°}\right)^2$	$\left(1-\frac{\alpha}{90°}\right)^2$	$\left(1-\frac{\alpha}{90°}\right)^2$

续上表

系数 公式来源	i_c	i_q	i_r
汉森	$\varphi=0°$， $0.5+0.5\sqrt{1-\frac{H}{cA}}$ $\varphi>0°$， $i_q-\frac{1-i_q}{N_c\tan\varphi}$	$\left(1-\frac{0.5H}{Q+cA\cot\varphi}\right)^2>0$	水平基底： $\left(1-\frac{0.7H}{Q+cA\cot\varphi}\right)^5>0$ 倾斜基底： $\left(1-\frac{(0.7-\eta/450°)\ H}{Q+cA\cot\varphi}\right)^5>0$
魏锡克	$\varphi=0°$， $1-\frac{mH}{cAN_c}$ $\varphi>0$， $i_q-\frac{l-i_q}{N_c\tan\varphi}$	$\left(1-\frac{H}{Q+cA\cot\varphi}\right)^m$	$\left(1-\frac{H}{Q+cA\cot\varphi}\right)^{m-1}$

注：1. 基底面积 $A=BL$，当荷载偏心时，则用有效面积 $A_e=B_eL_e$；

2. H 和 Q 分别为倾斜荷载在基底上的水平分力和竖直分力；

3. α 为倾斜荷载与整直线间的夹角，称荷载倾斜角；

4. η 为基础底面与水平面的倾斜角；

5. 当荷载在短边倾斜时，$m=2+(B/L)/(1+B/L)$，当荷载在长边倾斜时，$m=2+(L/B)/(1+L/B)$，对于条形基础 $m=2$；

6. 当进行荷载倾斜修正时，必须满足 $H\leqslant c_eA+Q\tan\delta$ 的条件，其中 c_n 为基底与土之间的粘着力，可取用土的不排水剪强 c_u，δ 为基底与土之间的摩擦角。

深度修正系数　　表 9-6c

系数 公式来源	d_c	d_q	d_r
梅耶霍夫	$\varphi=0°$， $1+0.2\ (B/L)$	1.0	1.0
	$\varphi>10°$， $1+0.2\ (D/B)\ \tan^2\ (45°+\varphi/2)$	$1+0.1\ (D/B)\ \tan\ (45°+\varphi/2)$	$1+0.1\ (D/B)\ \tan\ (45°+\varphi/2)$
汉森	$1+0.4\ (D/B)$	$1+2\tan\varphi\ (1-\sin\varphi)^2\ (D/B)$	1.0
魏锡克	$\varphi=0°$， $1+0.4\ (D/B)$ $\varphi>0$， $d_q-\frac{1-d_q}{N_c\tan\varphi}$	$1+2\tan\varphi\ (1-\sin\varphi)^2\ (D/B)$	1.0

倾斜系数 i_r、i_q、i_c　　表 9-7

$\tan\delta_0$	0.1			0.2			0.3			0.4		
$\varphi°$ \ i	i_r	i_q	i_c	i_r	i_q	i_c	i_r	i_q	i_c	i_r	i_q	i_c
6	0.643	0.802	0.526									
7	0.689	0.830	0.638									
8	0.707	0.841	0.691									
9	0.719	0.848	0.728									

续上表

$\tan\delta_0$	0.1			0.2			0.3			0.4		
φ° \ i	i_r	i_q	i_c	i_r	i_q	i_c	i_r	i_q	i_c	i_r	i_q	i_c
10	0.724	0.851	0.750									
11	0.728	0.853	0.768									
12	0.729	0.854	0.780	0.396	0.629							
13	0.729	0.854	0.791	0.426	0.653							
14	0.731	0.855	0.798	0.444	0.666							
15	0.731	0.855	0.806	0.456	0.675							
16	0.729	0.854	0.810	0.462	0.680							
17	0.728	0.853	0.814	0.466	0.683	0.202	0.449	0.304				
18	0.726	0.852	0.817	0.469	0.685	0.234	0.484	0.362				
19	0.724	0.851	0.820	0.471	0.686	0.250	0.500	0.397				
20	0.721	0.849	0.821	0.472	0.686	0.261	0.510	0.420				
21	0.719	0.848	0.822	0.471	0.687	0.267	0.517	0.438	0.10			
22	0.716	0.846	0.823	0.469	0.685	0.637	0.271	0.521	0.451	0.100	0.317	0.217
23	0.712	0.844	0.824	0.468	0.684	0.643	0.275	0.524	0.462	0.122	0.350	0.266
24	0.711	0.843	0.824	0.465	0.682	0.645	0.276	0.525	0.470	0.134	0.365	0.291
25	0.706	0.840	0.823	0.462	0.680	0.648	0.277	0.526	0.477	0.140	0.374	0.310
26	0.702	0.838	0.823	0.460	0.678	0.648	0.276	0.525	0.481	0.145	0.381	0.324
27	0.699	0.836	0.823	0.456	0.675	0.649	0.275	0.524	0.485	0.148	0.384	0.334
28	0.694	0.833	0.821	0.452	0.672	0.648	0.274	0.523	0.488	0.149	0.386	0.341
29	0.691	0.831	0.820	0.448	0.669	0.648	0.273	0.520	0.480	0.150	0.387	0.348
30	0.686	0.828	0.819	0.444	0.666	0.646	0.268	0.518	0.490	0.150	0.387	0.352
31	0.682	0.826	0.817	0.438	0.662	0.645	0.265	0.515	0.490	0.150	0.387	0.356
32	0.676	0.822	0.814	0.434	0.659	0.643	0.262	0.512	0.490	0.148	0.385	0.357
33	0.672	0.820	0.813	0.428	0.654	0.640	0.258	0.508	0.489	0.146	0.382	0.358
34	0.668	0.817	0.811	0.422	0.650	0.638	0.254	0.504	0.486	0.144	0.380	0.358
35	0.663	0.814	0.808	0.417	0.646	0.635	0.250	0.500	0.485	0.142	0.377	0.358
36	0.658	0.811	0.806	0.411	0.641	0.631	0.245	0.495	0.482	0.140	0.374	0.357
37	0.653	0.808	0.803	0.404	0.636	0.628	0.240	0.490	0.478	0.137	0.370	0.355
38	0.646	0.804	0.800	0.398	0.631	0.624	0.235	0.485	0.474	0.133	0.365	0.352
39	0.642	0.801	0.797	0.392	0.626	0.619	0.230	0.480	0.470	0.130	0.361	0.349
40	0.653	0.797	0.794	0.368	0.621	0.615	0.226	0.475	0.466	0.127	0.356	0.346
41	0.629	0.793	0.790	0.377	0.614	0.609	0.219	0.468	0.461	0.123	0.351	0.342
42	0.623	0.789	0.787	0.371	0.609	0.605	0.213	0.462	0.456	0.119	0.345	0.337
43	0.616	0.785	0.783	0.365	0.604	0.600	0.203	0.456	0.451	0.115	0.339	0.333
44	0.610	0.781	0.779	0.356	0.597	0.594	0.202	0.449	0.444	0.111	0.333	0.327
45	0.602	0.776	0.775	0.349	0.591	0.588	0.195	0.442	0.438	0.107	0.327	0.322

第五节 按规范方法确定地基容许承载力

我国各行业地基与基础设计规范中都给出了各类土的地基容许承载力值表及计算公式，以供相关工程设计时使用。

本节主要介绍按《公路桥涵地基与基础设计规范》(JTJ 024—85) 确定地基容许承载力的基本方法，并从规范中摘录了部分表格和计算公式，以供学习参考。详细内容可参阅相关规范中有关条文。

一、地基容许承载力

规范中给出了当设计的基础宽度 $b \leqslant 2$m、埋置深度 $h \leqslant 3$m 时的地基容许承载力，用 $[\sigma_0]$ 表示。只要设计的基础宽度和埋置深度符合上述规定，地基容许承载力值就可以根据土的物理力学性质指标，直接从规范所给出的地基容许承载力表中查得。表 9-8～表 9-11 中列出了一般粘性土、老粘性土、新近沉积粘性土和砂土的地基容许承载力 $[\sigma_0]$。若设计的基础宽度或埋置深度超过上述范围时，则地基容许承载力值将在 $[\sigma_0]$ 的基础上予以修正提高，其计算方法见后面所述。

一般粘性土的容许承载力 $[\sigma_0]$ 表 9-8

$[\sigma_0]$ (kPa) e \ I_L	0	0.1	0.2	0.3	0.4	0.5	0.6	0.7	0.8	0.9	1.0	1.1	1.2
0.5	450	440	430	420	400	380	350	310	270	240	220	—	—
0.6	420	410	400	380	360	340	310	280	250	220	200	180	—
0.7	400	370	350	330	310	290	270	240	220	190	170	160	150
0.8	380	330	300	280	260	240	230	210	180	160	150	140	130
0.9	320	280	260	240	220	210	190	180	160	140	130	120	100
1.0	250	230	220	210	190	170	160	150	140	120	110	—	—
1.1	—	—	160	150	140	130	120	110	100	90	—	—	—

注：1. 一般粘性土是指第四纪全新世 (Q_4)（文化期以前）沉积的粘性土，一般为正常沉积的粘性土；

2. 土中含有粒径大于 2mm 的颗粒重量超过全部重量 30%以上的，$[\sigma_0]$ 可酌情提高；

3. 当 $e<0.5$ 时，取 $e=0.5$；$I_L<0$ 时，取 $I_L=0$。此外，超过表列范围的一般粘性土，$[\sigma_0]$ 可按下式计算：

$$[\sigma_0]=57.22E_s^{0.57}$$

式中：E_s——土的压缩模量 (MPa)；

$[\sigma_0]$——一般粘性土的容许承载力 (kPa)。

老粘性土的容许承载力 $[\sigma_0]$ 表 9-9

E_s (MPa)	10	15	20	25	30	35	40
$[\sigma_0]$ (kPa)	380	430	470	510	550	580	620

注：

$$E_s=\frac{1+e_1}{a_{1-2}}$$

式中：e_1——压力为 0.1 (MPa) 时，土样的孔隙比；

a_{1-2}——对应于 0.1～0.2MPa 压力段的压缩系数 $(\mathrm{Mpa})^{-1}$。

新近沉积粘性土的容许承载力 $[\sigma_0]$ 　表 9-10

$[\sigma_0]$ (kPa) e \ I_L	<0.25	0.75	1.25
≤0.8	140	120	100
0.9	130	110	90
1.0	120	100	80
1.1	110	90	—

砂土的容许承载力 $[\sigma_0]$ 　表 9-11

土　名	$[\sigma_0]$ (kPa) 湿度 \ 密度	密　实	中　密	松　散
砾砂、粗砂	与湿度无关	550	400	200
中砂	与湿度无关	450	350	150
细砂	水上	350	250	100
	水下	300	200	—
粉砂	水上	300	200	—
	水下	200	100	—

注：1. 砂土的密实度按相对密实度 D_r 或标准贯入试验的锤击数 N 确定另见规范；
2. 在地下水位以上的地基土的湿度称为“水上”；
3. 在地下水位以下的地基土湿度称为“水下”。

二、地基容许承载力的修正和提高

从前述临界荷载及极限荷载计算公式可看到，当基础越宽，埋置深度越大，土的强度指标 c、φ 值越大时，地基承载力也增加。因此当设计的基础宽度 $b>2$m，埋置深度 $h>3$m 且 $h/b<4$ 时，地基容许承载力 $[\sigma]$ 可以在 $[\sigma_0]$ 的基础上修正提高，规范给出了下述计算公式：

$$[\sigma]=[\sigma_0]+k_1\gamma_1(b-2)+k_2\gamma_2(h-3) \tag{9-52}$$

式中：$[\sigma]$ ——按设计的基础宽度和埋置深度修正后的地基容许承载力（MPa）；

$[\sigma_0]$ ——按表 9-8～表 9-11 查得的地基土的容许承载力（kPa）；

b——基础底面的宽度（或直径）（m），当 $b<2$m 时，取 $b=2$m；$b>10$m 时，按 $b=10$m 计算；

h——基础的埋置深度（m），对于受水流冲刷的基础，由一般冲刷线算起；不受水流冲刷的基础，由天然地面算起；位于挖方内的基础，由挖方后的地面算起，当 $h<3$m 时，取 $h=3$m 计算；

γ_1——基础底面下持力层土的重度（kN/m^3），如持力层在水下且为透水性时，应采用浮重度；

γ_2——基础底面以上土的重度（多层土时采用各层土重度的加权平均值（kN/m^3），如持力层在水下且是不透水的，则不论基底以上土的透水性质如何，应一律采用饱和重度；如持力层为透水的，则采用浮重度；

k_1，k_2——地基土的容许承载力随基础宽度和埋置深度的修正系数，按持力层土的类别和性质由表 9-12 查得。

地基土容许承载力宽度、深度修正系数 表 9-12

土的类别 / 系数	粘性土					黄土			砂土								碎石土			
	老粘性土	一般粘性土		新近沉积粘性土	残积粘性土	新近堆积黄土	一般新黄土	老黄土	细砂		细砂		中砂		砾砂粗砂		碎石、圆砾、角砾		卵石	
		$I_L \geq 0.5$	$I_L < 0.5$						中密	密实	中密	密实	中密	密实	中密	密实	中密	密实	中密	密实
k_1	0	0	0	0	0	0	0	0	1.0	1.2	1.5	2.0	2.0	3.0	3.0	4.0	3.0	4.0	3.0	4.0
k_2	2.5	1.5	2.5	1.0	1.5	1.0	1.5	1.5	2.0	3.0	4.0	2.5	4.0	5.5	5.0	6.0	5.0	6.0	6.0	1.0

注：1. 对于稍松状态的砂土和松散状态的碎石土，k_1、k_2 值可采用表列中密值的50%；

2. 节理不发育或较发育的岩石不作宽、深修正，节理发育或很发育的岩石，k_1、k_2 可参照碎石的系数，但对已风化成砂、土状者，则参照砂土、粘性土的系数；

3. 冻土的 $k_1=0$、$k_2=0$。

典型例题分析

[例题 9-2] 某桥墩基础如图 9-15 所示。已知基础底面宽度 $b=5\text{m}$，长度 $l=10\text{m}$，埋置深度 $h=4\text{m}$，作用在基底中心的竖直荷载 $N=8000\text{kN}$，地基土的性质如图 9-15 所示。验算地基强度是否满足。

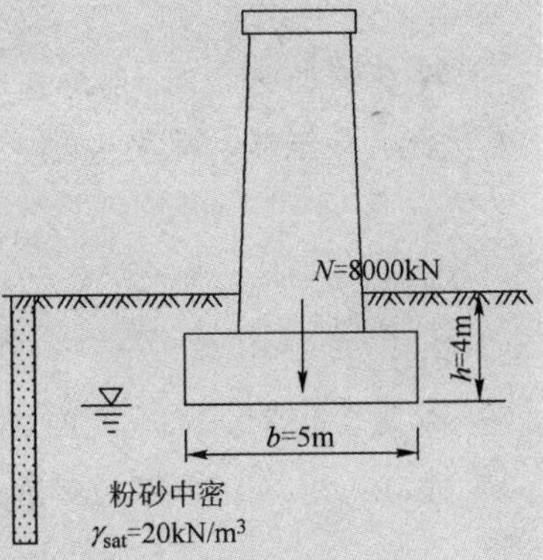

图 9-15 桥墩基础下地基强度验算

解： 按式 (9-53) 确定地基容许承载力：

$$[\sigma] = [\sigma_0] + k_1\gamma_1(b-2) + k_2\gamma_2(h-3)$$

已知基底下持力层为中密粉砂（水下），土的重度应考虑浮力作用，$\gamma_1=\gamma_{sat}-\gamma_w=20-10=10\text{kN/m}^3$。由表 9-11 查得粉砂的容许承载力 $[\sigma_0]=100\text{kPa}$。由表 9-12 查得宽度及深度修正系数 $k_1=1.0$、$k_2=2.0$，基底以上土的重度 $\gamma_2=20\text{kN/m}^3$。由式 (9-51) 可得粉砂经过修正提高的容许承载力 $[\sigma]$ 为：

$$[\sigma] = 100 + 1\times10\times(5-2) + 2\times20\times(4-3) = 100+30-40 = 170\text{kPa}$$

基底压力 $\sigma=\dfrac{N}{bl}=\dfrac{8000}{5\times10}=160\text{kPa}<[\sigma]$ 故地基强度满足。

[例题 9-3] 某基础宽度 $b=2\text{m}$，埋置深度 $D=3\text{m}$，地基土是均匀的 Q_3（第四纪晚更新世）老粘性土，其物理及力学性质指标见表 9-13。表中 p_{pr} 为载荷试验的比例界限，抗剪强度指标系由直剪固结快剪试验求得。试用已介绍过的几种确定地基容许承载力的方法，进行分析比较并提出建议值。

土的物理及力学性质指标 表 9-13

γ_s(kN/m³)	γ(kN/m³)	w(%)	e	w_l(%)	w_P(%)	I_P	I_L	c(kPa)	φ(°)	P_{cr}(kPa)	E_s(MPa)
27.4	20.2	23.5	0.68	37	20	17	0.18	85	25	600	31.2

解： (1) 按规范确定地基的容许承载力

土层是老粘性土，应由表 9-9 按 $E_s=31.2\text{kPa}$ 查得容许承载力 $[\sigma_0]=557\text{kPa}$。必

须注意，若误按一般粘性土查表 9-8 时，则得容许承载力 $[\sigma_0]=364\text{kPa}$，仅为表 9-9 数值的 65%。由于基础宽度 $b=2\text{m}$，埋置深度 $D=3\text{m}$，故地基容许承载力 $[\sigma]=[\sigma_0]$，不必作宽度和深度修正。

(2) 根据载荷试验结果，比例界限 $p_{pr}=600\text{kPa}$，与按规范查得的数比较接近，应注意到载荷试验是在无埋深条件下进行的，若考虑到埋深的影响，则地基承载力可以提高。

(3) 按太沙基极限荷载公式（式中 9-34）计算

若按整体剪切破坏考虑，用 $\varphi=25°$ 查表 9-4 得：$N_r=11.0$，$N_d=12.7$，$N_c=25.1$。

由公式（9-34）求得极限荷载为：

$$
\begin{aligned}
p_u &= \frac{1}{2}\gamma b N_r + qN_q + cN_c \\
&= \frac{1}{2}\times 20.2\times 2\times 11 + 20.2\times 3\times 12.7 + 85\times 25.1 \\
&= 222.2 + 769.6 + 2133.5 = 3125.3\text{kPa}
\end{aligned}
$$

安全系数 $K=3$，得地基承载力为 1041.8kPa。

若按局部剪切破坏考虑，

$$\varphi'=\arctan\left(\frac{2}{3}\tan\varphi\right)=\arctan\left(\frac{2}{3}\times\tan25°\right)=17.3°$$

$$c'=\frac{2}{3}c=\frac{2}{3}\times 85=57\text{kPa}$$

查表 9-4 得：$N_r=2.81$，$N_q=5.82$，$N_c=15.1$

由式（9-34）求得局部剪切时的极限荷载为：

$$
\begin{aligned}
p_u &= \frac{1}{2}\times 20.2\times 2\times 2.81 + 20.2\times 3\times 5.82 + 57\times 15.1 \\
&= 56.8 + 352.7 + 860.7 = 1270.2\text{kPa}
\end{aligned}
$$

安全系数 $K=3$，得地基承载力为 423.4kPa。

(4) 按临界荷载 $p_{1/4}$ 公式计算：

按 $\varphi=25°$，由表 9-2 查得承载力系数为：$N_{b(1/4)}=0.78$，$N_q=4.12$，$N_c=6.68$。

由公式（9-20b）求得：

$$
\begin{aligned}
p_{1/4} &= N_{b(1/4)}\gamma b + \gamma D N_q + cN_c \\
&= 0.78\times 20.2\times 2 + 20.2\times 3\times 4.12 + 85\times 6.68 \\
&= 31.6 + 249.7 + 567.8 \\
&= 849.0\text{kPa}
\end{aligned}
$$

将上述 4 种方法求得的结果汇总于表 9-12 中。从表中可见按太沙基公式整体剪切破坏时得到的结果最高，$p_{1/4}$ 结果次之，按规范求得的最低。这 3 个数值都是以 $b=2\text{m}$，$D=3\text{m}$ 为条件的。而载荷试验在 $b=0.7\text{m}$，$D=0$ 的条件下得到的承载力为 600kPa，若忽略影响较小的宽度因素，则此值可以与（9-34）及（9-20b）中的第三项 cN_c 值相比较。在式（9-34）中第三项除安全系数 $K=3$ 后为 711.2kPa；式（9-20b）中的第三项为567.8kPa，这三个数值基本接近。故可以认为由土粘聚力 c 部分所构成的承载力大约在 570～710kPa 之间。

地基承载力汇总表 表 9-14

采用的方法	规范公式	载荷试验 P_{pr}	太沙基公式（$K=3$）		临界荷载 $P_{1/4}$
			整体破坏	局部剪切	
地基承载力（kPa）	557	600	1041.8	423.4	849.0

再考虑埋深的影响。式（9-34）中的第二项除以安全系数 $K=3$ 之后为 769.6/3＝257kPa，与式（9-20b）中的第二项 249.7kPa 很接近，说明这两个公式的埋深因素式是相当的。若以规范深度修正系数作为计算埋深影响这一项的地基承载力值，则从表 9-9 查得的老粘性土的 $k_2=2.5$，由此求得 $k_2\gamma D=2.5\times20.2\times3=151.5$kPa。

最后再比较公式（9-34）和式（9-20b）第一项，太沙基公式要比 $P_{1/4}$ 公式大一些，但这一项与总的承载力相比，所占的比例式较小的，可粗略地取用 40kPa。

综合上述分析，可建议老粘性土地地基容许承载力取为 760～1000kPa（570＋150＋40＝760kPa，710＋250＋40＝1000kPa）。

从本例中还可以看出，若用太沙基局部剪切破坏公式计算，其结果不适用于老粘性土，同时也可以看到按规范确定的地基容许承载力值一般是偏于安全的。

思考题

1. 地基承载力与地基容许承载力在概念上有何差别？

2. 地基的破坏形式有哪种，他们与土的性质有何关系？

3. 确定地基容许承载力时，与建筑物的许可沉降量有什么关系？与基础的大小和埋置深度有什么关系？

4. 阐述地基的临塑荷载和塑性荷载的概念和计算方法。

5. 地下水位的升降，对地基承载力有什么影响？

6. 本章所介绍的几个极限荷载公式各有何特点？对它们作简要评价

习题

1. 一条形基础，宽 1.5m，埋深 1.0m。地基土层分布为：第一层素填上，厚 0.8m，密度 1.80g/cm^3，含水量 35％；第二层粘性土，厚 6m，密度 1.82g/cm^3，含水量 38％，土粒相对密度 2.72，土粘聚力 10kPa，内摩擦角 13°。求该基础的临塑荷载 p_{cr}，塑性荷载 $p_{1/3}$ 和 $p_{1/4}$？若地下水位上升到基础底面，假定土的抗剪强度指标水变，其 p_{cr}，$p_{1/3}$ 和 $p_{1/4}$ 相应为多少？据此可得到何种规律？

（答案：①81.81kPa，89.00kPa，91.35kPa；②81.81kPa，75.02kPa，76.10kPa，当地下水位上升到基底时，临塑荷载不变，而塑性荷载降低）

2. 试将式（9-33）代入式（9-31）进行推导，写成式（9-34）形式，写出相应的 N_c、N_q、N_r 表达式。

3. 某条形基础宽 1.5m，埋深 1.2m，地基为粘性土，密度 1.84g/cm^3，饱和密度 1.98g/cm^3，土的粘聚力 8kPa，内摩擦角 15°。问：

(1) 整体破坏时地基极限承载力为多少？取安全度为 2.5，承载力特征值（标准值）为多少？答案（234.10kPa；93.64kPa）

(2) 分别加大基础埋深至 1.6m、2.0m，承载力有何变化？答案（p_u = 266.26kPa；298.43kPa）

(3) 若分别加大基础宽度至 1.8m、2.1m，承载力有何变化？ （p_u = 241.14kPa；248.18kPa）

(4) 若地基土内摩擦角为 20°，粘聚力为 12kPa，承载力有何变化？（p_u=439.61kPa）

(5) 根据以上的计算比较，可得出那些规律？

4. 试从式（9-34）推导，当内摩擦角为 0°时，地基极限承载力为 p_u=（2+π）c_u。

第十章 土的动力特性

本章知识点

1. 土的压实特性；
2. 土的动强度和变形特性；
3. 砂性土液化机理；
4. 砂性土地基液化判别；
5. 砂性土地基液化程度等级划分。

第一节 概 述

有许多工程问题与土在动力荷载下的性能有关。但由于地区的差异性和动力加载条件的复杂性，对土的动力问题不容易建立起学科体系，并把所有问题以适当的方法加以分类。然而，如果按照与静力问题的主要区别对土的动力问题进行分类，则可以对土的动力性能作出一些综合性的评价。

一、应变范围

有关静力问题的经典土力学，主要关心的是估计基础或土结构抵抗破坏的安全度，其基本的方法是估计土的有效强度，并与外部荷载引起的土中的应力进行比较。这样，人们的注意力集中在估计土的强度上。地基或结构物的沉降是与土的变形有关的另一个主要关心的问题，而粘土的固结则是经典土力学的一个主要分支学科。

回顾这两个主要研究领域，可以发现人们的注意力集中在与一定大小的变形有关的土的性能上。众所周知，土的破坏通常发生在应变水平为百分之几的量级，由于固结或压缩引起的工程所感兴趣的沉降，大多数情况下应变水平在 10^{-3} 量级或更大，小应变下土的变形现象是不被关心的。

与此相反，在土动力学中，土在运动中的状态是需要研究的课题，因此，惯性力是不能被忽视的另一种因素。人们已经知道，随着土能发生变形的时间间隔越来越短，惯性力发挥着越来越重要的作用。在简谐运动作用下，惯性力的大小是与该运动的频率成正比的。假如应变水平是无限地小，则随着运动频率的快速增加，惯性力可能变得明显的大，以至于在工程实践中不能再忽略其影响。鉴于这一原因，在土动力学中，有必要引起对应变水平低至 10^{-6} 量级的土的性能的注意，而在静力问题的经典土力学中，这是完全可以忽略的。这一点正是动力问题和静力问题最重要的区别之一。

二、静力和动力加载条件的差异

人们已经认识到，土的孔隙比、含水量、围护压力等是影响土的力学性能的主要因素。其他因素，如应力历史、应变水平、温度等对土在荷载作用下的反应也起着重要的影响。然而，这些因素对静力和动力加载条件是同样重要的，因此，它们不是度量动力特征区别于静力特征的基本要素。土的动力特征可以认为来源于冲击、振动和波动这些现象。

1. 加载速度

定义在土中产生一定的应变或应力水平所需要的时间为加载时间。荷载的施加速度自然是描述动力特征的一个基本要素。根据加载时间的长短，工程上有意义的几类动力问题可以按图 10-1 分类。具有较短周期或较高频率的振动和波动问题可以被看作是有较短加载时间的一类现象；相反，具有较长周期的振动和波动问题可以看作是有较长加载时间的另一类现象。加载时间可以近视地视为荷载重复周期的四分之一。施加荷载所持续的时间大于数十秒的一类问题，一般地可以视为静力问题，反之，则须视为动力问题。施加荷载所持续的时间的长短也可以用加载速度或应变速率来表示。他们被称为加载速度效应或速率效应。

2. 重复加载效应

所谓动力现象，就是荷载以一定频率重复施加多次。加载的重复性是用来划分动力问题的另一个基本要素。在工程实践中通常遇到的动力问题也可按加载的重复性分类，如图 10-1 所示。

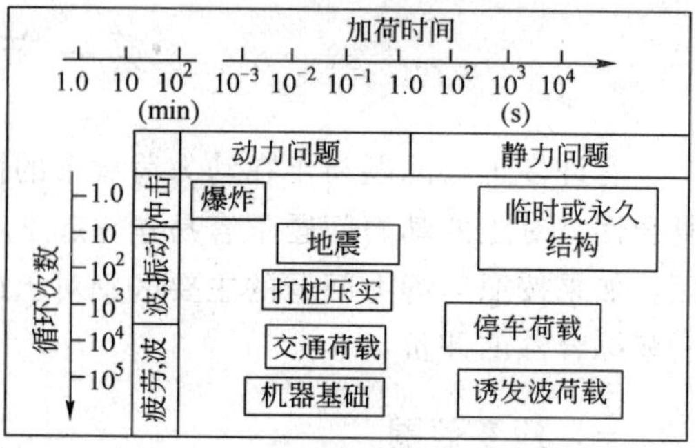

图 10-1 土的动力问题的分类

与快速施加单一脉冲有关的问题可以用冲击来表示，如爆炸引起的振动。荷载的持续时间短到 $10^{-3}\sim10^{-2}$s，这种荷载一般称为脉冲或冲击荷载。地震时主震通常包含 10～20 次不同幅值的重复加载，且地震荷载是一个不规则的时间过程，每个脉冲的周期在 0.1～3.0s，相应的加载时间在 0.02～1.0s 这个量级（图 10-1）。在打桩情况下，施加于土的荷载重复次数达 100～1000 次，振动频率为 10～60Hz。电机或压缩机基础通常受到类似频率的振动作用，但荷载的重复次数更大。

上述荷载主要与振动或波动有关。另一类土的动力问题是交通或水波引起的重复加载问题。铁（公）路路堤下的土在铁（公）路的设计使用期内受到次数很大的重复加载作用，但加载时间可以认为在 0.1s 至几秒量级。这种类型的荷载以重复加载次数很大为特征，虽然荷载的强度并不大，但荷载的积累效应可能是不可忽视的。在这种情况下，由于重复加载次数可以认为是无限大，因此这类动力问题必须理解为疲劳现象。重复加载对土的性能的影响称为重复加载效应。

三、土的变形特性与剪应变的相关性

人们已经注意到，土的变形特性很大程度上取决于土所受到的剪应变大小。在低于 10^{-5} 量级的小应变范围内，大多数土的变形呈现出纯弹性和可恢复的特性。与这样低的应变相对应的现象可能是土中的振动或波动。在 $10^{-4}\sim10^{-2}$ 量级的中等应变范围内，土的性能呈现出弹塑性特性，并产生不可恢复的永久变形。土结构中产生裂缝或差异沉降似乎是与土的弹塑性特性相对应的。当应变大到超过百分之几时，在土中的剪应力没有进一步增加情况下，土中的应变趋向于变得相当大，土体发生破坏。土坡滑动或无粘性土的击（夯）实、液化是与土达到破坏状态的大应变相对应的。

土的性能的另一种特性是膨胀性，即土在排水剪切或不排水剪切的孔隙水压力发生变化过程中趋向于膨胀或收缩。在小应变和中等应变范围内重复加载时土的膨胀性不会呈现出来。当应变水平增加到 $10^{-4}\sim10^{-3}$ 量级以上时，重复加载时土的膨胀性就会呈现出来。应当注意，在重复加载过程中，由于土的膨胀性效应，土的性能会发生渐进性变化，如饱和土的刚度退化、干土或部分饱和土的硬化。

动力加载条件的另一个重要方面是加载速度的影响。实验室试验表明，在单向加载条件下土抵抗变形的能力一般随加载速度的增加而增大，土的强度也随加载速度的增加而增大；同时，当应变很小时就不会发生加载速度效应。试验已表明，是否会发生加载速度效应的门槛剪应变水平为 10^{-3} 量级。

在原位测试中，由于能量的限制，要使地震法在土中产生超过 10^{-5} 量级的应变水平是困难的。因此，地震法仅用于获到小应变水平下土的变形模量。而利用原位振动试验，则可以在土中产生较大的应变，其应变量级可达 $10^{-5}\sim10^{-3}$。当要求确定应变水平达到百分之几时土的性能，则在原位振动试验中所要求的能量太大而难以实现。在这种情况下，则可以采用重复加载试验。如果振动频率小于几个赫兹，则惯性力效应可以忽略，试验就成为单纯的重复静载荷试验。由于加载速度效应在重复加载试验的频率范围内通常是很小的，因此，在中等到大应变范围的原位测试中，重复加载试验是一种有用的工具。

在实验室试验中，确定土的弹性性能的最普通的方法是土样波速试验。此外，共振柱试验也是一种很普通的方法。在共振柱试验中，土的剪应变水平大约为 $10^{-5}\sim10^{-3}$ 量级，其大小与所试验土的类型有关。借助于专门设备，对土样的变形进行精密的测量，共振柱试验可以得到小应变下土的弹性性能。常用的其他土工动力试验还有动三轴试验、动扭剪试验和动剪切试验等。在动三轴试验中，土的剪应变水平大约为 $10^{-4}\sim10^{-1}$ 量级。在研究应变水平达到百分之几的土的性能时，可不考虑振动频率的影响。一般地，要使土试样产生这样大幅度的振动而不降低测试结果的精度是困难的。克服这种困难的最好方法是使试验的振动频率低到使动力试验不再适宜的频率，则这种试验就转化为重复加载试验。利用重复加载试验，对土样可以施加大到足以引起破坏的应变幅度。最近，这种试验已广泛用于研究地震时的软粘土性能和饱和砂土的液化势。

本章主要讨论土的压实性、土的动强度和变形特性、砂性土的液化机理、砂性土的液化判别方法及其地基液化程度的划分等内容。

第二节 土的压实性

工程建设中广泛用到填土，例如路基、土堤、土坝、飞机跑道、平整场地修建建筑物等，都是把土作为建筑材料按一定要求和范围进行堆填而成。显然，未经压实的填土，强度低，压缩性大且不均匀，遇水易发生塌陷等现象。因此，这些填土一般都要经过压实，以减少其沉降量，降低其透水性，提高其强度。特别是高土石坝，往往是方量达数百万方甚至千万方以上，是质量要求很高的人工填土。进行填土时，通常采用夯实、振动或辗压等方法，使土得到压实。土的压实就是指填土在压实能量作用下，使土颗粒克服粒间阻力而重新排列，使土中的孔隙减小、密度增加，从而使填土在短时间内得到新的结构强度。土的压实在松软地基处理方面也得到广泛应用。

实践经验表明，压实细粒土宜用夯击机具或压力较大的碾压机具，同时必须控制土的含水量。对过湿的粘性土进行碾压或夯实时会出现软弹现象，填土难以压实；对很干的粘性土进行碾压或夯实时，也不能把填土充分压实。因此，含水量太高或太低的填土都得不到好的压密效果，必须把填土的含水量控制在适当的范围内。压实粗粒土时，则宜采用振动机具，同时充分洒水。两种不同的做法说明细粒土和粗粒土具有不同的压密性质。

一、粘性土的压实性

研究粘性土的压实性可以在试验室或现场进行。在试验室内研究土的压实性是通过击实试验进行的。试验的仪器和方法见《土工试验方法标准》（GB/T 50123—1999）。试验时将某一种土配成若干份具有不同含水量的土样。将每份土样装入击实仪内，用完全同样的方法加以击实。击实后，测出压实土的含水量 w 和干密度 ρ_d。以含水量 w 为横坐标，干密度 ρ_d 为纵坐标，绘制含水量—干密度曲线如图 10-2 所示。这种试验称为土的击实试验。

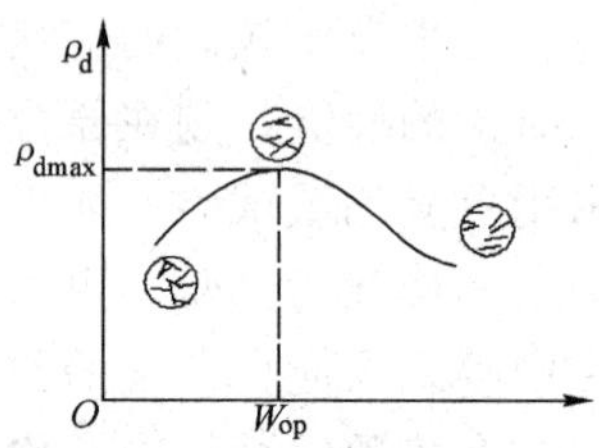

图 10-2 粘性土的击实曲线

1. 最优含水量与最大干密度

在一定的压实功能（在试验室压实功能是用击数表示的）下使土最容易压实，并能达到最大密实度时的含水量称为土的最优含水量 w_{op}。在图 10-2 所示的击实曲线上，峰值干密度 ρ_{dmax} 对应的含水量就是最优含水量 w_{op}。同一种土，干密度愈大，孔隙比愈小，所以最大干密度相应于击实试验所能达到的最小孔隙比。在某一含水量下，将土压到最密，理论上就是将土中所有的气体都从孔隙中赶走，使土达到饱和。将不同含水量所对应的土体达到饱和状态时的干密度也点绘于图 10-2 中，得到理论上所能达到的最大压实曲线，即饱和度为 $S_r=100\%$ 的压实曲线，也称饱和曲线。该曲线可用下述公式表示：

$$w = \rho_w/\rho_d - 1/d_s \tag{10-1}$$

按照饱和曲线，当含水量很大时，干密度很小，因为这时土体中很大的一部分体积都是水。若含水量很小，则饱和曲线上的干密度很大。当 $w=0$ 时，饱和曲线的干密度应等于土粒相对密度 d_s。显然松散的土是无法达到这一密度的。

实际上，试验的击实曲线在峰值以右逐渐接近于饱和曲线，并且大体上与它平行。在峰值以左，则两根曲线差别较大，而且随着含水量减小，差值迅速增加。土的最优含水量的大小随土的性质而异，试验表明 w_{op} 约在土的塑限 w_p 附近。有各种理论解释这种现象的机理。归纳起来，可以这样理解：当含水量很小时，颗粒表面的水膜很薄，要使颗粒相互移动需要克服很大的粒间阻力，因而需要消耗很大的能量。这种阻力可能来源于毛细压力或者结合水的剪切阻力。随着含水量增加，水膜加厚，粒间阻力减小，颗粒就容易移动。但是，当含水量超过最优含水量 w_{op} 以后，水膜继续增厚所引起的润滑作用已不明显。这时，土中的剩余空气已经不多，并且处于与大气隔绝的封闭状态。封闭气体很难全部被赶走，因此击实曲线不可能达到饱和曲线，也即击实土不会达到完全饱和状态。注意到，这里所讨论的是粘性土，粘性土的渗透性很小，在击实的过程中，土中的水来不及渗出，在压实的过程中可以认为含水量保持不变，因此必然是含水量愈高得到的压实干密度愈小。

2. 压实功能的影响

压实功能是指压实单位体积土所消耗的能量。击实试验中的压实功能可用下式表示：

$$E=\frac{WdNn}{V} \tag{10-2}$$

式中：E——压实功能；

W——击锤的质量，在标准击实试验中击锤质量为 2.5kg；

d——落距，击实试验中定为 0.30m；

N——每层土的击实次数，标准试验为 27 击；

n——铺土层数，试验中分 3 层；

V——击实筒的体积，为 $1\times10^{-3}\text{m}^3$。

每层土的压实次数不同，即表示压实功能有差异。同一种土，用不同的功能压实，得到的压实曲线如图 10-3 所示。曲线表明，压实功能愈大，得到的最优含水量愈小，相应的最大干密度愈大。所以，对于同一种土，最优含水量和最大干密度并不是恒值，而是随着压密功能而变化的。同时，从图中还可以看到，含水量超过最优含水量以后，压实功能的影响随含水量的增加而逐渐减小。压实曲线均靠近于饱和曲线。

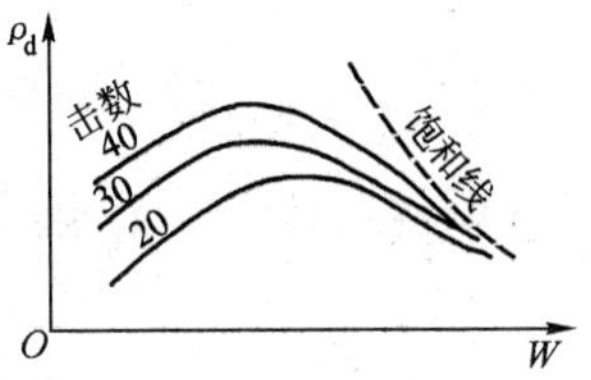

图 10-3　不同压实功能的击实曲线

3. 填土的含水量和碾压标准的控制

由于粘性填土存在最优含水量，因此在填土施工时应将土料的含水量控制在最优含水量左右，以期用较小的能量获得最大的密度。当含水量控制在最优含水量的左侧时（即小于最优含水量），压实土的结构常具有絮凝结构的特征。这样的土比较均匀，强度较高，较脆硬，不易压密，但浸水时容易产生附加沉降。当含水量控制在最优含水量的右侧时（即大于最优含水量），土具有分散结构的特征。这样的土可塑性大，适应变形的能力强，但强度较低，且具有不等向性。所以，含水量比最优含水量偏高或偏低，填土的性质各有优缺点。因此，要根据对填土提出的要求和当地土料的天然含水量，选定合适的含水量进行压实，一般选用的含水量要求在 $w_{op}\pm$（2～3）%范围内。

要求填土达到的压密标准，工程上采用压实度 D_c 控制。压实度的定义为：

$$D_c=\frac{\text{填土干密度 }\rho_d}{\text{室内标准功能击实的最大干密度 }\rho_{dmax}}\times100\% \tag{10-3}$$

我国土坝设计规范中规定，I、II 级土石坝，填土的压实度应达到 95%～98%以上，III 至 V 级土石坝，压实度应大于 92%～95%。填土地基的压实标准也可参照这一规定。式中的标准压实功能规定为 607.5kN・m/m³，相当于压实试验中每层土夯击 27 次。

二、无粘性土的压实性

砂和砂砾等无粘性土的压实性也与含水量有关，不过不存在最优含水量问题。一般在完全干燥或者充分洒水饱和的情况下容易压实到较大的干密度。潮湿状态，由于毛细压力增加了粒间阻力，压实干密度显著降低。粗砂在含水量为 4%～5%左右，中砂在含水量为 7%左右时，压实干密度最小，如图10-4所示。所以，在压实砂砾时要充分洒水使土料饱和。

无粘性土的压实标准，一般用相对密度 D_r 控制。以前要求相对密度达到0.70以上，近年来根据地震震害资料的分析结果，认为高烈度区相对密度还应提高。室内试验的结果也表明，对于饱和的无粘性土，在静力或动力的作用下，相对密度大于0.70～0.75时，土的强度明显增加，变形显著减小，可以认为相对密度0.7～0.75是土的力学性质的一个转折点。同时由于大功率的振动碾压机具的发展，提高碾压密实度成为可能。所以，我国现行的《水工建筑物抗震设计规范》（DL 5073—2000）规定，位于浸润线以上的无粘性土要求相对密度达到0.7以上，而浸润线以下的饱和土，相对密度则应达到0.75～0.85。这些标准对于有抗震要求的其他类型的填土，也可参照采用。

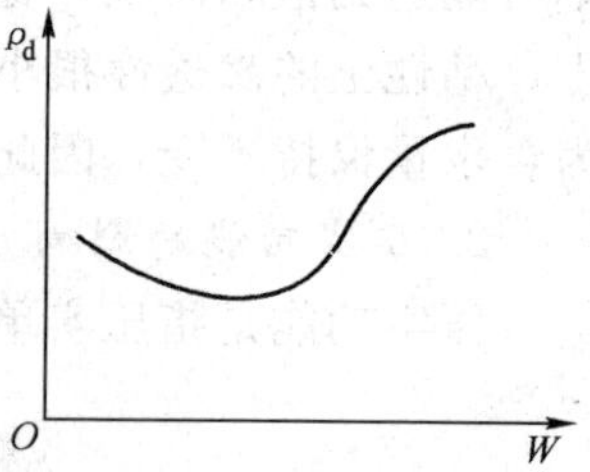

图10-4　粗粒土的击实曲线

典型例题分析

［例题10-1］　某土料场土料的分类为低液限粘土（CL），天然含水量 $w=21\%$，土粒相对密度 $d_s=2.70$。室内标准功能压实试验得到最大干密度 $\rho_{dmax}=1.85g/cm^3$。设计中取压实度 $D_c=95\%$，并要求压实后土的饱和度 $S_r \leqslant 0.9$。问该土料的天然含水量是否适于填筑？碾压时土料的含水量应控制为多大？

解：（1）求压实后土的孔隙比

由式（11-3），填土的干密度 $\rho_d = \rho_{dmax} \times D_c = 1.85 \times 0.95 = 1.76g/cm^3$

则压实后土的孔隙比 $e = d_s \rho_w / \rho_d - 1 = 2.70 \times 1.0/1.76 - 1 = 0.534$

假设土粒的体积 $V_s = 1cm^3$，则

孔隙的体积　　$V_v = eV_s = 0.534 \times 1 = 0.534cm^3$

土粒的质量　　$m_s = d_s V_s \rho_{w1} = 2.70 \times 1.0 \times 1.0 = 2.7g$

（2）求碾压含水量

根据题意，按饱和度 $S_r \leqslant 0.9$ 控制含水量。因此，水的体积为：

$$V_w = S_r V_v = 0.9 \times 0.534 = 0.48cm^3$$

则水的质量　　$m_w = \rho_w \cdot V_w = 0.48g$

因此，填土的含水量 $w = m_w / m_s = 0.48/2.7 = 17.8\% < 21\%$

即碾压时土料的含水量应控制在18%左右。料场土的含水量超过3%以上，不太适宜直接填筑，最好进行翻晒处理。

第三节　土的动强度和变形特性

一、动力试验的加载方式

为了确定土的动强度，至今已进行了数种动力试验。根据试验的加荷方式，可分为四种类型，如图10-5所示。

单调加载试验的加荷速率是可变的。传统的静力加载试验所采用的加载速率控制在使试样达到破坏的时间在几分钟的量级。单调加载试验的加荷速率控制在使试样达到破坏的时间小于数秒时称为快速加载试验。快速加载试验或瞬时加载试验用于确定土在爆炸荷载作用下的强度。图 10-5b）所示的动荷载加载方式用于确定土在地震运动作用下的强度。初始阶段施加的单调静剪应力用于模拟地震前土中的静应力状态，例如斜坡场地中土单元的应力状态，后续阶段施加的循环荷载模拟地震运动作用下土中的循环剪应力。图 10-5c）所示的动荷载加载方式用来研究地震运动作用下土的强度和刚度的衰减或降低。在若干次循环荷载结束后，土样变得软弱，土的静强度和变形性能与加循环荷载前的初始状态不一样。因此，这种试验的土体性能可用于地震后土坝或路堤的稳定性分析。图 10-5d）所示的加载方式有时用于研究受到振动影响的土的静强度。地基中靠近桩或板桩的土体，由于受到打桩引起的振动的影响，土的静强度可能会有所降低。在这种情况下土的强度，可采用土样放在振动台上施

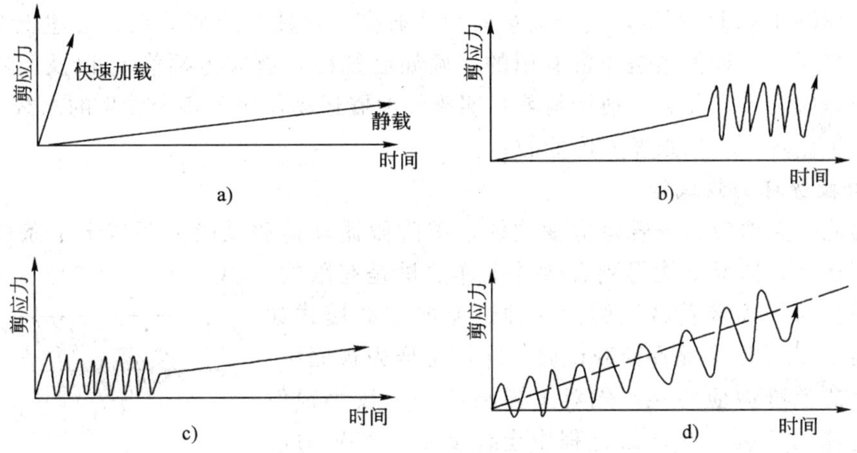

图 10-5 动力试验的加载方式

a）单调加载；b）单调—循环加载；c）循环—单调加载；d）单调增加循环加载

二、粘性土动强度的定义

由于图 10-5b）的加载方式被普遍用于确定地震运动作用下土的强度，因此，用动三轴仪测定土的动强度，按照试验采用单个试样还是多个试样确定土的强度特性，加载模式可分成二类：单阶段循环加载和多阶段循环加载。

1. 单阶段循环加载试验

这种试验采用的加载模式如图 10-6 所示。土样先在适当的围压 σ'_0 下固结，再在排水或不排水条件下施加静轴向应力 σ_s，如图 10-6 中的 P 点。对饱和试样，为了模拟地震前长期应力作用下所产生的固结，必须在排水条件下施加应力 σ_s；对于部分饱和的试样，可采用不排水条件施加应力 σ_s。对于指定的循环次数，在幅值为 σ_d 的循环荷载（σ_d 的大小不足以使土样发生破坏）结束后土样中将产生一定大小的残余应变，如图 10-6a）中 A 点；在同样条件下制备的另外一个新的土样先在围压 σ'_0 下被固结，再施加一个循环次数相同、但幅值 σ_d 增加了的动荷载，加荷结束后残余应变点可能位于图 10-6b）中的 B 点；然后，再对第三个

试样做类似的试验，但幅值 σ_d 继续增加，残余应变点可能位于 10-6c）中的 C 点。假如必要的话，为了得到较大循环剪应力幅值 σ_d 作用下的残余应变，类似的试验可继续重复进行。

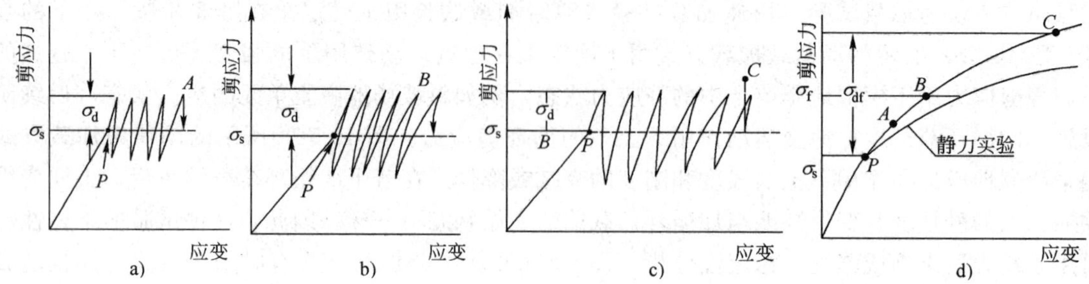

图 10-6　从单阶段循环加载试验结果构造动剪应力—残余应变曲线

假如将按上述方法得到的几个点（如 A、B、C 等）绘在一个图上，可以得到一个应力应变关系，如图 10-6d）所示，这个关系称为动剪应力－残余应变关系。描述土在地震荷载作用下的性能时，这种关系是非常有用的。假如已知循环剪应力幅值 σ_d 以及所考虑斜坡中土单元的静剪应力 σ_s，那么，估计斜坡在期望的地震运动作用下将会发生的永久残余应变或土体可能产生循环流动的强度是可能的。

2. *多阶段循环加载试验*

为了构造一条剪应力—残余应变曲线，单阶段循环荷载试验需要若干个条件相同的土样。然而，在某些情况下能得到有效的土样数量是有限的，这时可采用多阶段循环荷载试验。这种试验的加载模式如图 10-7 所示。与单阶段循环荷载试验一样，土样先被固结，并施加一个初始静剪应力 σ_s。先对土样施加一个较小幅值 σ_d 的循环剪应力序列，在加载过程中土样变形，产生剪应变，如图 10-7 中 A 点，再接着施加一个循环次数相同、但幅值 σ_d 稍大的循环剪应力序列。土样继续变形达到剪应变 B 点，类似地，保持循环次数不变，继续增大循环剪应力幅值 σ_d，可得到剪应变 C 点、D 点…，这样，就能得到一条应力—应变曲线，如图 10-7 中虚线所示，这条曲线可被认为代表类似于单阶段循环荷载试验得到的动剪应力—残余应变曲线。

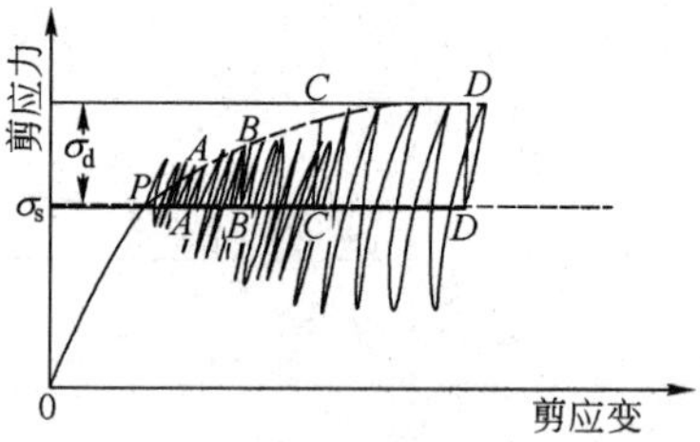

图 10-7　从多阶段循环加载试验结果构造剪应力—残余应变曲线

在上述加载模式中，幅值逐步增大的循环荷载序列被施加于同一个试样。因此，对于在一定幅值的循环荷载序列作用下，土样的反应可能会受到幅值较小的先期循环荷载序列的影响。与没有受到幅值较小的先期循环荷载序列作用的土样相比，假如土样的刚度较小，则由于先期荷载序列的作用将增加土样的残余应变，在应力—残余应变曲线上这种影响就会显示出来。然而，对于许多实用目的而言，上述应力历史的影响可以认为是相当地小，可忽略不计，使用多阶段循环加载试验得到的动剪应力—残余应变曲线是合理的。

对于给定的土样，上述任一加载方式得到的动剪应力—残余应变曲线的形状，取决于初始静剪应力 σ_s 相对于循环剪应力幅值 σ_d 的大小，也取决于试验中采用的循环次数 N 的大小，如图 10-8 所示。图 10-8a）示出了动剪应力—残余剪应变曲线形状与试验采用的循环次

数 N 的关系。随着循环次数 N 的增加，饱和软土的动剪应力—残余应变曲线变得平缓。循环次数 $N=1$ 的试验可近似认为与快速单调加载试验的效果是等价的。图 10-8b）示出了初始静剪应力大小对动剪应力—残余应变曲线形状的影响。与循环剪应力幅值 σ_d 相比，初始静剪应力 σ_s 相当大时，加载速度和荷载反复的影响就很小，动剪应力—残余应变曲线形状变得类似于静荷载下的剪应力—剪应变关系。

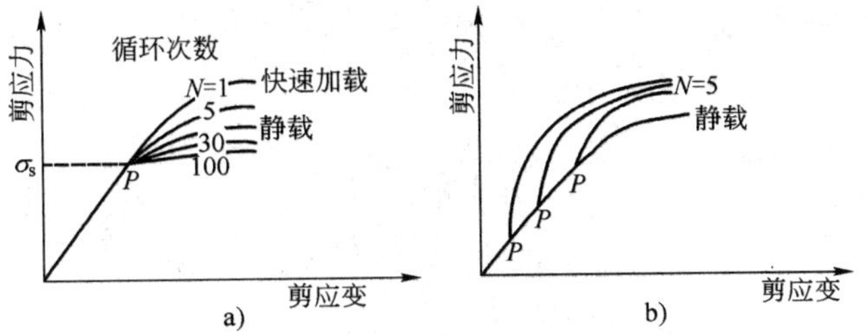

图 10-8　荷载循环次数和初始剪应力对剪应力—残余应变曲线的影响
a）荷载循环次数的影响；b）初始静剪应力的影响

3. 粘性土的动强度及其影响因素

为了确定循环荷载下粘性土的强度变化，可用动三轴仪进行试验研究。试验中，首先使土样固结，再在不排水条件下施加静轴向荷载，其大小等于粘性土静强度的一个指定百分数，等变形稳定后再施加循环轴向荷载，其幅值也等于土静强度的一个指定的百分数。随着循环次数增加，轴向变形也增加，直到达到破坏标准。

图 10-9 是反映剪应力和轴向残余应变关系的一个试验结果。该试验中的未扰动土样取自 1978 年日本 Miyaiken-oki 地震中 Sendai 南部 Shiroishi 曾发生地滑动的陡坡附近。试验中采用的固结压力 $\sigma'_0=50\text{kPa}$，静轴向应力 $\sigma_s=144\text{kPa}$。从图可见，随着循环次数 N 减少，产生指定残余轴向应变的轴向总应力（$\sigma_s+\sigma_d$）增大。这表明循环反复加载将使土的刚度降低。对于这种特定的粉质土，动强度可达到静强度的 1.5 倍。

图 10-10 总结了加载速度对粘性土强度的影响。虽然由于一些其他因素对粘性土强度的影响，使得试验数据有些离散，但仍然存在一个一般的趋势：随着加载速度的提高，粘性土的强度提高。图 10-10 中的平均线表明，粘性土在加载持续时间为 0.25s 的瞬态加载所得到的强度大约比加载持续时间为 100s 的静荷载试验得到的强度高 40%。

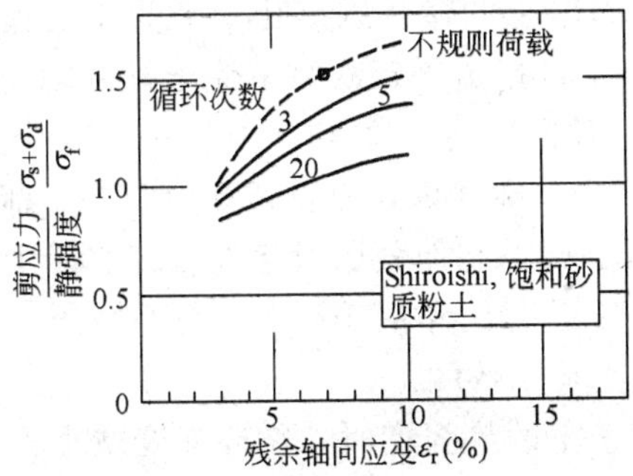

图 10-9　Shiroishi 饱和砂质粘土的剪应力—残余应变曲线

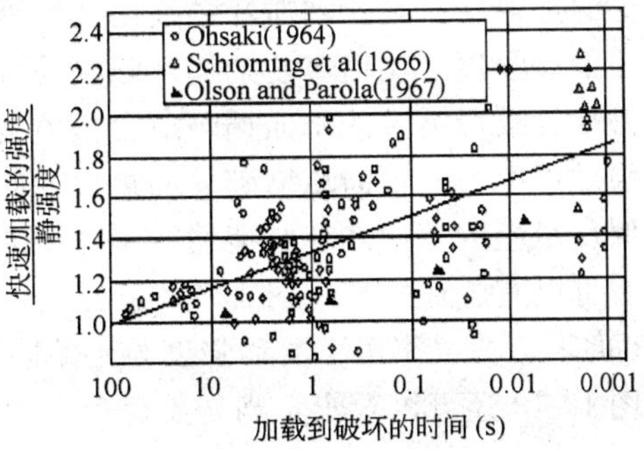

图 10-10　加载时间对粘土强度的影响

根据不排水剪切阶段施加于土样上的初始静轴向应力 σ_s 和循环轴向荷载幅值 σ_d 大小的关系，加载方式可分为只有大小变化的单向循环加载和同时具有方向变化的双向循环加载两种情况，如图 10-11 所示。在各向均等固结情况下，如图 10-12 所示，当 $\sigma_d<\sigma_s$ 时在土样的 45°面上剪应力只有大小的变化；当 $\sigma_d>\sigma_s$ 时在土样的 45°面上剪应力既有大小的变化还有方向的变化。可以想象，若 $\sigma_s=0$，当土样处于轴向压缩和轴向拉伸时，则在土样的 45°面上，剪应力大小相等、方向相反。

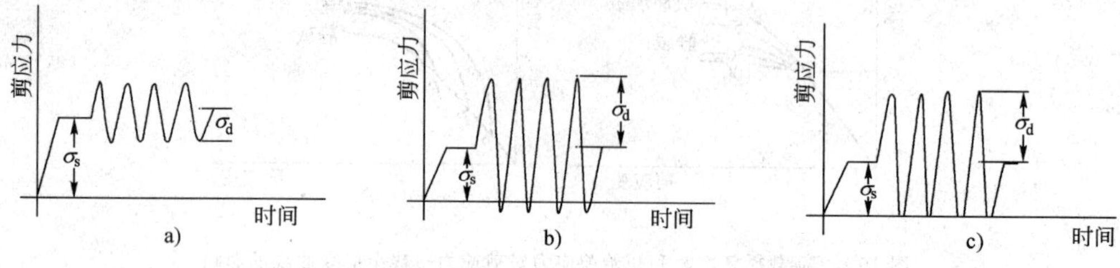

图 10-11　循环加载方式

a）单向加载；b）具有应力反向的双向加载；c）具有应力反向截断的单向加载

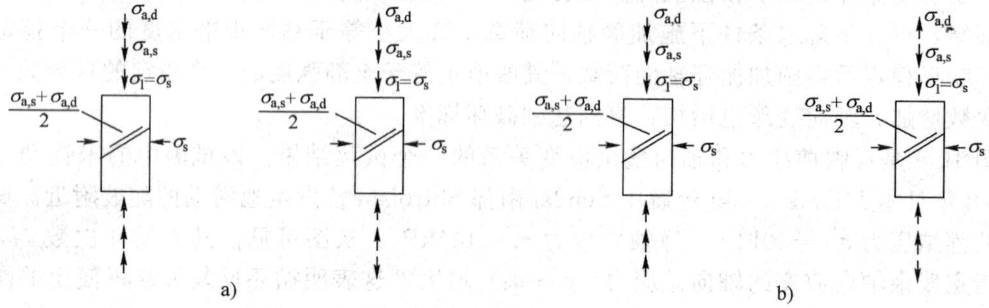

图 10-12　土样 45°面上的剪应力

a）$\sigma_{a,s}>\sigma_{a,d}$单向剪切；b）$\sigma_{a,s}<\sigma_{a,d}$双向剪切

图 10-13 是在循环次数 $N=1$、加载频率为 1Hz 条件下的试验结果。因此，循环加载 1/4周的荷载持续时间为 0.25s。由图可见，当初始静轴向应力 σ_s 为零即 $\sigma_s/\sigma_f=0$ 时，这里 σ_f 为土的静强度，则土的循环强度比近似等于 1.4。这里土的循环强度比定义为土的循环强度与土的静强度之比值，土的循环强度或称动强度等于在指定循环次数下使土样的轴向变形达到破坏标准所需要的轴向循环应力幅值 σ_d 与初始静轴向应力 σ_s 之和。由于 $\sigma_s=0$，土样的循环强度可由引起轴向压缩破坏的最大轴向应力来确定。这意味着加载频率为 1Hz、荷载循环 1 周所引起的土样破坏与荷载持续时间为 0.25s 的单调瞬态加载所引起的破坏实际上是等价的。可以有趣地发现，图 10-12 中当 $\sigma_s=0$ 时的循环强度比和图 10-11 中荷载持续时间为 0.25s 的瞬态荷载作用下的动强度与土的静强度之比值是一致的。

图 10-13 还可以看出，当初始静剪应力增大到等于土的静强度时，循环强度减小为 1.0。这可能是由于随着初始静剪应力的增加，循环应力的相对大小逐渐减小，因此，土样中的应力状态也就越来越接近于静荷载试验的结果。

图 10-14 是单向循环加载、不同循环次数的试验结果。可以看出，随着指定的荷载循环

次数增加，土的循环强度逐渐降低。当荷载循环次数接近 100 次时，土的循环强度基本上等于土的静强度。图 10-15 总结了单向循环加载、荷载循环次数 $N=50$ 的试验结果。

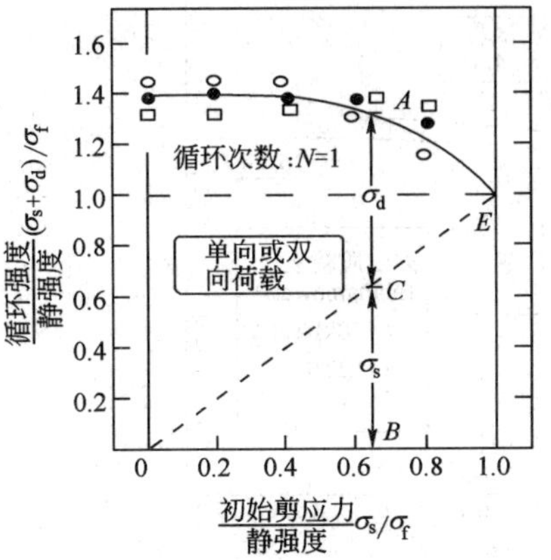

图 10-13　循环强度比与初始应力比的关系

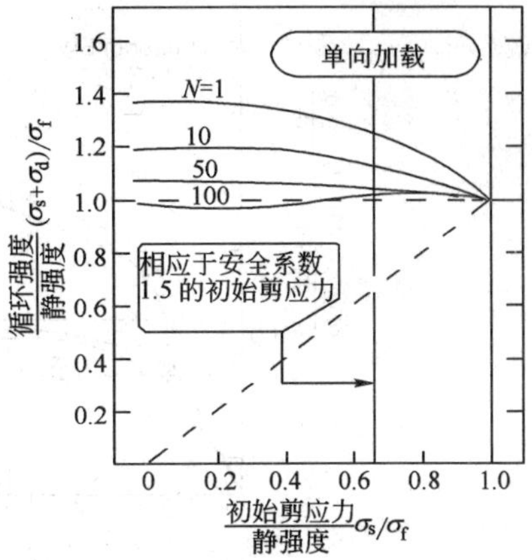

图 10-14　单向循环加载试验结果总结

图 10-16 是在不规则荷载作用下得到的试验结果。该试验用的火山沉积原状粘土取自 1978 年日本 Near-Izu 地震（震级 M＝7 级）中曾发生大规模地滑的小山坡滑动面上。土样的塑性指数 $I_p \approx 30$，含水量 $w=110\%\sim140\%$，饱和度 $S_r=85\%\sim90\%$，常规三轴试验测定的抗剪强度指标 $c=48\text{kPa}$ 和 $\varphi=17°$。试验中的不规则荷载采用 1968 年日本 Tokachioki 地震中 Hachinohe 和 Muroran 码头中密砂层的地表记录到的水平向加速度时程。EW 表示东西向水平地震加速度时程，NS 表示南北向水平地震加速度时程。CM 试验代表不规则荷载加载过程中压缩应力峰值为应力时程最大幅值的试验；EM 试验代表不规则荷载加载过程中张拉应力峰值为应力时程最大幅值的试验。从图中可以看出，当动静轴向总应力（$\sigma_d+\sigma_s$）达到土的静强度 σ_f 的 80％时（$\sigma_f=84.4\text{kPa}$），土的残余应变急剧增大；在轴向总应力（$\sigma_d+\sigma_s$）与土的静强度 σ_f 之比达到指定的初始静应力 σ_s 与土的静强度之比 $\sigma_s/\sigma_f=70\%$ 的水平之前，土样的剪应力—残余应变关系与静应力—应变关系一致；土样先施加一定大小的静荷载后再施加动荷载，与单纯的静荷载试验条件相比，土样具有较大的刚度和较高的强度。对于本试验中的火山沉积粘土，这种因后继动荷载作用而导致的强度提高几乎达到 100％。

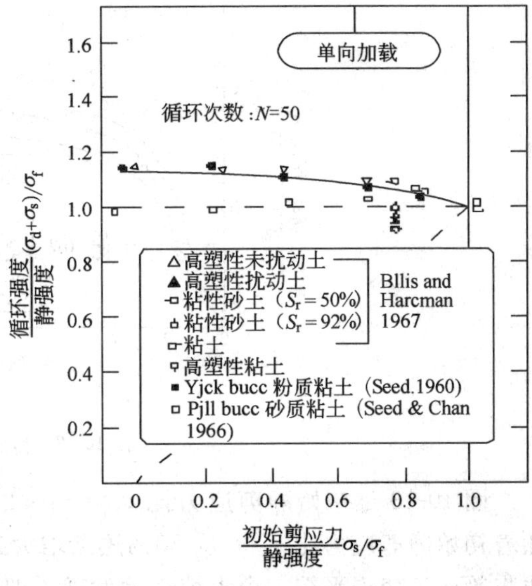

图 10-15　循环强度与初始静剪应力的关系

图 10-17 是初始静剪应力比 $\sigma_s/\sigma_f=70\%$ 的试验结果。虽然对不同条件的试验，其试验结

果有些离散，但所有数据均落在一个很窄的条带内。因此，所有试验数据可用一条平均线来表示。可以看出，达到破坏应变所需要的循环强度比约为 1.95。

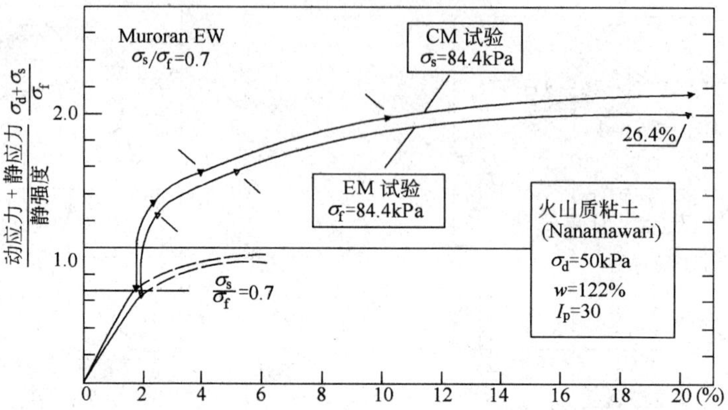

图 10-16　不规则荷载试验的剪应力—残余应变关系

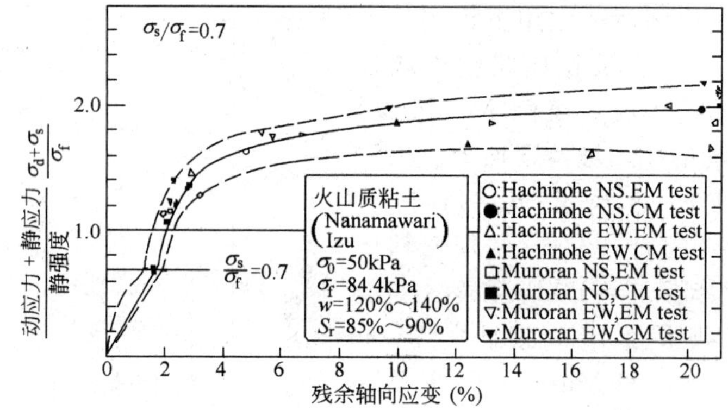

图 10-17　剪应力—残余应变关系

图 10-18 是初始静剪应力比 $\sigma_s/\sigma_f=0.2\sim0.9$ 的所有试验的平均曲线。图中可以看出，随着初始静剪应力比 σ_s/σ_f 从 20%逐渐增大到 90%时，残余应变达到某一水平后残余应变曲线将趋向于变得平缓。令人惊奇地发现，即使初始静剪应力比 σ_s/σ_f 达到 90%的水平，剪应力—残余应变曲线仍然远高于静剪应力—应变曲线。从图 10-18 可得到一个重要结论：当初始静剪应力比 $\sigma_s/\sigma_f=0.5\sim0.8$（这是斜坡下原位土层通常遇到的应力条件）时，初始剪应力的大小对剪应力—残余应变曲线没有明显的影响。因此，初始静剪应力对动应力—应变关系的影响可以用 $\sigma_s/\sigma_f=0.7$ 的试验结果来代表。

图 10-19a）和 11-19b）分别是各向均等固结压力 $\sigma'_0=20$kPa 和 $\sigma'_0=80$kPa 的一系列试验结果。根据全部试验结果，可以给出一条合理的平均曲线。对于 $\sigma'_0=20$kPa 的情况，土的循环强度比约为 2.15；对于 $\sigma'_0=80$kPa 的情况，土的循环强度比约为 1.65。为了达到比较目的，现将 $\sigma'_0=20$kPa、50kPa 和 80kPa 的试验结果的平均曲线重绘于图 10-20。

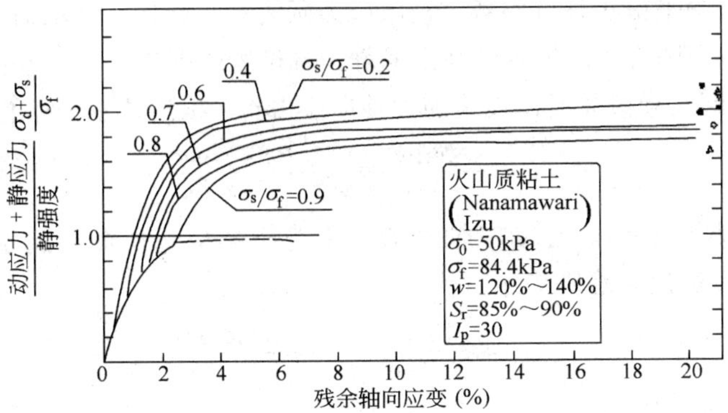

图 10-18　初始静剪应力对剪应力—残余应变关系的影响

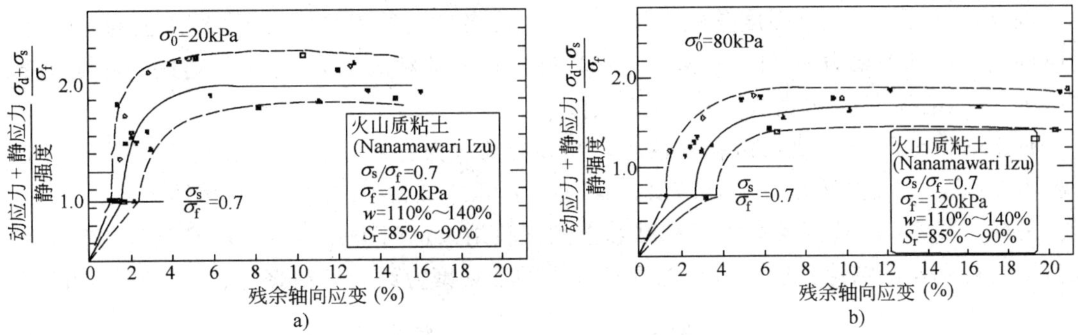

图 10-19　不同围压下剪应力—残余应变关系曲线

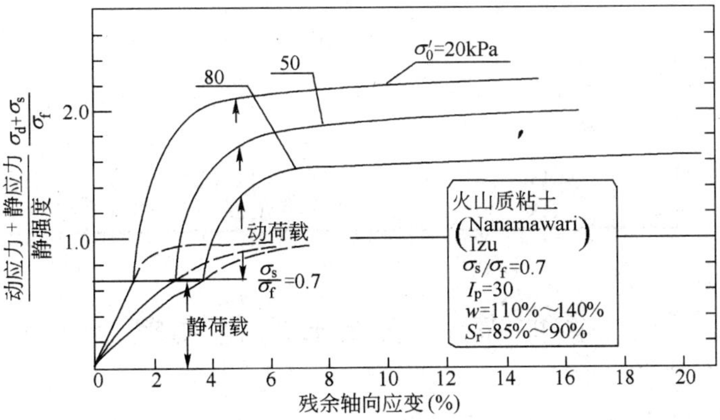

图 10-20　围护压力对剪应力—残余应变关系的影响

4. 粘性土的动强度与静强度之间的关系

前一部分论述的一系列试验表明，假如初始静剪应力 σ_s 处于土的静强度 σ_f 的 40%～90%的范围内，则初始静剪应力的大小对后续动荷载作用下土的性能没有明显影响。因此，可以忽略初始静剪应力的变化所引起的对土的动力性能的影响。但固结压力 σ'_0 的影响是明显的，在估计动荷载作用下土的残余应变和强度时其影响是不能忽略的。

静荷载下土的极限平衡状态可用摩尔极限应力圆表示，同样，在动荷载下土的极限平衡状态也可用摩尔极限应力圆表示。假定已知土的静三轴试验强度指标 c 和 φ 值，则对各向均等固结压力 σ'_0 作用下引起土样破坏所需要施加的轴向应力 σ_f，根据摩尔—库仑破坏准则，应满足：

$$\sigma_f = \frac{2\sin\varphi}{1-\sin\varphi}\sigma'_0 + \frac{2c\cdot\cos\varphi}{1-\sin\varphi} \tag{10-4}$$

对于同样的固结压力 σ'_0，在动三轴试验中引起土样破坏所需要施加的总轴向应力 σ_{Df}，假定也可用摩尔—库伦破坏准则表示，则

$$\sigma_{Df} = \frac{2\sin\varphi}{2-\sin\varphi}\sigma'_0 + \frac{2c_D\cos\varphi}{1-\sin\varphi} \tag{10-5}$$

结合式（10-4）和（10-5）得：

$$\frac{c_D}{c} - 1 = \left(1 + \frac{\sigma'_0}{c}\cdot\tan\varphi\right)\left(\frac{\sigma_{Df}}{\sigma_f} - 1\right) \tag{10-6}$$

因此，若已知土的静强度参数 c 和 φ 值，且在各向均等固结压力 σ'_0 作用土的动强度 σ_{Df} 也已确定，则动粘聚力 c_D 可以从式（10-6）确定；若动粘聚力 c_D 已知，则任一各向均等固结压力 σ'_0、动强度 σ_{Df}可由式（10-6）确定。

日本 Shiroishi 地区火山沉积粘性土，其颗粒组成为：砾粒 13%，砂粒 47%，粉粒 12% 和粘粒 28%，击实到重度 $\gamma=18.7\text{kN/m}^3$ 和 19.0kN/m^3。其试验条件和结果如表 10-1 所示。另外，日本 Izu 地区某火山沉积粘性土的试验结果也列于表 10-1。虽然仅从两种粘性土试验不能得到一般结论，但可以注意到粘性土的动粘聚力约为静粘聚力的 1.6～2.4 倍。

两种粘土的静、动力试验结果 表 10-1

试验条件与结果	火山沉积粘土（Izu）	火山沉积砂质粘土（Shiroishi）	火山沉积砂质粘土（Shiroishi）
重度 γ（kN/m³）	13.3	18.7	19.0
含水量 w（%）	110～140	22～23	20～21
饱和度 S_r（%）	85～90	82～84	82～84
塑性指数 I_p	30	18	18
静粘聚力 c（kPa）	20	28	32
内摩擦角 φ（°）	17	14	16
动粘聚力 c_D（kPa）	48	52	51
c_D/c	2.4	1.86	1.59

第四节　砂性土液化机理

一、现场应力条件在室内试验中的模拟

水平地面下的饱和砂土单元，地震前已在 K_0 条件下经历了长期的固结过程，在地震期间这一土单元将在不排水条件下受到往返剪切应力 τ_d 的作用，如图 10-21a）所示；注意到地表水平的场地，在水平方向是假定无限延伸的，因此，往返剪应力是在侧向变形被完全限制的条件下施加的。对于地表倾斜的场地，任一土单元在地震前可以近似看作已在 K_0 条件下各向异性固结，并在土单元的水平面上施加了一个附加的剪应力 τ_s；地震期间土单元在不排水条件下

受到一个往返剪应力 τ_d 的作用，如图10-21b)所示。由于倾斜地面下土单元侧向变形可以认为是一直允许发生的，因此，倾斜地面下的土单元在水平面上受到往返剪应力作用时是处于能自由发生侧向变形的状态。当试图在试验室研究土的性能时，土样在扭转剪切试验仪上进行试验可以最佳地重现土的原位应力状态。在典型的扭转剪切试验中，饱和砂土试样先在 K_0 条件下固结，再在不排水条件下受到扭转往返应力作用。当试验要模拟水平地面条件时，必须在侧向变形被约束的条件下施加往返扭转应力，如图 10-21c) 所示；当试验要模拟倾斜地面条件时，作用在土单元水平面上的初始剪应力的影响可以通过在 K_0 条件下施加偏应力（$\sigma'_v-\sigma'_h$）来模拟，而往返扭转应力则必须在侧向变形自由的条件下施加，如图 10-21d) 所示。

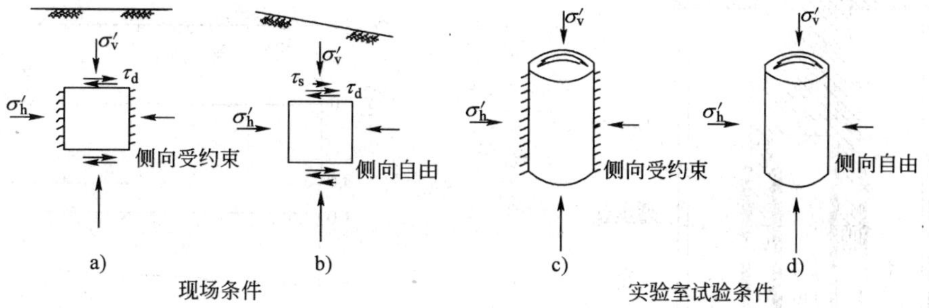

图 10-21 地震前和地震期间的现场应力条件
与在实验室扭转试验中的模拟
a) 水平场地；b) 斜坡场地；c) CDT test；(d) CT test

二、砂性土液化机理

砂性土液化机理可以通过观察扭转剪切试验中孔隙水压力和剪应变的发展特性得到最好的解释。一种典型的扭转剪切试验仪如图 10-22 所示。

1. *侧向变形有约束的扭转剪切试验*

由于往返扭转应力是在侧向变形有约束、不排水条件下施加的，因此，在整个试验过程中轴向和侧向应变始终为零。假若试验是在 $K_0=1$ 的特定条件下进行的，则土样在施加往返扭转应力前的应力状态即为各向均等固结条件下的应力状态。假若施加往返扭转应力时土样处于不排水状态，则土样将既不产生轴向变形，也不产生任何侧向变形。因此，在各向均等固结条件下对土样施加往返扭转应力所产生的应力状态，与往返三轴试验中在各向均等固结、不排水条件下对土样施加往返轴向应力所引起的 45°面上的应力状态是完全一致的。

饱和砂土产生液化的机理可以用空心圆柱土样在扭转剪切试验仪上的试验结果来解释，图 10-23 是一组往返扭转剪切试验的结果。在该试验中，砂土试样的相对密度 $D_r=55\%$，竖向固结压力 $\sigma'_{v0}=100\text{kPa}$，侧向固结压力 $\sigma'_{h0}=50\text{kPa}$，受到 10 周均幅扭转往返应力作用，其幅值 $\tau_d=15\text{kPa}$，施加 1 周扭转往返应力的时间为 30min。从图可以看到，在往返加载过程中，有效侧向应力持续增长，一直增长到等于初始竖向应力为止，同时，累积孔隙水压力也持续增长，同样也一直增长到等于初始竖向应力为止。在加载的第 10 周，扭转剪应变突然迅速增大，表明砂土发生了软化。这种状态称为砂土液化或循环软化，也即，在施加往返扭转应力过程中，相应于有效应力的 K_0 值逐渐增加，最终达到 $K_0=1$ 的状态（液化触发）。

这说明，水平地面下的饱和砂层在地震动作用下可以达到液化状态，同时伴随着侧向应力发生变化，累积孔隙水压力比 u/σ'_{v0} 达到 100%，土的抗剪强度完全丧失，液化触发时土单元没有任何形状的改变。

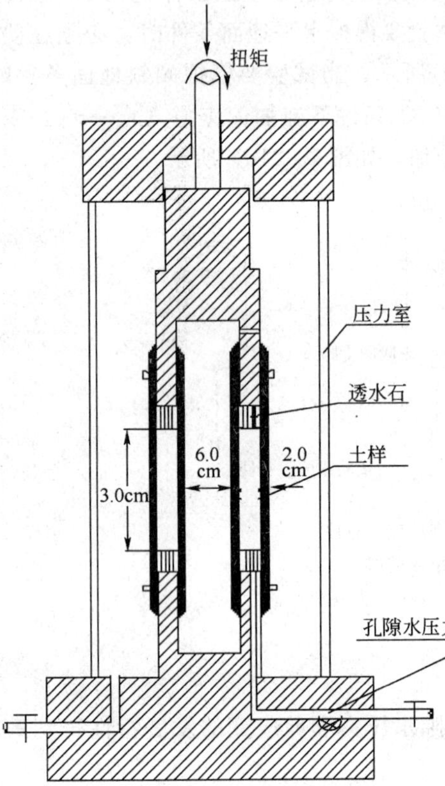

图 10-22　空心圆柱试样扭转实验仪

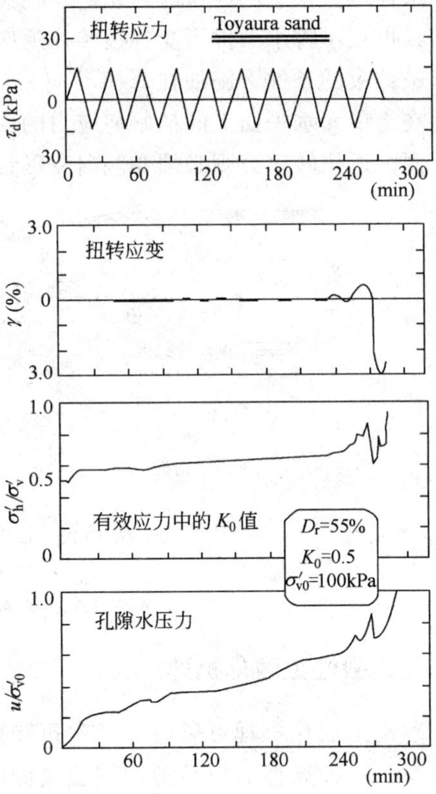

图 11-23　侧面变形受约束的空心圆柱土样扭剪试验中侧向应力和累积孔隙压力的变化

2. 侧向变形无约束的扭转试验

对土样先施加不变的竖向应力 σ'_{v0} 和侧向应力 σ'_{h0}，再在不排水条件下施加往返扭转应力，土样既可发生竖向变形也可发生侧向变形。这种试验条件用于模拟饱和砂土单元存在一定的初始剪应力的倾斜地面场地如斜坡、堤坝等。应注意，在这样的条件下土单元在水平面方向始终是能自由移动的。图 10-24 是空心圆柱饱和砂土试样在这种条件下的扭转剪切试验结果。试样的相对密度 $D_r=57\%$，竖向固结压力 $\sigma'_{v0}=100$kPa，侧向固结压力 $\sigma'_{h0}=50$kPa，受到 5 周均幅扭转往返应力作用，其幅值 $\tau_d=15$kPa。从图可以看到，在往返加载中，侧向应变持续增大，试样的形状也将发生明显的变化；同时，累积孔隙水压力增长到一定程度就不再增大，不能达到初始竖向应力的大小。还可以看到，在往返加载的任何阶段，往返扭应变没有发生突然增大现象。这说明，土样在这种条件下不会发生完全软化或液化现象；与饱和砂土在侧向变形有约束的试验中发生液化破坏不一样，在这种侧向变形无约束的试验中，砂土是在具有一定围护压力下发生剪切破坏。

饱和砂土在往返荷载作用下的性能，也可以在动三轴仪上进行试验研究。在往返三轴试验中对土样先在不排水条件下各向异性固结，再施加往返轴向应力。这种往返三轴试验可以认为与侧向变形无约束的扭转剪切试验是等价的。虽然这两种试验中往返荷载施加的方式是不一样的，但本质上两种试验具有共同的特征，即在往返加载过程中土样逐渐发生轴向变形，同时施加的初始偏应力保持不变。

3. 循环软化或液化的定义

液化触发的基本机理，起先是在动三轴仪上通过观察往返轴向应力作用下饱和砂土试样的性能来解释的。Seed 和 Lee（1966）最早进行了往返三轴试验。饱和砂土试样先在一定围护压力下固结，再在不排水条件下施加常幅往返轴向应力，直到双幅轴向应变达到一定水平为止。这种加载方式在土样 45°平面上产生的应力状态与地震作用下水平地面下土单元水平面上的应力状态是一致的。试验土样与原位土层的这种关系是用往返三轴试验来估计饱和砂土抗液化能力的基础。在往返三轴试验的不同加载阶段土样的应力状态如图 10-25 所示。土样先在均等固结压力 σ'_0 作用下固结，再在不排水条件下施加轴向应力 σ_d 时，在土样的 45°平面上产生的剪切应力为 $\sigma_d/2$，同时该平面上还产生正应力 $\sigma_d/2$，该应力为纯压缩应力，基本上传递给孔隙水，不会引起现存的有效围护压力 σ'_0 的任何变化。因此，作用在 45°平面上的正应力可以忽略。

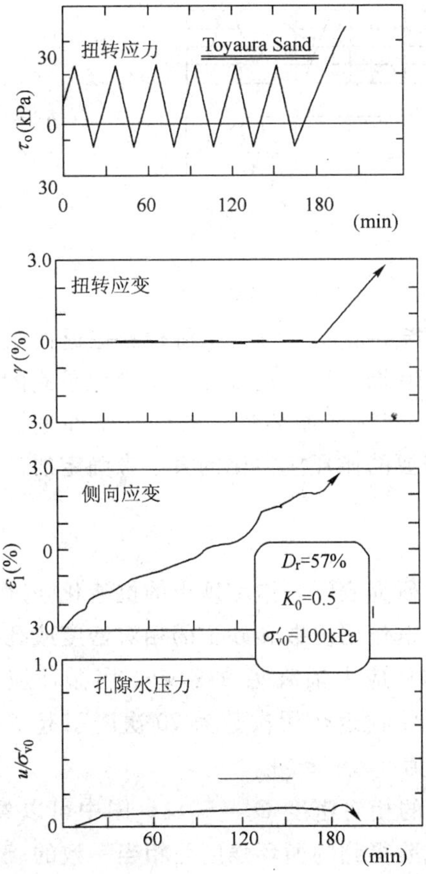

图 10-24　侧面变形无约束的空心圆柱土样扭剪试验中侧向应力和累积孔隙压力的变化

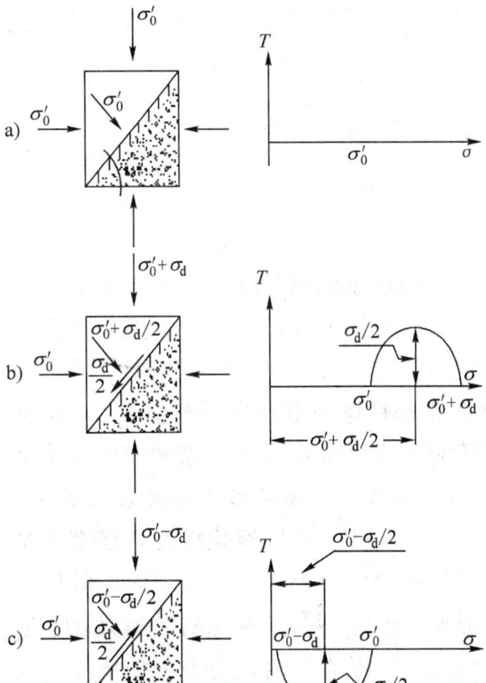

图 10-25　往返三轴试验中土中静应力和循环应力的模拟

图 10-26 是往返三轴试验的一个典型试验结果。可以看到，随着往返轴向应力的施加，孔隙水压力逐渐增长，最终达到初始围护压力的大小，从而产生约 5%的双幅轴向应变。这样的状态称为初始液化。对于饱和松砂，初始液化基本上可以看作软化状态，因为累积孔隙水压力比 u/σ'_{v0} 达到 100%的瞬间或以后，土样会发生强度完全丧失和变形迅速无限地发展的现象。对于中密至密实的饱和砂，随着双幅轴向应变达到约 5%，累积孔隙水压力比 u/σ'_{v0} 达到 100%，饱和砂也发生软化状态；但初始液化触发后，土样不会发生强度完全丧失和变形无限地增大的现象。然而，只要土样达到一定大小的往返轴向应变时就会发生一定程度的软化。因此，习惯上把双幅轴向应变达到约 5%或累积孔隙水压力比 u/σ'_{v0} 达到 100%作为一个较宽密度范围内砂土循环失稳状态的普遍标准。对含有一定含量的粉质砂土或砂质粉土，孔隙水压力不会充分发展，当其达到初始有效围护压力的 90%～95%时就停止了进一步增长。当这类土发生明显的软化现象时，可以观察到有相当大的往返轴向应变。因此，对从洁净砂土到含有较多细粒砂的各类砂性土，在往返三轴试验中通常把土样产生 5%双幅轴向应变作为循环软化或液化的标准。

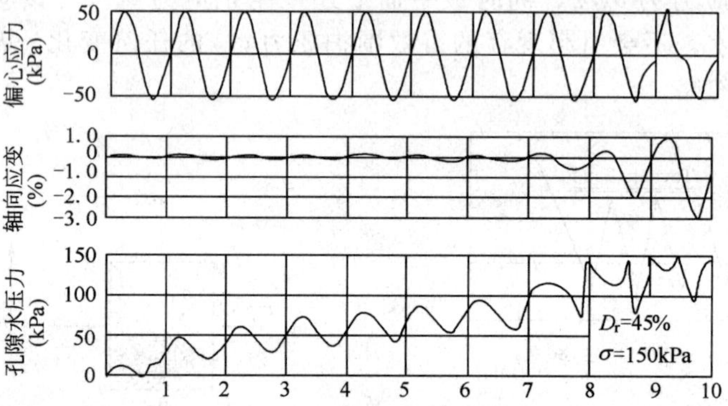

图 10-26　往返三轴试验中轴向应变和累积孔隙水压力的变化

为测定液化触发或产生 5%双幅轴向应变，需要指定常幅均匀往返荷载的往返次数。原则上往返次数可以任意给定，但习惯上采用 10 周或 20 周，用以代表在地震中记录到的加速度时间历程中具有明显往返特征的典型数次。这样，液化或循环软化的触发条件是根据在 20 次常幅往返荷载作用下产生 5%双幅轴向应变所需要的循环应力比的大小来确定的。这个循环应力比通常称为循环强度或抗液化强度。

4．砂性土的循环强度或抗液化强度

对饱和砂土的抗液化强度，已有大量试验研究。研究表明，饱和砂土的抗液化强度主要受初始围护压力的大小、循环应力幅值、循环应力往返作用次数和砂土的相对密度或孔隙比的影响。通常，为了考虑初始有效围护压力 σ'_0 和循环应力幅值 σ_d 的影响，用循环应力比 $\sigma_d/(2\sigma'_0)$ 作为三轴试验中土的抗液化强度的量度；将往返作用次数为 20 次时引起双幅轴向应变 5%所需要的循环应力比称为抗液化强度，记为 $[\sigma_{dl}/2\sigma'_0]_{20}$。

图 10-27 是日本砂土液化试验结果的总结，砂土的相对密度 $D_r=50\%$。图中可以看出，不同的试验结果也落在一个很窄的带内，表明不同试验得到的循环强度是相当一致的。不过也可以看出，试样尺寸较小（直径 5cm）的土样，其循环强度较尺寸较大（直径 7～10cm）土样的循环强度要稍高一些。图中的实线近似给出了两组试样试验结果的分界线，这条曲线

也可视为不同试验的平均线。对于细粒（粒径小于 0.075mm）含量大于 50%的粉质砂土，试验中普遍发现，相对密度 D_r 并不是表达抗液化强度的一个适宜的性能指标，影响抗液化强度的最重要的性能指标却是塑性指数 I_p。

图 10-28 的试验结果清楚地证明了这一结论。但也可看出，当塑性指数 $I_p<10$ 时，塑性指数 I_p 对循环强度没有明显的影响。

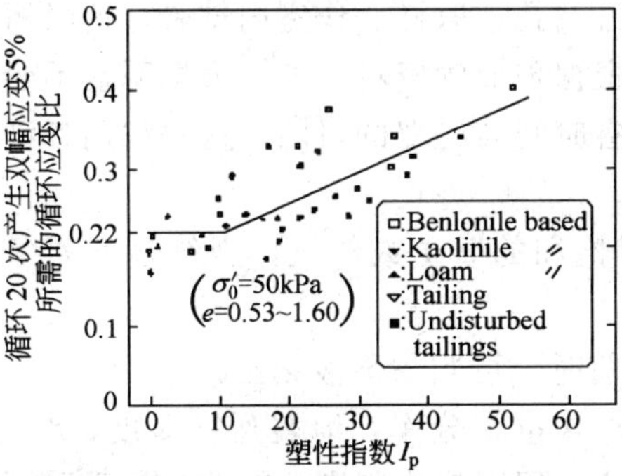

图 10-27　日本砂土液化试验结果

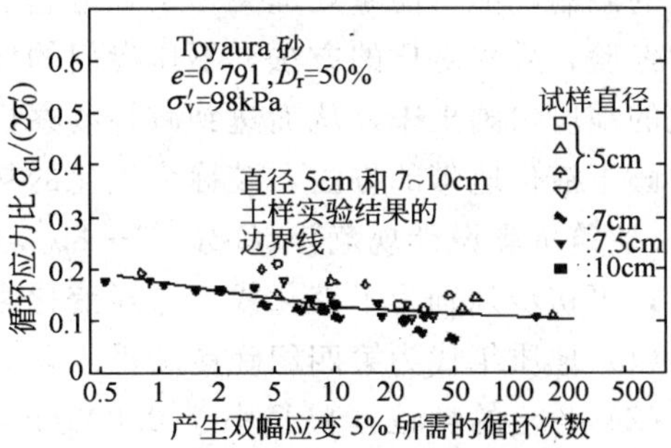

图 10-28　塑性指数对含细粒砂循环强度的影响

图 10-29 给出了扭转剪切试验中固结比对砂土抗液化强度的影响。扭转剪切试验中，循环应力比定义为循环扭转剪应力 τ_d 的幅值与竖向有效固结压力 σ'_v 的比值。由图可见，固结比 K_0 越大，抗液化强度越高。为了检验 K_0 条件的影响，竖向围护压力 σ'_v 可以通过下式转换为平均有效围护应力 σ'_0：

$$\sigma'_0 = \frac{1+2K_0}{3}\sigma'_v$$

假如图 10-29 中的循环应力比 τ_d/σ'_v 变换到循环应力比 τ_d/σ'_0，试验数据可以重新整理成图 10-30 所示。可以看到，不同 K_0 值的试验数据与循环次数的关系曲线几乎是一致的。

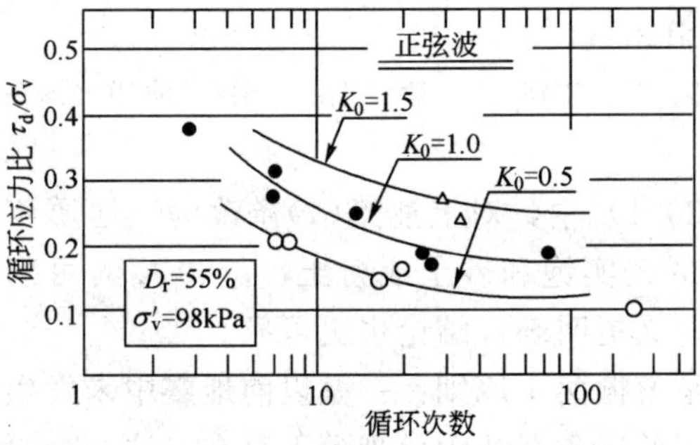

图 10-29　侧向受约束条件下固结比 K_0 对循环强度的影响

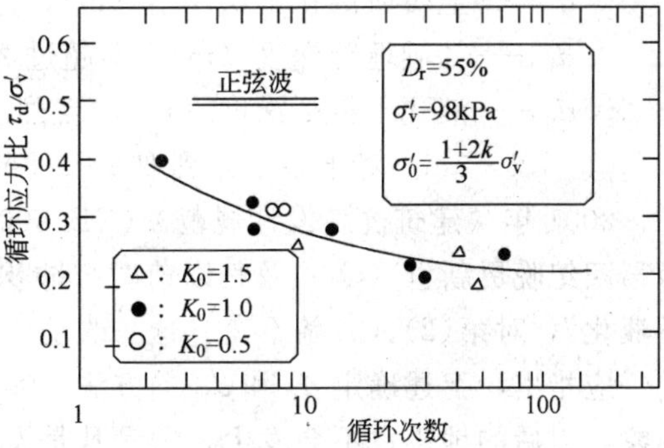

图 10-30　不同 K_0 条件下循环应力比与循环次数的关系

第五节　砂性土地基液化判别

一、抗液化设防范围与液化初步判别

《建筑抗震设计规范》（GBJ 11—89）规定 6 度地震区需要地基抗液化设防，并规定对液化沉

陷敏感的乙类建筑可按7度考虑，在7度～9度时，乙类建筑可按原烈度考虑。2001年《建筑抗震设计规范》(GB 50011—2001) 仍采用这一规定。《岩土工程勘察规范》(GB 50021—2001) 也作了与此相同的规定。在抗震规范中对6度区适当作原则性规定是有益的。在6度区的确有少数地点曾发生过液化，但未曾对6度区的砂性土液化作系统调查工作，现今掌握的资料很少。

在场址的初勘阶段和进行地基失效小区划时，由于需勘察的面积较大，而且都有时间和经费的限制，不可能像处理某一工程地基一样，进行钻孔、取样、作室内试验。这时需利用已有经验，采取对比的方法，不作专门的试验，可根据现成的资料，把一大批明显不会发生液化的地段勾画出来，从而达到减轻勘察任务、节省时间与经费的目的。这种利用各种界限值勾画不液化地带的方法，被称为液化的初步判别。

《建筑抗震设计规范》(GBJ 11—89) 规定，对饱和的砂土或粉土，当符合下列条件之一时，可初步判别为不液化或不考虑液化影响：

(1) 地质年代为第四纪晚更新世 (Q_3) 及其以前时，可判为不液化土。

(2) 粉土的粘粒（粒径小于0.005mm的颗粒）含量百分率，地震烈度7度、8度和9度分别不小于10、13和16时，可判为不液化土（注：用于液化判别的粘粒含量系采用六偏磷酸钠作分散剂测定，采用其他方法时应按有关规定换算）。

(3) 采用天然地基的建筑，当上覆非液化土层厚度 d_u(m)和地下水位深度 d_w(m)符合下列条件之一时，可不考虑液化影响：

$$d_u > d_0 + d_b - 2$$

$$d_w = d_0 + d_b - 3$$

$$d_u + d_w > 1.5d_0 + 2d_b - 4.5$$

式中：d_w——地下水位深度（m），宜按建筑使用期内年平均最高水位采用，也可按近期内年最高水位采用；

d_u——上覆非液化土层厚度（m），计算时宜将淤泥和淤泥质土层厚度扣除；

d_b——基础埋置深度（m），不超过2m时用2m；

d_0——液化土特征深度（m）；当烈度为6、7、8度时，对于粉土分别取8m、7m、6m，对于砂土分别取9m、8m、7m。

2001年《建筑抗震设计规范》(GB 50011－2001) 中，对上述第(1)条改为“地质年代为第四纪晚更新世 (Q_3) 及其以前时，冲积形成的密实饱和砂土或粉土，7～9度时可判为不液化”，对第(2)、(3)条不变。这一改动，使得含义更明确，结论也更可靠。

应指出，上述确定 d_u 和 d_w 的方法，实际上是遵循两个原则：一是以前地震中未发生的现象，以后的地震也不会发生；二是凡是没有发现的现象就认为该现象不存在。这两个原则都有值得讨论的地方，但考虑到界限值取得很保守，它们失误的可能性很小，对于一般建筑是可以接受的，但对于深埋基础和桩基础则必须作进一步分析。

对于经初步判别未得到满足，即不能判为不液化时，就必须根据下述判别方法进行液化判别。

二、液化判别的经验方法

1.《建筑抗震设计规范》方法

《建筑抗震设计规范》(GBJ 11—89) 规定，对地面以下15m深度范围内的可液化土层，按下式进行液化判别：

$$N_{cr} = N_0[0.9 + 0.1(d_s - d_w)] \cdot \sqrt{3/\rho_c} \tag{10-7}$$

式中：N_{cr}——液化判别标准贯入锤击数临界值；

N_0——液化判别标准贯入锤击数基准值，应按表 10-2 采用；

d_s——饱和土标准贯入点深度（m）；

ρ_c——粘粒含量百分率，当小于 3 或为砂土时均应取 3；

d_w——地下水位深度（m）。

《建筑抗震设计规范》(GBJ 11—89) **标准贯入锤击数基准值 N_0**　　表 10-2

近、远震	烈度			近、远震	烈度		
	7	8	9		7	8	9
近震	6	10	16	远震	8	12	—

当实测标准贯入锤击数 N（未经杆长修正）满足式（10-8）时判别为液化；否则判别为不液化。

$$N < N_{cr} \tag{10-8}$$

在应用《建筑抗震设计规范》(GBJ 11—89) 液化判别经验公式时，尚应注意以下几点：

(1) 判别式的适用深度。《规范》所述“在地面下 15m 深度范围内的液化土应符合下式要求”，既不是 15m 以下就不会液化，也不是必须勘察的深度，而是该式只适用于 15m，超过 15m 就缺乏经验，没有把握。

(2) 倾斜地面的液化判别。该判别方法是以水平自由地面的震害经验为基础的，适用于地表基本水平的建筑场地。当地表倾斜（或建筑物建成之后）时，地表下饱和砂土体中的静应力和地震应力状态发生显著变化，这时存在静剪应力，它将影响土的抗液化能力，而且土体液化后会产生滑动。在该判别方法中没有考虑或者考虑得不够恰当，因此还需要根据实际经验对判别结果加以修正。

(3) 水下砂层的液化判别。在个别情况下，需要考虑水下（例如池塘底以下）的砂层液化问题。此时，水位在地表以上，从孔隙水压力考虑，d_w 应为负值，用 $-d_w$ 代入判别公式。从定性地考虑，这样处理是正确的，但在建立和使用判别式的过程中，这样的情况很少遇到，缺乏经验，在实际应用时宜多加小心，并采用其他方法加以比较。

由于 2001 年《建筑抗震设计规范》采用地震环境分区和设计基本地震加速度概念，取消了近、远震概念。因此，该规范的液化判别式虽仍采用式（10-7），但 N_0 值按表 10-3 采用；考虑到深基础和桩基础还需考虑深度为 15～20m 范围内的液化判别，该规范将式（10-8）延伸到 20m，并规定在 15～20m 深度范围内的 N_{cr} 值取 15m 深度处的 N_{cr} 值进行液化判别。由于深度大于 15m 的液化资料很少，研究也远不够充分，因此规定液化判别的深度范围不超过 20m。

《建筑抗震设计规范》(GB 50011—2001) **液化判别标准贯入击数基准值 N_0**　　表 10-3

设防烈度		7		8		9
设计基本地震加速度 g		0.10	0.15	0.20	0.30	0.40
地震环境	一区	6	8	10	13	16
	二区或三区	8	10	12	15	18

2. Seed H. B 的经验方法

Seed H. B 以世界各国的资料（包括中国）为基础，提出临界液化剪应力比 $(\tau/\sigma'_v)_{cr}$ 与修正标贯击数 N_1 之间存在近似的直线关系：

$$(\tau/\sigma'_v)_{cr} = 0.011N_1 \quad (10\text{-}9)$$

土层中的等效地震剪应力比 $(\tau_{av}/\sigma'_v)_E$ 按下式计算：

$$(\tau_{av}/\sigma'_v)_E = 0.1(M-1)(\alpha_{max}/g)\cdot\frac{\sigma_v}{\sigma'_v}\cdot(1-0.015d_s) \quad (10\text{-}10)$$

式中：σ'_v——竖向有效应力（kPa）；

σ_v——竖向总应力（kPa）；

N_1——将竖向有效应力 σ_v 调整为 100kPa 时的修正标贯击数，与实测标贯击数 N 的近似关系为：

$$N_1 = C_N\cdot N \quad (10\text{-}11)$$

$$C_N = 10/\sqrt{\sigma'_v} \quad (10\text{-}12)$$

M——震级，当缺乏震级资料时，可参考表 10-4 取值（陈国兴，1996）；

α_{max}——地面水平向峰值加速度；

g——重力加速度；

不同设防烈度对应的震级 M 参考值 表 10-4

地震环境分区或近远震	设防烈度I		
	7	8	9
一区或近震 1（$I=I_0$）	5.2	6.0	6.8
二区或近震 2（$I=I_0-1$）	6.0	6.8	7.6
三区或远震（$I\geqslant I_0-2$）	≥6.8	≥7.6	≥8.3

注：I_0 为震中烈度。

应指出，式（10-9）在 $(\tau/\sigma'_v)_{cr}$ 取值 0.1～0.3 时有足够精度，大于 0.3 之后取值偏小即偏于安全。当满足式（10-13）时判别为液化；否则，判别为不液化。

$$(\tau_{av}/\sigma'_v)_E > (\tau/\sigma'_v)_{cr} \quad (10\text{-}13)$$

对于给定的 N_1 值，与洁净砂土相比，粉土或亚砂土这种具有较高细粒（粒径小于 0.075mm 的颗粒）含量的土，其抗液化强度要高一些，较不容易液化，如图 10-31 所示。此时，应对式（10-9）作如下修正：

$$(\tau/\sigma'_v)_{cr} = 0.011(N_1+\Delta N_1) \quad (10\text{-}14)$$

式中：ΔN_1——附加修正标贯击数，按表 10-5 取值，对于洁净砂土，$\Delta N_1=0$。

考虑细粒含量影响的附加修正标贯击数 ΔN_1 值 表 10-5

细粒含量（%）	≤5	10	15	20	25	30	≥35
ΔN_1	0.0	2.5	4.0	5.0	6.0	6.5	7.0

对于边坡这样的倾斜场地，土单元水平面上的静剪应力为 τ_s，因此存在一个初始静剪力比 α_s：

$$\alpha_s = \tau_s/\sigma'_v \quad (10\text{-}15)$$

研究表明，对于较密实的砂性土，初始静剪力比增大，土的抗液化能力提高；对于较松散的砂性土，则随初始静剪力比增大，土的抗液化能力降低。此时，应对式（10-9）作如下修正：

$$(\tau/\sigma'_{v})_{cr} = 0.011 N_1 K_{\alpha} \qquad (10\text{-}16)$$

式中：K_{α}——初始静剪力比 α_s 对土的抗液化能力的影响因素，如图 10-32 所示，为应用方便，可按表 10-6 取值。

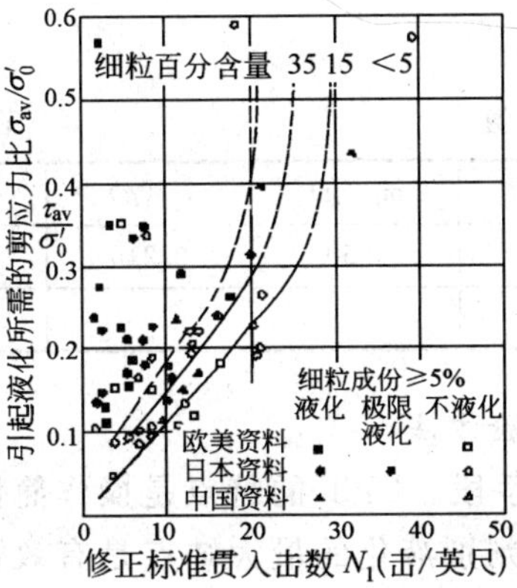

图 10-31 Seed H B 经验方法相应于震级 M=7.5 的粉质砂土液化判别图

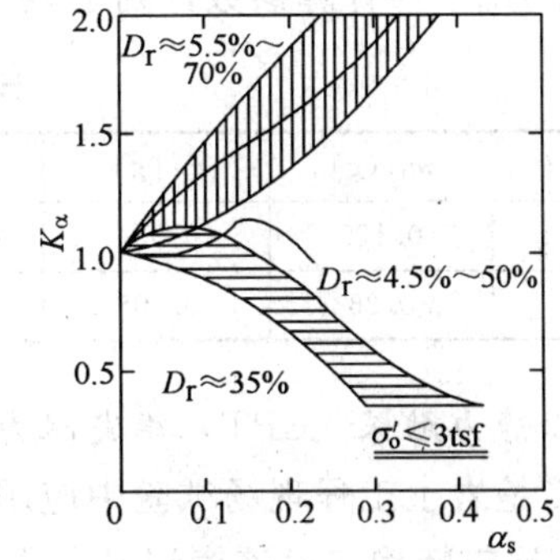

图 10-32 静剪应力影响系数 K_{α} 与相对密度 D_r 的关系（Seed & Harder，1990）

研究还表明，有效上覆压力 σ'_v 的大小对土的抗液化强度有明显影响，式（10-9）仅适用于有效上覆压力不大于 100kPa 的情况。对于大于 100kPa 的情况，应对式（10-9）作如下修正：

$$(\tau/\sigma'_{v})_{cr} = 0.011 N_1 K_{\sigma'_v} \qquad (10\text{-}17)$$

式中：$K_{\sigma'_v}$——考虑竖向有效应力对土的抗液化强度影响的修正系数，可按表 10-7 取值。

考虑初始静剪应力影响的修正系数 K_{α} 值 表 10-6

相对密度 D_r（%）	静剪应力比 α_s				说 明
	0	0.1	0.2	0.3	
35	1.0	0.9	0.75	0.4	D_r 也可由 N_1 换算：
45～50	1.0	1.1	1.0	0.8	$D_r \approx 16\sqrt{N_1}$（%）
55～70	1.0	1.3	1.6	1.8	中间 α_s 值可内插

考虑竖向有效应力影响的修正系数 $K_{\sigma'_v}$ 值 表 10-7

竖向有效应力 σ'_v	100	150	200	250	说 明
$K_{\sigma'_v}$	1.00	0.80	0.70	0.65	中间值可内插

综合上述各式，可统一表示为：

$$(\tau/\sigma'_{v})_{cr} = 0.011(N_1 + \Delta N_1) K_{\alpha} K_{\sigma'_v} \qquad (10\text{-}18)$$

3.《核电厂抗震设计规范》方法

在 GBJ 50267—97《核电厂抗震设计规范》中，液化判别公式也采用式（10-7），但式中的标准贯入锤击数基准值 N_0，采用陈国兴（1990）提出的方法，按照模糊数学原理，由地面水平向峰值加速度 α_{max} 值按下式计算：

$$N_0=\sum_{i_1}^{3}b_i N_{0i}/\sum_{i_1}^{3}b_i \quad (10\text{-}19)$$

$$b_i=\exp\left\{-\left[\frac{(\alpha_{max}-m_i)}{c_i}\right]^2\right\} \quad (10\text{-}20)$$

式中：i——序号；

g——重力加速度；

m_i，c_i 和 N_{0i}——计算参数，列于表 10-8 中。

计算参数 m_i、c_i 和 N_{0i} 值 表 10-8

序　号 i	m_i (g)	c_i (g)	N_{0i}	序　号 i	m_i (g)	c_i (g)	N_{0i}
1	0.125	0.054	4.5	3	0.50	0.216	18
2	0.25	0.108	11.5				

4. *以静力触探（CPT）锥尖阻力 q_c 值为指标的经验方法*

CPT 是岩土工程现场试验中应用很广的一种测试手段。CPT 的特点是操作简便，可重复性高，比较精确和可连续记录贯入阻力。用 CPT 来判别液化的最大缺点是有效资料（在已知液化或未液化的地震现场测得 CPT 锥尖阻力 q_c 值）十分有限和土的分类只能由 CPT 推断（由于未取土样）。利用国内外的有效资料共 5 次大地震（震级 $M=6.6\sim7.7$）、49 个场地、125 个测点，建立了等效地震剪应力比 $(\tau_{av}/\sigma'_v)_E$ 与临界液化修正锥尖阻力 $(q_{cld})_{cr}$ 的关系，其临界线可用下式表示：

$$(q_{cld})_{cr}=\frac{255}{1+0.22(\tau_{av}/\sigma'_v)_E} \quad (10\text{-}21)$$

而现场修正锥尖阻力 q_{cld} 可表示为：

$$q_{cld}=0.25q_{cl}/D_{50} \quad (10\text{-}22)$$

$$q_{cl}=C_N\cdot q_c \quad (10\text{-}23)$$

式中：q_c——现场实测的 CPT 锥尖阻力，以 100kPa 为计量单位；

q_{cl}——将 q_c 调整到竖向有效应力 $\sigma'_v=100$kPa 时的修正锥尖阻力；

q_{cld}——将 q_c 调整到 $\sigma'_v=100$kPa、平均粒径 $D_{50}=0.25$mm 时的修正锥尖阻力；当 $D_{50}>0.25$mm 时取 $D_{50}=0.25$mm；

C_N——修正系数，由式（10-12）计算；

$(\tau_{av}/\sigma'_v)_E$——等效地震剪应力比，由式（10-10）计算。

当满足式（10-24）的关系时判为液化；否则判为不液化。

$$q_{cld}<(q_{cld})_{cr} \quad (10\text{-}24)$$

应指出，该法只适用于水平地面、地面下 15m 深度范围内的砂性土层的液化判别，因为原始资料的深度均不超过 15m。

5. *《公路工程抗震设计规范》方法*

在《公路工程抗震设计规范》（JTJ 004—89）中，砂性土液化判别公式是以 Seed H B 的液化判别图 $\tau/\sigma'_v\sim N_1$ 曲线族中震级 $M=7.5$ 的分界线为基础换算得到的，对地面以下 20m 深度范围内的砂土和亚砂土，其液化判别公式如下：

$$N_1 = C_N N \tag{10-25}$$

$$N_{1cr} = \left[11.8\left(1+13.06\frac{\sigma_v}{\sigma'_v}K_h C_v\right)^{1/2} - 8.09\right]\cdot \xi \tag{10-26}$$

$$\xi = 1 - 0.17\sqrt{\rho_c} \tag{10-27}$$

若 $N_1 < N_{1cr}$，则判为液化，否则判为不液化。

式中：C_N——将实测标贯击数 N 换算为竖向有效应力 $\sigma'_v = 100$kPa 时的修正标贯击数 N_1 的换算系数，可按式（10-12）计算或按表 10-9 取值；

计算修正标贯击数 N_1 的换算系数 C_N　　表 10-9

σ'_v（kPa）	0	20	40	60	80	100	120	140	160	180
C_N	2	1.70	1.46	1.29	1.16	1.05	0.97	0.89	0.83	0.78
σ'_v（kPa）	200	220	240	260	280	300	350	400	450	500
C_N	0.72	0.69	0.65	0.60	0.58	0.55	0.49	0.44	0.42	0.40

C_v——地震剪应力随深度衰减的折减系数，按表 10-10 取值；

K_h——水平地震系数，对烈度 7 度、8 度、9 度，分别取 $K_h = 0.1$、0.2 和 0.4；

其他符号含义同前。

地震剪应力随深度 d_s 的折减系数 C_v　　表 10-10

d_s	1	2	3	4	5	6	7	8	9	10
C_v	0.994	0.991	0.986	0.976	0.965	0.958	0.945	0.935	0.920	0.902
d_s	11	12	13	14	15	16	17	18	19	20
C_v	0.884	0.866	0.844	0.822	0.794	0.741	0.691	0.647	0.631	0.612

当采用 2001 年版《建筑抗震设计规范》中地震环境分区概念考虑设计地震水平时，可参考表 10-4 取 K_h 值。

6.《铁路工程抗震设计规范》方法

《铁路工程抗震设计规范》（GB 50111—2006）规定，设计烈度为 7 度，地面以下 15m 以内，对有可能液化土层的地段，按标贯法进行液化判别，其公式如下：

$$N_{cr} = N_0\alpha_1\alpha_2\alpha_3\alpha_4 \tag{10-28}$$

$$\alpha_1 = 1 - 0.065(d_s - 2) \tag{10-29}$$

$$\alpha_2 = 0.52 + 0.175d_s - 0.005d_s^2 \tag{10-30}$$

$$\alpha_3 = 1 - 0.05(d_u - 2) \tag{10-31}$$

$$\alpha_4 = 1 - 0.017\sqrt{\rho_c} \tag{10-32}$$

若 $N < N_{cr}$，则判为液化，否则判为不液化。

式中：N_0——$d_s = 3.0$m、$d_w = 2$m、$d_u = 2$m 和 $\alpha_4 \doteq 1$ 时液化判别临界标贯击数，当地震烈度为 7 度、8 度、9 度时，分别取 $N_0 = 8$、12 和 16；

d_u——上覆土层的厚度（m）；

其他符号含义同前。

7. 以剪切波速 V_s 为指标的液化判别方法

与标准贯入击数相比，剪切波速是一个更具明确力学意义的指标。以剪切波速为指标的液化判别方法是一个很有前景的方法，但是，由于以剪切波速为指标的地震现场液化调查资料较少，该方法目前还不太成熟。天津《建筑地基基础设计规范》（TBJ1—88），根据1976年唐山地震现场液化调查资料（石兆吉，王承春，1984；石兆吉，1986），对地面以下15m内采用下述公式进行液化判别：

$$V_{scr} = V_{s0}(d_s - 0.0133d_s^2)^{1/2} \tag{10-33}$$

若 $V_s < V_{scr}$，则判为液化，否则判为不液化。

式中：V_s——场地实测剪切波速（m/s）；

V_{scr}——液化剪切波速临界值（m/s）；

V_{s0}——液化判别剪切波速基准值（m/s），按表10-11取值；

d_s——波速测试点深度（m）。

液化判别剪切波速基准值 v_{s0} 表10-11

地震烈度	7	8	9	地震烈度	7	8	9
粉土	42	60	84	粉砂	63	89	125

《岩土工程勘察规范》（GB 50021—2001）也规定可用剪切波速 V_s 判别液化。对粉土，采用式（10-33）和表10-11计算液化剪切波速临界值 V_{scr}；对砂土，则采用下式计算 V_{scr}：

$$V_{scr} = V_{s0}(d_s - 0.01d_s^2)^{1/2} \tag{10-34}$$

式中：V_{s0}——液化判别剪切波速基准值（m/s），对烈度7、8和9度，分别取92、130和184。

应注意建立经验公式（10-34）的背景。该公式是饱和砂土在地震动作用过程中不产生振动空隙水压力这一前提下建立的，即该公式是饱和砂土在地震动作用过程中不会产生振动空隙水压力的剪切波速临界值。因此，当现场实测剪切波速 $V_s > V_{scr}$ 时可判断该饱和砂土层肯定不会液化；反之，当 $V_s < V_{sc}$ 时，该饱和砂土未必会液化，仅表示存在液化的潜在可能。因此，《岩土工程勘察规范》中用于计算饱和砂土和粉土的液化剪切波速临界值 V_{sc} 的计算公式，是在不同的背景下建立的，对粉土的计算公式，可直接用于判别场地是否液化；而对砂土的计算公式，仅能用于场地的初步液化判别。

8. *谢君斐—陈国兴的经验方法*

谢君斐（1984）利用大量的国内外地震液化现场调查资料，以Seed H B的经验判别方法为基础，提出了如下砂土液化判别公式：

$$(\tau/\sigma'_v)_{cr} = 0.007N_1 + 0.007N_1^2 \tag{10-35}$$

式中：N_1——将竖向有效应力 σ'_v 调整为100kPa时的标贯击数修正值。

当满足式（10-36）时判别为液化；否则，判别为不液化。

$$(\tau/\sigma'_v)_E > (\tau/\sigma'_v)_{cr} \tag{10-36}$$

其中等效地震剪应力比 $(\tau/\sigma'_v)_E$ 按式（10-10）计算。陈国兴（1991）将式（10-35）推广到粉土液化判别，提出如下的修正公式：

$$(\tau/\sigma'_v)_{cr} = (0.007N_1 + 0.007N_1^2)(3/\rho_c)^{-0.80} \tag{10-37}$$

式中：ρ_c——粘粒含量百分率（%），对砂土，取 $\rho_c = 3$。

对303例砂土地震液化现场调查资料验证表明式（10-37）判别结果为液化的可靠度为

86%，判别结果为不液化的可靠度为75%；对401例粉土地震液化现场调查资料验证表明，式（10-37）判别结果为液化的可靠度为88%，判别结果为不液化的可靠度为89%。

第六节　砂性土地基液化程度等级划分

对某一工程场地，当按上述各种经验方法判为液化或判别结果有矛盾时，应进一步查明各液化土层的深度和厚度，并计算场地的液化指数 I_{LE}，它是衡量地震液化引起的场地地面破坏程度的一种指标。

当采用《建筑抗震设计规范》（GBJ11—89）方法判别场地液化时，按下式计算液化指数 I_{LE}：

$$I_{LE}=\sum_{i=1}^{n}(1-N_i/N_{cri})\ d_i w_i \tag{10-38}$$

式中：n——每一个钻孔在15m深度范围内液化土层中的标准贯入试验点的总数，也即对非液化层不计入在内；N_i 和 N_{cri}分别为 i 点标准贯入锤击数的实测值和临界值；

d_i——第 i 点所代表的土层厚度（m），可采用与该标准贯入试验点相邻的上、下两标准贯入试验点（$i-1$ 点、$i+1$ 点）深度差的一半，即 $d_i=(z_{i+1}-z_{i-1})/2$，其中 z_{i-1}、z_{i+1}分别为 $i-1$ 点和 $i+1$ 点的深度，但上界不小于地下水位深度，下界不大于液化深度；

w_i——第 i 土层考虑单位土层厚度的层位影响权函数值（单位为 m_{-1}），当该层中点深度不大于5m时取 $w_i=10$，等于15m时取 $w_i=0$，5～15m时取 $w_i=15-y_i$，其中 y_i 为 i 土层中点深度（m）。

由于2001年的《建筑抗震设计规范》将液化判别的深度延伸到20m，此时，用式（10-38）计算液化指数时，n 应取为每一个钻孔在20m深度内液化土层中的标准贯入试验点数；w_i 的取值也应改为：当 i 土层中点深度不大于5m时取 $w_i=10$，等于20m时取 $w_i=0$，深度5～20m时取 $w_i=(2/3)(20-y_i)$，其中 y_i 为 i 土层中点深度（m）。

当采用Seed H B的经验方法判别水平场地液化时，可由式（10-18）反算得液化判别标准贯入锤击数临界值 N_{cr}为：

$$N_{cr}=(\tau/\sigma'_v)_{cr}/(0.11C_N K_{\sigma'_v})-\Delta N_1/C_N \tag{10-39}$$

将式（10-39）代入（10-38），并考虑地面以下20m深度内的液化影响，即可求得液化指数 I_{LE}值。

当采用《核电厂抗震设计规范》方法判别场地液化时，可采用《建筑抗震抗震设计规范》（GBJ11—89）的方法即式（10-38）计算液化指数 I_{LE}值。

当采用CPT的 q_c 值判别场地液化时，可采用下式计算液化指数 I_{LE}值：

$$I_{LE}=\sum_{i=1}^{n}\left[1-(q_{cld})_i/(q_{cld})_{cri}\right]\ d_i w_i \tag{10-40}$$

式中：n——每一个钻孔地面以下15m深度内液化土层分层总数；

$(q_{cld})_i$——i 土层的锥尖阻力修正值；

$(q_{cld})_{cri}$——临界液化锥尖阻力修正值。

d_i 和 w_i 的含义同式（10-38）。

当采用《公路工程抗震设计规范》方法判别场地液化时，可按下式计算地面下 20m 范围内场地的液化指数 I_{LE} 值：

$$I_{LE}=\sum_{i=1}^{n}\left[1-(N_1)_i/(N_1)_{cri}\right]d_i w_i \tag{10-41}$$

式中：w_i 取值同 2001 年《建筑抗震设计规范》的规定，其他符号的含义同前。

当采用《铁路工程抗震设计规范》（GB50111—2006）方法判别场地液化时，采用《建筑抗震抗震设计规范》的方法即式(10-38)计算液化指数值。

当采用剪切波速 V_s 为指标判别场地液化时，可按下式计算地面下 15m 范围内场地的液化指数值：

$$I_{LE}=\sum_{i=1}^{n}\left[1-(V_s)_i/(V_{scr})_i\right]d_i w_i \tag{10-42}$$

式中：w_i 取值同《建筑抗震设计规范》的规定，其它符号的含义同前。

对某一工程场地，当可采用上述几种方法同时判别液化时，若判别结果均为液化或判别结果有矛盾时，从安全方面考虑，可采用各种方法计算的 I_{LE} 的最大值按表 11-12 划分场地液化等级；当只能采用上述某一种方法判别液化时，就直接采用该方法计算的 I_{LE} 值按表 10-12 划分场地液化等级。如液化计算深度取 15m，按表 10-12a 划分等级；如液化计算深度取 20m，按表 10-12b 划分等级。

《建筑抗震设计规范》（GBJ 11—89）**地基液化等级划分标准** 表 10-12a

液化指数 I_{LE}	≤5	5～15	＞15
液化等级	轻微	中等	严重

2001 年《建筑抗震设计规范》（GB 50011—2001）**地基液化等级划分标准** 表 10-12b

液化指数 I_{LE}	＜6	6～18	＞18
液化等级	轻微	中等	严重

最后应指出，《建筑抗震设计规范》（GBJ 11—89）是我国各类抗震设计规范中第一部引入考虑液化后果的抗震规范，该规范规定的液化等级划分标准，是根据我国 31 个液化震害实例，通过计算液化指数 I_{LE} 值和现场震害程度的比较而确定的，如表 10-12a 所示。但液化等级划分的方法存在一些缺点：

（1）液化指数的大小，反映的是地基的液化程度，并不是建筑物的震害程度，虽然两者有一定的对应关系；

（2）液化指数是一个相对比较的指标值，像烈度 7 度、8 度和 9 度一样，不能直接用于工程的定量设计；

（3）上部结构的作用未考虑；

（4）已部分液化和非液化土层的影响未计入；

（5）反映的是地表基本水平的场地，对地表倾斜或液化层有倾斜面的情况不适用；

（6）软弱粘性土层的震动附加沉陷的影响未计入。

由于上述缺点，按这种方法进行地基液化危害性评价时有可能出现反常现象，例如液化指数很大，但建筑物并无明显的破坏；或液化指数不大，反而有严重的喷砂冒水和建筑物沉陷。

思　考　题

1. 何为最优含水量？影响填土压实效果的因素有哪些？

2. 何为粘性土的动强度？影响粘性土动强度的因素有哪些？粘性土的动变形有何特征？粘性土的动强度与静强度有何关系？

3. 何为砂性土液化？在试验室的液化试验中如何模拟砂性土的现场应力条件？影响砂性土抗液化强度的主要因素有哪些？有何影响？

4. 砂性土液化初步判别有何意义？如何判别？砂性土液化经验判别方法有哪些？各有何特点？不同液化经验判别方法的判别结果有矛盾时如何处理？如何划分地基的液化等级？有何意义？

参考文献

[1] 高大钊，袁聚云．土质学与土力学（第三版）．北京：人民交通出版社，2001.
[2] 陈国兴，樊良本等．土质学与土力学．北京：中国水力水电出版社，2006.
[3] 陆培毅．土力学．北京：人民交通出版社，2000.
[4] 邓荣基．土力学．北京：中国铁道出版社，1993.
[5] 陈仲颐，周景星，王洪瑾．土力学．北京：清华大学出版社，1994.
[6] 杨平，土力学．北京：机械工业出版社，2005.
[7] 袁聚云，汤永净．土力学复习与习题．上海：同济大学出版社，2004.
[8] 卢廷浩．土力学．南京：河海大学出版社，2001.
[9] 顾慰慈．挡土墙土压力计算．北京：中国建材工业出版社，2000.
[10] 武汉水利水电学院．土力学及岩石力学．北京：水利水电出版社，1979.
[11] 东南大学，浙江大学等．北京：中国建筑工业出版社，2005.
[12] 周萍．土力学．北京：水利水电出版社，1988.
[13] 刘增荣．土力学．上海：同济大学出版社，2005.
[14] 董建国．土力学与地基基础．上海：同济大学出版社，2005.
[15] K. Terzaghi 著．徐志英译．理论土力学．北京：地质出版社，1960.
[16] 钱家欢，殷宗泽．土工原理与计算（第二版）．北京：中国水利水电出版社，1996.
[17] 郑大同．地基极限承载力的计算．北京：中国建筑工业出版社，1979.
[18] 华南理工大学等．地基及基础（新一版）．北京：中国建筑工业出版社，1991.
[19] 洪毓康．土质土力学（第二版）．北京：人民交通出版社，1993.
[20] 高大钊．土力学与基础工程．北京：中国建筑工业出版社，1998.
[21] 中华人民共和国国家标准．建筑边坡工程技术规范（GB 50330—2002）．北京：中国建筑工业出版社，2002.
[22] 中华人民共和国行业标准．公路桥涵地基与基础设计规范（JTJ 024—85）．北京：人民交通出版社，1985.
[23] 中华人民共和国行业标准．公路桥涵设计通用规范（JTG D60—2004）．北京：人民交通出版社，2004.
[24] 中华人民共和国行业标准．公路工程抗震设计规范（JTJ 004—89）．北京：人民交通出版社，1989.
[25] 中华人民共和国国家标准．岩土工程勘察规范（GB 50021—2001）．北京：中国建筑工业出版社，2002.
[26] 中华人民共和国国家标准．土工试验方法标准（GB/T 50123—1999）．北京：中国计划出版社，1999.
[27] 中华人民共和国行业标准．水工建筑物抗震设计规范（DL 5073—2000）．北京：中国水利水电出版社，2000.
[28] 中华人民共和国国家标准．建筑抗震设计规范（GBJ 11—89）．北京：中国建筑工业

出版社，1989.

[29] 中华人民共和国国家标准．建筑抗震设计规范（GB 50011—2001）．北京：中国建筑工业出版社，2001.

[30] 中华人民共和国国家标准．核电厂抗震设计规范（GBJ 50267—97）．北京：中国建筑工业出版社，1997.

[31] 中华人民共和国国家标准．铁路工程抗震设计规范（GB 50111—2006）．北京：中国计划出版社，2006.

[32] 中华人民共和国国家标准．土的分类标准（GBJ 145—90）．北京：中国建筑工业出版社，1990.

人民交通出版社公路类教材一览

（◆教育部普通高等教育“十一五”国家级规划教材 ▲建设部土建学科专业“十一五”规划教材）

一、交通工程教学指导分委员会规划推荐教材

1. ◆交通规划（王 炜） …… 33 元
2. ◆道路交通安全（裴玉龙） …… 36 元
3. 交通系统分析（王殿海） …… 31 元
4. 交通管理与控制（徐建闽） …… 26 元
5. 交通经济学（邵春福） …… 25 元

二、21 世纪交通版高等学校教材

（一）交通工程专业

1. ◆交通工程总论（第三版）（徐吉谦） …… 36 元
2. ◆交通工程学（第二版）（任福田） …… 38 元
3. ◆交通管理与控制（第四版）（吴 兵） …… 35 元
4. ◆道路通行能力分析（陈宽民） …… 27 元
5. ◆交通工程设计理论与方法（马荣国） …… 40 元
6. ◆公路网规划（裴玉龙） …… 27 元
7. 交通工程专业英语（裴玉龙） …… 28 元
8. ◆交通运输工程导论（第二版）（姚祖康） …… 23 元
9. 交通流理论（王殿海） …… 21 元
10. 交通系统仿真技术（刘运通） …… 26 元
11. 停车场规划设计与管理（关宏志） …… 30 元
12. 交通工程设施设计（李峻利） …… 35 元
13. ◆智能运输系统概论（第二版）（杨兆升） …… 25 元
14. 智能运输系统概论（第二版）（黄 卫） …… 24 元
15. ◆运输经济学（严作人） …… 40 元
16. ◆道路交通工程系统分析方法（王 炜） …… 28 元
17. 交通调查与分析（第二版）（严宝杰） …… 38 元
18. ◆交通运输设施与管理（郭忠印） …… 33 元
19. 道路交通安全管理法规概论及案例分析（裴玉龙） …… 29 元
20. 交通地理信息系统（符锌砂） …… 31 元
21. 公路建设项目可行性研究（过秀成） …… 27 元
22. 交通工程专业生产实习指导书（朱从坤） …… 7 元

（二）城市轨道交通系列教材

1. 城市轨道交通概论（孙 章） …… 30 元（估）
2. 城市轨道交通系统（彭 辉） …… 32 元
3. 轨道工程（练松良） …… 36 元
4. 城市轨道交通设备系统（周顺华） …… 32 元
5. ◆地铁与轻轨（第二版）（张庆贺） …… 40 元

（三）土木工程专业（路桥）/道路桥梁与渡河工程专业

I. 专业基础课教材

1. 土木工程概论（项海帆） …… 32 元
2. 道路概论（第二版）（孙家驷） …… 20 元
3. 土质学与土力学（第四版）（袁聚云） …… 30 元
4. 公路工程地质（第三版）（窦明健） …… 23 元
5. ▲道路工程制图（第四版）（谢步瀛） …… 36 元
6. ▲道路工程制图习题集（第四版）（袁 果） …… 26 元
7. ◆道路建筑材料（第四版）（李立寒） …… 35 元
8. ◆测量学（第三版）（许娅娅） …… 36 元
9. ◆基础工程（第三版）（王晓谋） …… 33 元
10. 结构设计原理（第二版）（叶见曙） …… 51 元
11. 公路经济学教程（袁剑波） …… 23 元
12. 专业英语（第二版）（李 嘉） …… 33 元

II. 专业核心课教材

13. ◆路基路面工程（第二版）（邓学均） …… 52 元
14. ◆道路勘测设计（第三版）（杨少伟） …… 42 元
15. 道路结构力学计算（上、下）（郑传超、王秉纲） …… 50 元
16. 水力学（王亚玲） …… 19 元
17. ◆桥梁工程（第二版）（姚玲森） …… 62 元
18. 桥梁工程（第二版）（土木、交通工程）（邵旭东） …… 52 元
19. ◆桥梁工程（第二版）（上）（范立础） …… 42 元
20. ◆桥梁工程（第二版）（下）（顾安邦） …… 38 元
21. 桥梁工程（陈宝春） …… 45 元
22. ◆桥涵水文（第四版）（高冬光） …… 28 元
23. ◆现代钢桥（上）（吴 冲） …… 34 元
24. ◆钢桥（徐君兰） …… 16 元
25. ◆公路施工组织及概预算（第三版）（王首绪） …… 32 元
26. ▲桥梁施工及组织管理（第二版）（上）（魏红一） …… 39 元
27. ▲桥梁施工及组织管理（第二版）（下）（邬晓光） …… 39 元
28. ◆隧道工程（第二版）（上）（王毅才） …… 65 元

III. 专业方向选修课教材

29. ◆道路工程（严作人） …… 40 元
30. 道路工程（土木工程专业）（凌天清） …… 32 元
31. ◆高速公路（第二版）（方守恩） …… 21 元
32. 高速公路设计（赵一飞） …… 38 元
33. 城市道路设计（吴瑞麟） …… 22 元
34. GPS 测量原理及其应用（胡伍生） …… 28 元
35. 公路测设新技术（雒 应） …… 36 元
36. 公路施工技术与管理（廖正环） …… 40 元
37. 土木工程造价控制（石勇民） …… 30 元
38. 公路工程定额原理与估价（石勇民） …… 36 元
39. 道路桥梁检测技术（胡昌斌） …… 31 元
40. 特殊地区基础工程（冯忠居） …… 29 元
41. 道路与桥梁工程计算机绘图（许金良） …… 31 元
42. ◆公路小桥涵勘测设计（第三版）（孙家驷） …… 31 元
43. 路基设计原理与计算（李峻利） …… 40 元
44. 路基路面工程检测技术（李宇峙） …… 46 元
45. 公路土工合成材料应用原理（黄晓明） …… 22 元
46. 水泥与水泥混凝土（申爱琴） …… 30 元
47. ◆环境经济学（董小林） …… 32 元
48. 公路环境与景观设计（刘朝辉） …… 30 元
49. 桥梁工程概论（第二版）（罗 娜） …… 27 元
50. 桥梁检测与加固（王国鼎） …… 27 元
51. 桥梁钢—混凝土组合结构设计原理（黄 侨） …… 26 元
52. 桥梁结构试验（章关永） …… 22 元
53. 桥梁抗震（叶爱君） …… 15 元
54. ◆桥梁建筑美学（第二版）（盛洪飞） …… 30 元
55. 大跨度桥梁结构计算理论（李传习） …… 18 元
56. 隧道结构力学计算（夏永旭） …… 29 元
57. 公路隧道运营管理（吕康成） …… 22 元
58. 隧道与地下工程灾害防护（张庆贺） …… 40 元（估）
59. 土木规划学（石 京） …… 38 元

IV. 实践环节教材及教参教辅

60. 《道路勘测设计》毕业设计指导（许金良） …… 30 元
61. 桥梁计算示例丛书—桥梁地基与基础（第二版）（赵明华） …… 18 元

62. 桥梁计算示例丛书—混凝土简支梁(板)桥(第三版)(易建国) …… 27元
63. 桥梁计算示例丛书—连续梁桥(邹毅松) …… 20元
64. 结构设计原理计算示例(叶见曙) …… 40元

V. 研究生教学用书

道路与铁道工程

1. 现代加筋土理论与技术(雷胜友) …… 24元
2. 道路规划与几何设计(朱照宏) …… 32元

桥梁与隧道工程

1. 高等桥梁结构理论(项海帆) …… 35元
2. 高等钢筋混凝土结构(周志祥) …… 27元
3. 结构分析的有限元法与MATIAB程序设计(徐荣桥) …… 28元
4. 工程结构数值分析方法(夏永旭) …… 27元
5. 箱形梁设计理论(第二版)(房贞政) …… 32元

(四)公路工程管理专业

1. ◆工程项目融资(赵　华) …… 29元
2. 管理信息系统(李友根) …… 31元
3. 公路工程定额原理与估价(石勇民) …… 36元
4. 工程风险管理(邓铁军) …… 21元
5. ◆工程质量控制与管理(邬晓光) …… 29元
6. 公路工程造价编制与管理(沈其明) …… 31元
7. 工程项目招标与投标(周　直) …… 30元
8. 高速公路管理(王选仓) …… 35元

(五)工程机械专业

1. ◆施工机械概论(王　进) …… 35元
2. ◆公路施工机械(第二版)(李自光) …… 43元
3. 现代工程机械发动机与底盘构造(陈新轩) …… 38元
4. 工程机械维修(许　安) …… 38元
5. 工程机械状态检测与故障诊断(陈新轩) …… 29元
6. 工程机械底盘设计(郁录平) …… 36元
7. 公路工程机械化施工与管理(郭小宏) …… 40元
8. 工程机械设计(吴永平) …… 38元
9. 工程机械技术经济学(吴永平) …… 23元
10. 工程机械专业英语(宋永刚) …… 36元

三、普通高等学校规划教材

1. 交通土建工程制图(第二版)(和丕壮) …… 38元
2. 交通土建工程制图习题集(第二版)(和丕壮) …… 20元
3. 画法几何与土建制图(第二版)(林国华) …… 39元
4. 画法几何与土建制图习题集(第二版)(林国华) …… 25元
5. 土木工程制图(丁建梅　周佳新) …… 36元
6. 土木工程制图习题集(丁建梅　周佳新) …… 18元
7. ◆土木工程计算机绘图基础(尚守平) …… 39元
8. 工程经济学(李雪淋) …… 22元
9. 工程测量(胡伍生) …… 25元
10. 交通土木工程测量(张坤宜) …… 33元
11. 结构设计原理(毛瑞祥) …… 26元
12. 路基路面工程(何兆益) …… 45元
13. 道路勘测设计(第二版)(孙家驷) …… 46元
14. 道路与桥梁工程概论(黄晓明) …… 32元
15. 公路施工组织与管理(赖少武　李文华) …… 35元
16. 公路工程施工组织学(第二版)(姚玉玲) …… 38元
17. 公路施工与组织管理(廖正环) …… 22元
18. 公路养护与管理(许永明) …… 18元
19. 水力学与桥涵水文(叶镇国) …… 38元
20. 桥位勘测设计(高冬光) …… 20元
21. 道路规划与设计(李清波) …… 46元
22. 道路交通环境工程(张玉芬) …… 19元
23. 公路实用勘测设计(何景华) …… 19元
24. 公路计算机辅助设计(符锌砂) …… 30元
25. 公路工程预算与工程量清单计价(雷书华) …… 35元
26. 公路工程造价(周世生) …… 42元
27. 软土环境工程地质学(唐益群) …… 35元
28. 公路与桥梁施工技术(盛可鉴) …… 30元
29. 桥梁美学(和丕壮) …… 40元
30. 桥梁结构理论与计算方法(贺拴海) …… 58元
31. 钢管混凝土(胡曙光) …… 38元
32. 隧道施工(于书翰) …… 23元
33. 公路隧道机电工程(赵忠杰) …… 40元
34. ◆道路交通管理与控制(袁振洲) …… 40元
35. 交通工程学(第二版)(李作敏) …… 28元
36. 交通项目评估与管理(谢海红) …… 36元
37. 工程项目管理(周　直) …… 20元
38. 测绘工程基础(李芹芳) …… 36元
39. 工程机械运用技术(许　安) …… 40元
40. 现代工程机械液压与液力系统(颜荣庆) …… 39元
41. 水泥混凝土路面施工与施工机械(何挺继) …… 30元
42. 现代公路施工机械(何挺继) …… 45元
43. 工程机械机电液一体化(焦生杰) …… 28元

四、高等学校应用型本科规划教材

1. 结构力学(万德臣) …… 30元
2. 道路工程制图(谭海洋) …… 28元
3. 道路工程制图习题集(谭海洋) …… 24元
4. 道路建筑材料(伍必庆) …… 37元
5. 土木工程材料(张爱勤) …… 39元
6. 土质学与土力学(赵明阶) …… 30元
7. 结构设计原理(黄平明) …… 47元
8. 结构设计原理学习指导(安静波) …… 35元
9. 结构设计原理计算示例(赵志蒙) …… 40元
10. 工程测量(朱爱民) …… 30元
11. 基础工程(刘　辉) …… 26元
12. 道路勘测设计(张维全) …… 32元
13. 桥梁工程(刘龄嘉) …… 45元
14. 公路工程试验检测(乔志琴) …… 47元
15. 路桥工程专业英语(赵永平) …… 44元
16. 水力学与桥涵水文(王丽荣) …… 27元
17. 工程招标与合同管理(刘　燕) …… 33元
18. 工程项目管理(李佳升) …… 32元
19. 公路施工技术(杨渡军) …… 64元
20. 公路工程机械化施工技术(徐永杰) …… 32元
21. 公路工程经济(周福田) …… 22元
22. 公路工程监理(朱爱民) …… 33元
23. 道路工程(资建民) …… 38元
24. 道路工程CAD(许金良) …… 23元
25. 路基路面工程(陈忠达) …… 46元

各地经销商电话见人民交通出版社网站首页,网址:http://www.ccpress.com.cn。
咨询电话:010-85285965(岑瑜)